U0210435

职业院校物联网技术应用专业教材

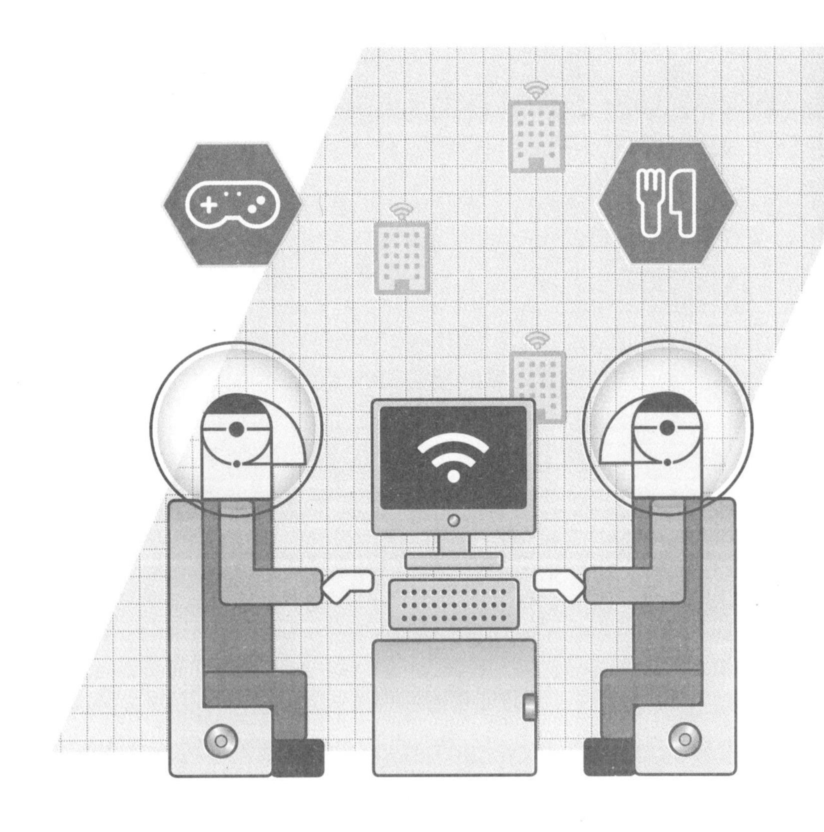

物联网
设备安装与调试

主编 汪涛

高等教育出版社·北京

前言

物联网是当今时代信息技术的重要组成部分，已被国家列为七大新兴战略性产业之一，是互联网技术与自动化及通信技术的延伸，实现用户端延伸及扩展到任何物品与物品之间的信息交换和通信。物联网技术广泛应用于道路、交通、医疗、能源、家用电器监控等领域，逐渐渗透到各行各业之中，诸如传感器、RFID标签等信息化设备嵌入和装备到电网、铁路、桥梁、隧道、公路、建筑、供水系统、大坝、油气管道、商品、货物等各种物理物体和基础设施中，将它们普遍互联，并与互联网连接起来，形成“物联”。物联网技术属于新技术，发展速度非常迅猛，编者对当前物联网相关岗位需求进行了调研，结合物联网安装调试岗位需求和全国职业院校技能大赛物联网技术应用与维护赛项的要求编写了本书。

本书抓住物联网设备安装与调试需要软、硬件两方面技术配合的特点，用情景案例和项目实用性来培养学习者的兴趣，摒弃空洞乏味的理论讲解，借助大量的实战案例来感知、体验物联网设备和应用系统，详细地讲解了物联网设备在安装调试过程中的相关知识与技能，提升物联网系统设备集成能力。涉及的设备主要包括：网络层的无线路由器、串口服务器、无线网关等；感知层的各类无线传感器、网络摄像头、RFID射频设备、安防设备、商超设备、环境监测设备等。编者将这些设备以物联网现实工作环境为例合理组合，倡导“边学边做”的教学方式，安排了丰富的实战内容与课后知识拓展，使读者能够边学边用，更快更好地掌握所学知识，为后续的学习和工作做好铺垫。需要注意的是，书中部分电路图是由电子电路设计软件绘制的，故图中部分元器件的图形符号与国家标准有所不同，请学习时注意区分。“巩固及拓展”模块中包含部分练习思考题，需要查阅相关资料动手完成。不同层次院校根据开设课程的学习深度，可参考下表安排教学学时（共计72学时）。

学习项目		分配学时
项目1	SOHO网络环境搭建与调试	12
项目2	串口服务器的安装调试	8
项目3	集成I/O数据采集器模块的安装调试	10
项目4	RFID技术应用及设备调试	8
项目5	ZigBee软硬件设备的安装调试	10
项目6	ZigBee Basic RF无线通信设备调试	10
项目7	物联网智能设备综合调试	14

本书配有学习卡资源，请登录Abook网站http://abook.hep.com.cn/sve获取相关资源。详细说明见本书“郑重声明”页。

本书由汪涛担任主编，负责对本书的编写思路与大纲进行总体策划并统稿，由戴夕然担任副主编。项目1、项目2、项目3、项目4由汪涛编写，项目5由戴夕然、邢琛编写，项目6由陈晖、张建勋编写，项目7由马云潮、公爱娟编写。编者结合自己多年的教学和指导学生参加职业技能大赛的经验，从项目选取、任务设计、内容重构等方面体现了职业教育“教、学、做”一体化教学的特色。本书得到了天津职业技术师范大学陈建珍副教授、天津中德技术应用大学王新强主任、河北经济管理学校王广平老师、温州职业中等专业学校李江老师的大力帮助和支持，在此表示感谢。

由于编者水平有限，书中难免存在一些疏漏和不足之处，恳请广大师生批评指正，以便修改完善。读者意见反馈邮箱：zz_dzyj@pub.hep.cn。

编　者　2019年7月

目录

项目1　SOHO网络环境搭建与调试

「学习目标」

- 了解计算机网络的发展状况，理解网络的定义、组成、功能及应用。
- 掌握计算机网络的拓扑结构与特点。
- 掌握网络设备安装方法和使用规范。
- 掌握网络设备的调试方法。
- 掌握OSI/RM和TCP/IP模型。

「项目描述」

本项目中的家居网络和小型办公网络是人们日常生活中最常见的网络组织形式，属于SOHO（Small Office，Home Office）型网络。网络系统的搭建可以满足现场设备联网需求，保证系统连接的可靠性。

学习任务1 现场网络结构环境搭建

1

「任务说明」

物联网 SOHO 和小型办公网络是日常工作生活中最常见的网络组织形式，本任务的主要学习内容是了解小型网络环境搭建的基本知识，为后面的网络组建任务的完成做好准备。

「相关知识与技能」

一、计算机网络的分类

为了实现计算机之间的通信联络、资源共享和协同工作，将地理位置分散、具备独立自主功能的多个计算机通过各种通信方式有机地连接起来，这样组成的多计算机复合系统就是计算机网络。

从不同的角度出发，计算机网络有许多不同的分类方法。

1. 按网络的地理位置分类

（1）局域网（LAN）：一般限定在较小的区域内（小于10 km），通常采用有线的方式连接起来，如图1-1所示。

（2）城域网（MAN）：规模局限在一座城市的范围内（10 ~ 100 km）。多个局域网连接在一起构成城域网，如图1-2所示。

（3）广域网（WAN）：网络跨越国界、洲界，形成国际性的远程网络。

目前局域网和广域网是网络的热点。局域网是组成其他两种类型网络的基础，城域网一般都加入了广域网。广域网的典型代表是因特网（Internet），如图1-3所示。

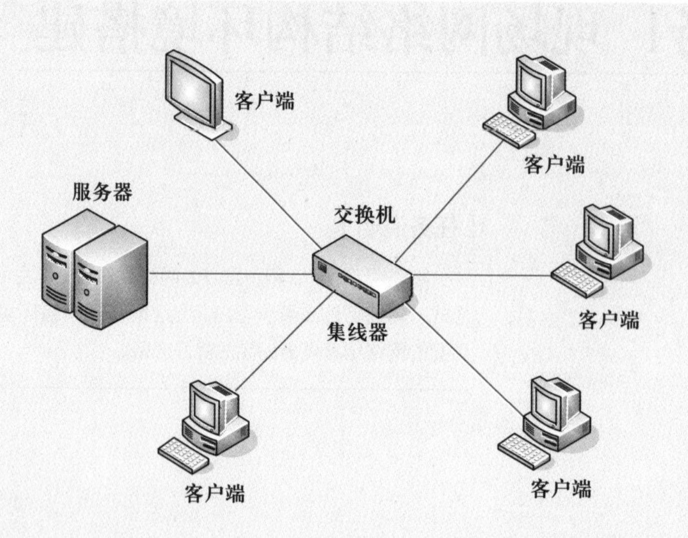

图1-1 局域网

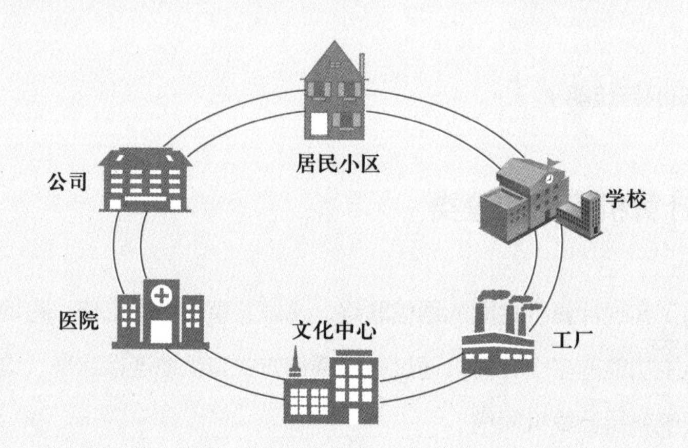

图1-2 城域网

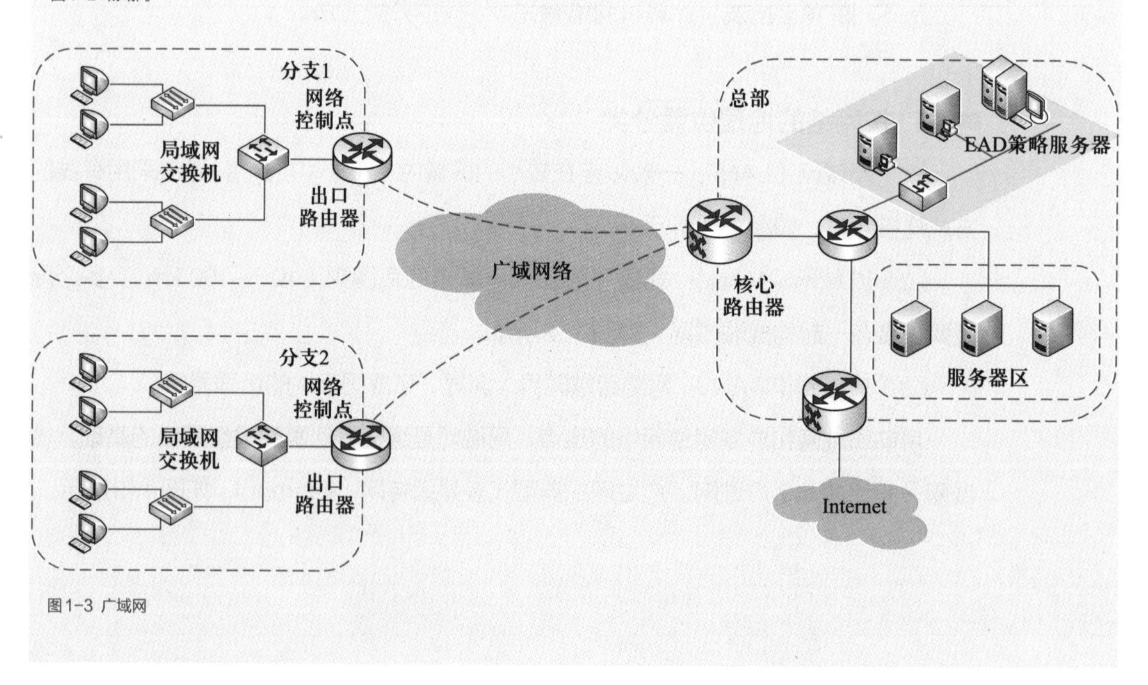

图1-3 广域网

2. 按传输介质分类

（1）有线网络

有线网络是采用同轴电缆和双绞线来连接的计算机网络。

同轴电缆网是常见的一种连网方式。它价格不高，安装便利，传输率和抗干扰能力一般，传输距离较短。

双绞线网是目前最常见的连网方式。它价格便宜，安装方便，但易受干扰，传输率较低，传输距离比同轴电缆要短。

（2）光纤网络

光纤网络也是有线网络的一种，但由于其特殊性而单独列出，光纤网络采用光导纤维作为传输介质。光纤传输距离长，传输率高，可达数千兆比特每秒，抗干扰性强，不会受到电子监听设备的监听，是高安全性网络的理想选择。光纤网络需要较高的安装技术，是目前较为常见的网络。

（3）无线网络

无线网络不使用线路，直接在空中传输数据，适合于难以布线的场合或远程通信。目前使用的无线传输媒体主要有无线电、红外线等。

无线局域网络（Wireless Local Area Networks，WLAN）是利用无线电波在空中发送和接收数据，无需线缆介质，取代双绞铜线构成的局域网络。WLAN的数据传输速率最高可达320 Mbps，传输距离可达20 km以上。

局域网常采用单一的传输介质，而城域网和广域网常采用多种传输介质。

3. 按网络的拓扑结构分类

网络的拓扑结构是指网络中通信线路和站点（计算机或设备）的几何排列形式。

（1）星形网络

各站点通过点到点的链路与中心站相连。其特点是很容易在网络中增加新的站点，数据的安全性和优先级容易控制，易实现网络监控，但中心节点的故障会引起整个网络瘫痪，如图1-4所示。

（2）环形网络

各站点通过通信介质连成一个封闭的环形。环形网络容易安装和监控，但容量有限，网络建成后，难以增加新的站点，如图1-5所示。

（3）总线型网络

网络中所有的站点共享一条数据通道。总线型网络安装简单方便，需要铺设的电缆最短，成本低，某个站点的故障一般不会影响整个网络。但介质的故障会导致网络

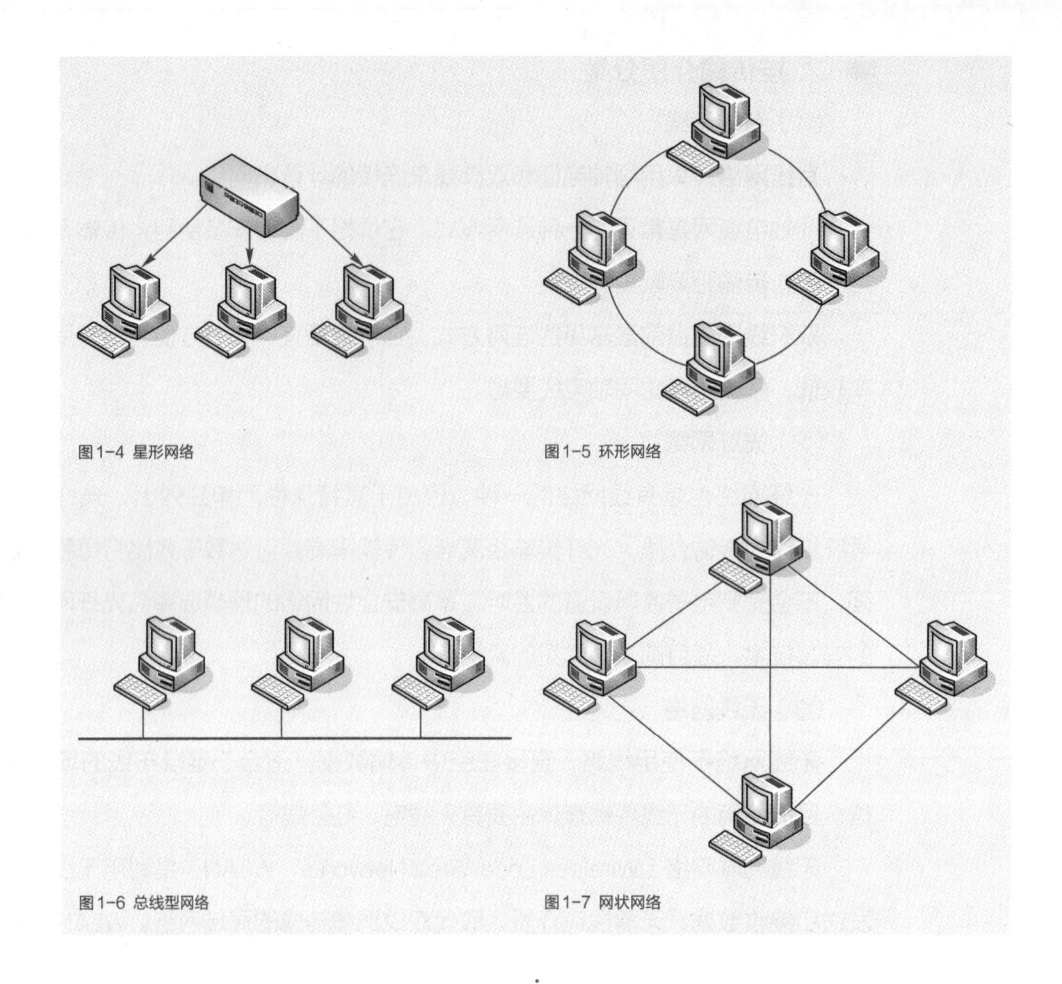
图1-4 星形网络
图1-5 环形网络
图1-6 总线型网络
图1-7 网状网络

瘫痪，总线型网络安全性低，监控比较困难，增加新站点也不如星形网络容易，如图1-6所示。

（4）树形网络、簇星形网络、网状网络等其他类型拓扑结构的网络都以上述三种拓扑结构的网络结构为基础，如图1-7所示。

4. 按通信方式分类

（1）点对点传输网络

数据以点到点的方式在计算机或通信设备中传输。星形网络、环形网络采用这种传输方式。

（2）广播式传输网络

数据在共用介质中传输。无线网络和总线型网络属于这种类型。

5. 按网络使用的目的分类

（1）共享资源网络

使用者可共享网络中的各种资源，如文件、扫描仪、绘图仪、打印机以及各种服务。Internet网是典型的共享资源网。

（2）数据处理网络

用于处理数据的网络，例如科学计算网络、企业经营管理用网络。

（3）数据传输网络

用来收集、交换、传输数据的网络，如情报检索网络等。目前，网络使用的目的不是唯一的。

6. 按服务方式分类

（1）客户机/服务器网络

服务器是指专门提供服务的高性能计算机或专用设备，客户机是用户计算机。这是客户机向服务器发出请求并获得服务的一种网络形式，多台客户机可以共享服务器提供的各种资源。它是最常用、最重要的一种网络类型，不仅适合于同类计算机联网，也适合于不同类型的计算机联网，如个人计算机、苹果计算机的混合联网。这种网络的安全性容易得到保证，计算机的权限、优先级易于控制，监控容易实现，网络管理能够规范化。其网络性能在很大程度上取决于服务器的性能和客户机的数量。目前针对这类网络有很多优化性能的服务器，称为专用服务器。银行、证券公司大都采用这种类型的网络。

（2）对等网络

对等网络不要求文件服务器，每台客户机都可以与其他任何一台客户机对话，共享彼此的信息资源和硬件资源，组网的计算机大多类型相同。这种网络方式灵活方便，但是较难实现集中管理与监控，安全性也低，较适合于部门内部协同工作的小型网络。

7. 其他分类方法

根据信息传输模式的特点来分类有ATM网，网内数据采用异步传输模式，提供高达1.2 Gbps的传输速率，有预测网络延时的能力。它可以传输语音、视频等实时信息，是较有发展前景的网络类型之一。

另外还有一些非正规的分类方法：如企业网、校园网，根据名称便可理解。从不同的角度对网络有不同的分类方法，每种网络名称都有特殊的含意。几种名称的组合或名称加参数可以看出网络的特征。千兆以太网表示传输速率高达千兆的总线型网络。

二、网络性能

1. 带宽

网络中的带宽是指在规定时间内从一端流到另一端的信息量，即数据传输速率。数字信息流的基本单位是bit（比特），在二进制数系统中，每个0或1就是1位（bit）；时间的基本单位是s（秒）；描述带宽的单位是b/s（比特/秒），即每秒传输多少二进制数字1或0。

1 b/s是带宽的基本单位，kb/s、Mb/s、Gb/s、Tb/s是带宽常使用的单位。k：kilo（千）；M：mega（兆）；G：giga(吉)；T：tera（太）。其中“bit/s”也可以写作bps（bit per second）。

一般运营商经常会提到带宽网速的概念，指的是用户端Modem至电信宽带（DSLAM）之间的物理接口速率。计算机中常见的数据存储单位为“字节”（byte、B），而数据通信的单位为“字位”（bit、b），两者之间的关系是1 byte=8 bit。电信业务中提到的网速为1M、2M、3M、4M等是以数据通信的字位作为单位计算的，所以计算机软件显示下载速度为300 kb时，实际线路连接速率不小于300 kb×8=2.4 Mbit（2 400 kbit）。

1 byte=8 bit，即1 B=8 b或1 Bps=8 bps，1 Mb=125 kB，2 Mb=250 kB，3 Mb=375 kB，4 Mb=500 kB，以此类推。考虑到数据传输中的各种损耗和计算机终端的性能，网速是不可能达到理论数值的，一般是以一个范围规定网速，例如：1M网络的正常下载速率为75~125 kBps；2M网络的正常下载速率为150~250 kBps；3M网络的正常下载速率为225~375 kBps；4M网络的正常下载速率为300~500 kBps之间，以此类推。

2. 延迟

在传输介质中传输所用的时间指的是从数据开始进入网络到它离开网络之间的时间。在实际使用过程中，可以用Ping命令测试相应时间是否存在延迟。例如：本机IP地址为“192.168.20.7”，那么执行“Ping 192.168.20.7”后显示内容如下：

Replay from 192.168.20.7 bytes=32time<10ms

Ping statistics for 192.168.20.7

Packets Sent=4 Received=4 Lost=0 0%Lost

Approximate round trip times in milli-seconds

Minimum=0ms Maxiumu=1ms Average=0ms

上面显示的延迟为极好状态，几乎察觉不到延迟。延迟可以分为4种程度：

① 1 ~ 30 ms：极快，用户几乎察觉不到有延迟。

② 31 ~ 50 ms：良好，没有明显的延迟。

③ 51 ~ 100 ms：普通，会出现稍有停顿现象，玩对抗类游戏时感觉明显。

④ 大于100 ms：差，会出现卡顿、丢包、掉线等现象。

巩固及拓展

1. 计算机网络给人们带来了极大的便利，其基本功能是（　　）。
   A. 安全性好
   B. 运算速度快
   C. 内存容量大
   D. 数据传输和资源共享

2. 在处理宇宙飞船升空及飞行这类问题时，网络中的所有计算机都协作完成一部分数据的处理任务，体现了网络的（　　）功能。
   A. 资源共享
   B. 分布处理
   C. 数据通信
   D. 提高计算机的可靠性和可用性

3. 局域网的英文缩写是（　　）。
   A. WAN
   B. LAN
   C. MAN
   D. USB

4. 计算机网络中广域网和局域网的分类是以（　　）来划分的。
   A. 信息交换方式
   B. 传输控制方式
   C. 网络使用者
   D. 网络覆盖范围

5. 广域网与LAN之间的主要区别在于（　　）。
   A. 采用的协议不同
   B. 网络范围不同
   C. 使用者不同
   D. 通信介质不同

6. 下面关于网络拓扑结构的说法中正确的是（　　）。
   A. 网络上只要有一个结点发生故障就可能使整个网络瘫痪的网络结构是星形网络
   B. 每一种网络只能包含一种网络结构
   C. 局域网的拓扑结构一般有星形、总线型和环形三种
   D. 环形拓扑结构比其他拓扑结构浪费线

7. 局域网常用的基本拓扑结构有环形、星形和（　　）。
   A. 交换型
   B. 总线型
   C. 分组型
   D. 树形

8. 交换机或主机等为中央结点，其他计算机都与该中央结点相连接的拓扑结构是（　　）。
   A. 环形结构
   B. 总线型结构
   C. 星形结构
   D. 树形结构

学习任务2 网络介质的制作与测试

2

「任务说明」

SOHO 和小型办公网络中需要传输介质连接网络中的设备，完成不同数据的传输。本任务的主要学习内容是掌握网络环境构建中传输介质的相关知识和技能，学会双绞线 EIA/TIA 568A 和 EIA/TIA 568B 标准的接法及用途，为后面网络设备的安装与调试学习做好必要的准备。

「相关知识与技能」

网络传输介质是网络中发送方与接收方之间的物理通路，它对网络的数据通信具有一定的影响。常用的传输介质有双绞线、同轴电缆、光纤、无线传输媒介。

一、常用网络传输介质

1. 双绞线

双绞线是局域网中最常见的传输介质，与其他传输介质相比，双绞线在传输距离、信道宽度和数据传输速率等方面均受到一定限制，但因为安装简单、价格低廉而受到用户的喜爱。

双绞线的分类：常见的双绞线有一类线、二类线、三类线、四类线、五类线和超五类线，以及最新的六类线。前者线径较细，后者线径较粗。此外，双绞线还可以分为非屏蔽双绞线（UTP）和屏蔽双绞线（STP），我们平时使用较多的是UTP。

一类线：主要用于传输语音，多用于20世纪80年代之前的电话线缆，不同于数据传输。

二类线：传输频率为1 MHz，用于语音传输和最高传输速率为4 Mbps的数据传输，常见于使用4 Mbps规范令牌传递协议的旧令牌。

三类线：指的是目前在EIA/TIA568标准中指定的电缆，该电缆的传输频率为16 MHz，用于语音传输及最高传输速率为10 Mbps的数据传输，主要用于

10BASE-T（双绞线以太网）。

四类线：该类电缆的传输频率为20 MHz，用于语音传输和最高传输速率为10 Mbps的数据传输，主要用于基于令牌的局域网和10BASE-T/100BASE-T。

五类线：该类电缆增加了绕线密度，外套一种高质量的绝缘材料，传输频率为100 MHz，用于语音传输和最高传输速率为10 Mbps的数据传输，主要用于100 BASE-T和10 BASE-T网络中，是最常用的以太网电缆。

超五类线：具有信号衰减小、串扰少，并且具有更高的衰减与串扰比值和信噪比、更小的时延误差，性能较以上五类线有明显提高，主要用于千兆以太网（1 000 Mbps）。

六类线：该类电缆的传输频率为1 ~ 250 MHz，六类布线系统在200 MHz时综合衰减串扰比（PS-ACR）有较大的余量，它提供2倍于五类的带宽，五类线为100 Mb、超五类为155 Mb、六类为200 Mb。在短距离传输中，五类、超五类、六类线都可以达到1 Gbps，六类布线的传输性能高于五类、超五类标准，适用于传输速率高于1 Gbps的应用。

其他类：如超六类双绞线，它被设计用来支持10千兆以太网传输所需要的更高的频率，且仍然能兼容当前的需求。

七类线：最新的一种双绞线，它主要为了适应万兆位以太网技术的应用和发展。但它不再是一种非屏蔽双绞线，而是一种屏蔽双绞线，因此它可以提供至少500 MHz的综合衰减串扰比和600 MHz的整体带宽，是六类线和超六类线的2倍以上，传输速率可达10 Gbps。在七类线缆中，每一对线都有一个屏蔽层，四对线合在一起还有一个公共大屏蔽层。从物理结构上来看，额外的屏蔽层使得七类线线径较大。还有一个重要的区别在于其连接硬件的能力，七类系统的参数要求连接头在600 MHz时所有的线对提供至少60 dB的综合近端串绕。而超五类系统只要求在100 MHz提供43 dB，六类系统在250 MHz的数值为46 dB。

2. 光纤

光纤通信技术的飞速发展增加了光纤光缆的需求量，如图1-8所示。目前，全世界已敷设光纤数亿公里，光纤通信不仅在陆地上使用，而且还形成了跨越大西洋和太平洋的海底光缆线路，几乎包围了整个地球。按光缆敷设方式分有自承重架空光缆、管道光缆、铠装地埋光缆和海底光缆。按光缆结构分有束管式光缆、层绞式光缆、紧抱式光缆、带式光缆、非金属光缆和分支光缆。按光缆用途分有：长途通信用光缆、短途室外光缆、混合光缆和建筑物内用光缆。

(a) FC-PC型光尾纤接头外形图

(b) SC-PC型光尾纤接头外形图

(c) ST-PC型光尾纤接头外形图

(d) FC/PC-SC/PC型光尾纤外形图

图1-8 光纤

（1）光纤的原理

因光在不同物质中的传播速度是不同的，所以光从一种物质射向另一种物质时，在两种物质的交界面处会产生折射和反射。折射光的角度会随入射光角度的变化而变化。当入射光的角度达到或超过某一角度时，折射光会消失，入射光全部被反射，这就是光的全反射。不同的物质对相同波长的光的折射角度是不同的，相同的物质对不同波长的光的折射角度也不同。光纤通信就是基于以上原理而形成的。

（2）光纤的结构

光纤裸纤一般分为三层：中心为高折射率玻璃芯（芯径一般为50 μm或62.5 μm），中间为低折射率硅玻璃包层（直径一般为125 μm），最外层是加强用的树脂涂层。

（3）光纤的分类

① 按照工作波长分类：紫外光纤、可观光纤、近红外光纤、红外光纤（0.85 μm、1.3 μm、1.55 μm）。

② 按照折射率分布分类：阶跃（SI）型光纤、近阶跃型光纤、渐变（GI）型光纤、其他（如三角形、W形、凹陷形等）。

③ 按照传输模式分类：单模光纤（含偏振保持光纤、非偏振保持光纤）、多模光纤。

④ 按照原材料分类：石英光纤、多成分玻璃光纤、塑料光纤、复合材料光纤（如塑料包层、液体纤芯等）、红外材料光纤等。按被覆材料还可分为无机材料（碳等）光纤、金属材料（铜、镍等）光纤和塑料光纤等。

⑤ 按照制造方法分类：预塑有气相轴向沉积（VAD）、化学气相沉积（CVD）等，拉丝法有管律法（Rod intube）和双坩埚法等。

二、常用网络传输介质相关连接标准

1. 双绞线

双绞线实物如图1-9所示。

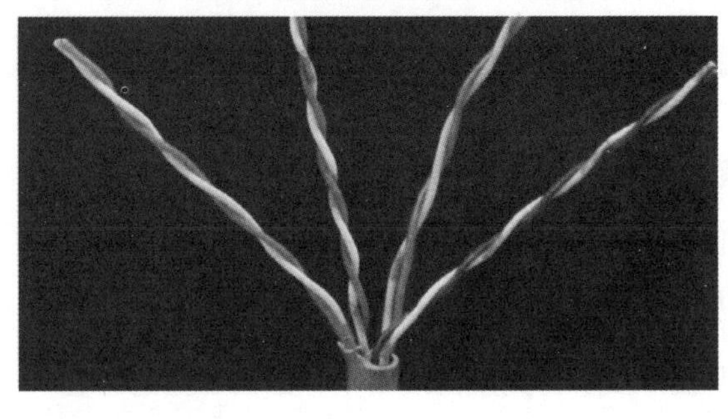

图1-9 双绞线

两种基本连接标准见表1-1。

根据双绞线两端水晶头做法是否相同，双绞线制作有交叉线和直连线之分。

① 交叉线：一端使用EIA/TIA 568A标准，另一端使用EIA/TIA 568B标准。交叉线一般用来连接同型设备，如两台计算机之间的连接、两台交换机的级联。

② 直连线：两端使用的都是EIA/TIA 568B标准，或两端都是EIA/TIA 568A标准。一般用来连接异型设备，如计算机和交换机之间的连接。

表1-1 EIA/TIA 568A标准和EIA/TIA 568B标准

脚位	1	2	3	4	5	6	7	8
T568A	白绿	绿	白橙	蓝	白蓝	橙	白棕	棕
T568B	白橙	橙	白绿	蓝	白蓝	绿	白棕	棕

2. 网卡及交换机引脚定义（见表1-2和表1-3）

表1-2 网卡RJ-45连接头引脚的定义

引脚	功能	简称
1	发送数据	Tx^+
2	发送数据	Tx^-
3	接收数据	Rx^+
4	未使用	
5	未使用	
6	接收数据	Rx^-
7	未使用	
8	未使用	

表1-3 交换机RJ-45插座引脚的定义

引脚	功能	简称
1	接收数据	Rx^+
2	接收数据	Rx^-
3	接收数据	Tx^+
4	未使用	

续表

引脚	功能	简称
5	未使用	
6	接收数据	Tx$^-$
7	未使用	
8	未使用	

3. 介质连接设备的接线方法

一般使用双绞线连接交换机设备时，大致有两种形式。第一种方法是使用普通端口级联，普通端口就是通过交换机的某一个常用端口（如RJ-45端口）连接，需要注意的是所用的连接线要反线，即双绞线的两端要跳线（即第1—3与2—6线脚对调）。第二种方法是使用Uplink端口级联，在所有交换机端口中，都会在旁边包含一个Uplink端口，此端口是专门为上行连接提供的，只需通过直连双绞线将该端口连接至其他交换机上除“Uplink端口”外的任意端口即可（注意：不是Uplink端口的相互连接），如图1-10、图1-11和图1-12所示。连接线方法见表1-4。

图1-10 使用普通端口级联

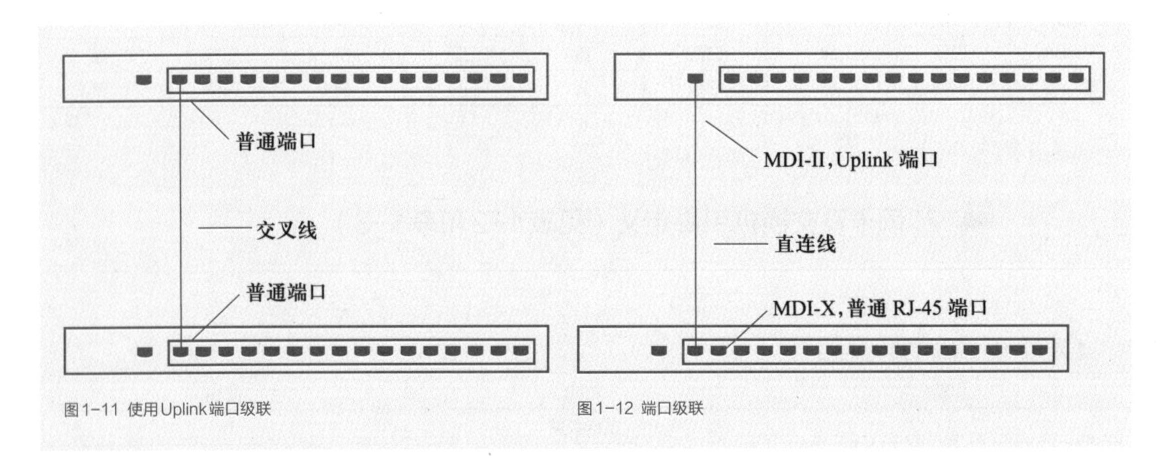

图1-11 使用Uplink端口级联

图1-12 端口级联

表 1-4 连接线方法

连接设备	接线方法
PC-PC	交叉线缆
PC-HUB	直连线缆
HUB 普通口 -HUB 普通口	交叉线缆
HUB 级联口 -HUB 级联口	交叉线缆
HUB 普通口 -HUB 级联口	直连线缆
SWITCH-HUB 普通口	交叉线缆
SWITCH-HUB 级联口	直连线缆
SWITCH- SWITCH	交叉线缆
SWITCH-ROUTER	直连线缆
ROUTER- ROUTER	交叉线缆
ADSL-MODEM-PC	直连线缆

三、网络介质的测试

常用的网络介质测试方法

（1）双线测试

网络电缆测试仪可以对双绞线1、2、3、4、5、6、7、8、G线对逐根（对）测试，并可区分判定哪一根是（对）错线，短路或开路。RJ-45端口铜片没完全压下时不能测试，否则会使端口永久损坏；应使用原装高品质的压线工具和水晶头；没有注明RJ-11的端口，均不能测试电话连接RJ-11端口，否则将导致端口插针永久损坏。图1-13所示为NS-468多功能网络电缆测试仪。

图1-13 NS-468多功能网络电缆测试仪

打开电源至ON（S为慢速测试挡，M为手动挡），将网线插头分别插入主测试器和远程测试端。主机指示灯从1至G逐个顺序闪亮，如下：

主测试器：1-2-3-4-5-6-7-8-G。

远程测试端：1-2-3-4-5-6-7-8-G（RJ-45）。

1-2-3-4-5-6-----（RJ-12）。

1-2-3-4---------（RJ-11）。

若接线不正常，按下述情况显示：

① 若有一根网线（如3号线）断路，则主测试仪和远程测试端3号灯不亮。

② 若有几条线不通，则几条线都不亮，当网线少于2根线连通时，灯都不亮。

③ 若两头网线乱序，如2、4线乱序，则显示如下：

主测试器不变：1-2-3-4-5-6-7-8-G。

远程测试端为：1-4-3-2-5-6-7-8-G（RJ-45）。

④ 当有2根网线短路时，则主测试器显示不变，而远程测试端显示短路的两根线灯都微亮，若有3根以上（含3根）网线短路时，则所有短路的几条线号的灯都不亮。若测配线架和墙座模块，则需2根匹配路线引到测试仪上。

（2）同轴电缆测试

如果电缆是好的，则两端BNC绿灯同时闪烁。使用万用表电阻挡测试更为方便。

（3）光纤测试

光纤的测试方法主要参照《GB/T50312—2016综合布线系统工程验收规范》，在一些国际标准中对光纤测试方法也有具体要求，其中主要测试方法是从光纤测试参数、测试设备、测试方法等几个方面进行阐述的。

① 测试参数

端到端光纤链路损耗。

每单位长度的衰减速率。

熔接点、连接器与耦合器各事件。

光缆长度或事件的距离。

每单位长度光纤损耗的线性（衰减不连续性）。

反射或者光回损（ORL）。

色散（CD）。

极化模式色散（PMD）。

衰减特性（AP）等。

② 常用测试设备

A. 光源

一个光源可以是一台设备，或是一个LED，或是一个激光器，常用的是激光笔，如图1-14所示。

B. 功率计

功率计是光纤技术人员的标准测试仪，是常用工具，其主要功能是显示光电二极管的入射功率，读取功率电平，如图1-15所示。

其他的测试设备还有损耗测试仪、光话机、可视故障定位仪、光纤识别器、光纤检查显微镜、故障定位仪、监测系统等。

③ 测试方法

在具体的工程中对光缆的测试方法有：连通性测试、收发功率测试和光时域反射损耗测试三种，现分别简述如下：

A. 连通性测试

连通性测试是最简单的测试方法，只需在光纤一端导入光线（如红光激光笔），

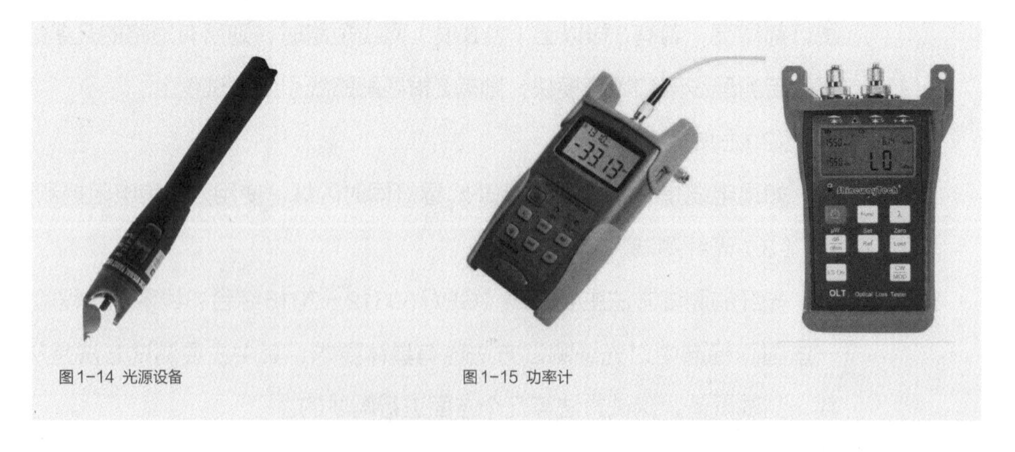

图1-14 光源设备

图1-15 功率计

最远可达大约5 000千米的距离。通过发送可见光，技术人员在光纤的另外一端查看是否有红光即可（注意保护眼睛，不可直视光源）。有光闪表示连通，看不到光即可判定光缆中有断裂或弯曲。此测试方式多用于尾纤、跳线或者光纤段连续性测试。在对使用要求不高的项目中经常被采用作为验收标准。

B. 收发功率测试

收发功率测试是测定布线系统光纤链路的有效方法，使用的设备主要是光纤功率计和一段跳接线。在实际应用中，链路的两端可能相距很远，但只要测得发送端和接收端的光功率，即可判定光纤链路的状况。具体操作过程如下：在发送端将测试光纤取下，用跳接线取而代之，跳接线一端为原来的发送器，另一端为功率计，使光发送器工作，即可测得发送端的光功率值。在接收端，用跳接线取代原来的跳线，接上功率计，在发送端的光发送器工作的情况下，即可测得接收端的光功率值。发送端与接收端的光功率值之差，就是该光纤链路所产生的损耗。

C. 光时域反射损耗测试（OTDR）

光时域反射计是用于确定光纤与光网络特性的光纤测试仪，OTDR的目的是检测、定位与测量光纤链路的任何位置上的事件。OTDR的一个主要优点是它能够作为一个一维的雷达系统，能够仅由光纤的一端获得完整的光纤特性，OTDR的分辨率在4~40 cm之间。

OTDR是光纤线路检修非常有效的手段，基本原理是利用导入光与反射光的时间差来测定距离，如此可以准确判定故障的位置。OTDR适用于故障定位，特别适用于确定光缆断开或损坏的位置。OTDR测试文档为网络诊断和网络扩展提供重要数据。

OTDR又可以分为以下三种常见方式。

第一种方式：不使用发射与接收光缆的验收测试。

此种测试方式可以测试被测光缆，但是由于被测光缆的前、后端没有连接发射光缆，所以前、后的连接器不能被测试。在这种情况下，不能提供一个参考的后向散信号。因此，不能确定端点连接器点的损耗，为了解决这一问题，在OTDR的发射位置（前端）以及被测光纤的接收位置（远端）加上一段光缆。

第二种方式：使用发射与接收光缆的验收测试。

此种方式由于加上了发射与接收光缆，可以测试被测光缆的整条链路，以及所有的连接点。多模测试时，发射光缆的长度通常为300~500 m；单模测试时，发射光缆的长度通常为1 000~2 000 m。发射与接收光缆应与被测光缆相匹配（类型，芯径等）。

第三种方式：使用发射与接收光缆的环回测试。

此种方式可以测试被测光缆的整条链路，以及所有的连接点。

由于采用环回测量方法，技术人员仅需要一台光时域反射计用于双向测量。在光纤的一端（近端）执行OTDR数据读取。一次可以同时测试两根光缆，测试人员需要2人，一人在近端OTDR位置，另一人位于光缆另一端，采用跳接线或者发射光缆将测试的两根光缆链路进行连接。

④ 计算公式

《GB/T 50312—2016综合布线系统工程验收规范》中对光纤测试极限值的规定：光纤链路的插入损耗极限值可用以下公式计算：

光纤链路损耗＝光纤损耗＋转接器损耗＋光纤连接点损耗

光纤损耗＝光纤损耗系数（dB/km）× 光纤长度(km)

连接器件损耗＝连接器件损耗/个 × 连接器件个数

光纤连接点损耗＝光纤连接点损耗/个 × 光纤连接点个数

光纤参数见表1-5，连接器件衰减为0.75 dB，光纤连接点衰减为0.3 dB。

表1-5 光纤参数

种类	工作波长/nm	衰减系数/（dB/km）
多模光纤	850	3.5
多模光纤	1 300	1.5
单模室外光纤	1 310	0.5
单模室外光纤	1 550	0.5
单模室内光纤	1 310	1.0
单模室内光纤	1 550	1.0

巩固及拓展

1. 在因特网上的每一台计算机都有唯一的地址标识，它是（　　）。
   A. IP地址
   B. 用户名
   C. 计算机名
   D. 统一资源定位器

2. IP地址是计算机在因特网中的唯一识别标志，IP地址中的每一段使用十进制数描述其范围是（　　）。
   A. 0~128
   B. 0~255
   C. -127~127
   D. 1~256

3. 关于因特网中计算机的IP地址，叙述不正确的是（　　）。
   A. IP地址是网络中计算机的身份标识
   B. IP地址可以随便指定，只要和主机IP地址不同就行
   C. IP地址是由32个二进制位组成的
   D. 计算机的IP地址必须是全球唯一的

4. IPv6将IP地址空间扩展到（　　）。
   A. 64位
   B. 128位
   C. 32位
   D. 256位

5. IPv4地址资源紧缺、分配严重不均衡，我国协同世界各国正在开发下一代IP地址技术，此IP地址技术简称（　　）。
   A. IPv4
   B. IPv5
   C. IPv3
   D. IPv6

学习任务3 认识路由器

3

「任务说明」

通过对路由器知识的学习，掌握路由器的概念、组成、主要部件、功能、工作流程、路由协议等基础知识，另外还要对动态路由协议和静态路由协议等知识进行学习，为后续网络配置中路由器的实际应用的学习做准备。

「相关知识与技能」

一、路由器简介

路由器是指通过相互连接的网络，把信息从源地点传输到目标地点的活动，路由可以理解为选择路径。一般来说，在路由过程中，信息至少会经过一个或多个中间节点。图1-16所示为路由器接线图。

1. 路由器的构造

路由器的主要部件有CPU、RAM/DRAM、Flash Memory、NVRAM、ROM、接口等。

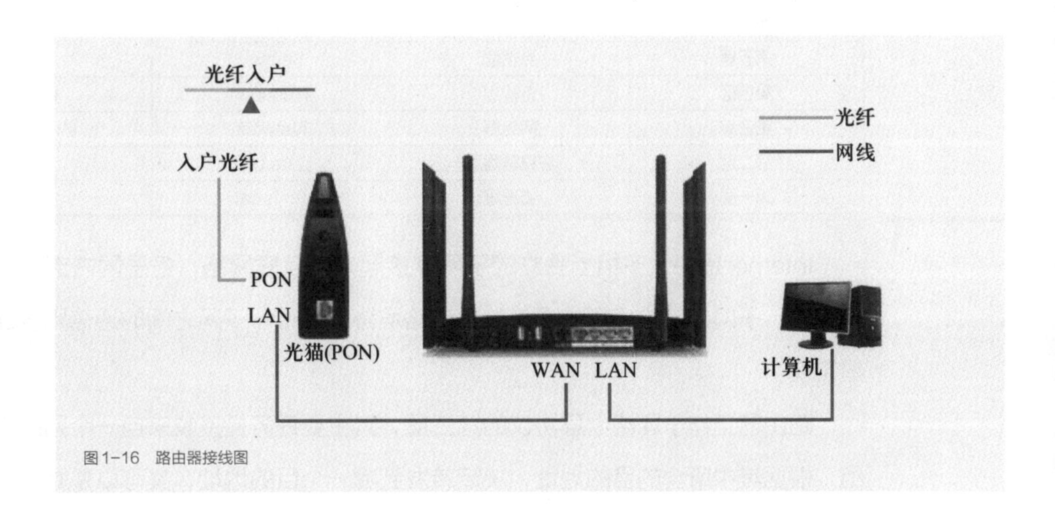

图1-16 路由器接线图

CPU：中央处理单元，它是路由器的控制和运算部件。

RAM/DRAM：内存（Random Access Memory/Dynamic Random Access Memory）是路由器主要的存储部件。RAM也称为工作存储器，包含动态的配置信息，用于存储临时的运算结果，如路由表、ARP表、快速交换缓存、缓冲数据包、数据队列、当前配置文件。

Flash Memory：可擦除、可编程的ROM，用于存放路由器的操作系统，Flash的可擦除特性允许更新，升级IOS而不用更换路由器内部的芯片。路由器断电后，Flash的内容不会丢失。Flash容量较大时，就可以存放多个版本的操作系统。

NVRAM：非易失性RAM（Nonvolatile RAM），用于存放路由器的配置文件，路由器断电后，NVRAM中的内容仍然保持，NVRAM包含的是配置文件的备份。

ROM：只读存储器，存储了路由器的开机诊断程序、引导程序和操作系统软件（用于诊断等有限用途），ROM中的软件升级需要更换芯片。

接口（Interface）：用于网络连接，路由器就是通过这些接口与不同的网络进行连接的。

2. 路由器的功能

路由器是一种典型的网络层设备。网络层解决的是网络与网络之间，即网际的通信问题，而不是同一网段内部的内容。网络层的主要功能是提供路由，即选择达到目标主机的最佳路径，并沿该路径传送数据包。除此之外，网络层还要能够消除网络拥挤，具有流量控制和拥挤控制能力。OSI模型和TCP/IP模型见表1-6。

表1-6 OSI模型和TCP/IP模型

OSI模型			TCP/IP模型
第七层	应用层	Application	应用层
第六层	表示层	Presentation	
第五层	会话层	Session	
第四层	传输层	Transport	传输层
第三层	网络层	Network	Internet层
第二层	数据链路层	Data Link	网络访问层
第一层	物理层	Physical	

Internet是由众多相当独立的子网连接起来的互联网络，各子网内部又由许多主机组成。子网内部主机间的通信按照链路层协议进行；子网之间的通信则要通过路由器实现。

路由器工作于网络七层协议的第三层，其主要任务是接收来自一个网络接口的分组，根据其中所含的目的地址，决定转发到哪一个目的地址，其可以是路由器，也可以是目的主机，并决定从哪个网络接口转发出去，这是路由器的最基本功能即分组转发功能。为了维护和使用路由器，路由器还需要有配置或控制功能。路由器的主要工作是：① 路径判断，使用一定的路由算法选择合适的路径；② 转发。

在收到任何一个数据包时，首先将该数据包的第二层信息拆包，查看第三层信息；然后，根据路由表确定数据包的路由，再检查安全访问表，如果通过则再进行第二层信息封装，最后将该数据包转发。如果在路由表中查不到对应网络地址，则路由器向源地址的站点返回一个消息，并把这个数据包丢掉。具体流程为：

① 接收帧，并分解IP数据包。

② IP数据包头合法性验证。

③ IP数据包选项处理。

④ IP数据包本地提交和转发。

⑤ 转发寻径。

⑥ 转发验证。

⑦ TTL处理。

⑧ 数据包分段。

⑨ 链路层寻址。

路径判断如图1-17所示。

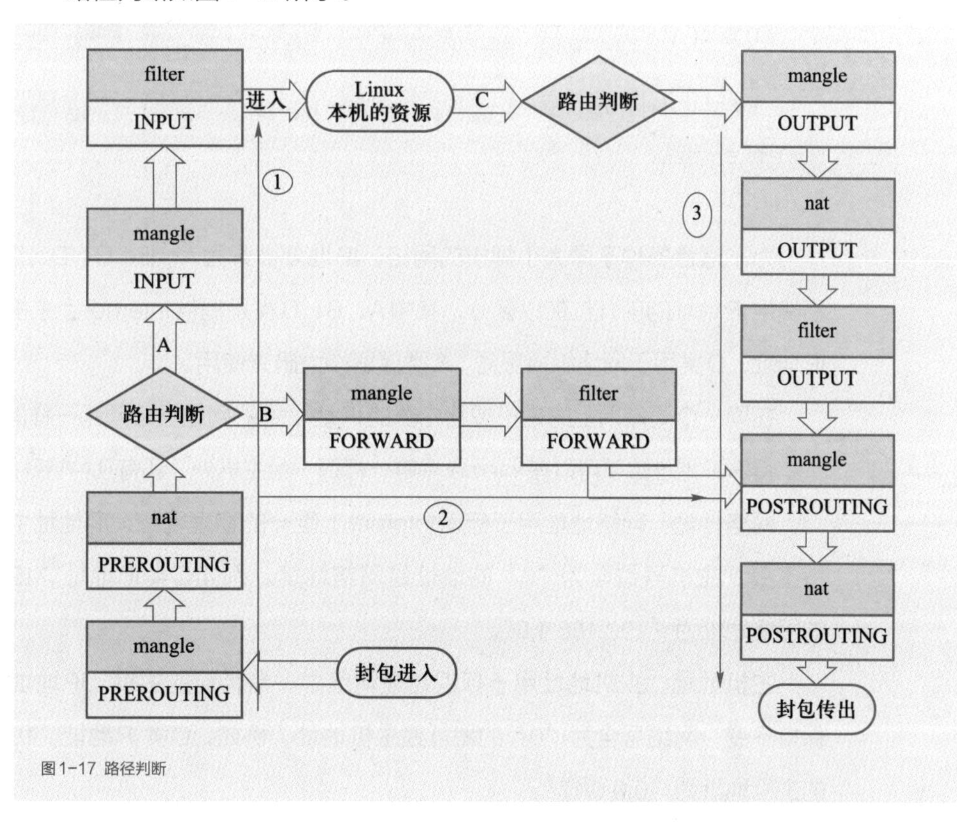

图1-17 路径判断

3. 路由器协议

TCP/IP协议：IP（Internet Protocol）协议是Internet中使用的网络互联协议，它提供不可靠、无连接的分组传递网络服务。IP协议定义了Internet上相互通信的计算机IP地址，并通过路由选择，将数据包由一台计算机传递到另一台计算机，从而实现不同网络之间的互连。IP地址是把整个因特网看成一个单一的、抽象的网络。IP地址就是给每个连接在因特网上的主机（或路由器）分配给一个在全世界范围内的唯一的32位的标识符，用十进制数表示，例如“192.168.0.1”。32位的IP地址由网络号和主机号组成，网络号（net-id）标志主机（或路由器）所连接到的网络，同一物理网络上的所有主机使用同一网络号。主机号（host-id）标志网络中的一台主机（或路由器），如图1-18所示。

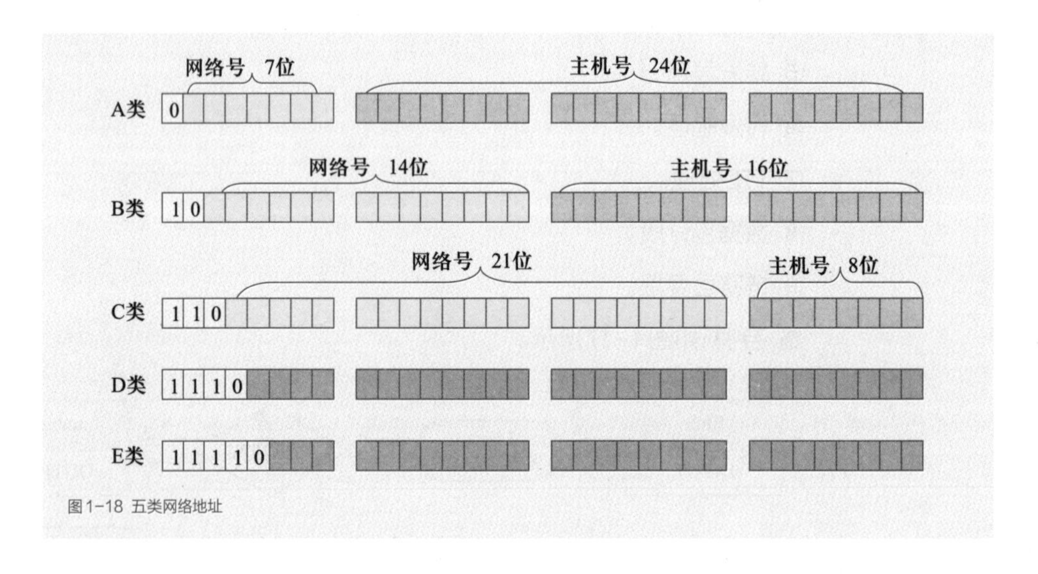

图1-18 五类网络地址

为了适合各种不同大小规模的网络，IP地址被分为A、B、C、D、E五大类，分别使用IP地址的前几位加以区分，其中A、B、C类是提供Internet上主机使用的普通IP地址，D类用于网络组播服务，E类保留作为研究使用。

在同一个局域网上的主机或路由器的IP地址中的网络号必须是一样的。

特殊IP地址除了可以在Internet中唯一标识一台主机外，还有几种特殊的表现形式：

网络地址：网络地址用于标识Internet上唯一的物理网络，IP地址中网络号位保持不变，主机号位全为“0”的地址是网络地址。例如C类IP地址“192.168.1.17”的网络地址为“192.168.1.0”。

主机地址：主机地址用于标识物理网络中一台特定的主机，IP地址中主机号位保持不变，网络号全为“0”的地址是主机地址。例如，C类IP地址“192.168.1.17”的主机地址为“0.0.0.17”。

广播地址：当一个设备发送的数据能被网络中的多个设备同时收到时，这样的通信称为广播。发送设备以广播方式通信时必须设置广播地址，广播地址分为直接广播（directed broadcasting）地址和有限广播（limited broadcasting）地址。

直接广播地址：可以将数据包广播给一个已知网络号的网络中的所有主机。直接广播地址网络号位保持不变，主机号位全为“1”。例如，C类网络地址“192.168.1.17”的直接广播地址为“192.168.1.255”。

有限广播地址：只能用于本网广播，网络号位和主机号位全为“1”，即“255.255.255.255”。实际上，有限广播将广播限制在最小范围内。如果采用标准IP编址，有限广播被限制在本网之内；如果采用子网编址，那么有限广播将被限制在本子网之中。

回送地址：第一个八位组为127的地址（如“127.0.0.1”）是保留地址，称为回送地址。在主机上对应于地址“127.0.0.1”有一个接口，称为回送接口。当主机向“127.0.0.1”发送信息时，数据包经过协议栈的处理，回到主机。使用它可以实现对本机网络协议的测试或实现本地进程间的通信。

4. 路由器与交换机、集线器的区别

交换机：工作在数据链路层，处理的数据单位是数据帧（Frame）。根据帧的目的MAC地址（物理地址）进行数据帧的转发操作。数据发送采用全双工“存储-转发”方式。属于交换式以太网，网内的计算机工作在全双工状态，即发送数据帧的同时，接收数据帧。网内的计算机独享带宽，例如连接在交换机的一个百兆端口上的计算机可以独立享用100Mbps的带宽。

集线器（HUB）：工作在物理层，其主要功能是对接收的信号进行再生放大以扩大网络的传输距离，属于共享式以太网，采用集线器组建的星形以太网以及采用同轴电缆组建的总线型以太网，数据总是以广播方式在集线器或总线上传送，该网中的计算机工作在半双工状态，即同一时刻只能有一个数据帧通过集线器传送。固定带宽被网络上的所有节点共同拥有，此时入网节点将带宽平分，节点越多，平均使用的带宽越窄。

路由器（Router）：工作在网络层的设备，处理的数据单元是IP数据包，用于互连同构或异构的局域网，负责不同网络之间的主机进行通信。根据接收到的IP数据包中的IP地址，选择一条去往目的地的最佳路径，然后从对应的接口转发出去。

① 功能不同

交换机：连通子网内的主机，连通距离近，一般在某一区域内。

路由器：连通不同的子网，连通距离远，全球各地互联。

② 工作的位置不同

交换机：局域网（子网内）。

路由器：局域网的边界和广域网。

③ 地址路径不同

交换机：MAC地址表。

路由器：路由表。

④ 处理速度不同

交换机：处理速度快。

路由器：处理速度慢。

二、路由协议及配置命令

分为静态路由和动态路由。

1. 静态路由

由网络管理员在路由器上手动添加路由信息来实现路由配置。

静态路由协议包括距离矢量路由协议，如rip、链路状态路由协议OSPF、IS-IS等。

以华为设备为例，静态路由的配置命令如下：

[Router] ip route-static ip-address{mask | masklen}{interface-type interface-name | nexthop-address}[preference value][reject | blackhole]

例如：

ip route-static 192.168.1.0 255.255.255.0 10.0.0.2

解析：在HOSTA上，路由器见到了目的网段为192.168.1.0的数据包，就将数据包发送到192.168.2.0网段上。也就是要想去往192.168.1.0，就要经过10.0.0.2。

ip router 192.168.1.0 255.255.255.0 s0/0。

解析：路由器见到了目的网段为192.168.1.0的网段，就将这个数据包从接口s0/0中发送出去。

注意：只有下一跳所属的接口是点对点（PPP、HDLC）的接口时，才可以填写<interface-name>，否则必须填写<nexthop-address>。静态路由具有以下特点：

（1）最为原始的路由配置方式，纯手工，易管理，但是耗时，一般用于小型企业或者规模中等偏下型企业。

（2）静态路由的缺点是不能动态反映网络拓扑，当网络拓扑发生变化时，管理员必须手动改变路由表。

（3）静态路由不会占用路由器太多的CPU和RAM资源，也不占用线路的带宽。如果出于安全考虑想隐藏网络的某些部分或者想控制数据转发路径，可以使用静态路由。

（4）在一个小而简单的网络中，也常常使用静态路由，因为配置静态路由会更为简洁。

2. 动态路由

（1）动态路由分类

距离矢量算法：相邻的路由器之间相互交换路由表，并进行矢量叠加，最后得到整个路由表。其特点是管理简单，收敛速度慢，报文量大，网络开销大，易产生回路。

链路状态算法：路由器分区域收集域内所有路由器的链路状态信息，再生成网络拓扑结构，然后根据拓扑结构计算路由。其特点是没有环路，网络振荡时收敛快，网络流量小。

（2）动态路由器协议

RIP（Routing Information Protocol）：采用距离矢量算法。早期的路由协议配置简单，用HOP计算路由的花费。最大支持直径为15个路由器的网络。

OSPF（Open Shortest Path First）：采用链路状态算法，网络流量小，收敛速度快，没有路由环路。其缺点是复杂，一般用于中大型网络中。

IS-IS（Intermediate System Intermediate System）：采用链路状态算法。

BGP（Border Gateway Protocol）：自治系统间的路由协议，基本功能是在自治系统间无环路交换路由信息。

直连路由如图1-19所示。

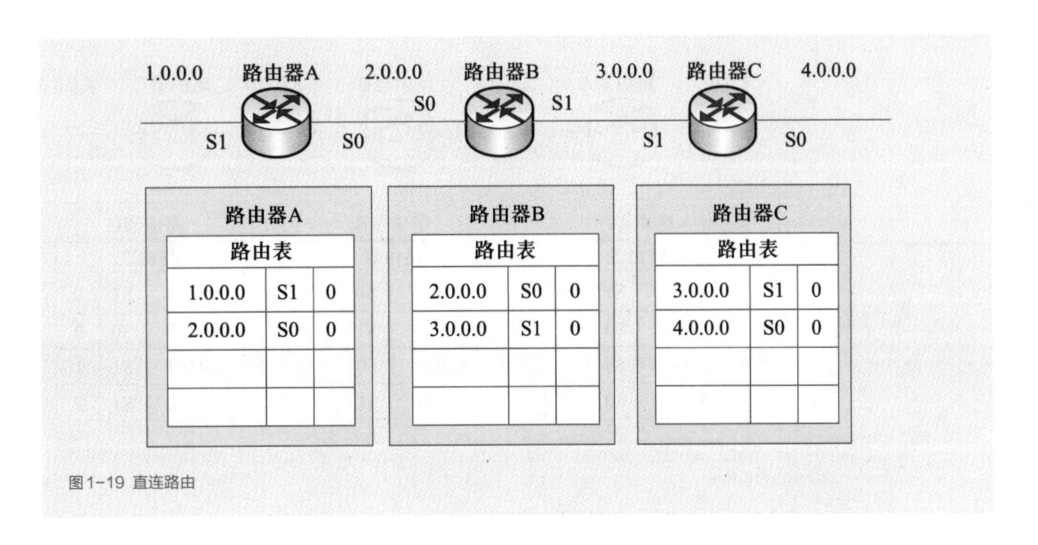

图1-19 直连路由

路由表更新过程如图1-20和图1-21所示。

路由环路如图1-22所示。

距离矢量环路现象如图1-23所示。

RIP协议配置命令：

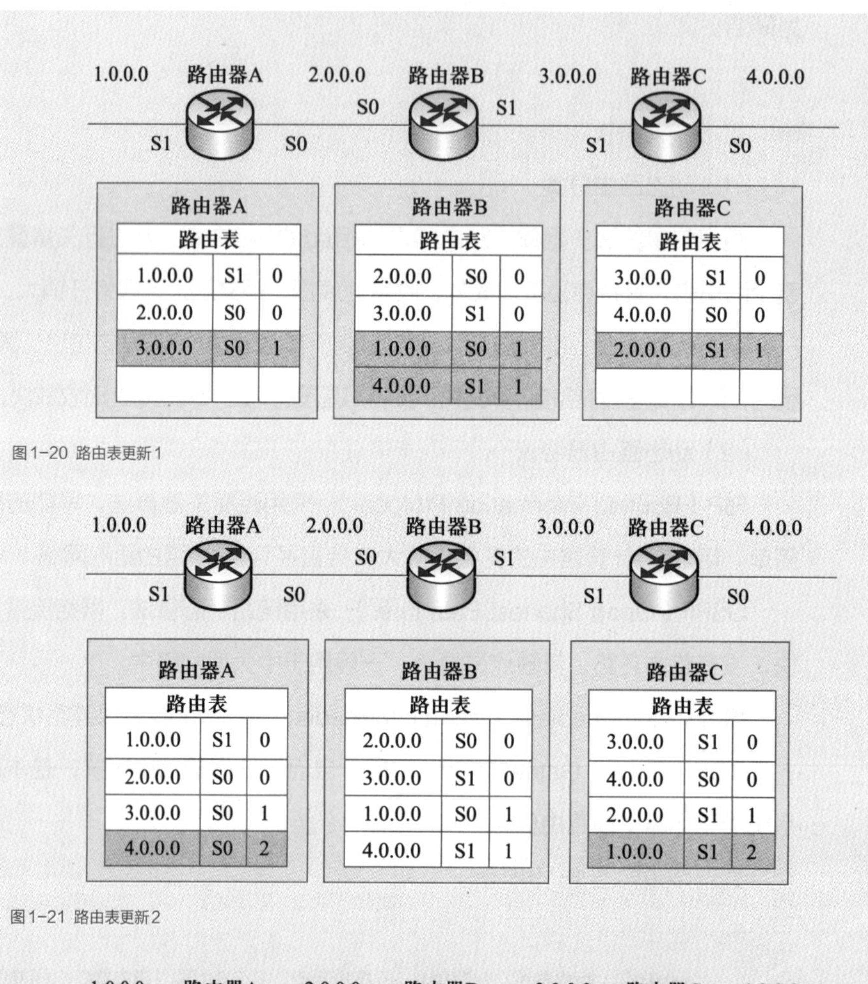

图1-20 路由表更新1

图1-21 路由表更新2

图1-22 路由环路

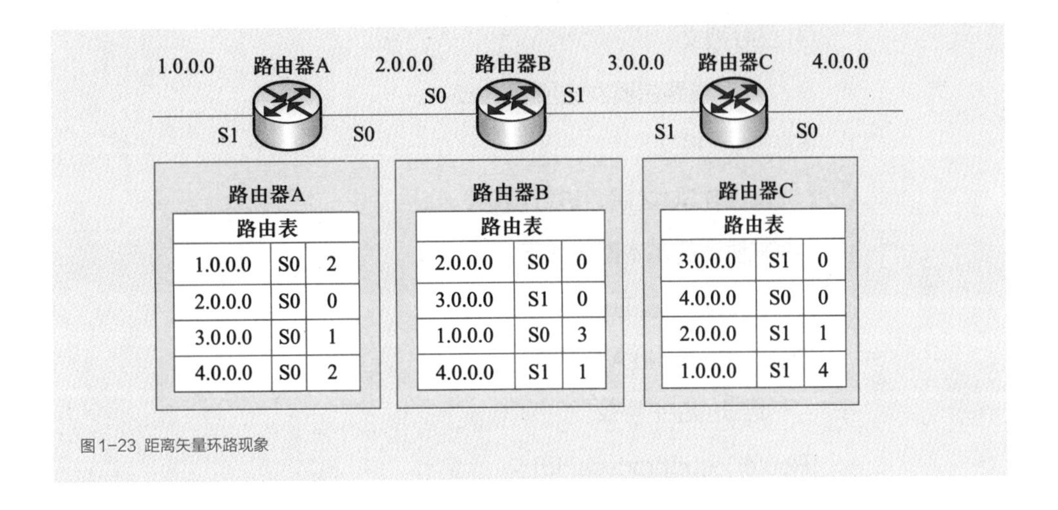

图1-23 距离矢量环路现象

启用RIP协议，进入RIP协议配置视图

[Router]rip

在指定的网络上使用RIP

[Router-rip]network{network-number | all}

指定接口版本

rip version1

rip version2[broadcast | multicast]

配置RIP-2路由聚合

[Router-rip]summary

设置水平分割

[Router-Serial0]rip split-horizon

OSPF协议配置命令

Router ID

一个32位的无符号整数，是一台路由器的唯一标识，在整个自治系统内唯一。

OSPF的协议号是89，如图1-24所示。

IP Header（Protocol # 89）	OSPF Packet

图1-24 OSPF的协议号

五种协议报文如下：

① HELLO报文

用来发现及维持邻居关系，选举DR、BDR。

② DD报文

用来描述本地LSDB的情况。

③ LSR报文

向对端请求本端没有的或者对端更新的LSA。

④ LSU报文

向对端路由器发送所需的LSA。

⑤ LSAck报文

收到LSU之后，进行确认。

OSPF协议的基本配置如下：

配置路由器的Router ID

[Router]router id A.B.C.D

启动OSPF协议

[Router]ospf[process-id]

配置OSPF区域

[Router-ospf-1]area area-id

在指定网段使能OSPF

[Router-ospf-1-area-0.0.0.0]network ip-address wildcard-mask

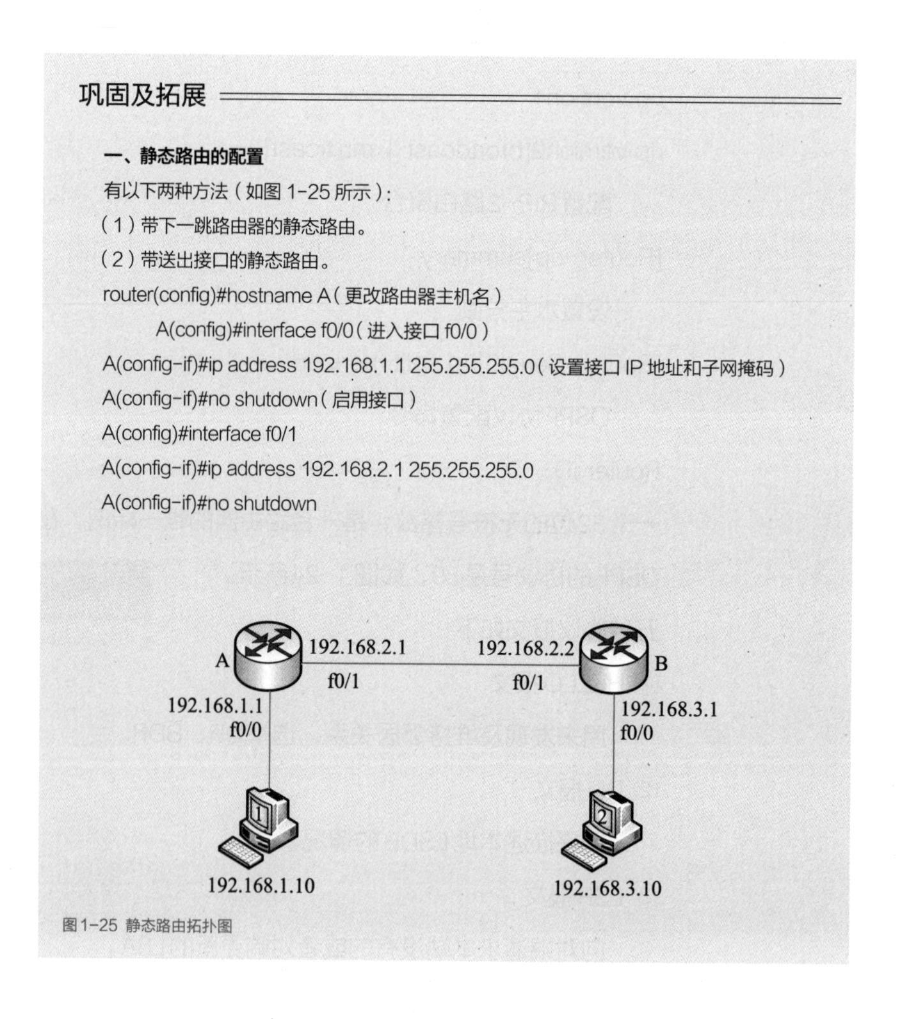

巩固及拓展

一、静态路由的配置

有以下两种方法（如图1-25所示）：

（1）带下一跳路由器的静态路由。

（2）带送出接口的静态路由。

router(config)#hostname A（更改路由器主机名）

A(config)#interface f0/0（进入接口f0/0）

A(config-if)#ip address 192.168.1.1 255.255.255.0（设置接口IP地址和子网掩码）

A(config-if)#no shutdown（启用接口）

A(config)#interface f0/1

A(config-if)#ip address 192.168.2.1 255.255.255.0

A(config-if)#no shutdown

图1-25 静态路由拓扑图

以下二选一：

① 带送出接口的静态路由

A(config)#ip route 192.168.3.0 255.255.255.0 f0/1（目标网段 IP 地址 目标子网掩码送出接口（路由器 A 的 f0/1））

② 带下一跳路由器的静态路由

A(config)#ip route 192.168.3.0 255.255.255.0 192.168.2.2（目标网段 IP 地址 目标子网掩码下一路由器接口 IP 地址）

router(config)#hostname B

B(config)#interface f0/0

B(config-if)#ip address 192.168.3.1 255.255.255.0

B(config-if)#no shutdown

B(config)#interface f0/1

B(config-if)#ip address 192.168.2.2 255.255.255.0

B(config-if)#no shutdown

以下二选一：

① 带下一跳路由器的静态路由

B(config)#ip route 192.168.1.0 255.255.255.0 192.168.2.1

② 带送出接口的静态路由

B(config)#ip route 192.168.1.0 255.255.255.0 f0/1（目标网段 IP 地址 目标子网掩码送出接口（路由器 B））

二、默认路由

路由器需查看路由表而决定怎么转发数据包，若用静态路由一个一个配置，则较为繁琐且容易出错，如果路由器有个邻居知道怎么前往所有的目的地，可以把路由表匹配的任务交给它，从而可以快速准确完成任务。

1. 默认路由的概念

实际上默认路由是一种特殊的静态路由，指的是当路由表中与数据包的目的地址之间没有匹配的表项时，路由器能够做出选择。如果没有默认路由，那么目的地址在路由表中没有匹配表项的包将被丢弃。默认路由（Default route）指的是如果 IP 数据包中的目的地址找不到存在的其他路由时，路由器会默认选择的路由。

默认路由为“0.0.0.0”匹配 IP 地址时，“0”表示 wildcard，任何值都是可以的，所有“0.0.0.0”和任何目的地址匹配都会成功，达到默认路由要求的效果。就是说“0”可以匹配任何 IP 地址。

2. 默认路由的配置

默认路由属于静态路由，它的配置和静态路由一样。不过要将目的地的 IP 地址和子网掩码改成“0.0.0.0”和“0.0.0.0”。

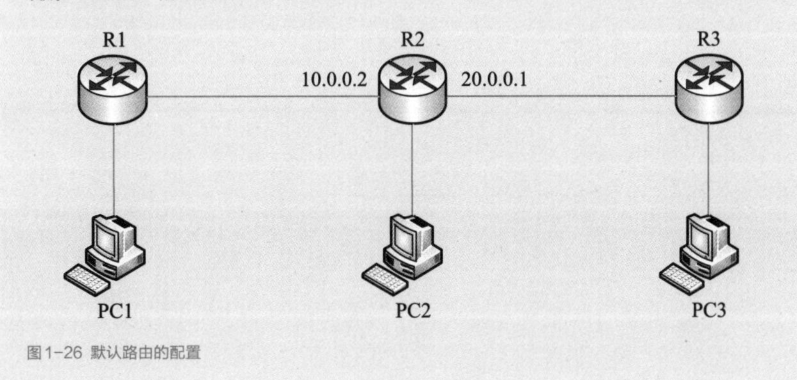

图 1-26 默认路由的配置

如图 1-26 所示，由于默认路由只能存在于末梢网络中，所以只有 R1 和 R3 可用。

① R1(config)#ip route 0.0.0.0 0.0.0.0. 10.0.0.2 (s0/0)

② R3(config)#ip route 0.0.0.0 0.0.0.0 20.0.0.1 (s0/0)

动态路由协议 OSPF 实例如图 1-27 所示。

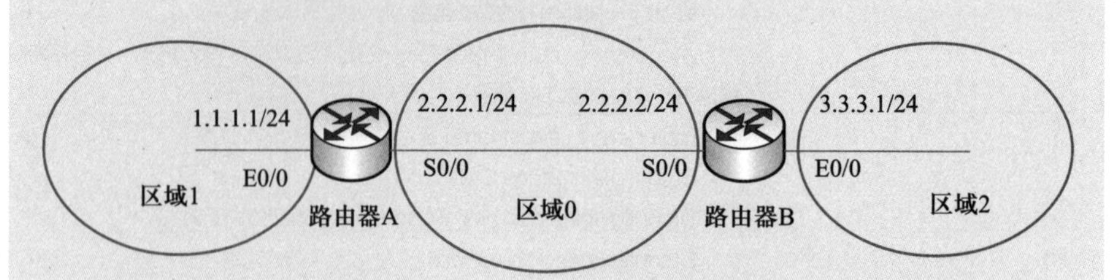

路由器A

ospf 1
Interface ethetnet 0/0
ip addr 1.1.1.1 255.255.255.0

interface serial 0/0
link-protocol ppp
ip addr 2.2.2.1 255.255.255.0
Area 0
Network 2.2.2.0 0.0.0.255
Area 1
Network 1.1.1.0 0.0.0.255

路由器B

ospf 1
Interface ethetnet 0/0
ip addr 3.3.3.1 255.255.255.0

interface serial 0/0
link-protocol ppp
ip addr 2.2.2.2 255.255.255.0

Area 0
Network 2.2.2.0 0.0.0.255
Area 2
Network 3.3.3.0 0.0.0.255

图 1-27 动态路由协议 OSPF 实例

学习任务4 无线路由器的连接与配置

4

「任务说明」

了解无线路由器的基础知识，学会无线路由器的安装与配置，通过本任务学习，需要掌握客户端、用户端与路由器之间搭建局域网络和配置调试的基础知识。

「相关知识与技能」

一、无线路由器

1. 概念

随着网络的飞速发展，各种媒介应用无线网络日趋骤升。无线路由器(Wireless Router)就像将单纯性无线AP和宽带路由器合二为一的扩展型产品，它不仅具备单纯性无线AP所有功能（如支持DHCP客户端、支持VPN、防火墙、支持WEP加密等），而且还包括网络地址转换（NAT）功能，可支持局域网用户的网络连接共享，可实现家庭无线网络中的Internet连接共享，实现ADSL、CABLE MODEM和小区宽带的无线共享接入。无线路由器可以与所有以太网接的ADSL或CABLE MODEM直接相连，也可以在使用时通过交换机/集线器、宽带路由器等局域网方式再接入。其内置有简单的虚拟拨号软件，可以存储用户名和密码拨号上网，可以实现为拨号接入Internet的ADSL等提供自动拨号功能，而无需手动拨号或占用一台计算机作为服务器使用。此外，无线路由器一般还具备相对完善的安全防护功能。

2. 无线路由器有关协议标准

目前，无线路由器产品支持的主流协议标准为IEEE 802.11g，并且向下兼容802.11b。“IEEE”是国际无线标准组织的英文缩写，该组织负责电气与电子设备、试验方法、元器件符号、定义以及测试方法等方面的标准制定。

而在无线路由器领域，除了以上两种协议外，还有一个EE802.11a标准，由于其兼容性不太好而未被普及。IEEE 802.11b与802.11g标准是可以兼容的，它们最大的区别就是支持的传输速率不同，前者只能支持到11 Mbps，而后者可以支持54 Mbps。新的802.11g+标准可以支持108 Mbps的无线传输速率，传输速度基本可以与有线网络持平。

综上所述，如果构建一个数据传输频繁且有一定传输速率要求的无线网络，支持IEEE 802.11g标准的无线路由器是首选；而如果是初涉无线网络，则可以选择价格相对低廉的支持IEEE 802.11b标准的产品。

3. 数据传输速率

无线路由器和有线网络类似，无线网络的传输速率是指它在一定的网络标准之下接收和发送数据的能力；不过在无线网络中，该性能和环境有很大关系。因为在无线网络中，数据的传输是通过信号进行，而实际的使用环境或多或少都会对传输信号造成一定的干扰。

无线局域网的实际传输速率只能达到产品标称最大传输速率的一半以下。例如802.11b标准理论最大速率为11 Mbps，实际测试时，在无线网络环境较好的情况下，传输100 MB的文件需要3 min左右；而相同的环境，换为支持802.11g标准的产品，传输100 MB的文件就只需要30 s左右。

4. 信号覆盖

在路由器参数中提到的“有效工作距离”，是无线路由器的重要参数之一。只有在无线路由器的信号覆盖范围内，其他计算机才能进行无线连接。无线路由器信号强弱受环境的影响较大。

5. 增益天线

在无线网络中，天线可以起到增强无线信号的作用，可以把它理解为无线信号的放大器。天线对空间不同方向具有不同的辐射或接收能力，而根据方向性的不同，天线有全向和定向两种。

全向天线：在水平面上，辐射与接收无最大方向的天线称为全向天线。全向天线由于无方向性，所以多用在点对多点通信的中心台。例如，想要在相邻的两幢楼之间建立无线连接，就可以选择这类天线。

定向天线：有一个或多个辐射与接收能力最大方向的天线称为定向天线。定向天线能量集中，增益相对全向天线要高，适合于远距离点对点通信。由于具有方向性，其抗干扰能力比较强。例如，一个小区需要横跨几幢楼建立无线连接时，可以选择这类天线。

常见的无线路由器一般都有一个RJ-45接口为WAN接口，也就是UPLink到外部网络的接口，其余2~4个接口为LAN接口，用来连接普通局域网。其内部有一个网络交换机芯片，专门处理LAN接口之间的信息交换。通常无线路由器的WAN接口和LAN接口之间的路由工作模式一般采用NAT（Network Address Transfer）方式，如图1-28所示。

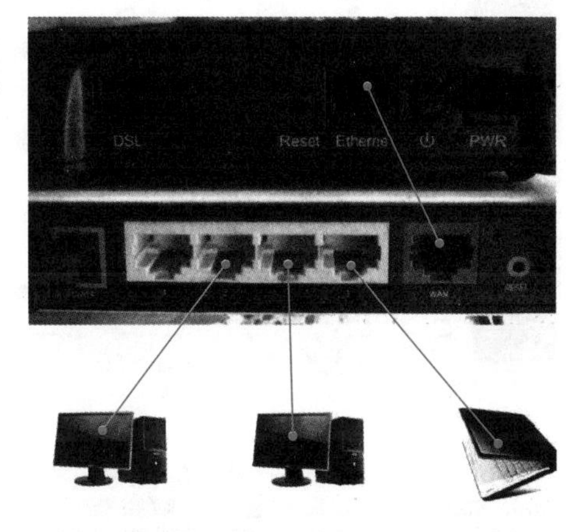

图1-28 无线路由器的连接

二、无线路由器的配置

D-Link无线路由器的配置（PPPOE）方法如下：

1. 将网线插入路由器（WAN接口与MODEM相连，LAN接口与计算机相连）。
2. 打开浏览器，在地址栏中输入“192.168.1.1”，出现如图1-29所示界面。

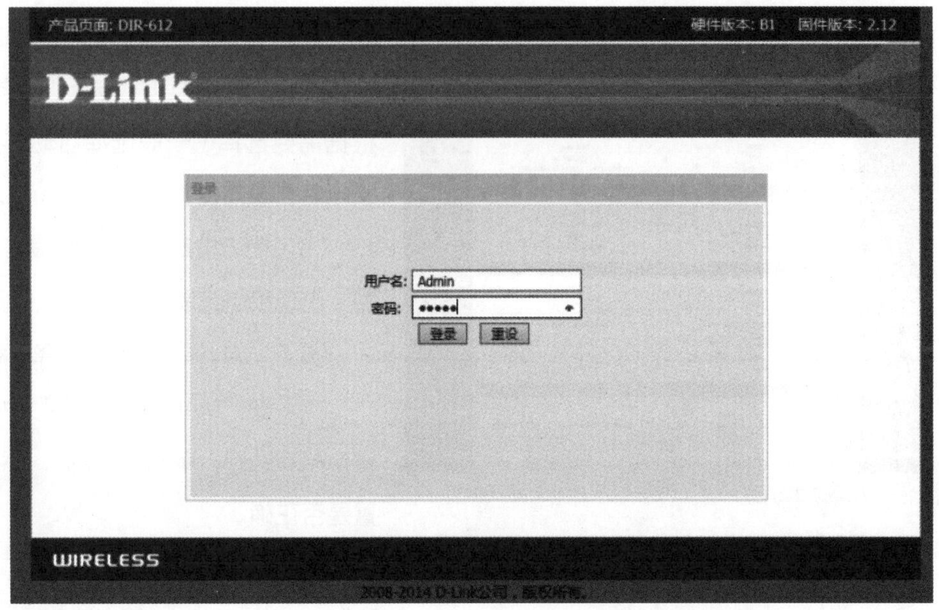

图1-29 无线路由登录界面

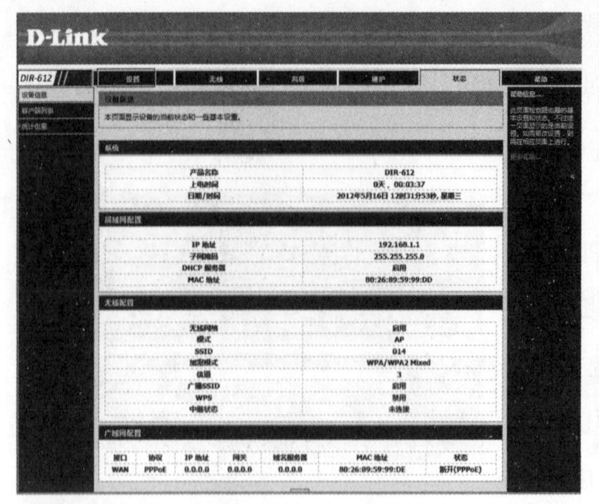

图1-30 配置界面

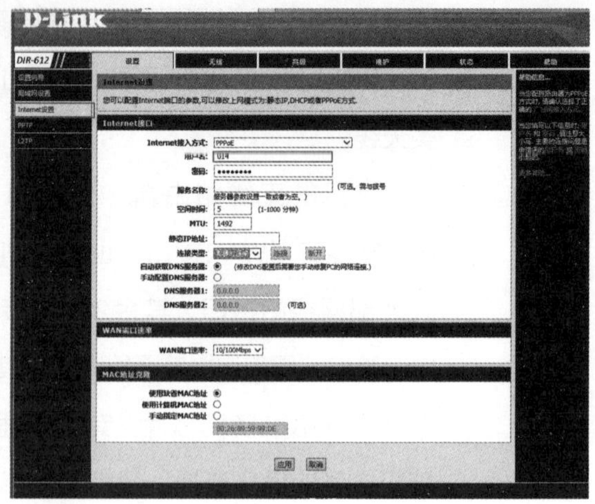

图1-31 配置选项

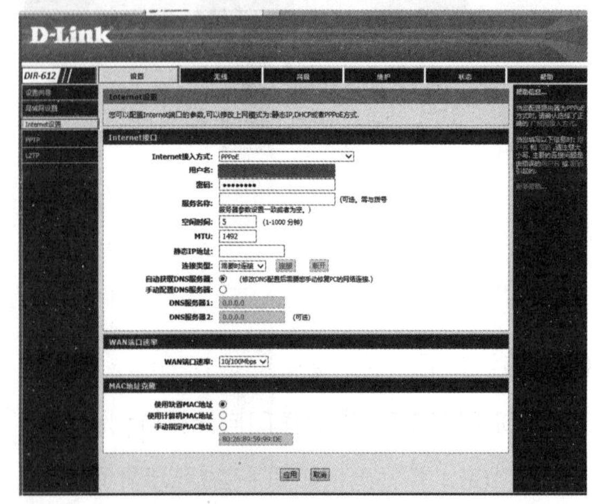

图1-32 WLAN口配置界面

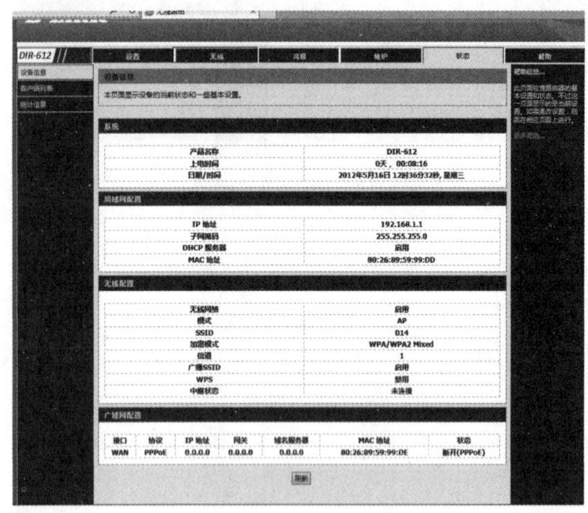

图1-33 无线配置选项

默认用户名：Admin。

默认密码：Admin。

3. 登录后出现如图1-30所示界面。

4. 在第一行菜单栏中选择“设置”，如图1-31所示。

5. 选择“Internet设置”，出现图1-32所示界面。

（1）“Internet接入方式”选择“PPPoE”。

（2）填写用户名和密码。

（3）如果是静态IP地址，需在“静态IP地址”文本框中填写IP地址，否则选择为空。

（4）“连接类型”选择“需要时连接”，可根据需要选择（一般选择自动连接，再开机和断电后自动连接）。

（5）在“自动获取DNS服务器”处单击圆圈，出现黑点代表设置成功。

（6）“WAN端口速率”选择“10/100 Mbps”。

（7）在“MAC地址克隆”中选择“使用缺省MAC地址”，单击“应用”，然后连接测试设置是否正确。

6. 单击图1-33所示界面菜单栏中的“无线”，出现如图1-34所示界面。

图1-34 无线网络设置界面

（1）勾选“启用SSID广播”。

（2）在“无线网络标识（SSID）”处填写网络名称，如“test”。

（3）“模式”选择“802.11b/g/n”。

（4）“频道”中选择“Auto”。

（5）“带宽”选择“Auto 20/40M”或根据个人需要在下拉菜单中选择。

（6）“安全连接”选择“WPA-PSK/WPA2-PSK AES”。

（7）在“安全加密（WPA-PSK+WPA2-PSK）”处设置“密码”，最后单击“应用”按钮完成配置。

注意：本页所设置的为无线设备连接路由器所需的验证密码，WPA-PSK算法比WPA算法更难被破解。

7. 在图1-31所示界面选择“设置”→“局域网设置”，如图1-35所示。单击“DHCP服务器设置”子选项，选择启用DHCP服务器，如图1-36所示。最后单击“应用”按钮。

选择启用DHCP服务器，然后单击“应用”按钮。

8. 在图1-31所示界面选择“维护”→“时间与日期”，如图1-37所示。

（1）输入当前日期和时间，在“NTP配置”中选择相应“时区”即可。

（2）在“维护”选项中的“用户账户配置”中设置相应的“用户名”“特权级”“旧密码”“新密码”“确认密码”信息，如图1-38所示。

（3）选择“维护”→“重启/恢复”，单击“重启”按钮，重启路由器，如图1-39所示。

9. 关闭浏览器重新登录无线路由器，选择“无线”，如图1-40所示。

搜索相应的SSID，确认设置成功，如图1-41所示。

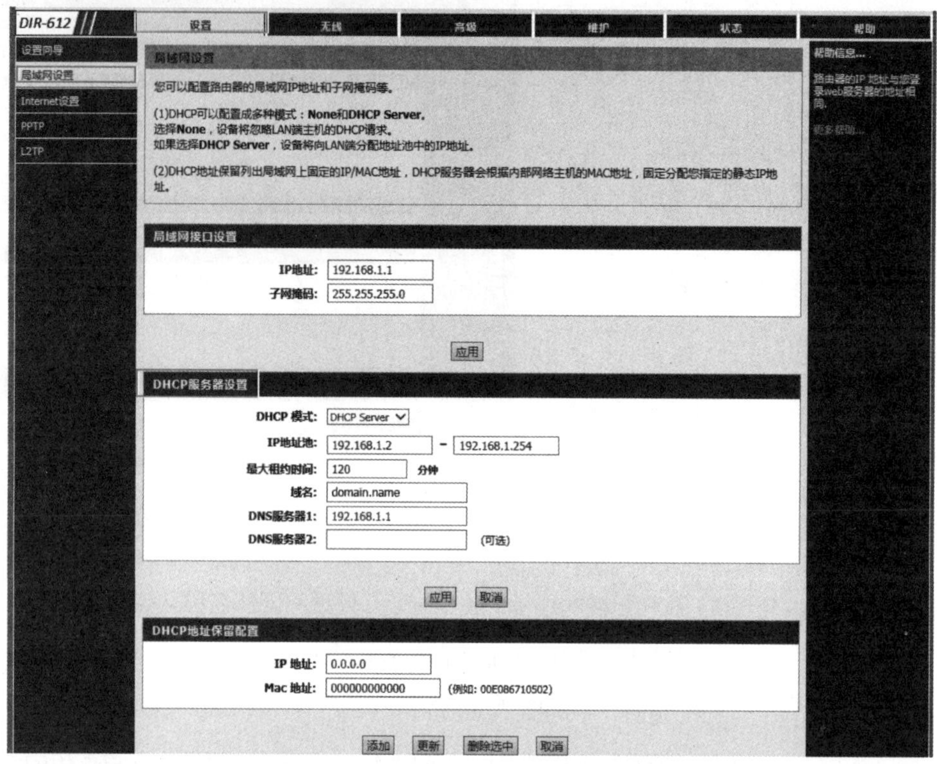

图1-35 DHCP配置选项

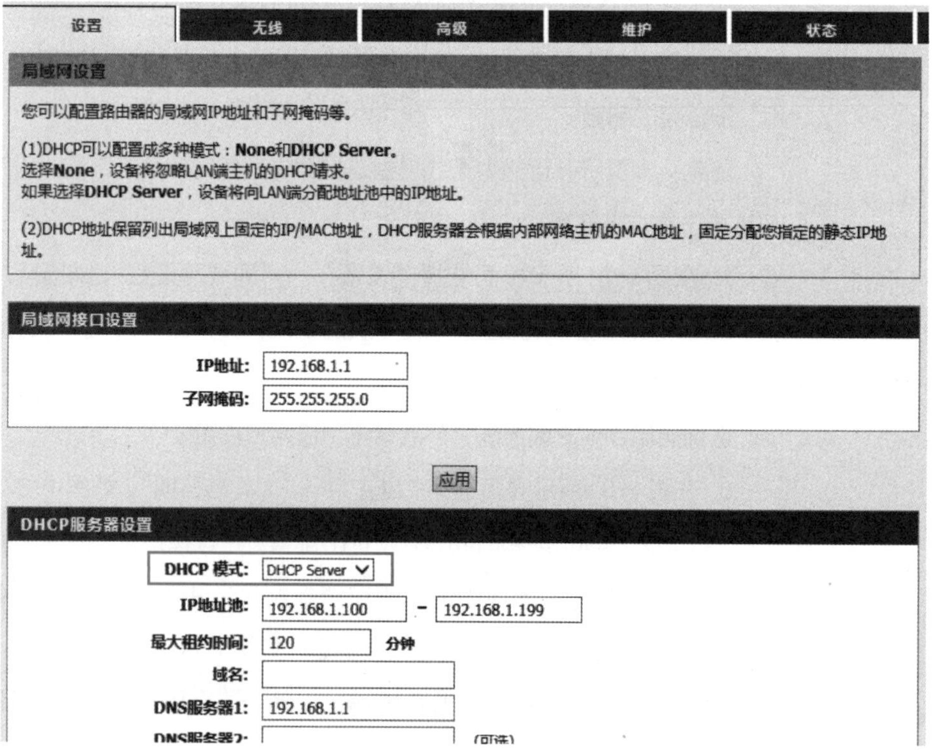

设置 无线 高级 维护 状态

局域网设置

您可以配置路由器的局域网IP地址和子网掩码等。

(1)DHCP可以配置成多种模式：None和DHCP Server。
选择None，设备将忽略LAN端主机的DHCP请求。
如果选择DHCP Server，设备将向LAN端分配地址池中的IP地址。

(2)DHCP地址保留列出局域网上固定的IP/MAC地址，DHCP服务器会根据内部网络主机的MAC地址，固定分配您指定的静态IP地址。

局域网接口设置

IP地址: 192.168.1.1
子网掩码: 255.255.255.0

应用

DHCP服务器设置

DHCP 模式: DHCP Server
IP地址池: 192.168.1.100 - 192.168.1.199
最大租约时间: 120 分钟
域名:
DNS服务器1: 192.168.1.1
DNS服务器2: (可选)

图1-36 DHCP服务子选项

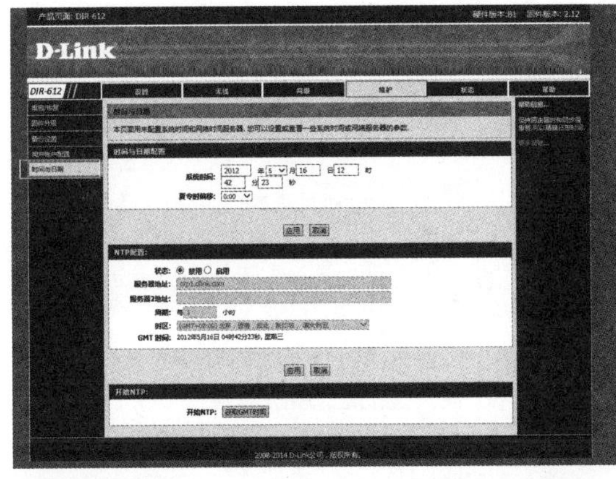

图1-37 “维护”选项

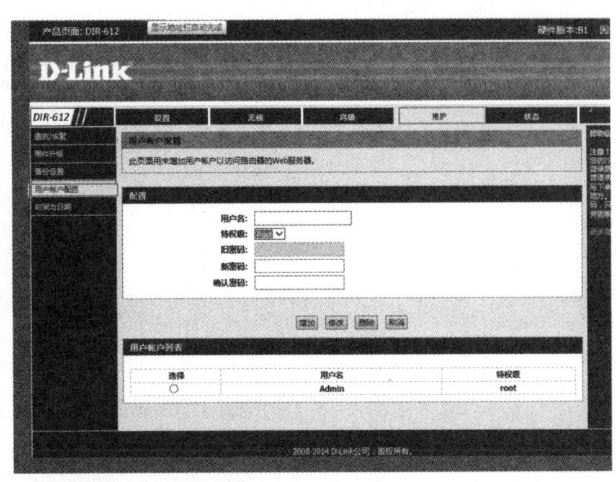

图1-38 配置登录口令及密码

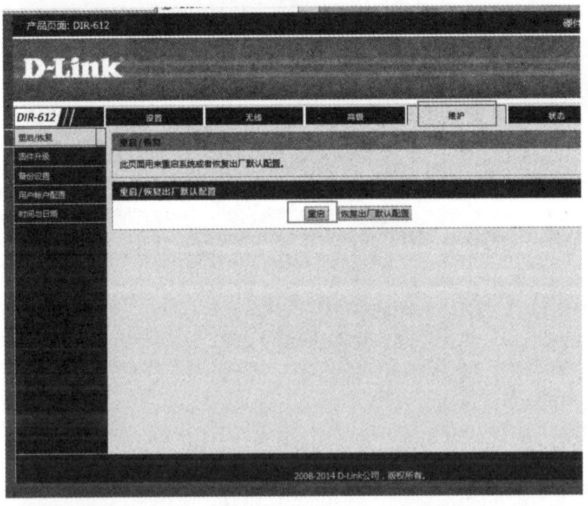

图1-39 重启路由器界面

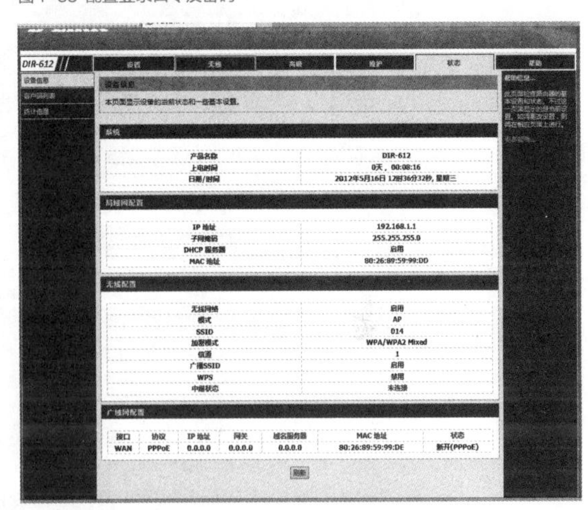

图1-40 选择“无线”

图1-41 无线网络基本设置界面

巩固及拓展

1. WWW 客户与 WWW 服务器之间的信息传输使用的协议为（　　）。

A. SMTP

B. HTML

C. IMAP

D. HTTP

2. 在下列选项中，哪一个选项最符合 HTTP 代表的含义？（　　）。

A. 高级程序设计语言

B. 网域

C. 域名

D. 超文本传输协议

3. 假设某用户上网时输入 http://www.nju.edu.cn，其中的 http 是（　　）。

A. 文件传输协议

B. 超文本传输协议

C. 计算机主机域名

D. TCP/IP 协议

4. 因特网中用于文件传输的协议是（　　）。

A. TELNET

B. BBS

C. WWW

D. FTP

5. 对于网络协议，下面说法中正确的是（　　）。

A. 我们所说的 TCP/IP 协议就是指传输控制协议

B. WWW 浏览器使用的应用协议是 IPX/SPX

C. Internet 最基本的网络协议是 TCP/IP 协议

D. 没有网络协议，网络也能实现可靠的传输数据

6. 某单位没有足够的 IP 地址供每台计算机分配，比较合理的分配方法是（　　）。

A. 给所有的需要 IP 地址的设备动态分配 IP 地址

B. 给一些重要设备静态分配，其余一般设备动态分配

C. 通过限制上网设备数量，保证全部静态分配

D. 申请足够多的 IP 地址，保证静态分配

7. 当 IP 地址不够分配时，对于 IP 地址的分配，恰当的做法是（　　）。

A. 动态 IP 地址

B. 静态 IP 地址

C. 只给部分用户分配，限制其他用户的使用

D. 申请足够的 IP 地址

8. 下列不属于网络规划设计的工作是（　　）。

A. 选择网络硬件和软件

B. 发布网站

C. 确定网络规模

D. 确定网络拓扑结构

实战强化1 双绞线网线压线及测试 1

网线制作是最基础的实训项目。网线制作方法有很多，在此介绍应用较多的 RJ-45 通用 8 针网线的制作方法。

（一）实施目的

1. 掌握EIA/TIA 568标准的网线制作方法。

2. 掌握网线的测试方法。

3. 掌握网线的使用环境。

（二）工具/原材料

双绞线、RJ-45水晶头、双绞线压线钳、双绞线测试仪。

（三）制作步骤

在制作网线之前，我们先来了解双绞线的连接方法。双绞线的连接方法有两种：正常连接和交叉连接。

正常连接是将双绞线的两端分别都依次按白橙、橙、白绿、蓝、白蓝、绿、白棕、棕色的顺序（EIA/TIA 568B标准）压入RJ-45接头（水晶头）内。这种方法制作的网线用于计算机与集线器的连接。

交叉连接是将双绞线的一端按EIA/TIA 568B标准压入RJ-45接头内；另一端将芯线依次按白绿、绿、白橙、蓝、白蓝、橙、白棕、棕色的顺序（EIA/TIA 568A标准）压入RJ-45接头内。这种方法制作的网线用于计算机与计算机的连接或集线器的级联，如图1-42所示。

制作时先准备好需要的原材料。取一条适当长度的双绞线，若干个RJ-45接头，一把双绞线压线钳，还有双绞线测试仪，如图1-43所示。

1. 用压线钳将双绞线一端的外皮剥去3cm，然后按EIA/TIA 568B标准顺序将线芯捋直并拢，如图1-44所示。

2. 将线芯放到压线钳切刀处，8根线芯要在同一平面上并拢，而且尽量平直，在线芯长度约1.5cm处剪齐，如图1-45所示。

3. 将双绞线插入RJ-45接头中，插入过程力度均衡直到插到尽头。检查8根线芯是否已经全部充分整齐地排列在接头中，如图1-46所示。

网线RJ-45接头(水晶头)排线示意图

RJ-45接头

T568A

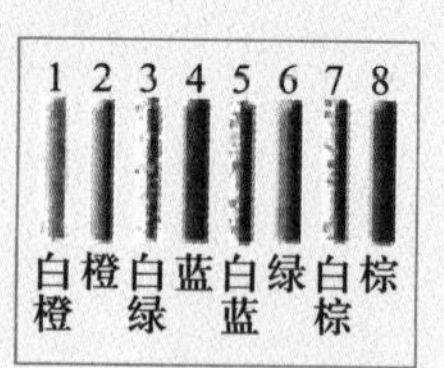

T568B

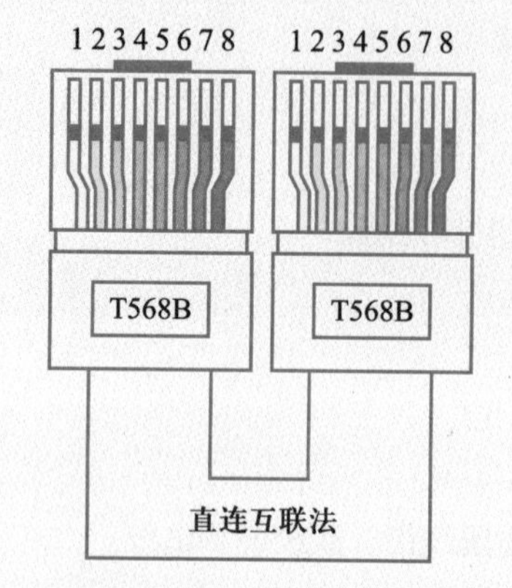

一、直连互联法
网线的两端均接 T568B 接口
1. 计算机 ↔ ADSL MODEM
2.ADSL MODEM ↔ ADSL 路由器的 WAN 口
3. 计算机 ↔ ADSL 路由器的 LAN 口
4. 计算机 ↔ 集线器或交换机

二、交叉互连
网线的一端接 T568B 接口，另一端接 T568A 接口
1. 计算机 ↔ 计算机，即对等网连接
2. 集线器 ↔ 集线器
3. 交换机 ↔ 交换机
4. 路由器 ↔ 路由器

图 1-42 网线RJ-45接头排线示意图

(a) 双绞线测试仪

(b) 双绞线压线钳

(c) 双绞线

(d) RJ-45接头（水晶头）

图 1-43 网线制作准备

图 1-44 EIA/TIA 568B标准线序

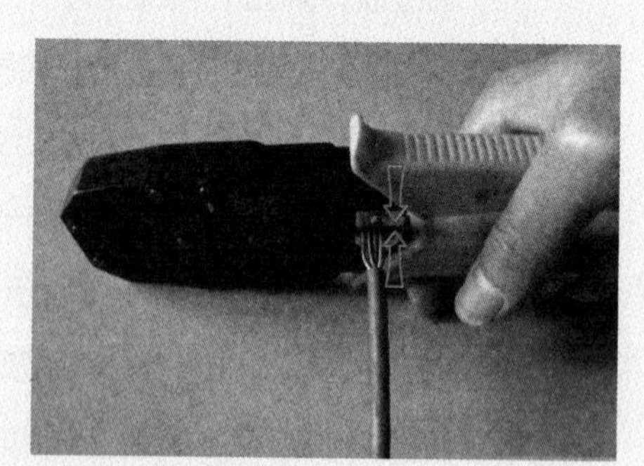

图 1-45 剪切线示意图

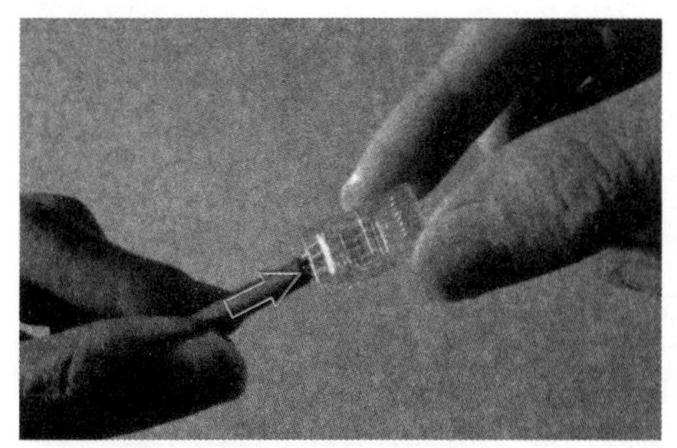

图1-46 安装接头（水晶头）示意图

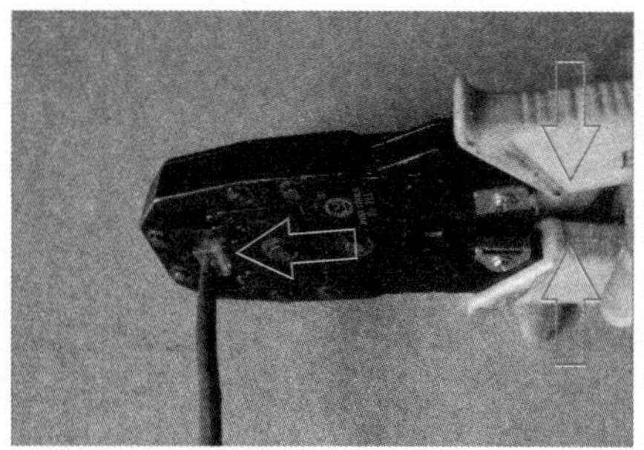
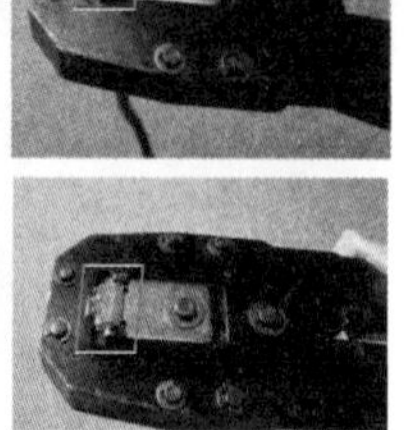

图1-47 压紧接头示意图

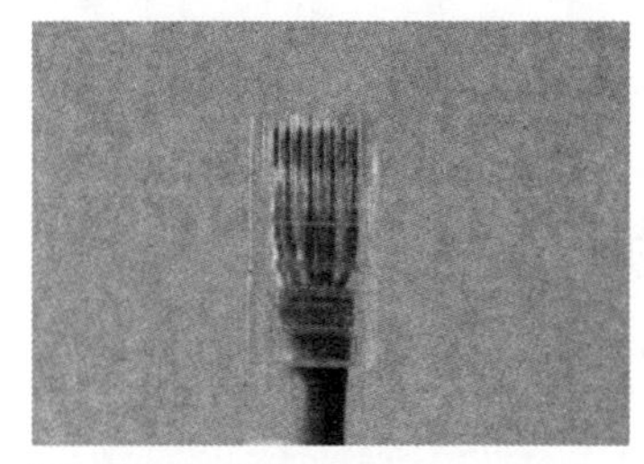

图1-48 制作好的接头（水晶头）

图1-49 测试网线

图1-50 EIA/TIA 568A标准线序

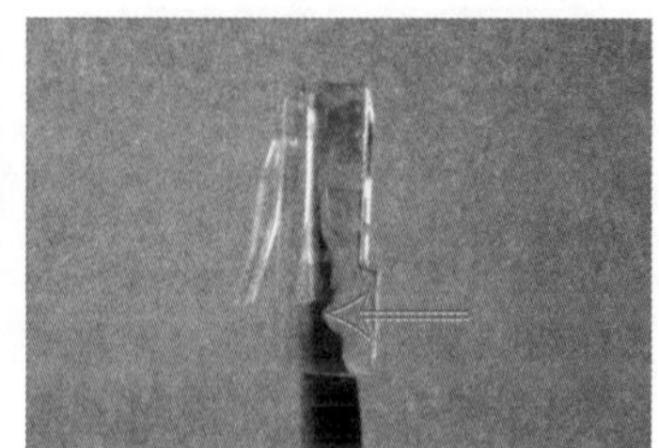

图1-51 压线细节示意图

4. 用压线钳用力压紧接头，然后抽出即可，如图1-47所示。

5. 此时，一端的网线就制作好了，用同样方法制作另一端网线。最后把网线的两头分别插入双绞线测试仪，打开测试仪开关。如果网线正常，两排的指示灯同步发亮，如果有灯没有同步发亮，则说明该线芯连接有问题，应重新制作，如图1-48和图1-49所示。

6. 按照EIA/TIA 568A标准制作的网线，测试方法类似，只是线芯的排列顺序不一样，如图1-50所示。

7. 压线的细节标准：双绞线线芯完全与接头（水晶头）接触，并且接头（水晶头）卡住双绞线的外皮。此时，一条网线制作完成，如图1-51所示。

（四）注意事项

剪线芯时，如果平行线芯的部分过长，芯线之间的相互干扰会增强，影响通信效率；如果太短，水晶头中的金属片不能完全接触到线芯，容易导致接触不良。

小组评价

小组名称：　　　　　　　　　　　　　　　　组长：

成员姓名	组内承担任务内容	准备	实施	完成结果	自我评价	教师评价	备注
组内互评							
结论							

实战强化2 组建家庭网络

2

随着网络的普及，目前家家户户都拥有自己的网络，而且每个家庭使用的带宽也较高，通过学习以下知识和技能，我们可以自己安装配置家里的路由器、摄像头等设备。

（一）实施目的

1. 了解路由器的工作原理。

2. 掌握路由器与其他设备的连接方法。

3. 掌握路由器的配置方法。

（二）工具/原材料

光MODEM、无线路由器、网线、计算机、笔记本计算机。

（三）安装步骤

1. 硬件的准备及连接

硬件及材料如图1-52所示。

连接设备：将光纤插入光MODEM的光口，光MODEM的LAN口用网线连接至路由器的WAN口，路由器的LAN口用网线连接至计算机的网卡。常见的路由器有4个LAN口，任选一个即可。最后插好光MODEM和路由器的电源，打开电源开关，检查电源指示灯是否正常，如图1-53所示。

2. 路由器的配置

首先配置计算机的IP地址，这里以Windows 7操作系统为例，在操作系统桌面单击右下角小电脑图标，选择“打开网络共享中心”，单击左侧“更改适配器设置”，右击“本地连接”选择“属性”，双击“Internet协议版本4”，弹出对话框，选

图1-52 准备材料

择“自动获得IP地址”，单击“确定”按钮关闭对话窗口，IP地址设置完成，如图1-54~图1-57所示。

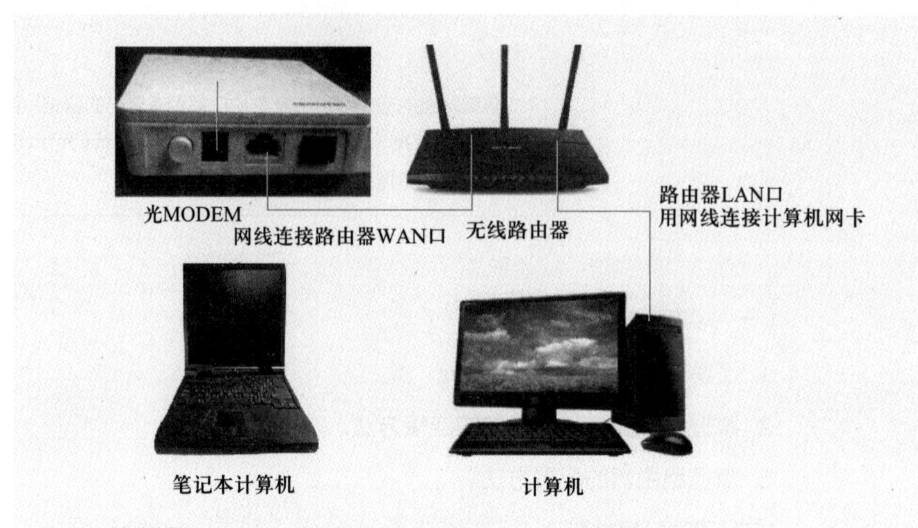

图1-53 设备连接图

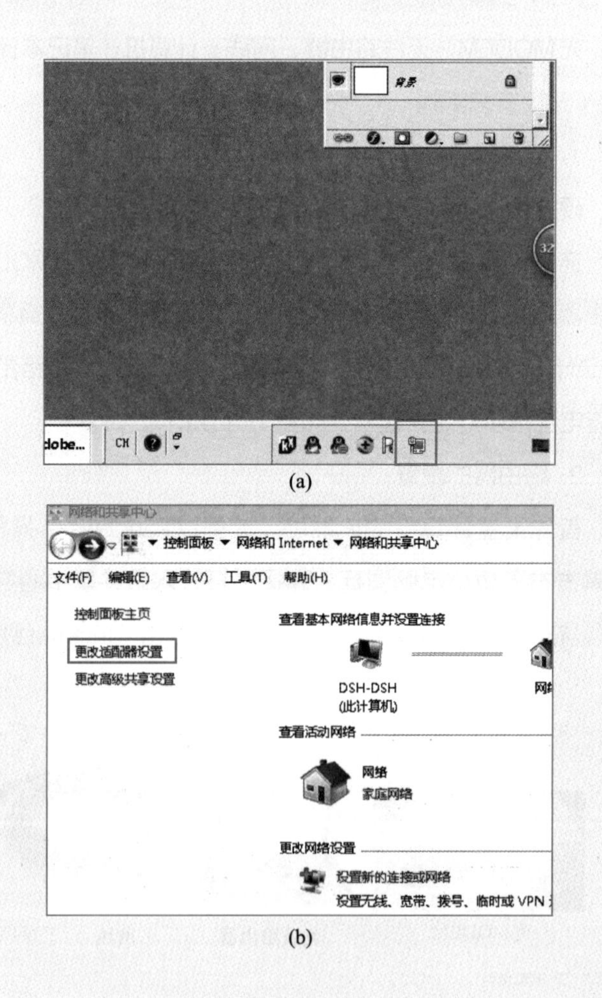

图1-54 路由器配置

图1-55 本机配置选项

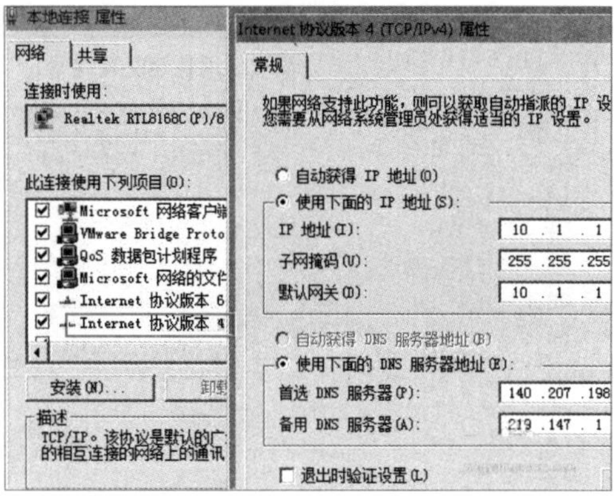

图1-56 Internet协议属性配置

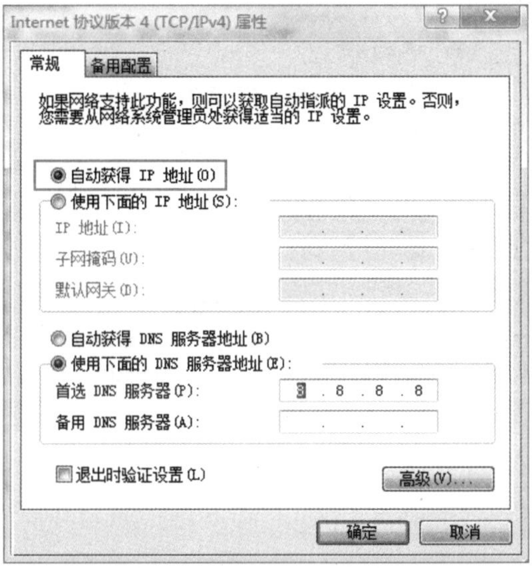

图1-57 自动获得IP地址

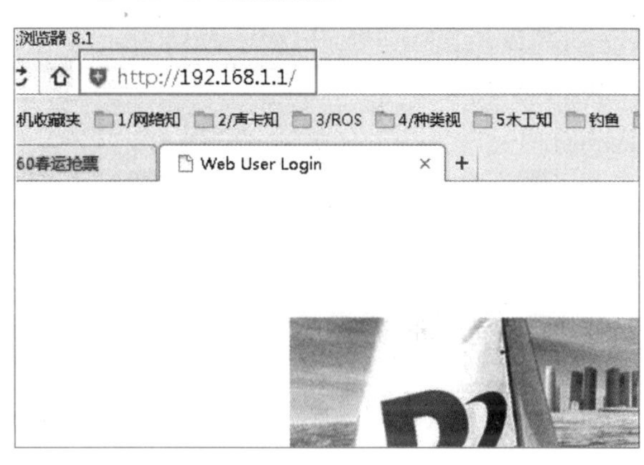

图1-58 登录界面

图1-59 输入用户名和密码

打开浏览器，在地址栏输入“http://192.168.1.1”并回车。

出现登录界面，目前多数路由器的默认地址为“192.168.1.1”或“192.168.0.1”，如图1-58所示。

输入默认的用户名和密码，通常为“admin”，单击“登录”按钮，如图1-59所示。

弹出“快速向导”界面，单击“快速向导”，如图1-60所示。

在弹出界面选择“虚拟拨号(PPPoE)”，在下方上网账号和上网口令位置输入运营商提供的宽带账号和密码，单击“下一步”按钮，如图1-61所示。

弹出图1-62所示界面，“启用”DHCP服

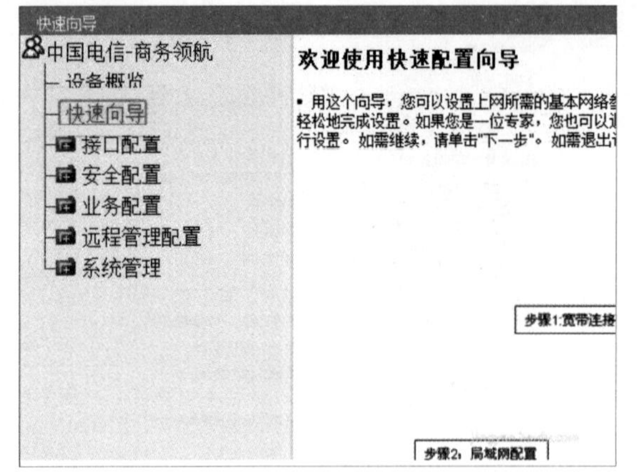

图1-60 快速向导

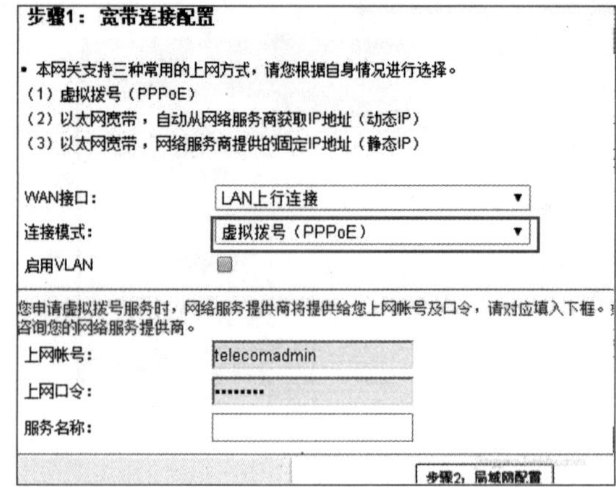

图1-61 连接模式配置

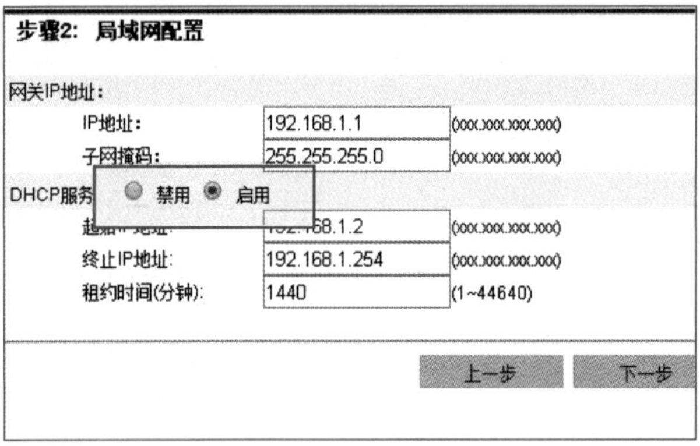

图1-62 启用DHCP服务

图1-63 无线加密方式

务，其他项目默认，单击“下一步”按钮。

弹出图1-63所示界面，设置无线加密方式及无线接入密码，这里选择“WAP2/WPA-PSK混合模式”。注意：这里设置的无线密码一定要记好，稍后手机接入时要使用。最后单击“下一步”按钮，直到执行完成，这样路由器基本配置就完成了。

打开一个网页，测试一下是否可以登录网站，如图1-64所示。

下面再完成笔记本计算机的无线配置。首先打开网页浏览器，在浏览器的地址栏中输入路由器的IP地址“192.168.1.1”，将会看到图1-65所示登录界面，输入用户名和密码（用户名和密码的出厂默认值均为admin），单击“确定”按钮。

弹出图1-66所示的“设置向导”对话框。如果没有自动弹出此对话框，可以单击页面左侧的“设置向导”菜单将它激活。

单击“下一步”按钮，进入图1-67（a）所示的上网方式选择界面，这里根据用户的上网方式进行选择，一般家庭宽带用户是PPPoE拨号用户。这里选择第一

图1-64 打开一个网页测试

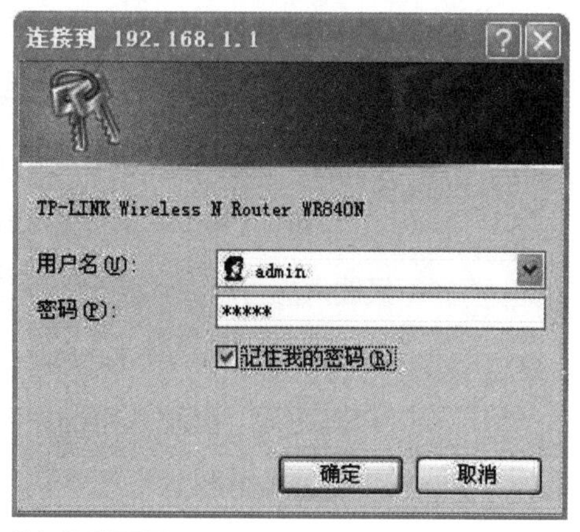

图1-65 登录界面

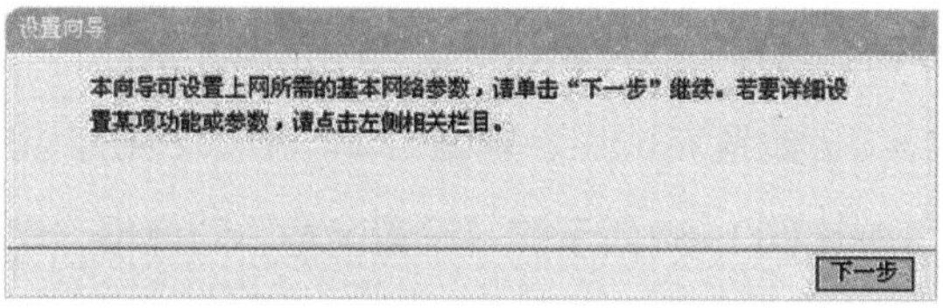

图1-66 设置向导

(a)

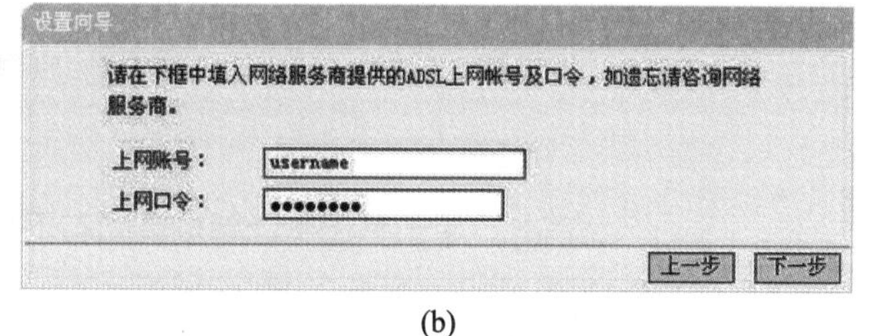

(b)

图1-67 上网设置向导

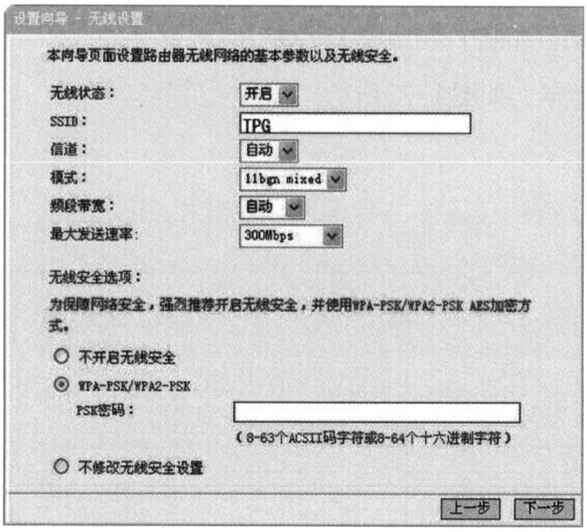

图1-68 无线设置

项“让路由器自动选择上网方式”。单击“下一步”按钮，在弹出的对话框中设置上网账号和上网口令，如图1-67（b）所示。

设置完成后，单击“下一步”按钮，将弹出图1-68所示的无线设置对话框。对话框说明如下：

无线状态：开启或者关闭路由器的无线功能。

SSID：设置任意一个字符串来标识无线网络。

信道：设置路由器的无线信号频段，建议选择“自动”。

模式：设置路由器的无线工作模式，建

议使用“11bgn mixed”模式。

频段带宽：设置无线数据传输时所占用的信道宽度，可选项有20M、40M和自动。

最大发送速率：设置路由器无线网络的最大发送速率。

不开启无线安全：关闭无线安全功能，即不对路由器的无线网络进行加密，此时其他人均可以加入该无线网络。

WPA-PSK/WPA2-PSK：路由器无线网络的加密方式，如果选择了该项，请在“PSK密码”处输入密码，密码要求为8~63个ASCII 字符或8~64个十六进制字符，如“123456WLW”。

不修改无线安全设置：选择该项，则无线安全选项中将保持上次设置的参数。如果从未更改过无线安全设置，选择该项后，将保持出厂默认设置关闭无线安全。

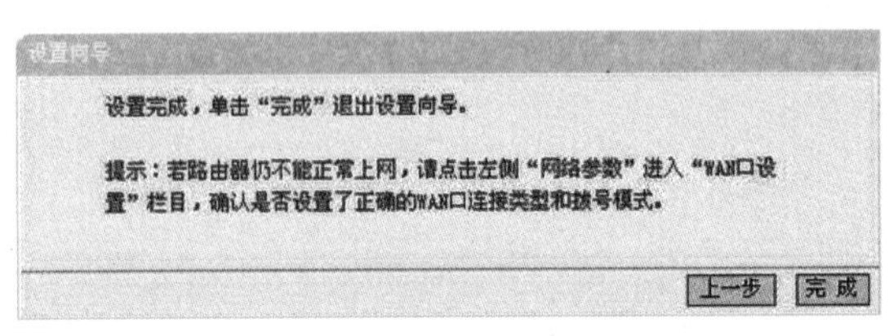

图1-69 设置完成界面

设置完成后，单击“下一步”按钮，将弹出图1-69所示的“设置向导”对话框，单击“完成”按钮使无线设置生效。

重新启动后，无线路由器的WiFi功能就基本设置完成了。下面学习连接笔记本计算机无线上网功能。

首先，单击笔记本计算机桌面右下角的网络图标，出现连接界面，单击右上角的“刷新”按钮，如图1-70所示。

找到我们设置的无线网络“TPG”，单击“连接”按钮，输入安全密钥“123456WLW”后，单击“确定”按钮，如图1-71、图1-72所示。

打开一个网页测试一下是否可以登录，如图1-73所示。

小组评价

小组名称：　　　　　　　　　　组长：

成员姓名	组内承担任务内容	准备	实施	完成结果	自我评价	教师评价	备注
组内互评							
结论							

图1-70 扫描后无线网络

图1-71 连接无线网TPG

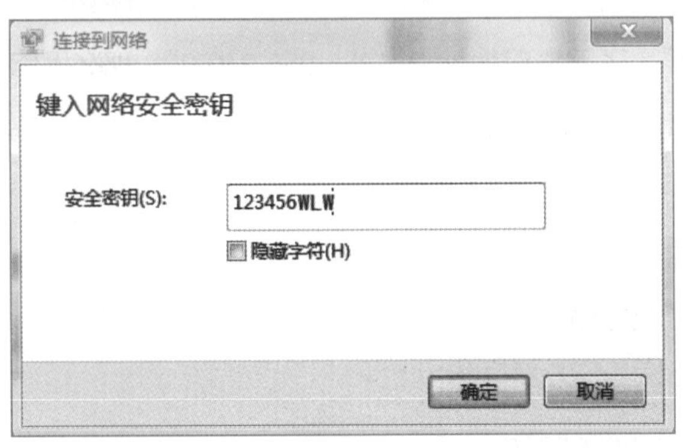

图1-72 设置密钥

图1-73 测试上网功能

实战强化3 局域网的组建及测试

3

某学校在提升信息化教学的项目中，购置了100台计算机，如果想把这批计算机用C类网络211.87.40.0划分成10个子网，每个子网包含10台计算机，应该如何规划和分配IP地址。

（一）实施目的

1. 学会在局域网中对计算机进行网络设置、IP地址设置。

2. 掌握网络测试的方法。

3. 学会对网络DOS命令进行应用。

（二）工具/原材料

网线、计算机、路由器、交换机、集线器。

（三）操作步骤

1. 划分网络和主机地址

已知IP地址为“129.56.189.41”，子网掩码地址为“255.255.240.0”，那么网络地址和主机地址是多少呢？将IP地址、子网掩码转换成二进制形式，并将子网掩码取反。

“129.56.189.41”的二进制形式：

10000001 00111000 10111101 00101001

“255.255.240.0”的二进制形式：

11111111 11111111 11110000 00000000

“255.255.240.0”取反：

00000000 00000000 00001111 11111111

IP地址与子网掩码进行逻辑与运算：

10000001 00111000 10111101 00101001 & 11111111 11111111 11110000 00000000=100000001 00111000 10110000 00000000

所以网络地址为：129.56.176.0。

子网掩码取反后与IP地址进行逻辑与运算：

10000001 00111000 10111101 00101001 & 00000000 00000000 00001111 11111111=00000000 00000000 00001101 00101001

所以主机地址为：0.0.13.41。

子网划分的方法：根据子网数及每个子网的有效主机地址数的要求，确定借几位主机号作为子网号，然后写出借位后的子网数，每个子网的有效主机地址数，每一个子网的子网地址、子网掩码、有效主机地址。在确定借几位主机号作为子网号时应使子网号部分产生足够的子网，而剩余的主机号部分能容纳足够的主机。子网划分表见表1-7，子网划分图如图1-74所示。

表1-7 子网划分表

子网号	子网地址	每个子网中有效主机的地址范围
0001	211.87.40.16	211.87.40.17~211.87.40.30
0010	211.87.40.32	211.87.40.33~211.87.40.46
…	…	…
1110	211.87.40.224	211.87.40.225~211.87.40.238
…	…	…

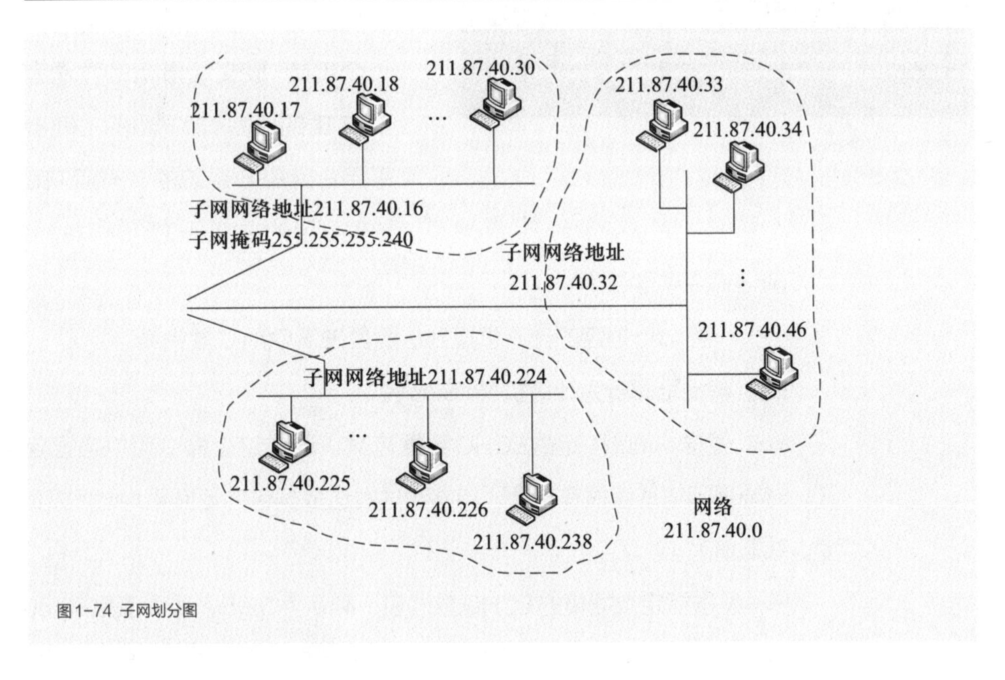

图1-74 子网划分图

2. 网络的连通性测试

ping命令用来测试计算机之间的连接，格式如下：ping[参数][IP地址]。默认设置下，Windows系统运行的ping命令发送4个ICMP（控制报文协议）回送请求，每个请求为32字节（32bytes，1byte=8bit）数据，如果一切正常，应得到4个回送应答；如果不正常，则得到4个超时信息。

ping 127.0.0.1

该ping命令被回送的是本地计算机的IP信息，如果ping不通，就表示TCP/IP的

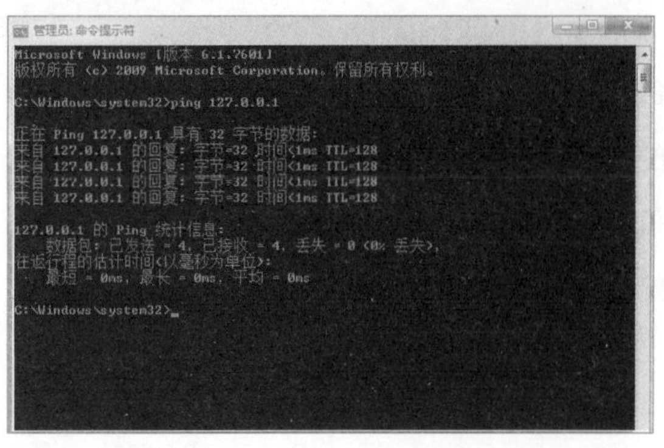

图1-75 ping配置命令

```
来自 127.0.0.1 的回复: 字节=32 时间<1ms TTL=128
来自 127.0.0.1 的回复: 字节=32 时间<1ms TTL=128
来自 127.0.0.1 的回复: 字节=32 时间<1ms TTL=128
来自 127.0.0.1 的回复: 字节=32 时间<1ms TTL=128

127.0.0.1 的 Ping 统计信息:
    数据包: 已发送 = 4，已接收 = 4，丢失 = 0 (0% 丢失)，
往返行程的估计时间(以毫秒为单位):
    最短 = 0ms，最长 = 0ms，平均 = 0ms

C:\Windows\system32>ping 202.108.22.5

正在 Ping 202.108.22.5 具有 32 字节的数据:
来自 202.108.22.5 的回复: 字节=32 时间=31ms TTL=48
来自 202.108.22.5 的回复: 字节=32 时间=31ms TTL=48
来自 202.108.22.5 的回复: 字节=32 时间=32ms TTL=48
来自 202.108.22.5 的回复: 字节=32 时间=32ms TTL=48

202.108.22.5 的 Ping 统计信息:
    数据包: 已发送 = 4，已接收 = 4，丢失 = 0 (0% 丢失)，
往返行程的估计时间(以毫秒为单位):
    最短 = 31ms，最长 = 32ms，平均 = 31ms

C:\Windows\system32>
```

图1-76 ping配置成功

安装或运行存在问题，如图1-75所示。

运用ping这个命令可以经过网卡及传输介质到达其他计算机，然后再返回。若能收回应答，则表示本地计算机和对方计算机及网络一切正常。下面以百度网址为例，ping 202.108.22.5，如图1-76所示。

ping[远程IP地址]若收到4个应答，则表示成功地使用了默认网关。其中TTL是指定数据包在被丢弃前最多能经过的路由器个数。TTL是由发送主机设置的，以防止数据包在IP互联网络上永不终止地循环。转发IP数据包时，要求路由器至少将TTL减小1，当计数到0时，路由器决定丢弃该包，并发送一个ICMP报文给最初的发送者。默认情况下，TTL的值为128，目的主机（网站服务器）采用FreeBSD系统的，一般TTL值是64，在这里到目的主机经过了64-48=16个路由。

ping命令参数说明

-t：一直ping指定的计算机直到从键盘按下Ctrl+C键中断。

-a：将地址解析为计算机NetBios名。

-n：发送count指定的ECHO数据包数。通过这个命令可以自己定义发送的个数，对衡量网络速度很有帮助。能够测试发送数据包的返回平均时间及时间的快慢程度。默认值为4。

-l：发送指定数据量的ECHO数据包。默认为32 B；最大值是65 500 B。

-f：在数据包中发送“不要分段”标志数据包就不会被路由上的网关分段。通常发送的数据包都会通过路由分段再发送给对方，加上此参数以后路由就不会再分段处理。

-i：将“生存时间”字段设置为TTL指定的值。指定TTL值在对方的系统里停留的时间。同时检查网络运转情况。

-v：将“服务类型”字段设置为tos指定的值。

-r：在“记录路由”字段中记录传出和返回数据包的路由。通常情况下，发送的数据包是通过一系列路由才到达目标地址的，通过此参数可以探测经过路由的个数。

限定能跟踪到9个路由。

-s：count指定的跃点数的时间戳。与参数-r类似，但此参数不记录数据包返回所经过的路由，最多只记录4个。

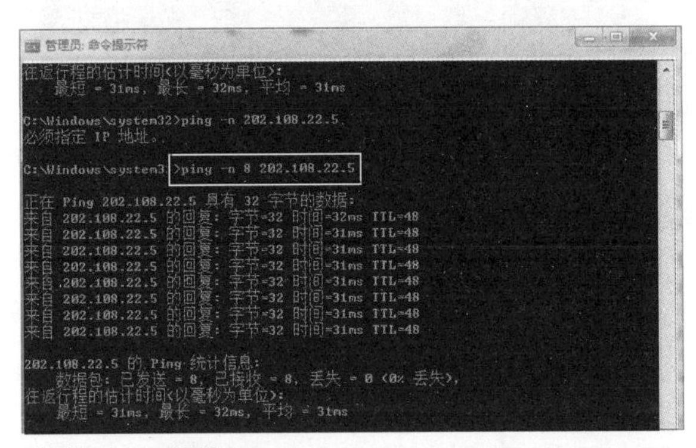

图1-77 ping -n配置命令

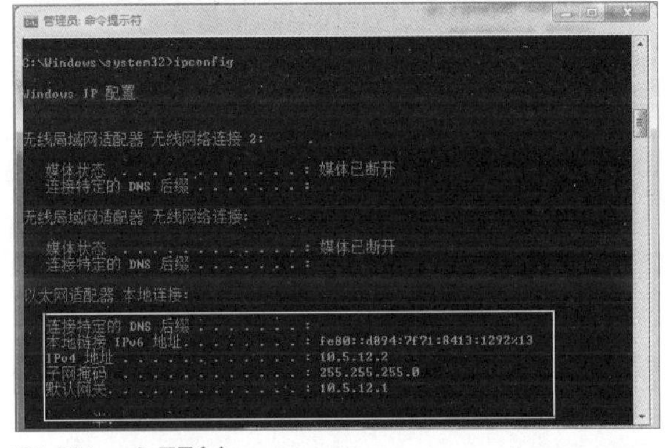

图1-78 ipconfig配置命令

-j：利用computer-list 指定的计算机列表路由数据包。连续计算机可以被中间网关分隔（路由稀疏源）。IP允许的最大数量为9。

-k：利用 computer-list指定的计算机列表路由数据包。连续计算机不能被中间网关分隔。IP 允许的最大数量为9。

-w：timeout指定超时间隔，单位为ms。

destination-list：指定要 ping 的远程计算机。

以ping–n为例，如图1-77所示。

ipconfig用于参看当前计算机的TCP/IP配置命令，格式：

ipconfig[参数]

如图1-78所示。

3. tracert跟踪路由

检查到达目标IP地址的路径并记录结果，tracert命令显示用于将数据包从计算机传递到目标位置的一组路由器的IP地址，以及每个跃点所需的时间。

命令格式：

tracert[参数][target_name]

如图1-79所示。

arp用来查看同一物理网络上特定IP地址对应的以太网或令牌环网适配器地址，如图1-80所示。

```
管理员: 命令提示符 - tracert 202.108.22.5
   连接特定的 DNS 后缀 . . . . . . . :

隧道适配器 isatap.{55DF4EF9-5BD3-4128-AEAD-A118AA9E39DD}:

   媒体状态 . . . . . . . . . . . . : 媒体已断开
   连接特定的 DNS 后缀 . . . . . . . :

隧道适配器 isatap.{5E050477-D671-4930-BCAE-1295A08951A8}:

   媒体状态 . . . . . . . . . . . . : 媒体已断开
   连接特定的 DNS 后缀 . . . . . . . :

C:\Windows\system32>tracert 202.108.22.5

通过最多 30 个跃点跟踪
到 xd-22-5-a8.bta.net.cn [202.108.22.5] 的路由:

  1     1 ms     1 ms     1 ms  10.5.12.1
  2    <1 毫秒    1 ms    <1 毫秒
```

图1-79 tracert配置命令

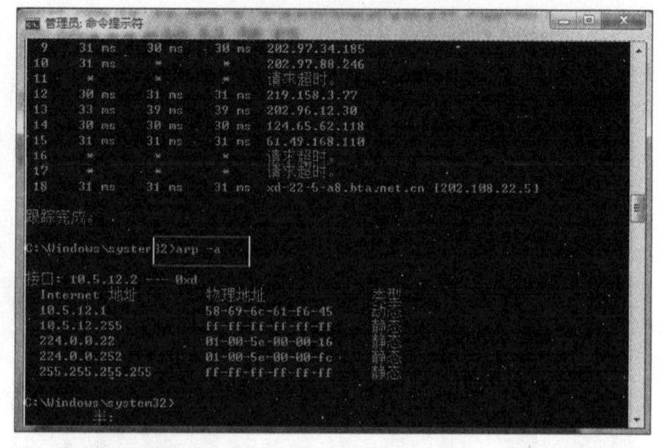

图1-80 arp-a配置命令

小组评价

小组名称：　　　　　　　　　　　　组长：

成员姓名	组内承担任务内容	准备	实施	完成结果	自我评价	教师评价	备注
组内互评							
结论							

实战强化4 双无线路由器实现网桥功能的安装及调试

4

（一）实施目的

1. 了解网桥的工作原理。

2. 理解无线网桥的意义和作用。

3. 掌握网桥的配置方法。

（二）工具/原材料

网线、D-Link无线路由器1台、SINGI无线路由器1台、计算机2台。

（三）操作步骤

将无线路由器与计算机主机设备连接，并连接电源适配器，开启所有设备，如图1-81所示。

首先登录D-Link无线路由器，用户名是“Admin”密码为空，如图1-82所示。

进入设置界面，选择“无线”，如图1-83所示。

设置无线网络标识“SSID”为“qiaojie”，将“加密模式”设置为“WPA2（AES）”，在“安全加密”区域中设置“密码”（如“456123789”），然后单击“应用”按钮，设置计算机的IP地址为自动获取，如图1-84所示。

登录到SINGI无线路由器进行设置，填写用户名和密码（均为“Admin”），进入

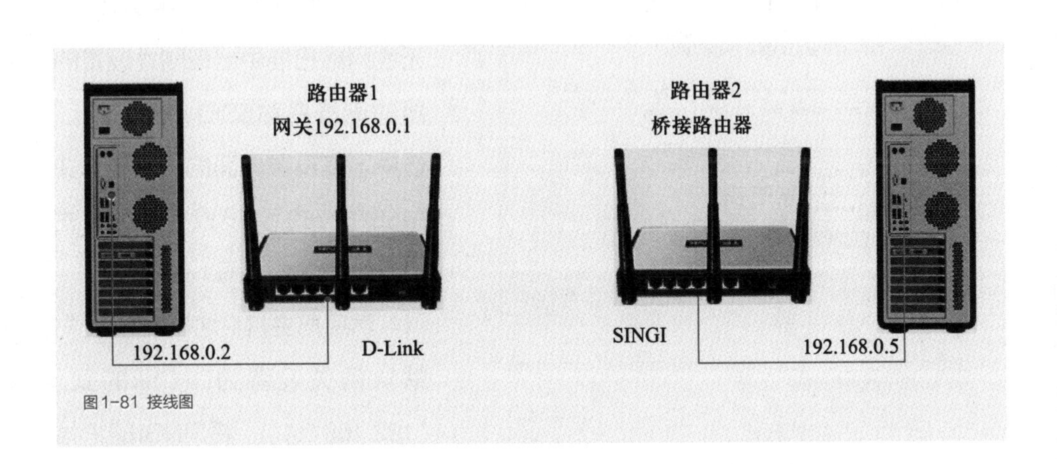

图1-81 接线图

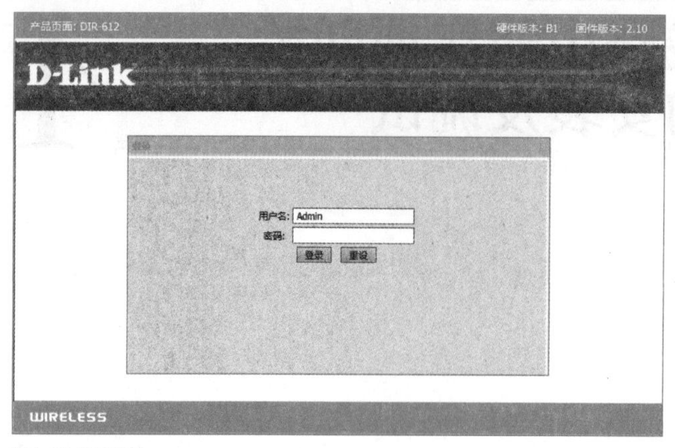

图1-82 登录界面

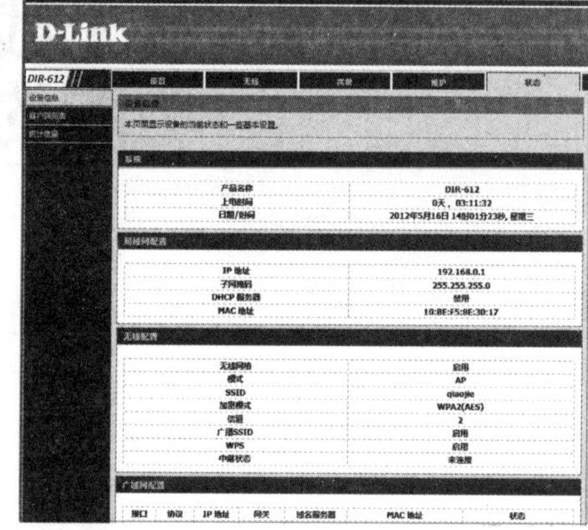

图1-83 设置界面

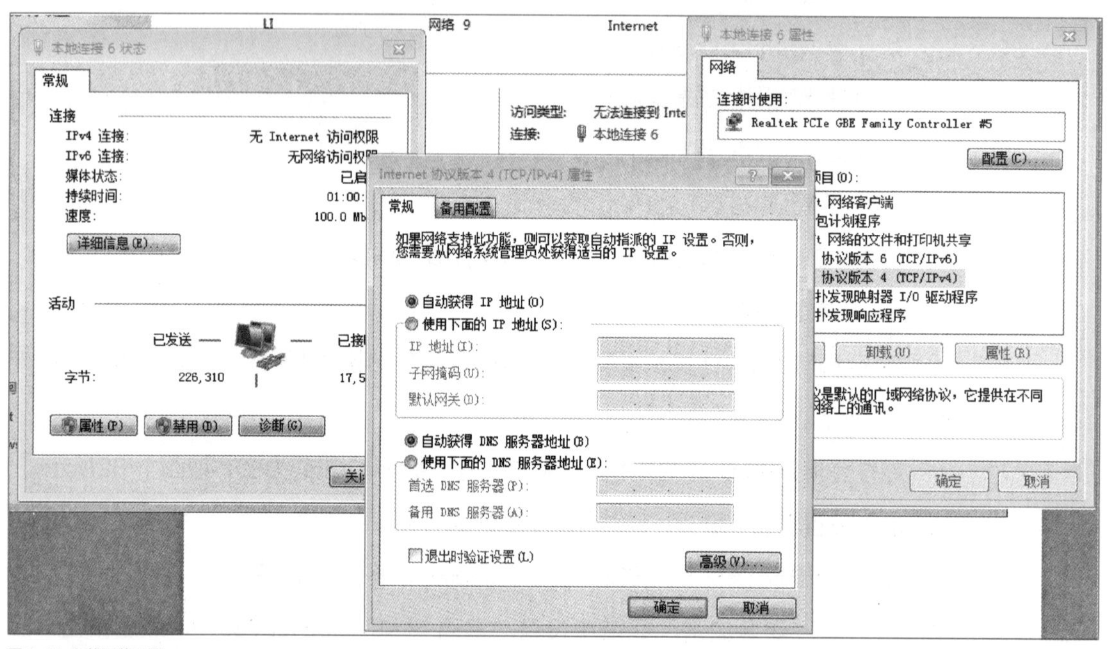

图1-84 无线网络配置

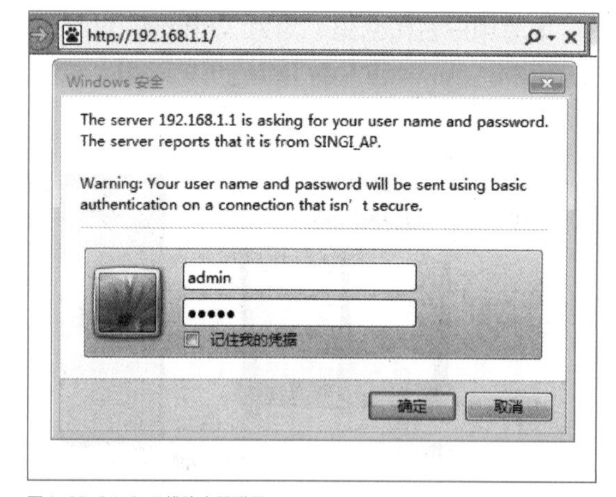

图1-85 SINGI无线路由器登录

配置界面，如图1-85、图1-86所示。

在“桥接模式”中选择“扫描”，发现无线网络扫描中出现刚才设置的D-Link路由器的无线名称SSID“qiaojie”。在选择项中选中，在设置界面的下方输入主机连接密码“456123789”，设置完成后单击“连接”按钮，如图1-87~图1-89所示。

然后把主机IP地址设置为“192.168. 0.5”，默认网关设置为D-Link的默认网关地址“192.168.0.1”，将SINGI的IP地址设置为

SINGI 信基伟业 构建高速网络 畅享稳定连接

路由模式 | AP模式 | 桥接模式 | 动态域名服务 | 宽带控制 | 运行状态 | 系统设置

设备信息	
运行时间	0day:3h:23m:59s
固件版本	SINGI_AP V1.43
构建时间	Sat, 08 Oct 2016 02:41:21 +0800
无线配置信息	
广播无线(SSID)	启用
工作频段	2.4 GHz (B+G+N)
网络SSID	SINGI_AP
工作信道	10
无线加密	禁用
无线MAC地址	00:ea:dc:16:ae:23
已连接客户端	0
LAN配置信息	
IP 地址	192.168.1.1
子网掩码	255.255.255.0
DHCP 服务器	启用
MAC 地址	00:ea:dc:16:ae:23
WAN配置信息	
获取IP协议	从DHCP服务器获取IP...
IP 地址	0.0.0.0
子网掩码	0.0.0.0
默认网关	0.0.0.0
MAC 地址	00:ea:dc:16:ae:24
DNS1	0.0.0.0
DNS2	0.0.0.0

SINGI_AP Copyright@2016

图1-86 SINGI无线路由器设置

图1-87 SINGI无线路由器扫描

图1-88 设置连接

图1-89 配置成功界面

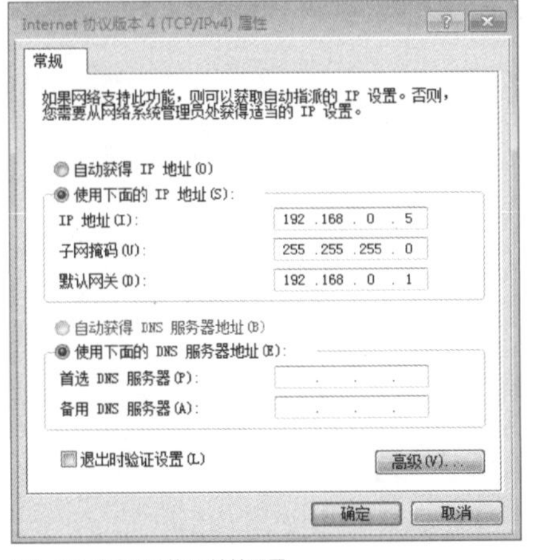

图1-90 路由器2的IP地址配置

```
管理员: C:\Windows\System32\cmd.exe
Microsoft Windows [版本 6.1.7601]
版权所有 (c) 2009 Microsoft Corporation。保留所有权利。

C:\windows\system32>ping 192.168.0.2

正在 Ping 192.168.0.2 具有 32 字节的数据:
来自 192.168.0.2 的回复: 字节=32 时间=15ms TTL=128
来自 192.168.0.2 的回复: 字节=32 时间=1ms TTL=128
来自 192.168.0.2 的回复: 字节=32 时间=2ms TTL=128
来自 192.168.0.2 的回复: 字节=32 时间=3ms TTL=128

192.168.0.2 的 Ping 统计信息:
    数据包: 已发送 = 4，已接收 = 4，丢失 = 0 (0% 丢失)，
往返行程的估计时间(以毫秒为单位):
    最短 = 1ms，最长 = 15ms，平均 = 5ms

C:\windows\system32>_
```

图1-91 ping命令测试

“192.168.0.2”，默认网关设置为“192.168.0.1”，如图1-90所示。

打开本机“CMD”进行测试，ping路由器1的那台主机，“ping 192.168.0.2”，看是否能够相互通信，如图1-91所示。

这样我们就完成了两台无线路由器的“桥接”，通过借助路由器1拓展路由器2的广播范围。

小组评价

小组名称：　　　　　　　　　　　　　　　　　组长：

成员姓名	组内承担任务内容	准备	实施	完成结果	自我评价	教师评价	备注
组内互评							
结论							

项目2　串口服务器的安装调试

［学习目标］

- 了解串口服务器的概念、作用和工作方式。
- 了解串口服务器的通信模式。
- 掌握串口服务器的原理及接线。
- 熟悉IP地址的规划和配置。
- 理解串口的功能特性和通信协议。

［项目描述］

本项目将学习串口服务器将TCP/IP协议的以太网接口映射为Windows操作系统下的一个标准串口，应用程序可以像对普通串口一样对其进行收发和控制，掌握计算机的两个串口COM1和COM2，通过串口服务器可将其上面的串口映射为COM3、COM4、COM5等的方法，实现将传统串口设备转换成可以从局域网甚至互联网来监测和控制的以太网设备的解决方案。

学习任务1 认识串口服务器

1

「任务说明」

了解串口服务器的定义、作用、工作方式及通信模式等基础知识，为后面组建及配置串口服务器做好准备。

「相关知识与技能」

一、串口服务器简介

随着“互联网+”信息化的迅速推进，串口服务器在物联网、工业自动化、智能楼宇监控、电力系统、无人值守停车场等工控领域都有着广泛的应用。串口服务器作为连接物联网中枢控制系统和远程设备的桥梁，它在整个通信链路中具有至关重要的作用。

二、串口服务器的结构

图2-1 串口服务器

串口服务器是一种网络通信接口转换设备，它能够将常见的RS-232、RS-485、RS-422串口转换成TCP/IP网络接口，实现RS-232、RS-485、RS-422串口与TCP/IP网络接口数据的双向传输。使常规的串口设备能够立即具备TCP/IP网络接口功能，从而达到连接网络进行数据通信的目的，如图2-1所示。

1. 硬件系统

硬件系统是实现整个系统功能的基础，是整个设计实现的关键。串口服务器的关键在于串口数据包与TCP/IP数据包之间的转换以及双方数据因为速率不同而存在的速率匹配问题，在对串口服务器的应用过程中，必须着重考虑所做的设计和所选择的器件是否能够完成这些功能。

（1）硬件系统组成模块

在制订设计方案和选定器件时，如何利用处理器对串口数据信息进行TCP/IP协议处理，使之变成可以在互联网上传输的IP数据包？目前解决这个问题时大多采用32位MCU + RTOS方案，这种方案是采用32位高档单片机，在RTOS（实时多任务操作系统）的平台上进行软件开发，在嵌入式系统中实现TCP/IP的协议处理。它的缺点是：单片机价格较高，开发周期较长；需要购买昂贵的RTOS开发软件，对开发人员的开发能力要求较高。

根据上述方案的优缺点，我们决定把串口服务器的硬件部分分为几个模块设计，即主处理模块、串口数据处理模块和以太网接口及控制模块等几大模块来共同完成串口服务器的功能。

在器件的选择上，选用Intel公司的801086芯片作为主处理模块的处理器芯片，它是一种非常适合于嵌入式应用的高性能、高集成度的16位微处理器，且功耗较低。由于考虑到串口数据速率较低，而以太网的数据传输速率高会造成两边速率不匹配的问题，采用符合总线规范的大容量存储器作为数据存储器；由于主处理模块还涉及数据线/地址线复用、串并转换、器件中断信号译码、时钟信号生成、控制信号接入等功能，若是选用不同的器件来完成，会造成许多诸如时延不均等问题，我们选用一片大容量的高性能可编程逻辑器件来完成上述所提到的功能，这样的优点在于，保证了稳定性和高可靠性，并且可编程逻辑器件的可编程功能使得对于信号的处理空间更大，且可以升级。

以太网接口及控制模块在串口服务器的硬件中起着很重要的作用，它所处理的是来自以太网的IP数据包。考虑到通用性原则，我们采用一片以太网控制芯片来完成这些功能，并在主处理模块中添加一片AT24C01来控制芯片状态。通过主处理模块对以太网控制芯片数据及寄存器的读/写，可以完成对IP数据包的分析、解/压包等工作。

串口数据处理模块主要完成的是对于串口数据流的电平转换和数据格式的处理，判断串行数据的起始位及停止位，完成对数据和校验位的提取。

（2）硬件工作流程及应用架构

主处理器首先初始化网络及串口设备，当有数据从以太网传过来时，处理器对数据包进行分析，如果是ARP（物理地址解析）数据包，则程序转入ARP处理程序；如果是IP数据包且传输层使用UDP，端口正确，则认为数据包正确，数据解包后，将数据部分通过端口所对应的串口输出。反之，如果从串口收到数据，则将数据按照UDP格式打包，送入以太网控制芯片，由其将数据输出到以太网中。主处理模块主要处理TCP/IP的网络层和传输层，链路层部分由以太网控制芯片完成。应用层由软件系统来处理，用户可以根据需求对收到的数据进行处理。

2. 硬件系统模块

根据硬件系统的具体结构和不同功能，可以将硬件系统划分为两大模块。

（1）主处理器模块

该模块是串口服务器的核心部分，主要由主处理器、可编程逻辑器件、数据及程序存储器等构成。

主处理器模块完成的功能主要有：在串口数据和以太网IP数据之间建立数据链路；通过对以太网控制芯片的控制来实现对IP数据包的接收与发送；判别串行数据流的格式，完成对串口设备的选择以及对串行数据流格式的指定；控制串口数据与IP数据包之间的速率，对数据进行缓冲处理；对UART和以太网控制芯片的寄存器进行读写操作，并存储转发器件状态；完成16位总线数据的串并行转换；完成总线地址锁存功能；完成对各个串口以及各个存储器件的片选功能；完成对各个串口的中断口的状态判别等功能。

（2）以太网接口及控制模块

这个模块主要由以太网接口部分和以太网控制部分构成。以太网接口部分完成的是串口服务器与以太网接口电路的功能，控制器对所有模块均有控制作用，使整个接口电路能协调地配合后续电路完成以太网的收发功能。

三、串口服务器的作用

1. 串口服务器能将传统的RS-232/422/485设备立即联网

串口设备联网服务器如同含有CPU、实时操作系统和TCP/IP协议的微型计算机，在串口和网络设备中传输数据。使用串口服务器可以在世界的任何位置，通过网络，用计算机来存取、管理和配置远程设备。 让只具备串行接口的电气设备（如POS、ATM、显示屏、键盘、刷卡机、读卡器、交换机、小型机、加油机、RTU、数控机床、测试仪表等）轻松连接以太网，实现网络化管理和远程控制。

2. 运用串口服务器减轻工作负担

优质的串口服务器具有友好的管理接口，这些数目繁多的串口设备可能分散在不同的地方，优质的串口转换器可以利用单一接口完成所有的设定，具有高效能与低延迟等优点。

四、工作方式及通信模式

1. 点对点通信模式

该模式下，转换器成对使用，一个作为服务器端，一个作为客户端，两者之间建立连接，实现数据的双向透明传输。该模式适用于将两个串口设备之间的总线连接改造为TCP/IP 网络连接。

2. 使用虚拟串口通信模式

该模式下，一个或者多个转换器与一台计算机建立连接，实现数据的双向透明传输。由计算机上的虚拟串口软件管理下面的转换器，可以实现一个虚拟串口对应多个转换器，N个虚拟串口对应M个转换器（$N \leqslant M$）。该模式适用于串口设备由计算机控制的485总线。

3. 基于网络通信模式

该模式下，计算机中的应用程序基于SOCKET协议编写了通信程序，在转换器设置时直接选择支持SOCKET协议即可。

巩固及拓展

串口服务器提供串口转网络功能，使得串口设备能够立即具备TCP/IP网络接口功能，连接网络进行数据通信，极大地扩展串口设备的通信距离。为了方便操作和使用，我们需要了解一下串口服务器的常见问题和处理技巧。

1. 不能打开串口

确保网络工作状态正常，能ping通服务器，查看工作状态，看端口是否被占用。如果是用realport查看“COM PORT OVER TCP/IP”的配置是否正确，可以到注册表中删除相应的COM口，然后按照正确配置重新映射。

2. 串口服务器管理的方式

串口服务器提供了串口、TELNET、浏览器和专用管理工具共四种方式进行本地或远程的设备管理，以适应于各种场合下的设备管理需求。

3. 在使用虚拟串口传输文件时会丢失数据

主要是因为虚拟串口程序结束数据较快，而虚拟程序向远程设备发送数据时串口传输较慢，所以虚拟程序会丢失数据。可以通过在虚拟程序中设置“模拟波特率”来解决。

学习任务2 硬件的安装与配置

2

[任务说明]

熟悉串口服务器的硬件组成，了解各个接口的作用，掌握串口服务器的硬件连接与配置。

[相关知识与技能]

一、硬件的连接

首先用网线将路由器的LAN口中的任意口与串口服务器的网口相连，再用另外一根网线把计算机与路由器LAN口中的任意口相连（注意这里网线不要接到路由器外部Internet接入口），最后把路由器和串口服务器的适配器上电，打开电源按钮，检查路由器和串口服务器电源指示灯是否正常，连线示意图如图2-2、图2-3所示。

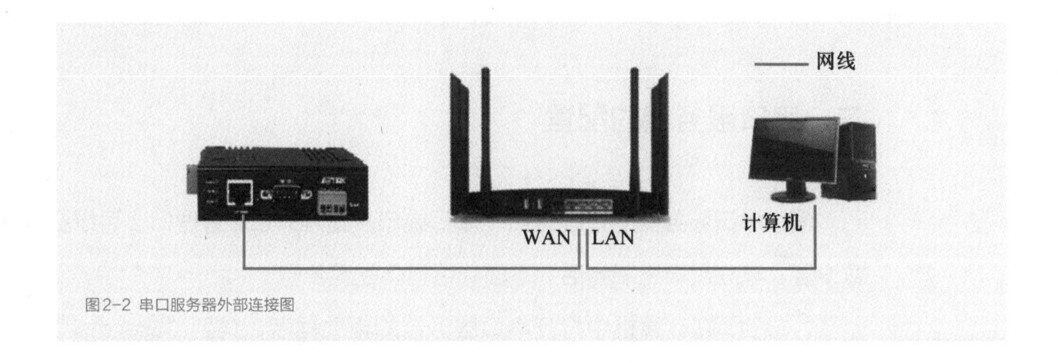

图2-2 串口服务器外部连接图

接通电源后，将串口服务器后面的重置按钮Reset长按10s，使系统复位，恢复初始状态，如图2-4所示。

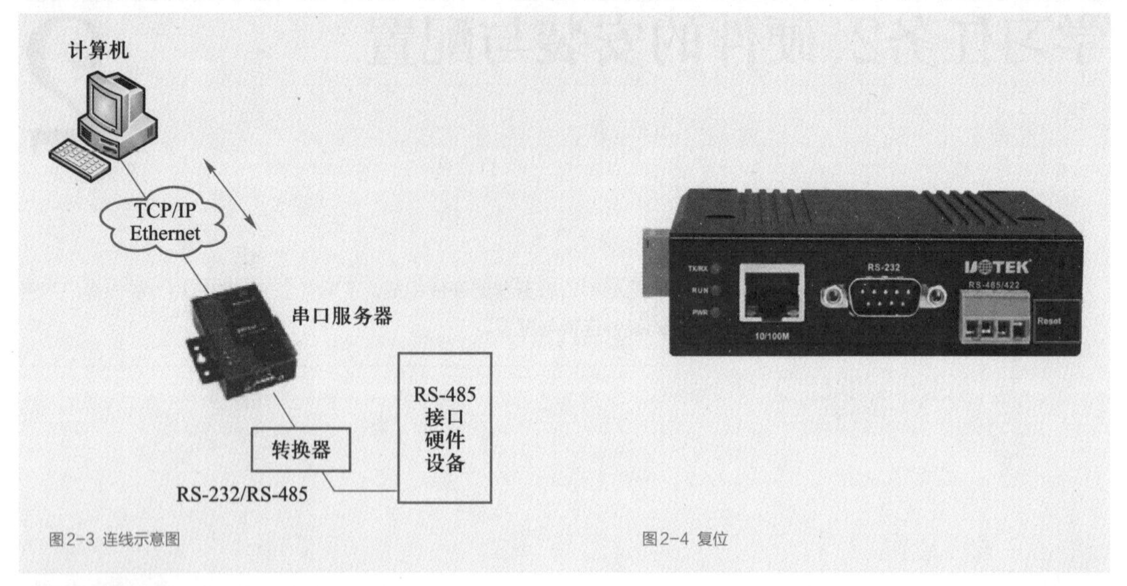

图2-3 连线示意图

图2-4 复位

图2-5 驱动程序

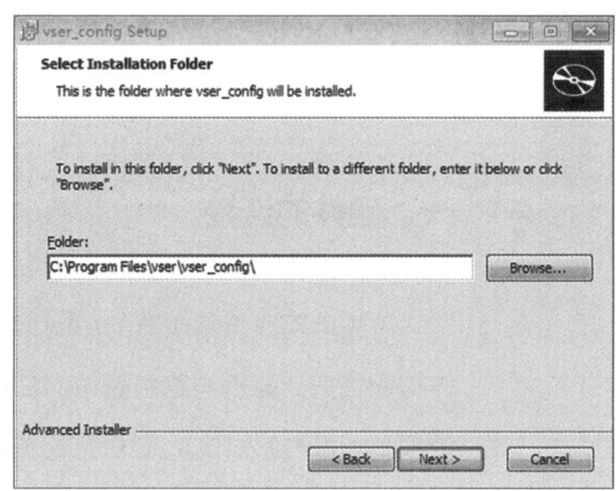

图2-6 安装路径

二、串口服务器的配置

通过串口服务器的管理端口（串口端口具备RS-232管理口）可以在现场进行参数设置，建立超级终端会话。下面介绍具体配置步骤：

1. 在计算机中打开串口服务器的驱动程序，找到“vser.msi”文件，根据提示安装串口服务器驱动程序，如图2-5、图2-6所示。

图2-7 串口服务器软件图标

2. 双击图2-7所示图标，打开串口服务器配置软件。

单击“扫描”按钮，扫描串口服务器IP地址，如图2-8所示。

修改本机IP地址，使其与串口服务器在同一网段，如图2-9所示。

3. 在主控计算机打开IE浏览器，输入串口服务器的初始IP地址“192.168.0.4”，

图2-8 扫描IP地址

单击“服务器设置”，修改IP地址为“192.168.0.11”，修改路由器为“192.168. 0.1”，单击“OK”按钮，如图2-10所示。

在“快速设置”界面中填写“IP地址”“子网掩码”“网关”等信息，如图2-11所示。

4. 单击窗口中的“串口设置”，在“串口选择：”一栏中选择“1”，设置其波特率为“9600”，RS-232串口接LED屏，然后在窗口下方单击“确定”按钮。依此类推，

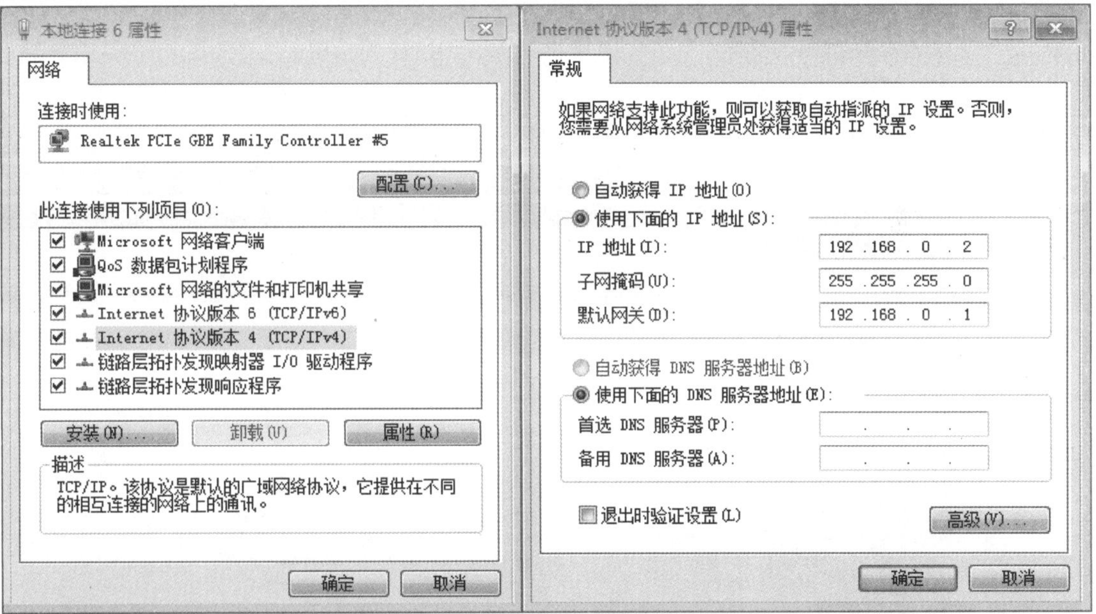

图2-9 配置IP地址

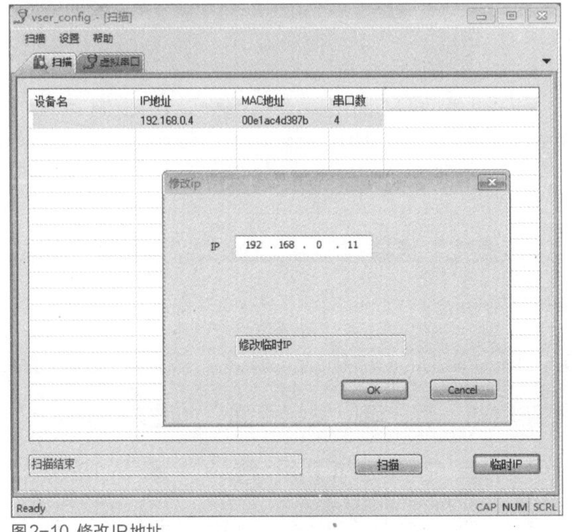

图2-10 修改IP地址

在“串口选择：”一栏中选择“2”，设置其波特率为“9600”，RS-232串口接模拟量数据采集，然后在窗口下方单击“确定”按钮。继续在“串口选择：”一栏中选择“3”，设置其波特率为“38400”，RS-232串口接Zigbee协调器，然后在窗口下方单击“确定”按钮。最后在“串口选择：”一栏中选择“4”，设置其波特率为“57600”，RS-232串口接中距离超高频读写器，然后在窗口下方单击“确定”按钮，如图2-12所示。

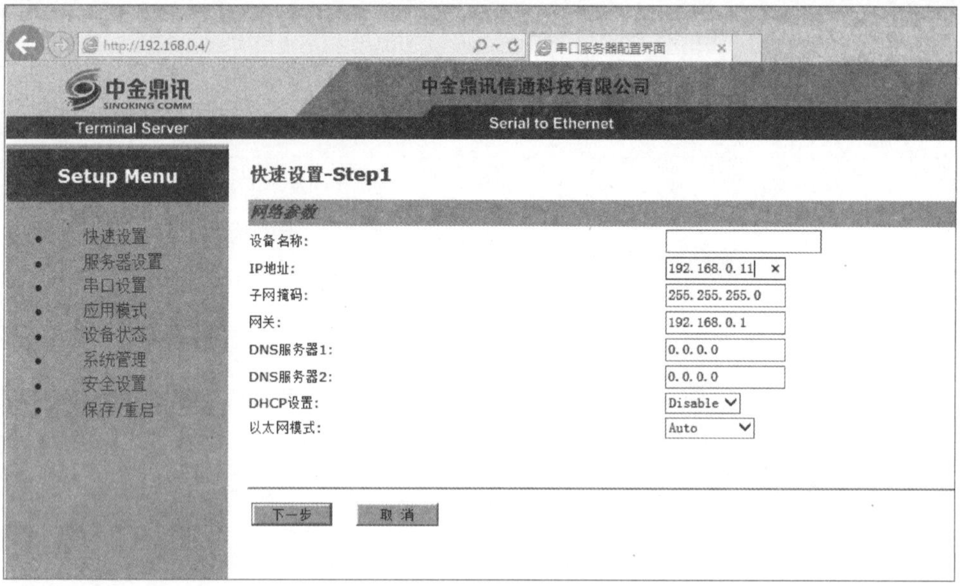

http://192.168.0.4/ 串口服务器配置界面

中金鼎讯 SINOKING COMM 中金鼎讯信通科技有限公司

Terminal Server Serial to Ethernet

Setup Menu	快速设置-Step1	
• 快速设置	网络参数	
• 服务器设置	设备名称:	
• 串口设置	IP地址:	192.168.0.11
• 应用模式	子网掩码:	255.255.255.0
• 设备状态	网关:	192.168.0.1
• 系统管理	DNS服务器1:	0.0.0.0
• 安全设置	DNS服务器2:	0.0.0.0
• 保存/重启	DHCP设置:	Disable
	以太网模式:	Auto

下一步 取 消

图2-11 配置网络IP

http://192.168.0.4/ 串口服务器配置界面

中金鼎讯 SINOKING COMM 中金鼎讯信通科技有限公司

Terminal Server Serial to Ethernet

Setup Menu

• 快速设置
• 服务器设置
• 串口设置
• 应用模式
• 设备状态
• 系统管理
• 安全设置
• 保存/重启

串口设置

串口1				
串口选择:	◉1	○2	○3	○4

串口参数		
接口类型:	RS-232	
波特率:	9600	
数据位:	8	
停止位:	1	
奇偶校验:	None	
流量控制:	None	
接收空闲时间:	10	(5~5000ms)
接收空闲字节数:	1024	(1~1024Byte)
RS-485使能延时:	0	(0~255Bit Periods)
接收超时:	0	(0~255Bit Periods)
接收缓存:	0	(0~1024Bytes)
传输方式:	Cached	

将以上参数应用于				
串口选择:	☑1	□2	□3	□4
	□All			

确定 取 消

图2-12 串口配置

5. 在此界面选择“应用模式”，“连接模式”选择“Real Com”，“连接数”选择“8”，“串口选择”勾选“All”，如图2-13所示。

6. 设置完成后，单击界面左下角“保存/重启”，再单击“确定”按钮，当看到系统提示“配置参数已保存，设备正在重新启动”后，可以关闭页面，如图2-14所示。

7. 再次打开“vser_config.exe”，单击“串口设置”，填入IP地址“192.168.0.11”，并依次完成4个串口的设置，单击“保存”按钮完成操作，如图

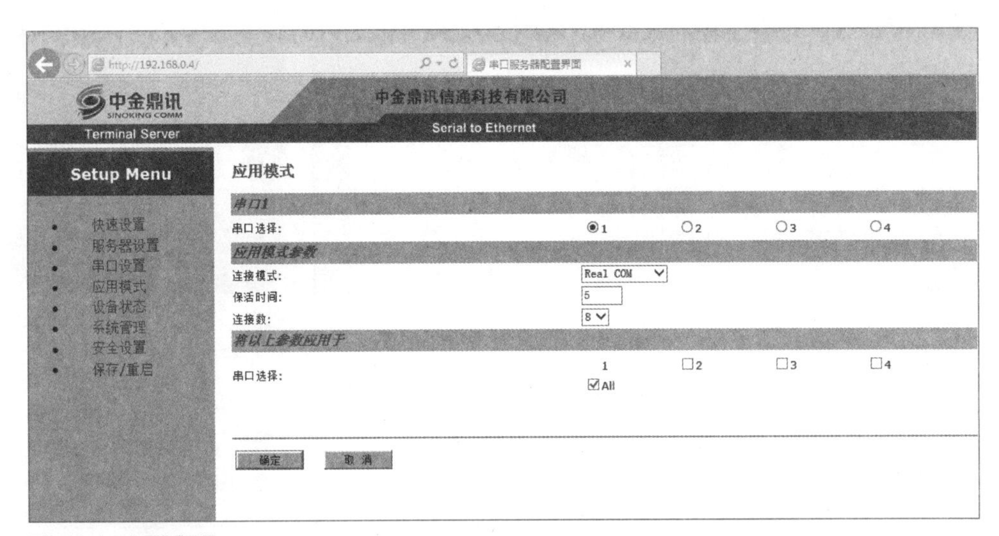

图2-13 串口应用模式配置

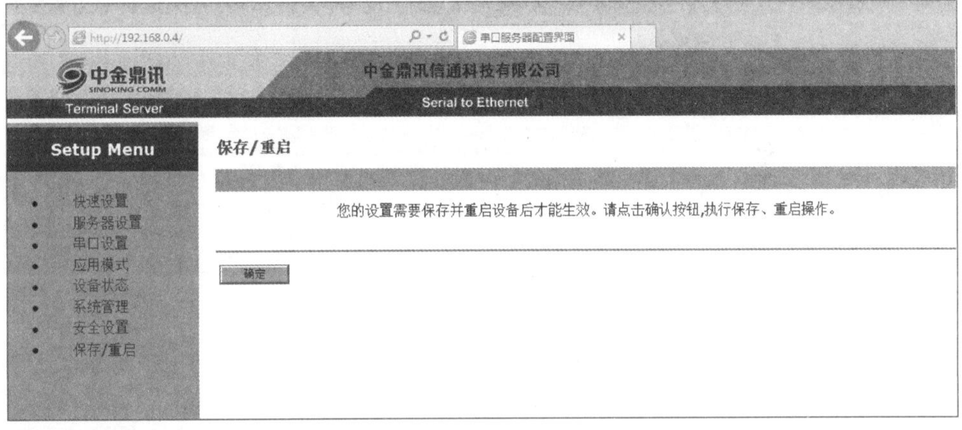

图2-14 配置完成

图2-15 配置串口

2-15、图2-16所示。

8. 将本机IP地址恢复成“自动获取IP地址”。

如果在操作过程中出现误操作未能正确完成配置，单击“扫描”选项出现“vser_config”对话框，提示“初始化驱动失败，请重新安装”，这属于非管理员权限操作时发生故障界面。

9. 可以右击“vser_config.exe”，选择“以管理员身份运行”，以管理员权限打开串口配置权限，如图2-17所示。

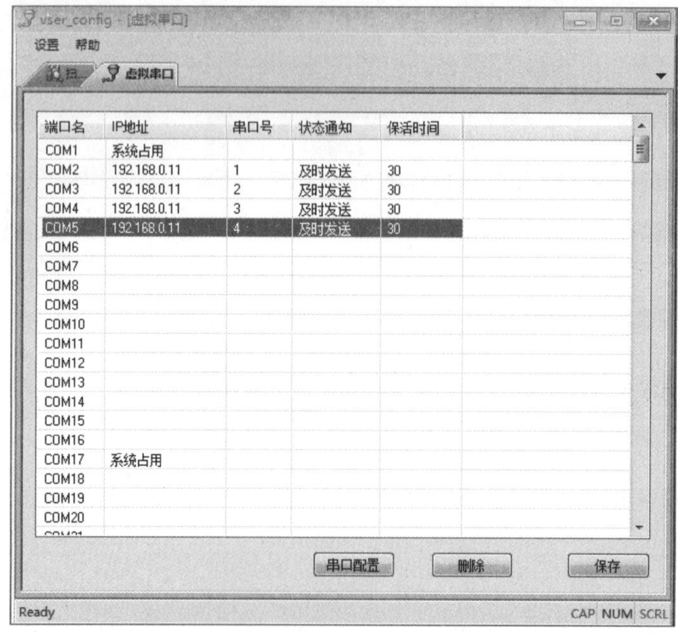

图2-16 虚拟串口配置

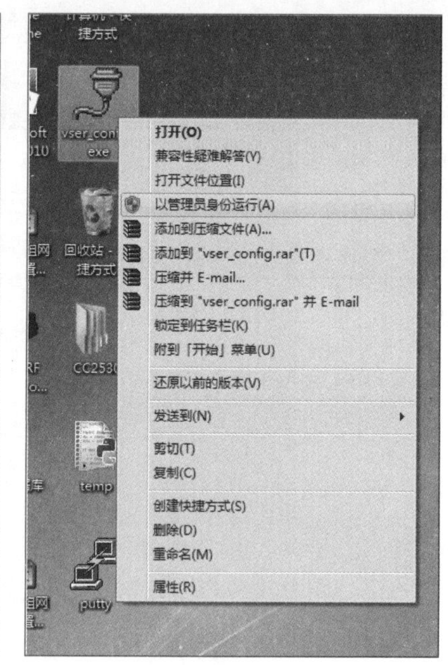

图2-17 打开串口配置权限

巩固及拓展

WiFi 串口服务器实现远程采集环境数据

伴随着物联网技术现场控制的信息化和网络化，串口设备 IP 联网已是工业物联网的一大趋势。其中无线局域网技术（WiFi）是基于 IP 网络的无线通信，可以使工控网络和计算机网络无缝连接，并且可以通过路由设备便捷地接入广域网络，大大推动了串口设备工业控制领域无线化的发展，解决了从串口设备联网到 IP 网络通信的全部难题，轻松实现了串口设备和无线网络之间的跨接。不但免除了布线困难，而且降低了施工成本，特别适用于工业环境与工厂自动化系统、现场监控系统等场合。

下面以 USR-WiFi232-602 串口服务器为例进行说明。准备工作：安装 WiFi 无线网卡的计算机一台，无线路由器一台及 USR-WiFi232-test 测试软件一套。将 DC5V 电源、RS-232 串口线、天线接到 USR-WiFi232-602 串口服务器上，如图 2-18 所示。

图2-18 WiFi串口服务器

1. 配置模块（以 Windows 7 系统为例）

（1）进入模块的内置网页

第一步：首先将计算机的 WiFi 打开（如果本身没有带 WiFi，可以用 USB 无线网卡替代）。单击计算机右下角的“网络”图标，在其中选择服务器的 WiFi 网络“HF-A11x_AP”并加入其中，具体如图 2-19 所示。

第二步：打开浏览器，在地址栏输入 IP“10.10.100.254”，回车进入网页。进入网页后会有用户名和密码验证，模块默认的用户名是“admin”，密码是“admin”，如图 2-20 所示。

（2）设置模块的工作模式

首先在“模式选择”页面将“Station 模式”选中，并单击“确定”按钮，如图 2-21 所示。进入图 2-22 所示界面。

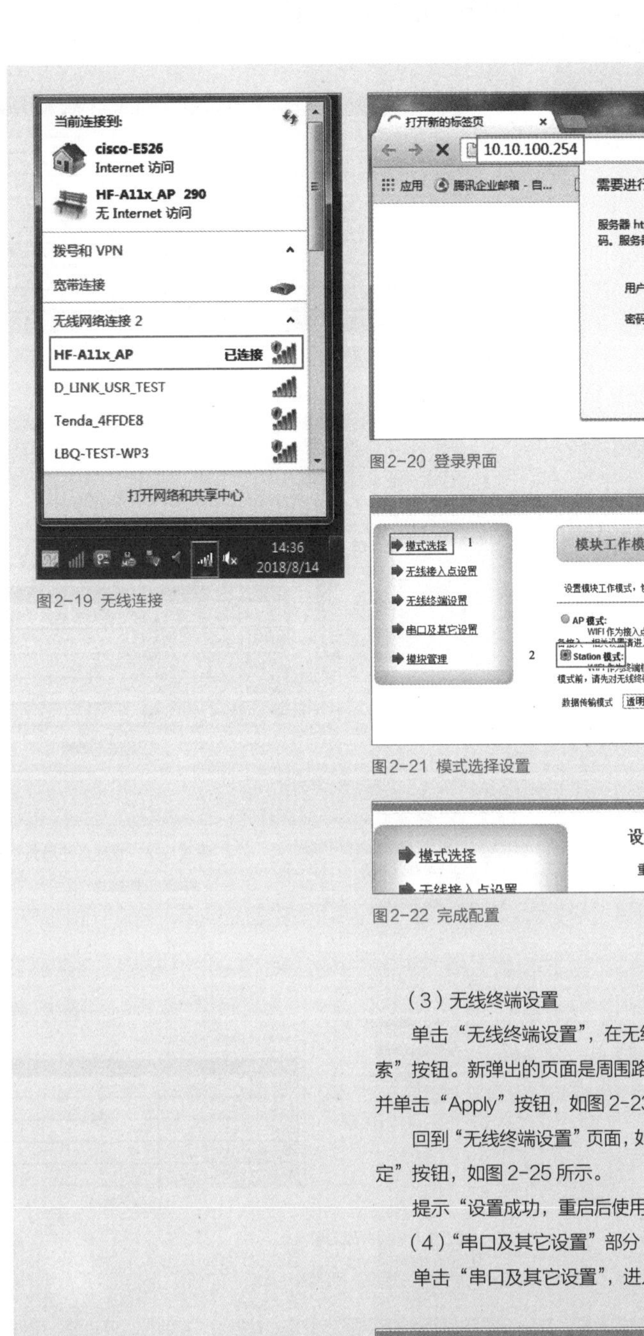

图2-19 无线连接

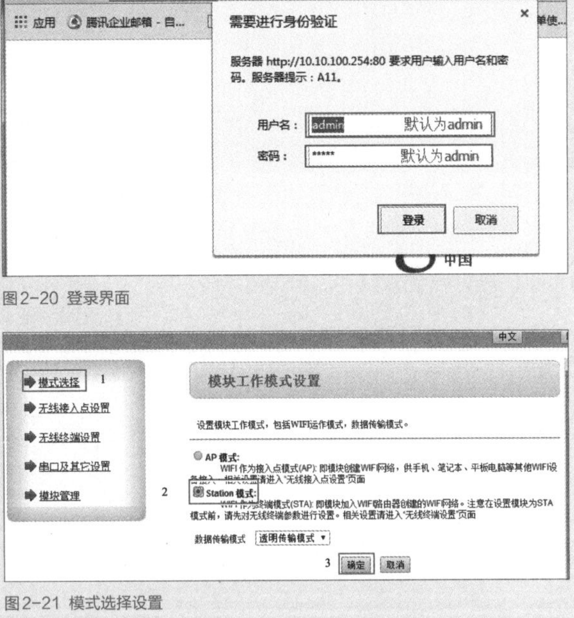

图2-20 登录界面

图2-21 模式选择设置

图2-22 完成配置

（3）无线终端设置

单击“无线终端设置”，在无线终端设置页面，单击页面中的“搜索”按钮。新弹出的页面是周围路由器的列表，选择要加入的路由器，并单击“Apply”按钮，如图2-23、图2-24所示。

回到“无线终端设置”页面，如果有密码会提示输入密码，单击“确定”按钮，如图2-25所示。

提示“设置成功，重启后使用新设置”，如图2-26所示。

（4）“串口及其它设置”部分

单击“串口及其它设置”，进入“串口及其它设置”页面。在“串

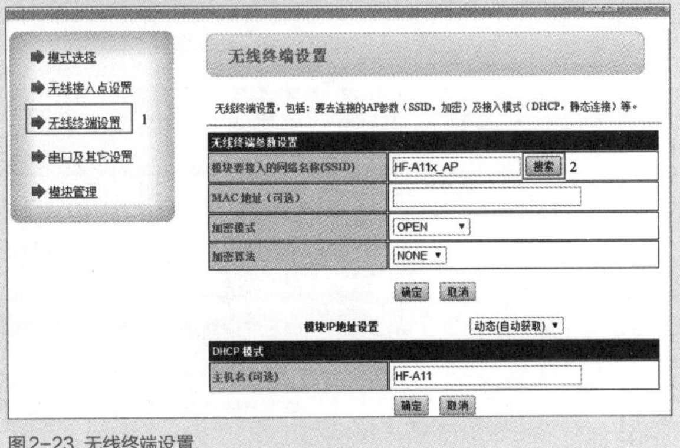

图2-23 无线终端设置

Site Survey

	SSID	BSSID	RSSI	Channel	Encryption	Authentication	Network Type
○	D_LINK_USR_TEST	c8:3a:35:37:0c:60	100%	1	AES	WPAPSK	Infrastructure
○	USR-WL1_4F58	d8:b0:4c:f3:4f:59	86%	1	NONE	OPEN	Infrastructure
○	HF-A11x_AP-CH1	d8:b0:4c:f4:00:00	86%	1	NONE	OPEN	Infrastructure
○	LBQ-TEST-WP3	d8:b0:4c:f4:46:8c	76%	1	NONE	OPEN	Infrastructure
○	CHAPAI	d8:b0:4c:f4:46:48	55%	1	TKIP	WPA2PSK	Infrastructure
○	SPINFIRE-PRO3	ac:cf:23:2b:76:33	70%	1	NONE	OPEN	Infrastructure
○	USR-WIFI232-T-WB	ac:cf:23:29:3e:89	60%	1	AES	WPA2PSK	Infrastructure
◉	TP_LINKE_USR_TEST	d8:15:0d:c6:3e:14	50%	1	AES	WPA2PSK	Infrastructure

图2-24 无线终端列表

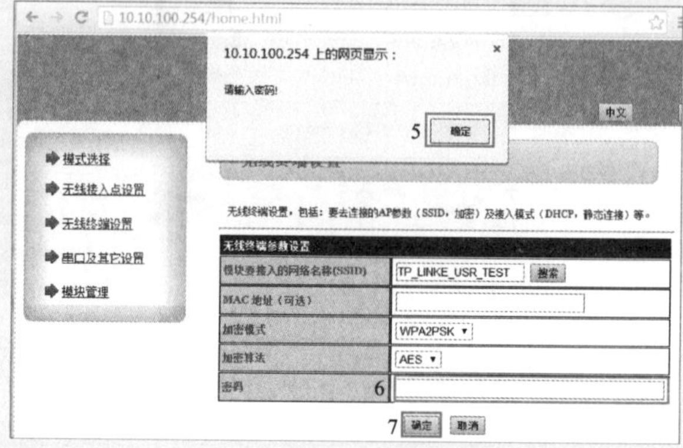

图2-25 无线终端参数设置

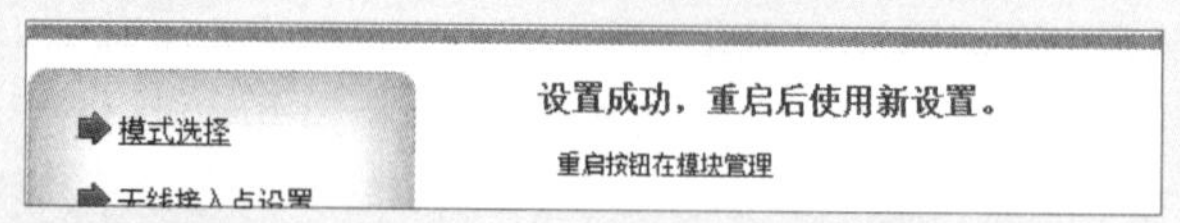

图2-26 完成设置

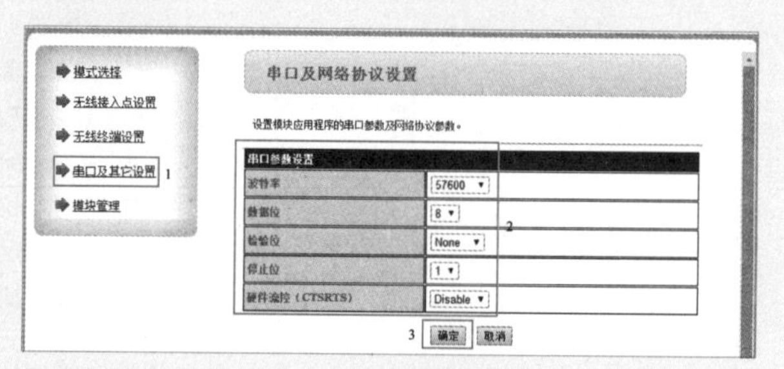

图2-27 串口参数设置

口参数设置”部分设置与串口设备相同的波特率、数据位、校验位、停止位、硬件流控等（此处测试的串口设备的波特率跟模块一样，故不做更改）。修改完成后，单击“确定”按钮，如图 2-27 所示。

单击“串口及其它设置”，进入“串口及其它设置”页面。在“网络参数设置”部分，“网络模式”选择“Client”，“协议”选择“TCP”，端口填写监控计算机或是接收数据计算机的服务器软件的端口（此处计算机的端口为 8899，不作修改），“服务器地址”填写监控计算机或是接收数据计算机的 IP（此处计算机的 IP 为 192.168.0.109）。

设置完成后，单击“确定”按钮，如图 2-28 所示。

提示“设置成功，重启后使用新设置”，如图 2-29 所示。

（5）重启模块

单击“模块管理”，进入“模块管理”页面。单击“重启”按钮，如图 2-30、图 2-31 所示。当页面显示“重新启动 ...”时，说明设置完成，模块正在重新启动。

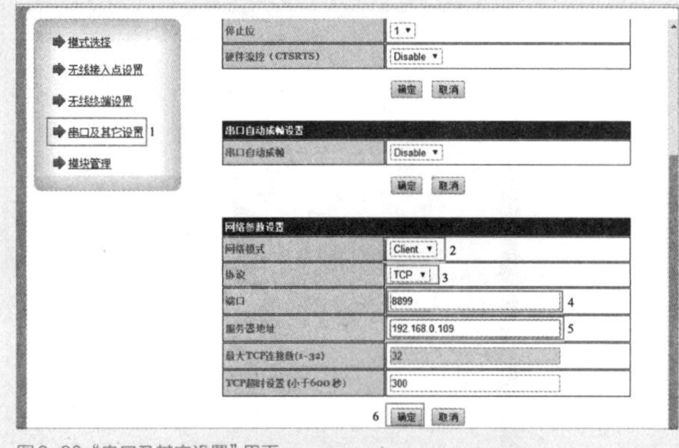

图2-28 “串口及其它设置”界面

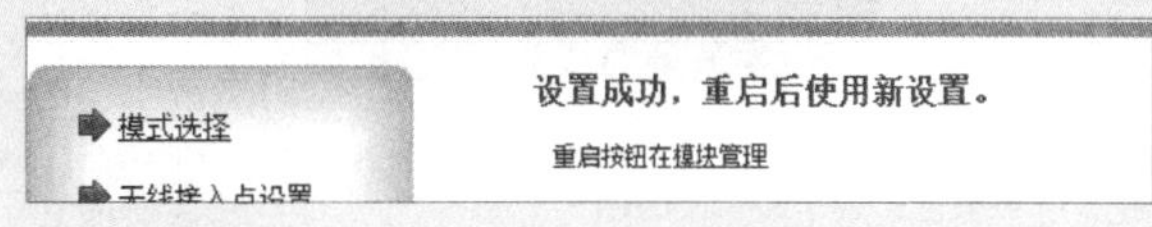

图2-29 完成设置

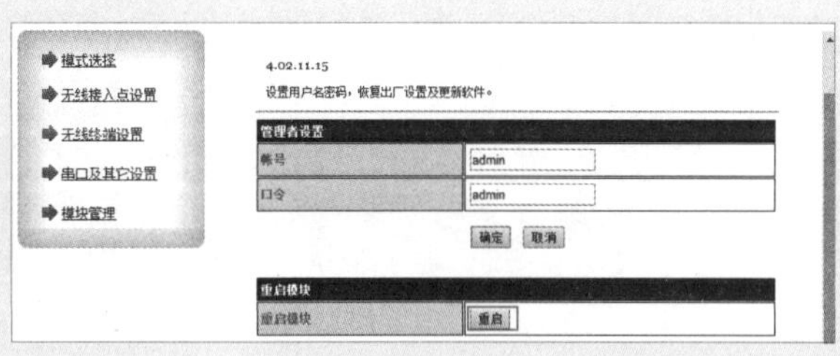

图2-30 重启设置

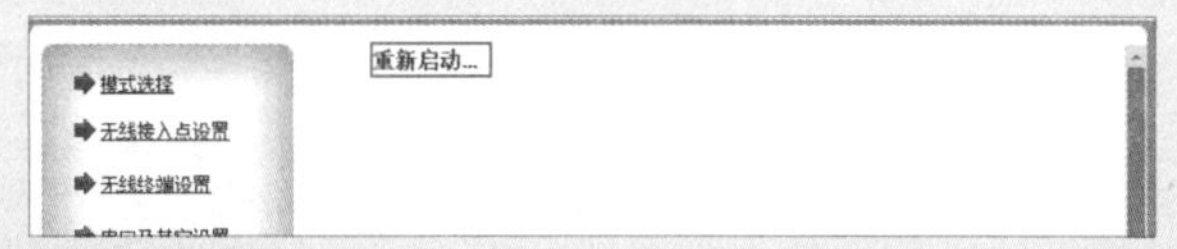

图2-31 完成重启

2. 计算机接收数据

重启后，Ready灯先亮起，之后Link灯再亮起。计算机通过WiFi或是网页加入到602服务器加入的路由器中。如果计算机端开着服务器程序，并且串口设备正在向模块发送数据，那么服务器程序就会收到数据。

下面介绍没有服务器程序时，计算机接收数据的工作过程。

首先将计算机加入到602服务器加入的路由器中。可以通过网线直接将计算机与路由器连接起来，也可以用计算机的WiFi加入路由器，如图2-32所示。

打开USR-TCP232-Test串口转网络调试助手软件，在网络设置部分，设置协议类型为“TCP Server”，本地IP地址不用修改，本地端口号改为“8899”（这里的设置是跟模块里面写的服务器端口号一样），如图2-33所示。

稍后会有602服务器的TCP连接，在图2-34中的“连接对象”中列出了所有连接的IP（此处演示只用了两个602服务器，所以连接对象下拉列表中只有两个）。

如果此时602服务器有数据传输到计算机，此软件的网络数据接收部分就会有相应的显示，如图2-35所示。

如果要对602服务器回复数据，可以在下面的输入框写入数据，在“连接对象”中选择相应的602服务器的IP，或是“All Connections”，然后单击“发送”按钮，如图2-36所示。

无线串口服务器是一款用来将串口数据和WiFi网络数据相互转换和传输的设备，可以与

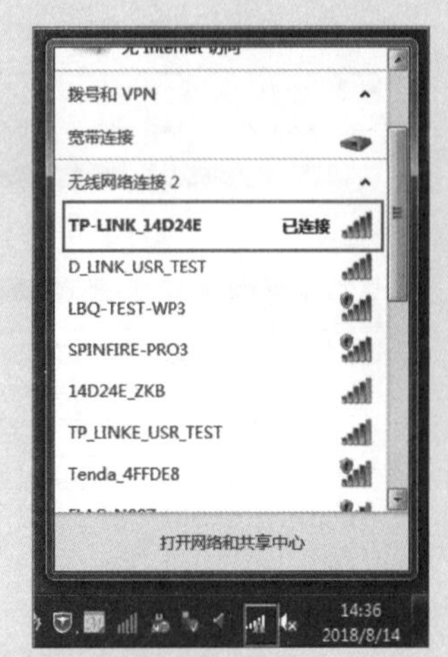

图2-32 无线连接

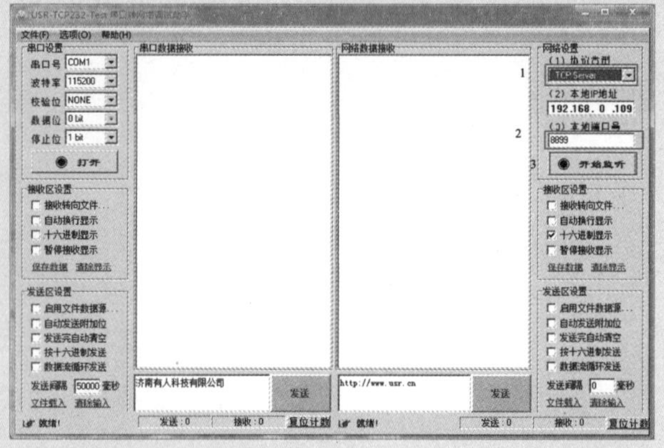

图2-33 网络调试

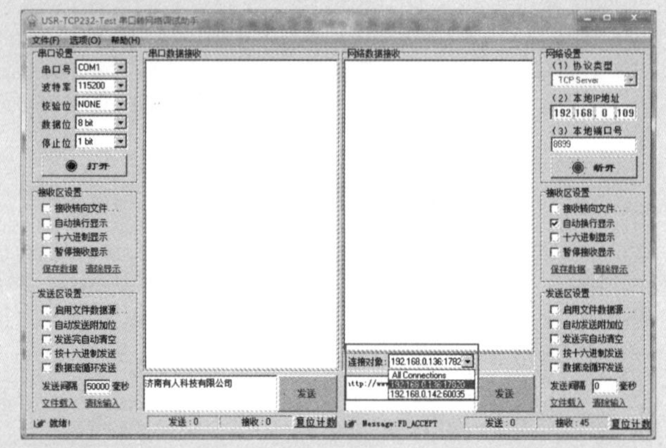

图2-34 连接对象

TCP Server、TCP Client 和 UDP 模式实现透明传输，也可以工作在 Sweb 模式通过浏览器网页实现复杂交互，使用简单，工作可靠，广泛应用于家用、商用等领域。

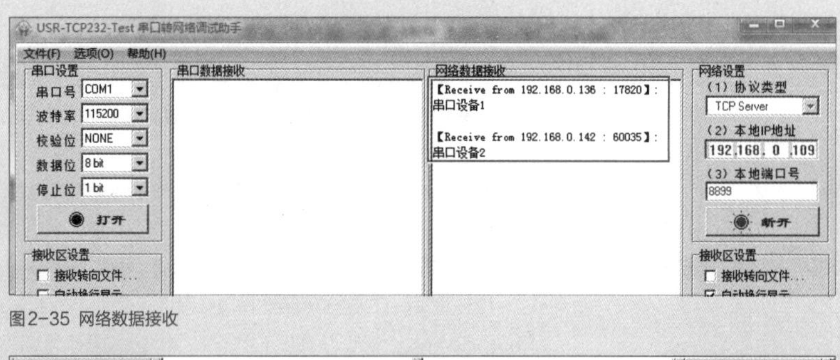

图2-35 网络数据接收

图2-36 发送数据

学习任务3 串口服务器配置技术要点

3

「任务说明」

学习串口服务器的硬件安装与组成后，对串口服务器进行配置实现了部分功能，但不同类型的串口服务器还有很多技术要点，只有充分了解这些要点，才能更有效地运用其功能，本学习任务的重点是掌握串口服务器的技术要点。

「相关知识与技能」

一、端口参数设置

VSPM虚拟串口软件支持串口参数同步，在打开虚拟串口时，VSPM会连接相应串口服务器的命令端口，并发送控制命令，将串口服务器对应的端口设置为同虚拟串口一样的参数。用户无需手工设置串口参数。

二、动态域名DNS解析方案

当控制中心为固定域名、动态IP时，可以使用此方案，其工作方式为：串口服务器（运行在Client模式）通过DNS解析，获得控制中心的IP地址，然后与此IP地址建立TCP/IP连接。

三、TCP/IP传输

1. 使用Socket直连方式与串口服务器进行通信

应用软件可以使用Socket规范编写代码，直接通过TCP/IP连接与串口服务器通信，如果准备使用这种方式，又无法在应用软件端实现数据帧重组模式，可以将串口服务器的接收模式设置为自适应数据帧模式，由串口服务器完成帧重组模式，由串口服务器完成帧重组。

2. TCP/IP连接方式（Server模式）

Server模式下，串口服务器将一直监听指定的端口，等待Client模式主机连接，这里的Client模式主机可以是VSPM虚拟串口软件、其他串口服务器或其他网络设备。在Client主机与Server建立TCP/IP连接后，串口服务器将一直使用这个TCP/IP连接转发数据。在Client与Server模式的串口服务器建立连接时，如果已经建立了TCP/IP连接，串口服务器将中断当前的连接，并使用新连接转发数据，从而避免了无效链接的问题。

3. 串口（N）对应的TCP/IP 端口（Server模式）

此端口用于监听并建立TCP/IP转发连接，建议不要使用小于1 000的端口或一些网络应用的默认端口。服务器端口号为0 ~ 65535一共65 536个，前1024个端口为操作系统所用。

4. 串口（N）对应的TCP/IP读超时（Client模式）

如果指定串口的TCP/IP连接在指定时间内没有数据，将中断此连接，默认为无限。串口服务器为每个串口建立1个TCP/IP连接，如果网络环境非常不好（如物理中断），会导致串口服务器出现不监听或不发出连接的无效连接。这种情况下如果设置了读超时，在超时后，服务器会自动断开没有数据的TCP/IP连接，并等待或发起新的TCP/IP连接。如果设置了读超时，用户端就必须与串口服务器在超时时间内维持一定的数据流量，否则将被服务器认为是无效的TCP/IP连接而中断此连接。

5. 远程服务器IP地址

远程服务器端口，Client模式串口服务器将会根据每个串口设置的参数连接远程主机，如果连接失败，将根据“尝试连接服务器间隔”暂停一段时间，否则将为此串口建立转发的TCP/IP连接。如果要连接的主机不与串口服务器在同一局域网网段内，那么必须正确设置网关地址。

6. 检查TCP/IP连接

当读超时为无限时，可以使用此功能来检查当前的 TCP/IP 连接状态，串口服务器通过发送测试字符串来检查并断开无效的 TCP/IP 连接。

四、UDP广播传输

1. UDP广播传输模式

此模式下，串口服务器使用UDP广播方式来传输数据，串口服务器将接收到的网络数据转发到所有的RS-232/RS-485端口。此模式适用于1对多的数据传输，此模式不能跨网关。

2. UDP发送地址及发送端口

UDP发送地址通常为“255.255.255.255”的广播地址，串口服务器将从RS-232/RS-485端口接收的数据，通过“UDP发送端口”发送到广播地址中。

3. UDP接收端口

网络里所有发送到此端口的广播数据，都会被串口服务器接收到。

五、NAT环境配置

1. 静态NAT方式（如图2-37所示）

2. 动态 NAT方式（如图2-38所示）

六、串口服务器配对应用

1. TCP/IP模式（如图2-39所示）

将Client模式下的串口服务器的远程主机地址和端口，设置为 Server模式下的串口服务器的监听地址和端口，即可以达到配对目的。如果配对的串口服务器不在一个网络，就必须正确设置网关地址和其他相关网络参数，否则将无法连通。

静态 NAT 方式

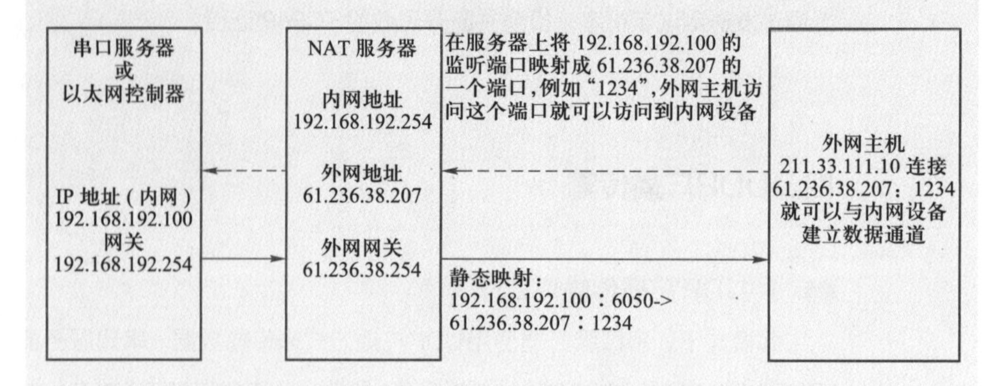

➢只有 RT-S 串口服务器和工作在 Server 模式下的 Powerip 以太网控制器可以运行在此环境下

➢NAT 服务器的外网地址必须是静态 IP

➢NAT 服务器的外网地址必须是公网 IP

图2-37 静态NAT方式

动态 NAT 方式

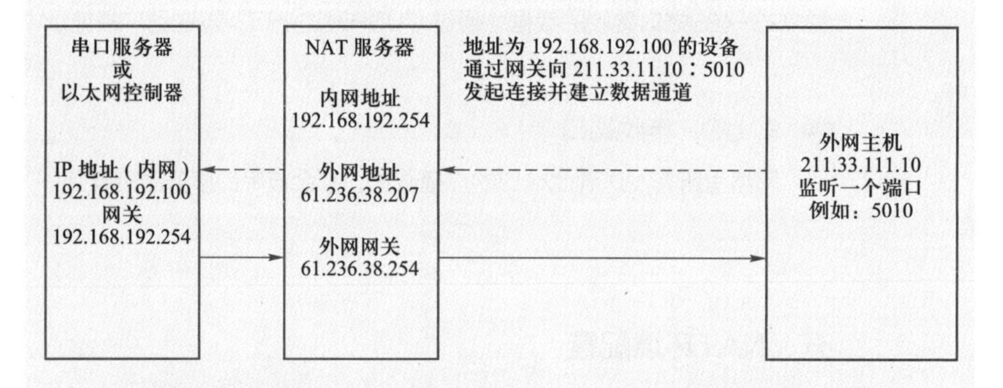

➢只有 RT-C 串口服务器和工作在 Client 模式下的 Powerip 以太网控制器可以运行在此环境下

➢必须正确设置设备的网关地址

➢NAT 服务器的外网地址可以是动态的也可以是静态的

➢NAT 服务器的外网地址可以是公网 IP 也可以是非公网 IP

图2-38 动态NAT方式

2. UDP广播模式（如图2-40所示）

UDP广播模式会大量消耗网络带宽，并无法跨网关，如果对带宽敏感或串口服务器不在同一网络，无法使用此模式。

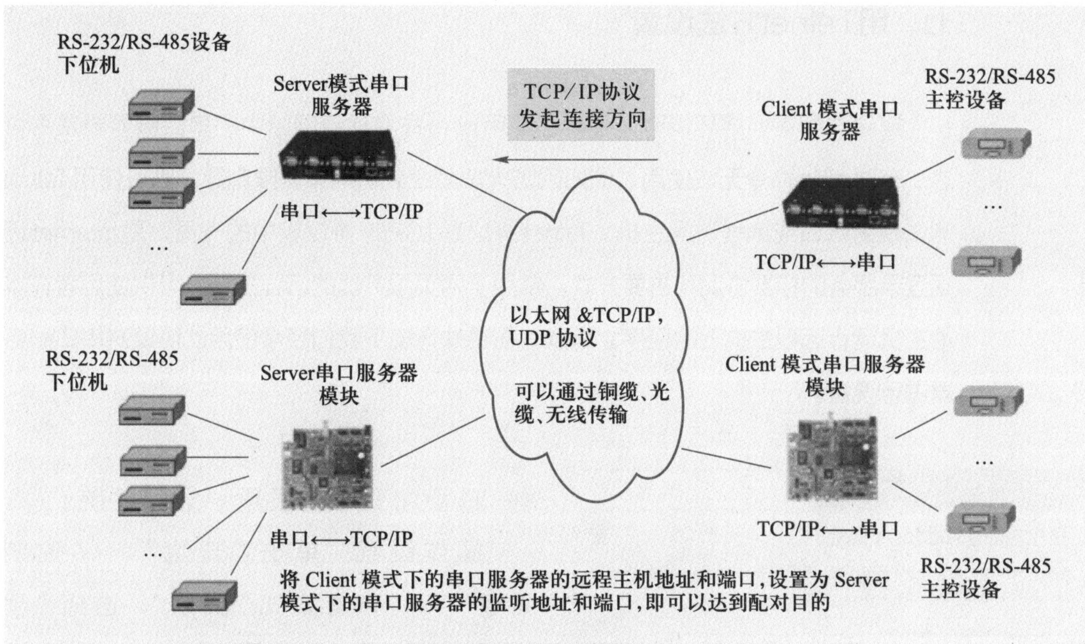

图2-39 TCP/IP模式

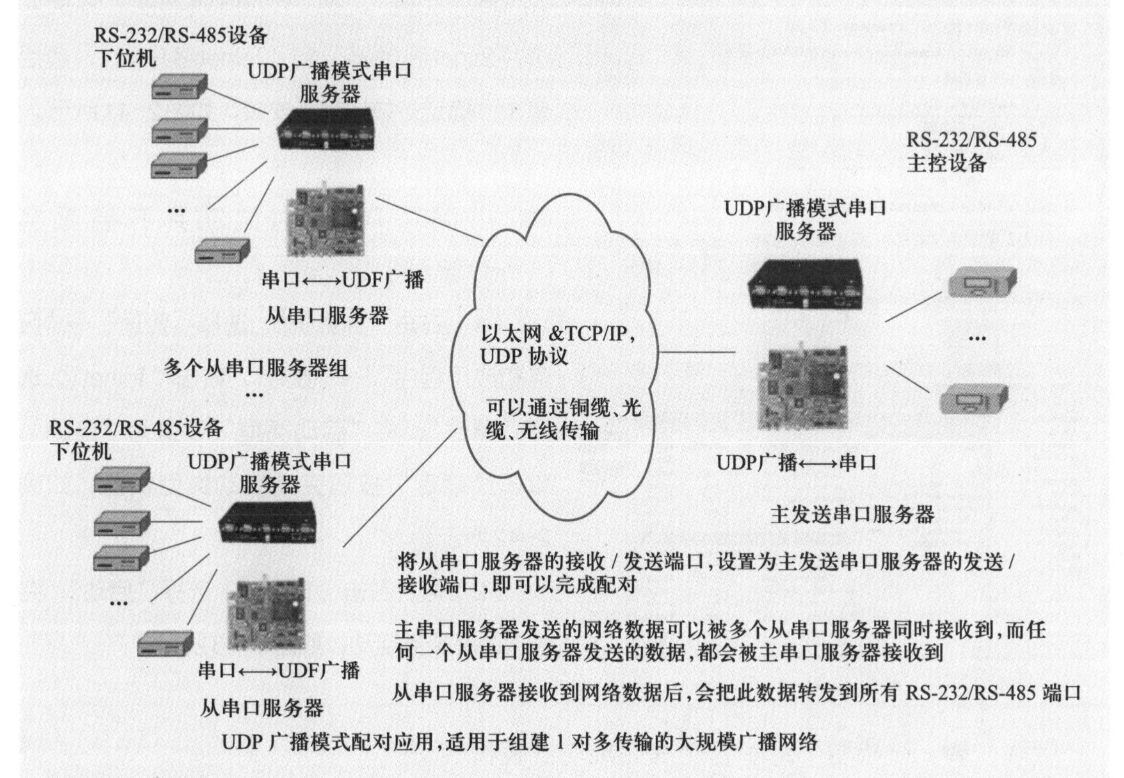

图2-40 UDP广播模式

七、用Telnet方法设置

搭建或配置网络环境时，经常会使用ping命令检查网络中的串口服务器是否可达。有时ping命令无法使用，例如因防火墙禁止或访问策略限制等。则可使用Telnet测试映射端口或远程访问主机。Telnet协议是TCP/IP协议族中的一员，是Internet远程登录服务的标准协议和主要方式，常用于网页服务器的远程控制，可供使用者在本地主机运行远程主机上的程序。所以，在特殊环境下我们经常使用此协议对串口服务器进行设置。

图2-41 Telnet设置

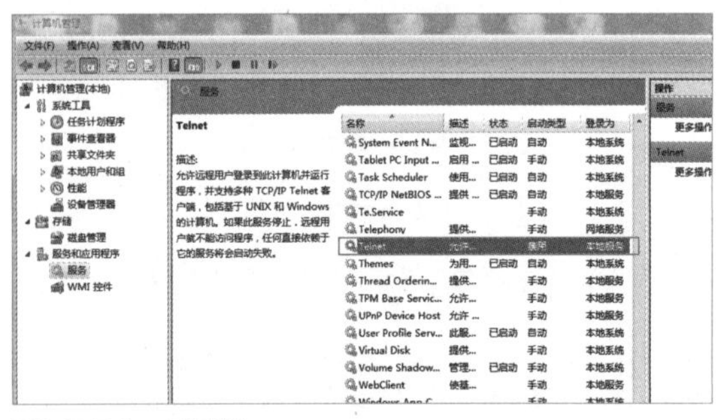

图2-42 Telnet自动设置

1. 添加Telnet服务（Win7系统）

操作过程：单击“开始”→“控制面板”→“查看方式：类别”，选择“程序”→“程序和功能”→“打开或关闭Windows功能”，在“Windows功能”界面勾选“Telnet服务器”和“Telnet客户端”，最后单击“确定”按钮等待安装，如图2-41所示。

2. 配置Telnet为自动并开启服务（Win7系统）

（1）右击“计算机”，选择“管理”→“服务和应用程序”→“服务”，右击“Telnet”，选择“属性”，将“启动类型”设置为“自动”，单击“确定”按钮完成启动类型设置，如图2-42所示。

（2）再次右击“Telnet”，选择“启动”，完成Telnet服务启动，如图2-43所示。

3. 检验Telnet服务是否成功安装和启动

（1）在命令提示符中输入“telnet –help”，显示图2-44所示界面即解决“telnet不是内部或外部命令”的问题，如图2-44所示。

（2）在命令提示符中输入“telnet 127.0.0.1”，显示图2-45所示界面，即Telnet服务启动成功。

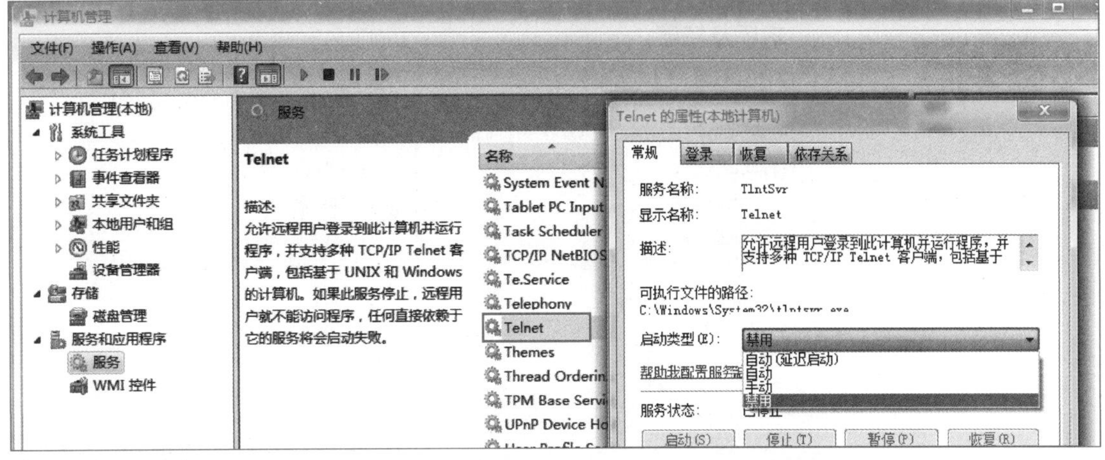

图2-43 完成Telnet启动

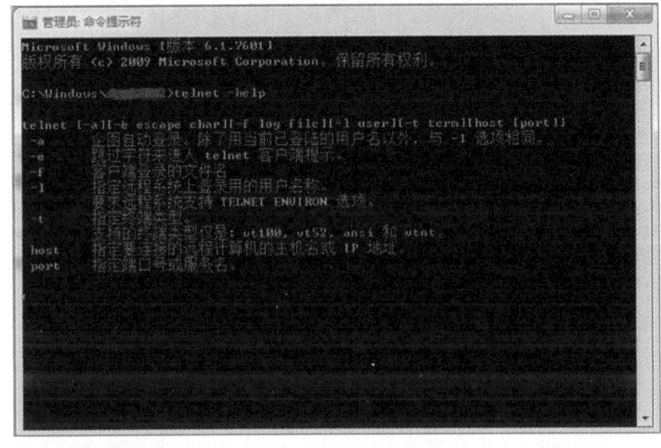

图2-44 telnet-help

图2-45 Telnet服务启动完成

图2-46 web配置命令

4. 使用Telnet服务访问串口服务器

例如使用Telnet服务打开地址为“192.168.4.101”的串口服务器，可以对web、status、action等参数进行配置。例如对web参数设置方法为:

secure web 1

save

reboot

即可完成对web的配置，如图2-46所示。

巩固及拓展

1. 串口服务器的主处理器模块核心部分主要由主处理器、(　　)、数据及程序存储器等器件构成。

A. 地址模块

B. 模拟电路

C. 打印模块

D. 可编程逻辑器件

2. 常用总线 RS-232 属于(　　)总线。

A. 片总线

B. 内总线

C. 外总线

D. 地址总线

3. 串口服务器主处理模块部分主要处理 TCP/IP 的(　　)。

A. 表示层

B. 数据链路层

C. 应用层

D. 网络层和传输层

4. 在 CPU 与外设进行数据交会时，模拟量属于(　　)。

A. 数据信息

B. 运算信息

C. 状态信息

D. CPU 指令代码

5. 下面不属于人机接口的是(　　)。

A. 键盘

B. 打印机

C. 显示器

D. MODEM

6. 总线宽度用(　　)总线的条数表示。

A. 地址

B. 控制

C. 数据

D. 以上都不对

7. 串口服务器基于网络通信模式时，计算机上的应用程序基于(　　)协议编写了通信程序。

A. TCP

B. SOCKET

C. UTP

D. 以上都不对

实战强化1 RS-485/232串口的制作调试

1

随着网络的普及，目前家家户户拥有自己的网络，而且每个家庭带宽也较高。通过学习相关知识，我们可以安装配置家里的路由器、摄像头等设备。

（一）实施目的

1. 了解串口的工作原理。

2. 熟悉串口转换的连线图。

3. 熟练掌握串口转换电路的焊接。

（二）工具/原材料

电烙铁、焊锡丝、MAX232集成电路、MAX485集成电路、DB9F接头（针、孔）、电子器件。

（三）实施步骤

RS-232、RS-422与RS-485都是串行数据接口标准，最初都是由电子工业协会（EIA）制定并发布的。RS-232在1962年发布，命名为“EIA-232-E”标准，作为工业标准，以保证不同厂家产品之间的兼容性。其传送距离最大约为15m，最高速率为20Kb/s，为点对点（即只用一对收、发设备）通信而设计。所以，RS-232只适合于本地通信使用。

RS-422由RS-232发展而来，它是为弥补RS-232的不足而提出的。为改进RS-232通信距离短、速率低的缺点，RS-422定义了一种平衡通信接口，将传输速率提高到10Mb/s，传输距离延长到1200m（速率低于100Kb/s时），并允许在一条平衡总线上连接最多10个接收器。RS-422是一种单机发送、多机接收的单向、平衡传输规范，被命名为“TIA/EIA-422-A”标准。为扩展应用范围，EIA又于1983年在RS-422基础上制定了RS-485标准，增加了多点、双向通信能力，即允许多个发送器连接到同一条总线上，同时增加了发送器的驱动能力和冲突保护特性，扩展了总线共模范围，后命名为“TIA/EIA-485-A”标准。由于EIA提出的建议标准都是以RS作为前缀，所以在通信工业领域，仍然习惯将上述标准以RS作前缀称谓。RS-232、

RS-422与RS-485 标准只对接口的电气特性做出规定，而不涉及接插件、电缆或协议，在此基础上用户可以建立自己的高层通信协议。

1. 熟悉RS-232和RS-485接口原理图

RS-232/485转换器主要包括电源、232电平转换电路、485电路三部分。232电平转换电路采用了HIN232，485电路采用了MAX485集成电路。电源部分设计为无源方式，整个电路的供电直接从计算机的RS-232接口中的DTR（4脚）和RTS（7脚）获取。计算机串口每根线可以提供大约9mA的电流，因此两根线提供的电流足够供给整个电路（原理图如图2-47所示）。

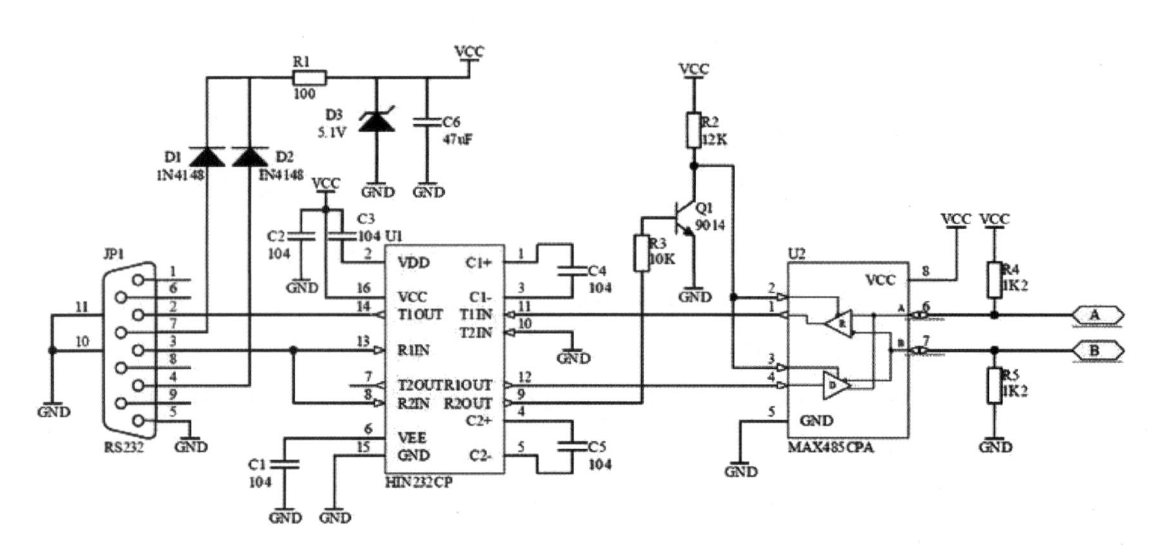

图2-47 RS-232/485转换器原理图

2. 连接引脚

本电路中，DTR和RTS输出高电平，经过稳压二极管D3稳压后得到V_{CC}，V_{CC}电压在4.7V左右，同时也完成了限压功能。电路中DTR和RTS都用于电路供电，因此使用TX线和HIN232的另外一个通道及Q1来控制MAX485的状态切换。平时HIN232的9脚输出高电平，经Q1倒相后，使MAX485的RE和DE为低电平且处于数据接收状态。当计算机发送数据时，HIN232的9脚输出低电平，经Q1倒相后，使MAX485的RE和DE为高电平且处于数据发送状态，引脚信号如图2-48所示。

3. 测试运行

将引脚连接后，用最简单的测试方法将两台带有串口的计算机进行连接，具体步骤如下：

（1）PC1串口端用有一根RS-232线连接，RS-232线另一端与RS-485转RS-232转换器相连，RS-485转RS-232转换器另一端再用一根RS-485线连接，RS-485线另一端与RS-485转RS-232转换器相连，RS-485转RS-232转换器另一端与

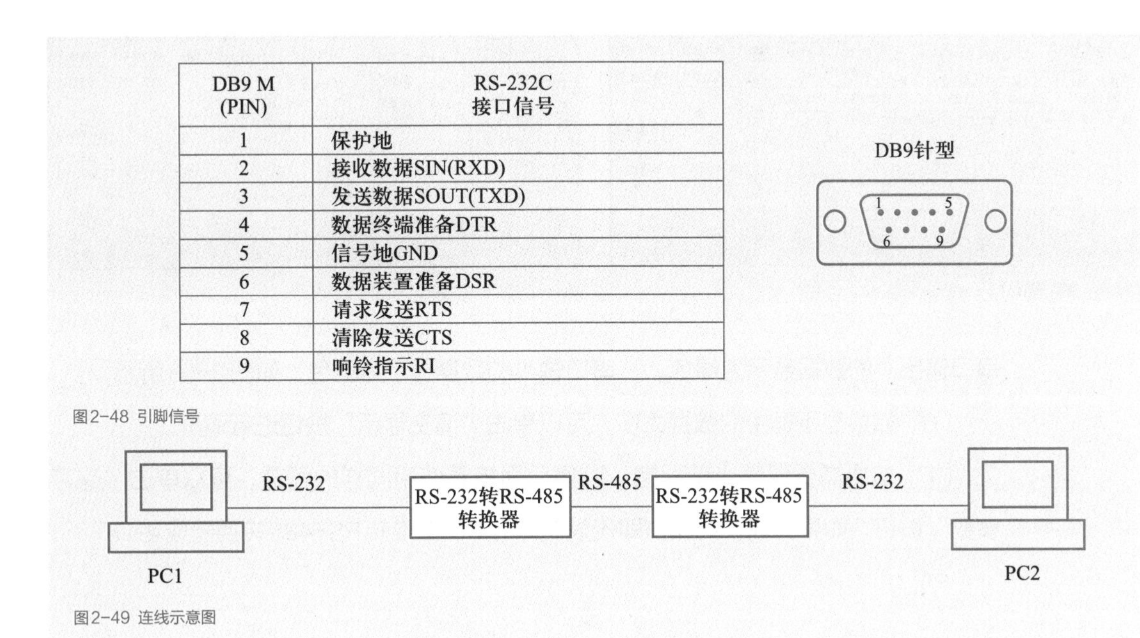

DB9 M (PIN)	RS-232C 接口信号
1	保护地
2	接收数据SIN(RXD)
3	发送数据SOUT(TXD)
4	数据终端准备DTR
5	信号地GND
6	数据装置准备DSR
7	请求发送RTS
8	清除发送CTS
9	响铃指示RI

图2-48 引脚信号

图2-49 连线示意图

一根RS-232线相连，RS-232线与PC2串口端相连，如图2-49所示。

（2）单击“开始”，右击“计算机”，选择“设备管理器”，如图2-50所示。

（3）在“设备管理器”中查看是否有相应的硬件连接，查看端口COM号并记录，为后面软件设置做准备。

使用串口测试助手软件，这个软件不需要安装，直接双击打开就可以使用。打开串口测试助手软件ComTone界面，可随时修改通信参数，如图2-51所示。

（4）选择“输入HEX”，则用户输入数据看作十六进制字节，不区分大小写，接收的信息会显示为十六进制HEX格式；如果选择“输入ASC”，则用户输入数据看作ASCII字符，接收的信息也会显示为ASCII字符，如图2-52所示。

（5）选中“回车发送”，输入区内按回车键相当于按发送按钮，如想输入多行，可用Ctrl+回车键；不选中，则输入区内可用回车键分行。选中“加入CRC”，则加入16位CRC校码放到每次发送的字节数的最后两位，用户输入（从

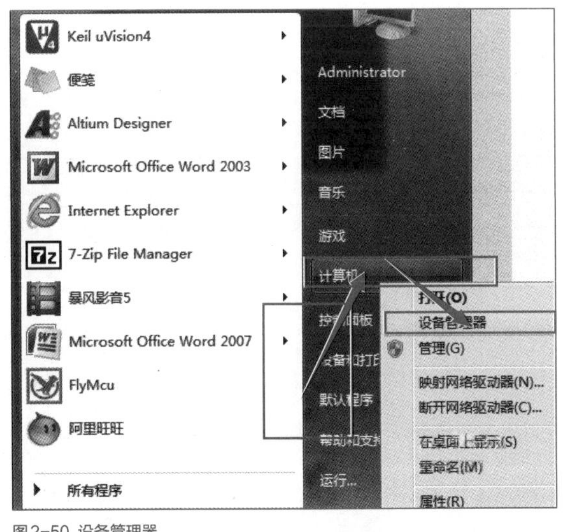

图2-50 设备管理器

图2-51 串口测试软件参数设置

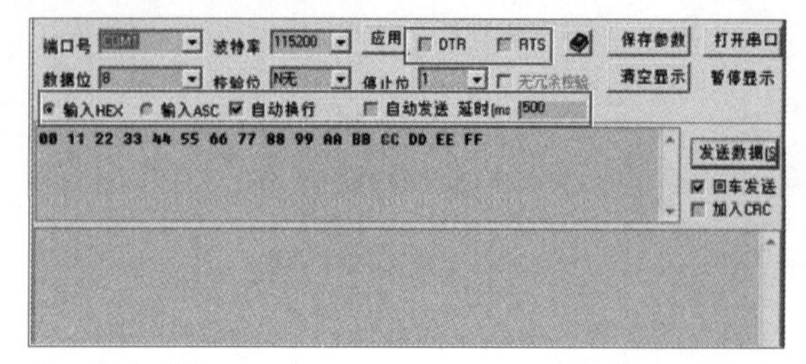

图2-52 接收情况

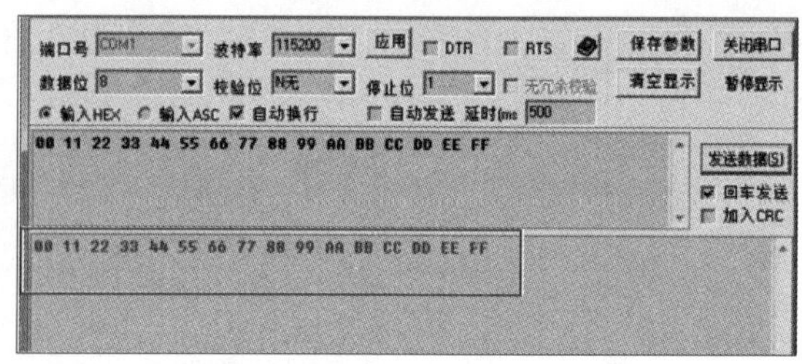

图2-53 串口输入/输出

串口输出）的数据显示为绿色，从串口输入的数据显示为蓝色，如图2-53所示。

（6）如果显示框中的数据太多，可以单击“清空显示”按钮进行清屏。

（7）如果需要保存当前配置，以便后面接着使用同样的配置，可以单击“保存参数”按钮，如果完成了此操作即代表制作的RS-232转RS-485转换器成功。

小组评价

小组名称：　　　　　　　　　　　　组长：

成员姓名	组内承担任务内容	准备	实施	完成结果	自我评价	教师评价	备注
组内互评							
结论							

实战强化2 串口服务器联网配置

2

随着物联网技术的广泛应用，网络技术得到了推广，在不同设备之间进行数据交互的途径也多种多样，串口服务器是架起不同网间设备的桥梁，主要应用在销售网络终端系统、信息家电系统、工厂自动化监控、远程医疗、机电仪器联网控制、特殊场合的连线、分布式数据采集、智能交通管理系统等领域，提供虚拟串口程序，基于向导式虚拟串口创建过程。

（一）实施目的

1. 了解串口服务器的配置。

2. 熟悉串口服务器组网方式。

3. 熟练掌握串口服务器组网方法。

（二）工具/原材料

计算机、服务器、路由器/交换机、串口服务器、RS-232串口线若干、网络调试助手软件等。

（三）实施步骤

1. 用网线和串口线将串口服务器进行组网连接，如图2-54所示。

2. 在计算机中安装串口服务器软件，以中金串口服务器为例，打开串口服务器文

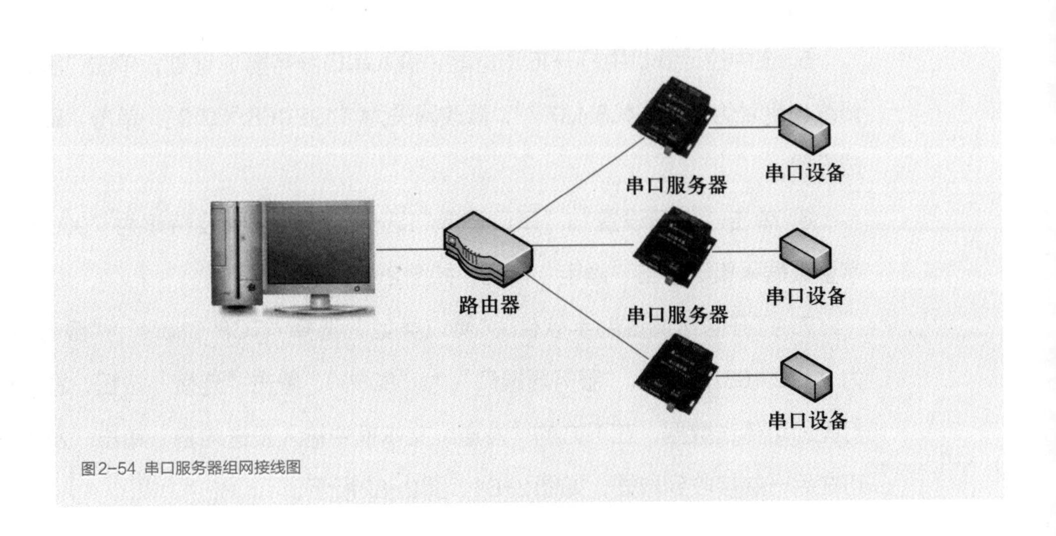

图2-54 串口服务器组网接线图

图2-55 驱动程序

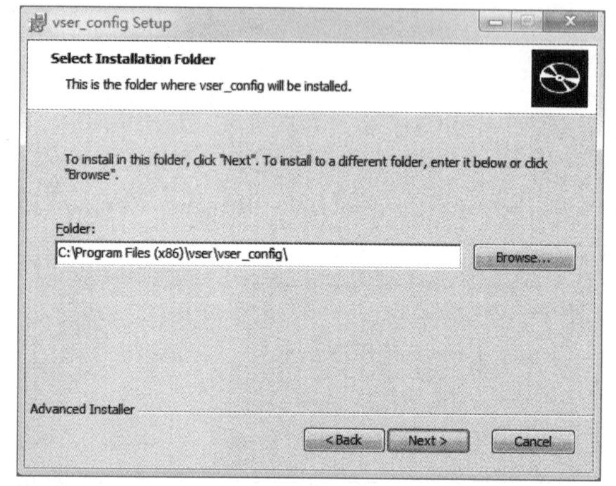

图2-56 安装位置

图2-57 软件图标

图2-58 扫描界面

件夹，找到“vser.msi”文件，根据提示安装串口服务器驱动程序，如图2-55、图2-56所示。

3. 打开串口服务器软件“vser_config.exe”扫描设备，记住串口服务器的IP（如“192.168.137.1”），修改IP地址使其与串口服务器处于同一网段，如图2-57、图2-58所示。

4. 修改本机IP地址为“192.168.137.7”，使其与串口服务器同一个网段，如图2-59所示。

5. 在中控计算机中打开IE浏览器，输入串口服务器IP地址，单击“服务器设置”，修改IP地址为“192.168.137.7”，修改网关为“192.168.137.2”，单击“确定”按钮完成设置。

6. 单击“串口设置”。“串口选择”选择“1”，设置波特率为“9600”，接收数字量数据采集，单击“确定”按钮，如图2-60所示。

7. 打开网络调试助手软件，“协议类型”选择“TCP Client”，“服务器IP地址”为“192.168.137.1”，“服务器端口”为“8080”，单击“连接”按钮，看到红色指示灯亮即可传送数据，在下方的“发送”文本框中输入发送内容，单击“发送”按钮即可在另一端接收到数据，如图2-61、图2-62所示。

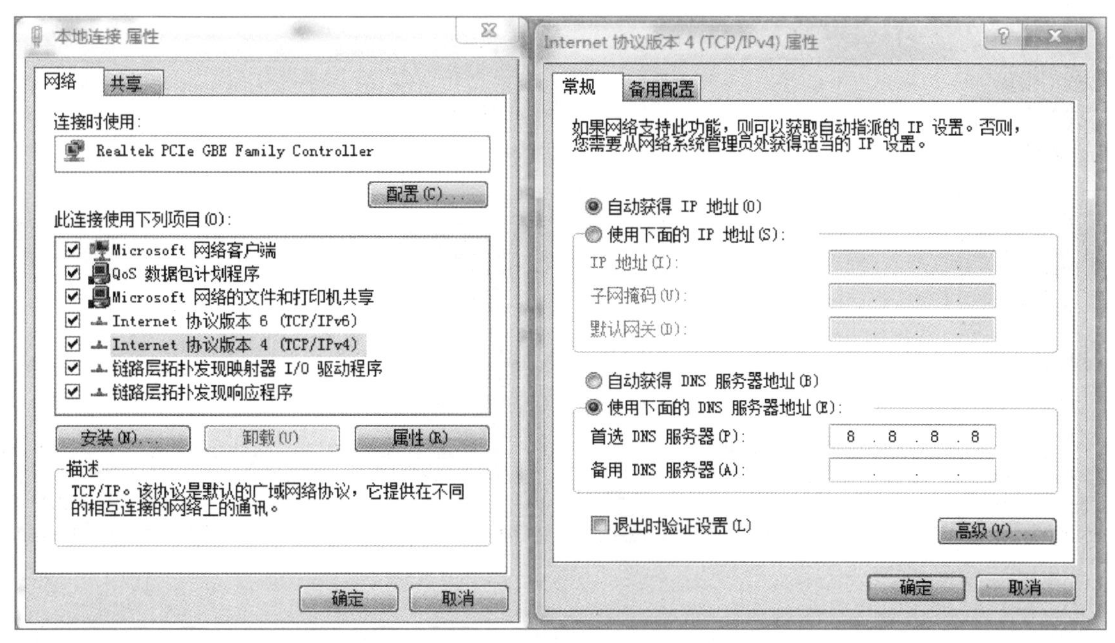

图2-59 本机IP设置

中金鼎讯 SINOKING COMM　中金鼎讯信通科技有限公司

Terminal Server　Serial to Ethernet

Setup Menu

- 快速设置
- 服务器设置
- 串口设置
- 应用模式
- 设备状态
- 系统管理
- 安全设置
- 保存/重启

串口设置

串口1

串口选择: ◉1 ○2 ○3 ○4

串口参数

接口类型:	RS-232
波特率:	9600
数据位:	8
停止位:	1
奇偶校验:	None
流量控制:	None
接收空闲时间:	10 (5~5000ms)
接收空闲字节数:	1024 (1~1024Byte)
RS-485使能延时:	0 (0~255Bit Periods)
接收超时:	0 (0~255Bit Periods)
接收缓存:	0 (0~1024Bytes)
传输方式:	Cached

将以上参数应用于

串口选择: ☑1 ☐2 ☐3 ☐4 ☐All

图2-60 虚拟串口设置

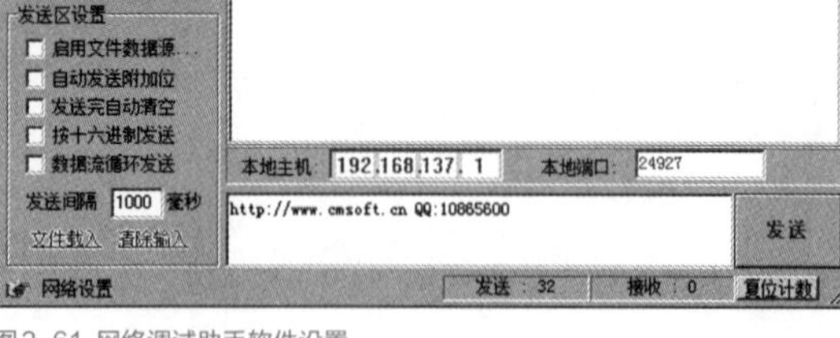

图2-61 网络调试助手软件设置

图2-62 网络数据接收

注意：串口服务器配置需在服务端与串口设备端都配置完毕才可运行。

小组评价

小组名称：　　　　　　　　　　　　　　组长：

成员姓名	组内承担任务内容	准备	实施	完成结果	自我评价	教师评价	备注
组内互评							
结论							

思考：如果异地普通联网用户访问远程通用串口设备，需要接受远端联网用户的控制和访问，串口设备端需要拨号上网后建立局域网，如何实现此功能？

实战强化3 异地用户访问远程串口服务器配置

3

（一）实施目的

1. 了解串口服务器异地访问。

2. 熟悉远程访问串口服务器方法。

3. 掌握串口服务器组网方法。

（二）工具/原材料

计算机、服务器、路由器/交换机 、串口服务器、RS-232串口线若干、网络调试助手软件等。

（三）实施步骤

此应用环境下需要将串口转以太网模块设置为TCP Server工作模式，如果模块所在地无法给模块分配公网固定IP，就需要在路由器上做端口转发，如图2-63所示。

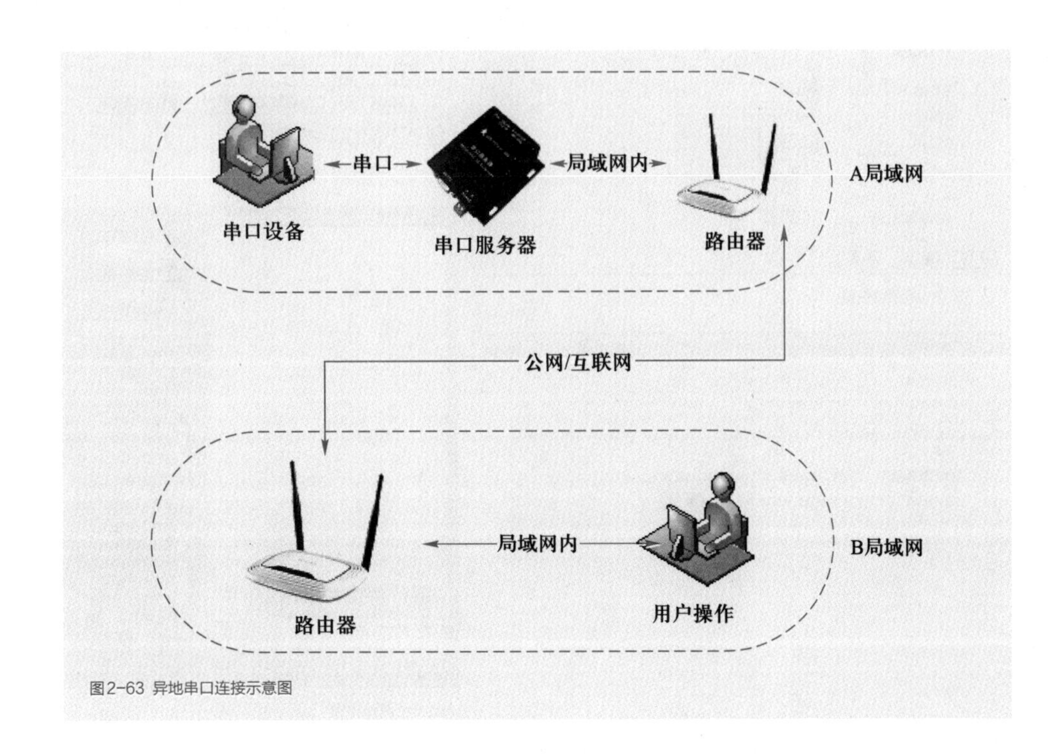

图2-63 异地串口连接示意图

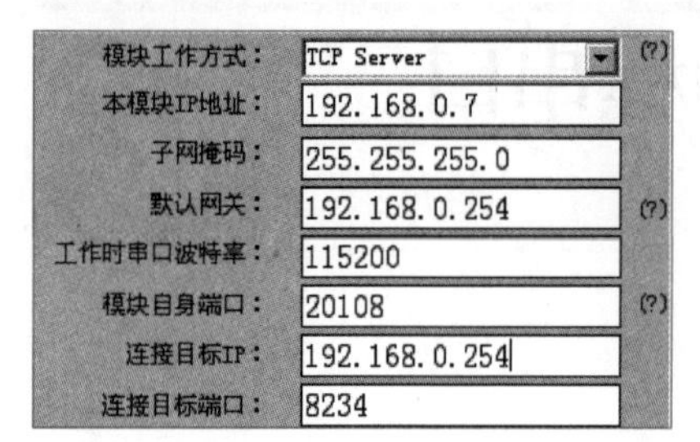

图2-64 网关设置

设置过程：

1. 首先将模块设置为TCP Server模式，任意设置一个连接目标IP，此模式下连接目标IP无意义。如图2-64所示，设置为局域网的默认网关，默认网关设置为模块所在局域网的网关。

注意：TCP Server模式下，模块监听的是模块自身端口。

2. 在局域网的路由器上做端口转发，这里以TP-Link的设置为例，要做的是将外网连接的20108端口转发到局域网内部的“192.168.0.7”这个IP上，如图2-65所示。

设置完成后如图2-66所示。

3. 在路由器的状态页查看设备的外网IP，如图2-67所示。

注意：部分网络环境在这里看到的不是公网IP，而是一个更大的局域网IP，例如部分集团网就会有这样的情况，此时将无法使用。一个可行的判断方法是在外地ping这个IP能否ping通，ping不通则可能无法使用。

4. 至此设置完成，外网的普通用户就可以通过工作在TCP Client模式下的程序连接局域网内的串口设备从而控制串口，测试界面如图2-68所示。

虚拟服务器

虚拟服务器定义了广域网服务端口和局域网网络服务器之间的映射关系，所有对该广域网服务端口的访问将会被重定位给通过IP地址指定的局域网网络服务器。

服务端口号：20108 （XX-XX or XX）

IP地址：192.168.0.7

协议：ALL

状态：生效

常用服务端口号：--请选择--

保存 返回 帮助

图2-65 虚拟服务器设置

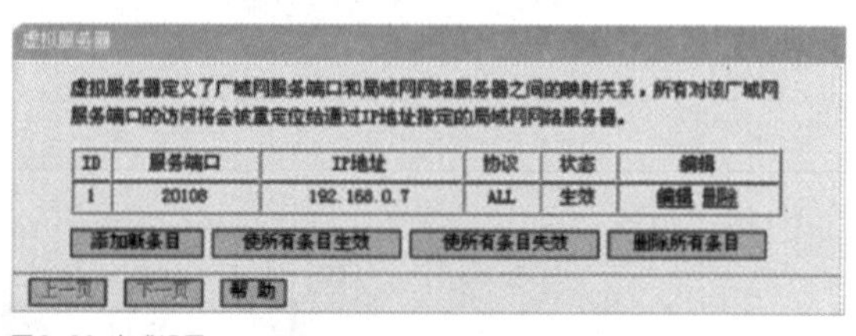
虚拟服务器

虚拟服务器定义了广域网服务端口和局域网网络服务器之间的映射关系，所有对该广域网服务端口的访问将会被重定位给通过IP地址指定的局域网网络服务器。

ID	服务端口	IP地址	协议	状态	编辑
1	20108	192.168.0.7	ALL	生效	编辑 删除

添加新条目 使所有条目生效 使所有条目失效 删除所有条目

上一页 下一页 帮助

图2-66 完成设置

WAN口状态

MAC 地址：F4-EC-38-14-D2-4F

IP地址：218.59.75.247 PPPoE

子网掩码：255.255.255.255

网关：218.59.75.247

DNS 服务器：202.102.152.3 , 202.102.154.3

上网时间：0 day(s) 00:10:54 断线

图2-67 查看设备的外网IP

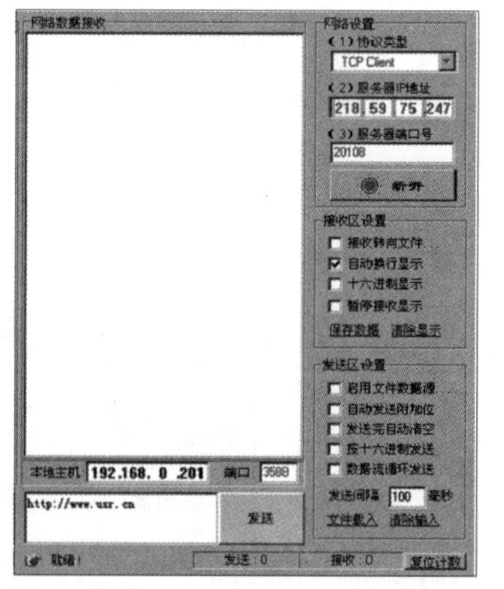

图2-68 测试界面

小组评价

小组名称：　　　　　　　　　　　　　　　　组长：

成员姓名	组内承担任务内容	准备	实施	完成结果	自我评价	教师评价	备注
组内互评							
结论							

项目3 集成I/O数据采集器模块的安装调试

「学习目标」

- 了解ADAM-4150和ADAM-4107数据采集器模块的基本知识。
- 了解ADAM-4150和ADAM-4107数据采集器模块的工作原理。
- 能够绘制数据采集器模块电路图并接线。
- 掌握ADAM-4150和ADAM-4107数据采集器模块的安装调试方法。
- 理解ADAM-4150和ADAM-4107数据采集器模块的测试方法。

「项目描述」

本项目将学习数据采集器模块的基础知识，了解数据采集模块A/D、/D/A转换原理。根据不同类型传感器，会对应采集模块相应类型的端口进行连接，完成数字量、模拟量信号的采集传送等，掌握ADAM-4150和ADAM-4017模块的硬件安装调试方法。

学习任务1 认识数据采集模块

1

「任务说明」

了解数据采集模块的组成、特点，数据采集系统的设计方法，硬件、软件的设计原则，通过学习数据采集模块的相关知识，为后期学习ADAM 数据采集模块的使用奠定基础。

「相关知识与技能」

一、数据采集模块

数据采集模块通过传感器、变送器等外部设备将压力、温度、光照强度、湿度等非电量信号转化为计算机能够识别的电量，将模拟信号转化为数字信号（即A/D转换）。在石油、汽车、航空航天、机械制造等方面被广泛应用。人们可以轻易地通过外部设备对需要的信号进行数据采集、数据处理、数据控制以及数据管理，进而对各种生产活动进行一体化控制。在生产过程中，对工艺参数进行采集、检测，为提高产品质量、安全化生产、降低产品成本提供可行的信息支持。

二、数据采集系统的组成

ADAM数据采集系统一般是由传感器、放大电路、滤波器、多路模拟开关、采样/保持器、A/D转换器、计算机I/O接口以及定时与控制逻辑电路等组成。传感器的作用是把外界的非电量转化为模拟电量；放大电路通过三极管的放大作用，放大和缓冲输入信号；滤波器用来衰减噪声，以提高输入信号的信噪比；多路模拟开关把多个模拟量参数分时接通，提高计算机工作效率；采样/保持器保证采样过程中信号的稳定，提高采样精度；A/D转换器把输入的模拟信号转变为数字信号；计算机I/O接口保证输入、输出信号顺利传输；定时与控制逻辑电路控制各元器件的逻辑以及时间关系，保证各元器件有序工作。

计算机数据采集系统包括硬件和软件两大部分，硬件部分又可分为模拟部分和数字部分，主要有传感器、放大电路、滤波器、多路模拟开关、采样/保持器、A/D转换器。

1. 传感器

传感器的作用是把非电的物理量转变成模拟电量（如电压、电流或频率），例如使用热电偶、热电阻可以获得随温度变化的电压，转速传感器常把转速转换为电脉冲等。通常把传感器输出到A/D转换器的这一段信号通道称为模拟通道。

2. 放大器

放大器用来放大和缓冲输入信号。传感器输出的信号较小，例如常用的热电偶输出变化，往往在几毫伏到几十毫伏之间；电阻应变片输出电压变化只有几毫伏；人体生物电信号仅是微伏量级。因此，需要将输入信号加以放大，以满足大多数A/D转换器的满量程输入的要求。

3. 滤波器

传感器和电路中的器件常会产生噪声，人为的发射源也可以通过各种渠道使信号通道感染上噪声，例如工频信号可以成为一种人为的干扰源。这种噪声可以用滤波器来衰减，以提高模拟输入信号的信噪比。

4. 多路模拟开关

在数据采集系统中，往往要对多个物理量进行采集，即所谓多路巡回检测，这可以通过多路模拟开关来实现。多路模拟开关可以分时选通来自多个输入通道的某一路信号。因此，在多路开关后的单元电路（如采样/保持电路、A/D及处理器电路等）只需一套即可，这样可以节省成本和体积。但这仅仅在变化比较缓慢、变化周期在数十至数百毫秒之间的情况下较为合适。因为这时可以使用普通的数十微秒A/D转换器从容地分时处理这些信号。但当分时通道较多时，必须注意泄漏及逻辑安排等问题。当信号频率较高时，使用多路分路开关后，对A/D的转换速率要求也随之上升。模拟多路开关有时也可以安排在放大器之前，但当输入的信号电平较低时，要注意选择多路模拟开关的类型。若选用模拟多路开关集成电路，由于它比继电器组成的多路开关导通电阻大、泄漏电流大，因而会有较大的误差产生。所以要根据具体情况来选择多路模拟开关的类型。

5. 采样/保持器

模拟开关之后是模拟通道的转换部分，它包括采样/保持和A/D转换电路。采样/保持电路的作用是快速拾取模拟多路开关输出的子样脉冲，并保持幅值恒定，以提高A/D转换器的转换精度，如果把采样/保持电路放在模拟多路开关之前（每道一个），还可实现对瞬时信号进行同时采样。

6. A/D转换器

采样/保持器输出的信号送至A/D（模数）转换器，A/D转换器是模拟输入通道的关键电路。由于输入信号变化速度不同，系统对分辨率、精度、转换速率及成本的要求也不同，所以A/D转换器的种类也较多。早期的采样/保持器和A/D转换器需要数据采集系统设计人员自行设计，目前普遍采用单片集成电路，有的单片A/D转换器内部还包含有采样/保持电路、基准电源和接口电路。这为系统设计提供了较大方便。A/D 转换的结果输出给计算机。

三、数据采集系统的特点

计算机只能处理数字量，绝大多数的执行机构只能接收模拟量，因此需要在数据进入计算机之前将其转化为数字量（A/D转换），在其进入执行机构之前将其转化为模拟量（D/A转换）。采样过程中计算机的处理速度非常快，而模拟量的变化速度一般情况下都比较慢。因此，一台计算机采样同时控制多个参数，这些参数被计算机控制进行分时采样。在采集过程中，为了保证采集的不同参数的独立性与完整性，需要用不同的开关去控制对应的参数，而且计算机在某一时候只能接受某一特定的模拟量，再通过多路模拟开关进行切换，使不同的参数通过不同的支路分时进入计算机，保证了计算机运行的高效性。在数据采集的过程中，如果模拟量变化，将直接影响到计算机的采样精度。特别是在同步系统中，多个不相关的参数取瞬态值的时候，其A/D转换采用同一台计算机，那么采样得到的几个参数就不是同一时刻的参数，无法进行数据处理和比较。所以在采样的过程中就需要输入到A/D转换器的模拟量在整个数据采集过程中保持不变，而且要保证在转换之后，A/D转换器的输入信号能够随着参数发生变化。

四、数据采集系统设计

1. 分析问题和确定任务

在进行系统设计之前，必须对要解决的问题进行调查研究、分析论证。如产品的应用场合、面向的客户类型等。在此基础上，根据实际应用中的问题提出具体的要求，确定系统所要完成的数据采集任务和技术指标，确定调试系统和开发软件的方法等。另外，还要对系统设计过程中可能遇到的技术难点做到心中有数，初步确定系统设计的技术路线。

2. 确定采样周期

采样周期决定了采样数据的质量和数量，利用采样定理和系统设指标来确定采样周期。

3. 系统总体设计

在系统总体设计阶段，一般应做以下几项工作：

（1）进行硬件和软件的功能分配。一般来说，多采用硬件，可以简化软件设计工作，并使系统的速度性能得到改善，但成本会增加，同时，也因接点数增加而增加不可靠因素。若用软件代替硬件功能，可以增加系统的灵活性，降低成本，但系统的工作速度也会降低。因此需要根据系统的技术要求，在确定系统总体方案时进行合理的功能分配。

（2）确定微型计算机的配置方案。可以根据具体情况，采用微处理器芯片、单片微型机芯片、单板机、标准功能模板或个人微型计算机等作为数据采集系统的控制处理机。选择何种机型，对整个系统的性能、成本和设计进度等均有重要影响。

（3）操作面板的设计：① 输入和修改源程序；② 显示和打印各种参数；③ 工作方式的选择；④ 启动和停止系统的运行。为了完成这些功能，操作面板一般由数字键、功能键、开关、显示器件以及打印机等组成。

（4）系统抗干扰设计。对于数据采集系统，其抗干扰能力要求一般都比较高。因此，抗干扰设计应贯穿于系统设计的全过程，要在系统总体设计时统一考虑。

五、硬件设计

硬件设计的任务是以所选择的微型机为中心，设计出与其相配套的电路部分，经调试后组成硬件系统。采用单片机的硬件设计过程如下：

（1）明确硬件设计任务。为了使以后的工作能顺利进行，不造成大的返工，在硬件正式设计之前，应细致地制订设计的指标和要求，并对硬件系统各组成部分之间的控制关系、时间关系等做出详细的规定。

（2）尽可能详细地绘制出逻辑图、电路图。在以后的试验和调试中还会不断地对电路图进行修改，逐步达到完善。

（3）制作电路和调试电路。按所绘制的电路图在试验板上连接出电路并进行调试。通过调试，找出硬件设计中的问题并予以解决，使硬件设计尽可能更完善。调试好之后，再设计成正式的印制电路板。

六、软件设计

1. 明确软件设计任务

在正式设计软件之前，首先必须要明确设计任务。然后，再把设计任务加以细致化和具体化，即把一个大的设计任务，细分成若干个相对独立的小任务，这就是软件工程学中的“自顶向下细分 ”的原则。

2. 按功能划分程序模块并绘出流程图

将程序按小任务组织成若干个模块程序，如初始化程序、自检程序、采集程序、数据处理程序、打印和显示程序、打印报警程序等，这些模块既相互独立又相互联系，低一级模块可以被高一级模块重复调用，这种模块化、结构化相结合的程序设计技术既提高了程序的可扩充性，又便于程序的调试及维护。

3. 程序设计语言的选择

选用何种语言与硬件选择有关。

4. 调试程序

首先，对子程序进行调试，修改出现的错误，直到把子程序调试好为止，然后再将主程序与子程序连接成一个完整的程序进行调试。其次，调试程序时，在程序中插入断点，分段运行，逐段排除错误。最后，将调试好的程序固化到EPRO（系统采用微处理器、单板机、单片机时）或存入硬盘（系统采用个人计算机时），供以后使用。

巩固及拓展

1. 数据采集系统的软件功能模块是如何划分的？各部分都完成哪些功能？

2. 对某种模拟信号 $x(t)$，采样时间间隔分别为 4ms、8ms、16ms，试求出这种模拟信号的截止频率分别为多少？

3. 简要说明单工、半双工和全双工线路传输方式的区别。

学习任务2 数字量数据采集模块的安装调试

2

[任务说明]

了解 ADAM-4150 数据采集模块的工作原理，学会数字量 I/O 数据采集模块的使用方法，熟练掌握模块的硬件接线、软件测试方法，理解数字量设备信号输入输出的工作原理，为后续学习 ADAM 模拟量数据采集模块做好准备。

[相关知识与技能]

一、数字量I/O数据采集模块

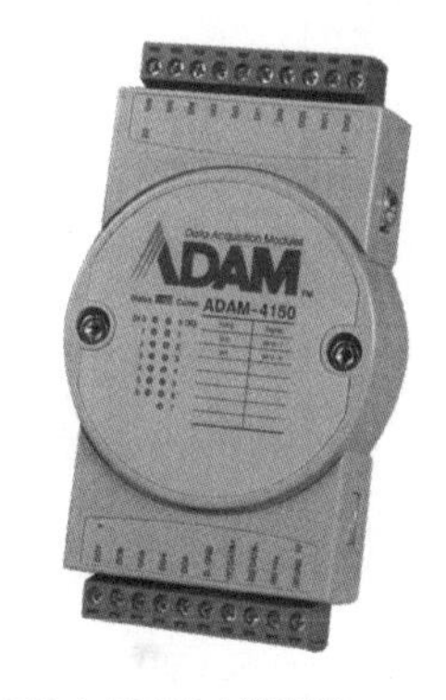

图3-1 ADAM-4150外形

ADAM-4150数据采集模块有7通道输入及8通道输出，宽温运行，高抗噪性；1kV浪涌保护电压输入，3 kV EFT及8 kV ESD保护，其具有宽电源输入范围：+10 ~ +48 VDC，在其面板上设计了易于监测状态的LED指示灯，方便观察各I/O模块的工作状态。数字滤波器功能DI通道可以用1 kHz计数器进行匹配，模块设计了过流/短路保护，另外DO通道支持脉冲输出功能，方便软件控制功能的设计实现。ADAM-4150外形如图3-1所示。

二、数字量I/O数据采集模块设备布局

ADAM-4150模块应用EIA RS-485通信协议，是工业上使用较为广泛的双向、平衡传输线标准，可以进行远距离传输和接收数据，是一款数据采集和控制系统，能够与双绞线多支路的网络主机进行通信。模块中“+VS”代表电源正极“GND”代表电源负极，“DI/DO”是数字I/O线路，用来控制继电器和TTL电平装置。例如：需用继电器控制的照明灯或风扇等设备，如图3-2所示。

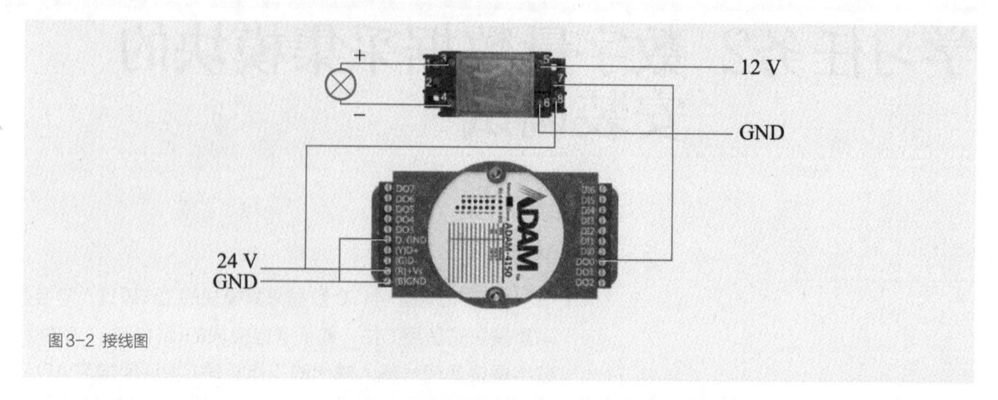

图3-2 接线图

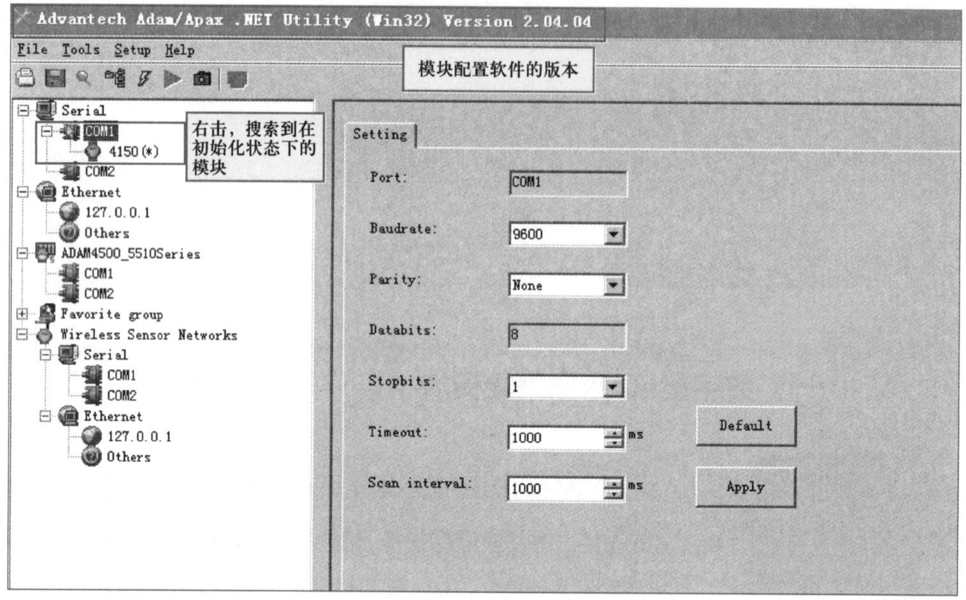

图3-3 测试软件

三、数字量I/O数据采集模块测试

1. 安装Adam/Apax .NET Utility测试软件

首先把模块侧面的拨码开关拨到“INIT”一边，表明模块在初始化状态下，可以修改模块的地址、波特率、协议、数据结构等参数，如图3-3所示。

进入ADAM-4150模块“Module setting”配置界面，如图3-4所示。

进入ADAM-4150模块“Data area”配置界面，如图3-5所示。

参数配置结束后，断电，然后把位于模块一侧的拨码开关拨到“Normal”状态，再次上电。模块就可以在正常状态下工作了。

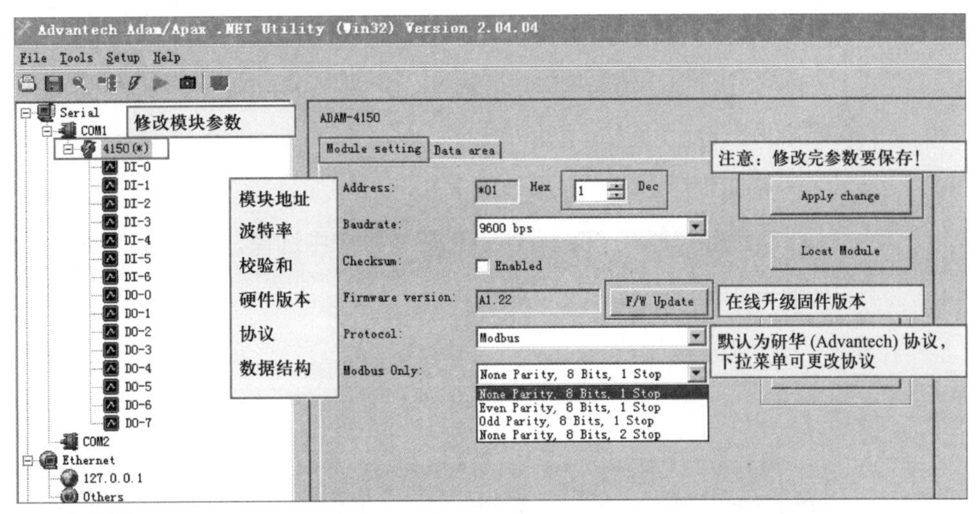

图3-4 设置界面

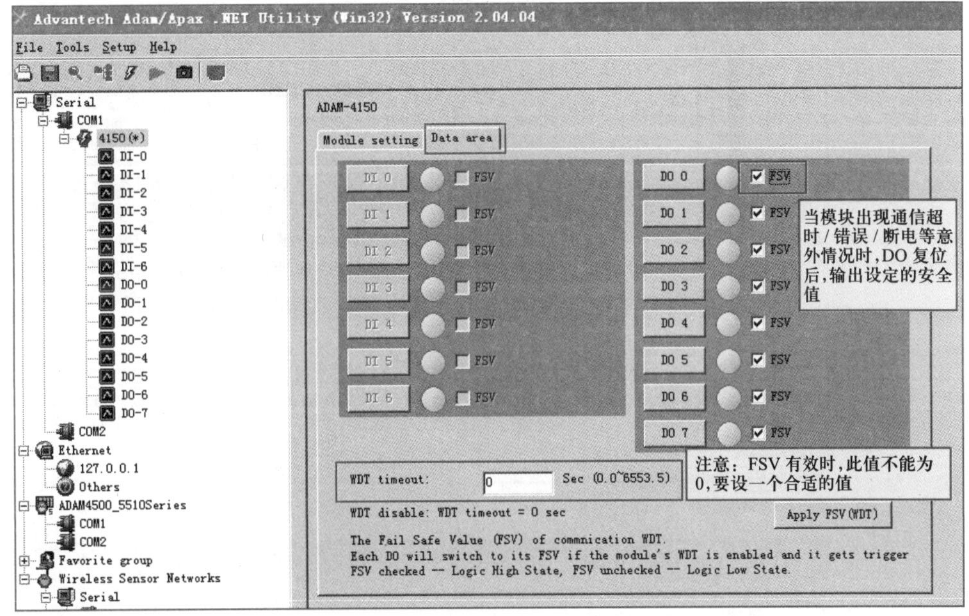

图3-5 Data area设置

2. 具体功能测试

（1）DI输入功能测试

① 普通DI功能，以干节点为例，在模块的DI0和D.GND引脚间接一个开关。开关断开时，默认状态下DI0=1，灯亮；开关闭合时，DI0=0，灯灭，支持DI反转功能。如接湿节点，则在引脚间接10~30 V电压，DI状态有变化。进入DI模式进行配置，如图3-6所示。

② DI作计数器counter功能，最高支持的频率为3 kHZ，有断电保持功能。实验时，在DI0和D.GND引脚间接信号发生器，可以在DI Stting中设置“断电保持功

能”“数字滤波功能”，如图3-7所示。

③ DI作频率测量功能，实验时，在DI0和D.GND引脚间接信号发生器，测试结果如图3-8所示。

④ DI锁存功能。

DI锁存功能在“DI mode”的下拉菜单中选择，并且在“Stting”选项中勾选，如图3-9所示。

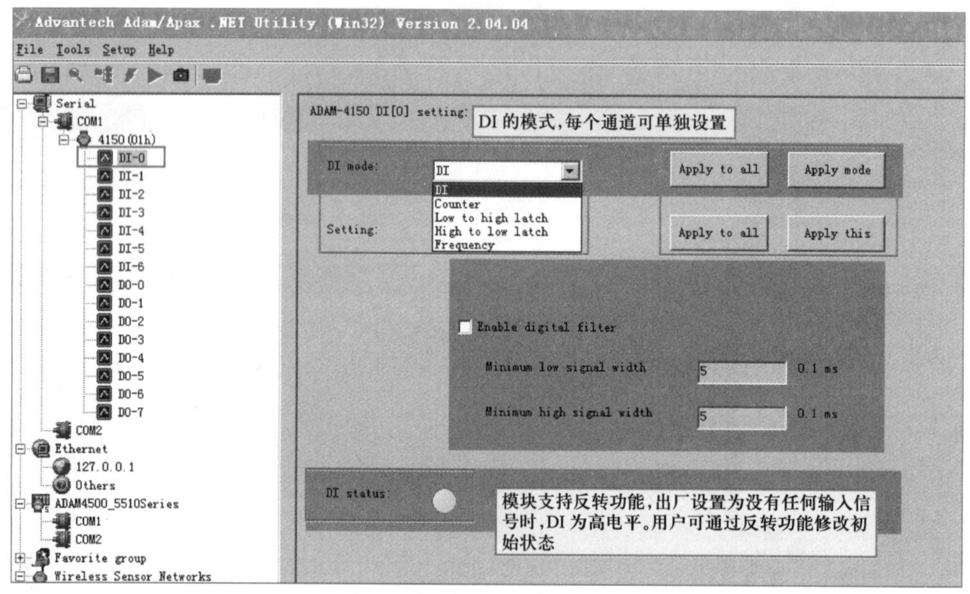

图3-6 DI模式设置

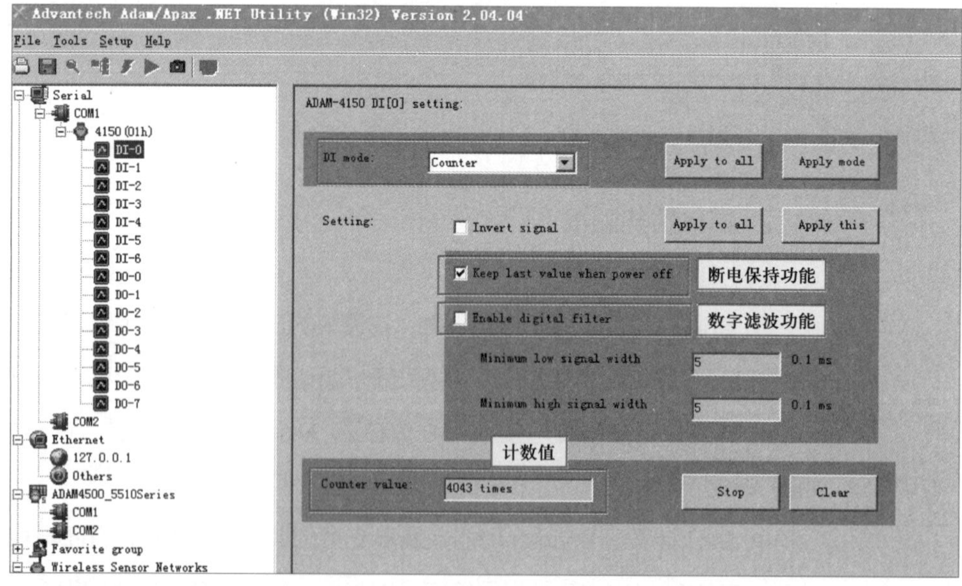

图3-7 断电保持和数字滤波设置

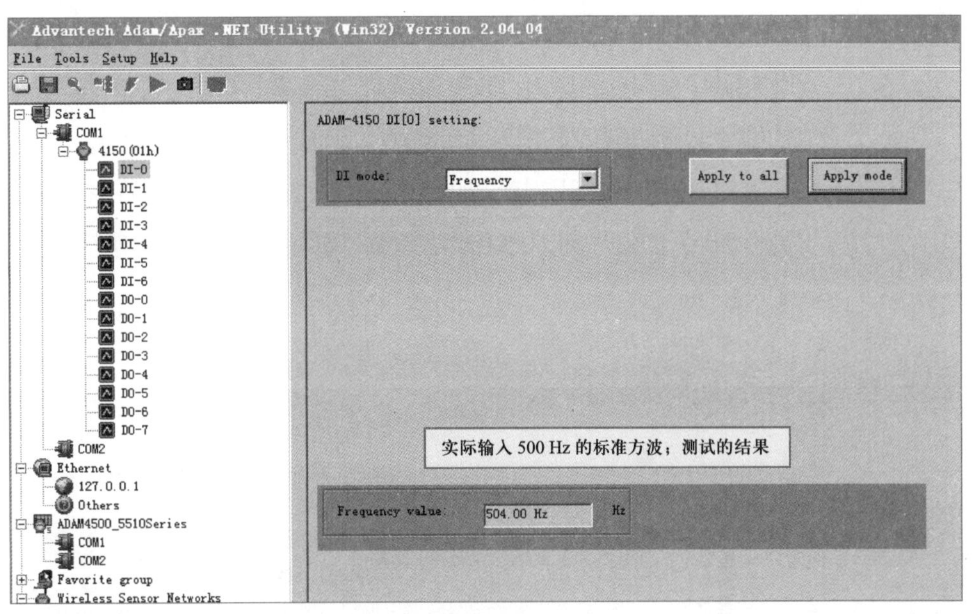

图3-8 测试结果

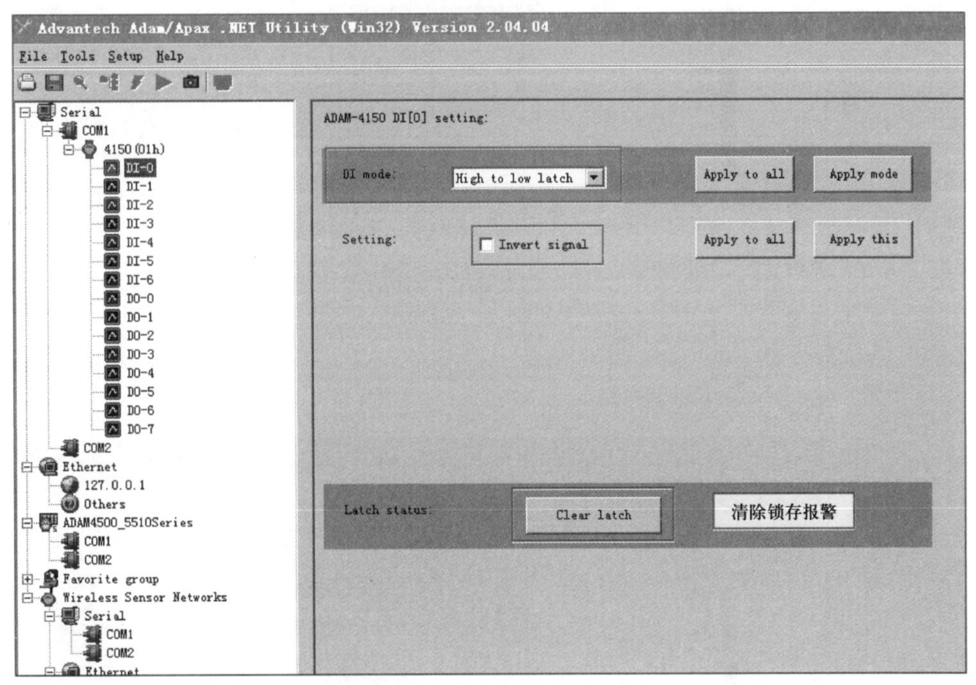

图3-9 锁存设置

（2）DO输出功能测试

① DO直接输出，实验时，在DO0端口接LED小灯，然后串联24 V开关电源（电源最大40 V），为保证进入通道的电流值在0.8 A以内，接电阻限流，电源负端回到模块GND端口。当控制DO输出时，LED小灯亮，测试结果如图3-10所示。

② DO作脉冲输出，实验时，在DO0端口接LED小灯，然后串联24 V开关电源

（电源最大40 V），为保证进入通道的电流值在0.8 A以内，接电阻限流，电源负端回到模块GND端口。当DO作脉冲输出时，可以看到LED小灯按照设定的高低电平持续时间闪烁，脉冲输出的频率会自动计算出来，如图3-11所示。

③ DO作延迟输出，接法如普通DO输出。设置延时输出在“D0 mode”下，“Delay time”的延时间以0.1 ms为单位，具体设置如图3-12所示。

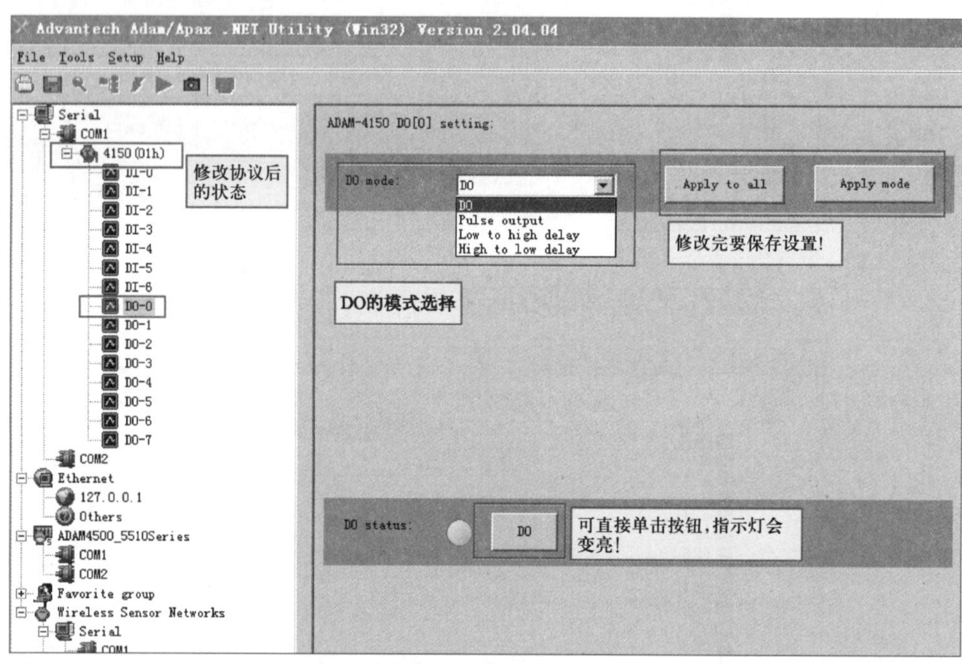

图3-10 DO0强制接通设置

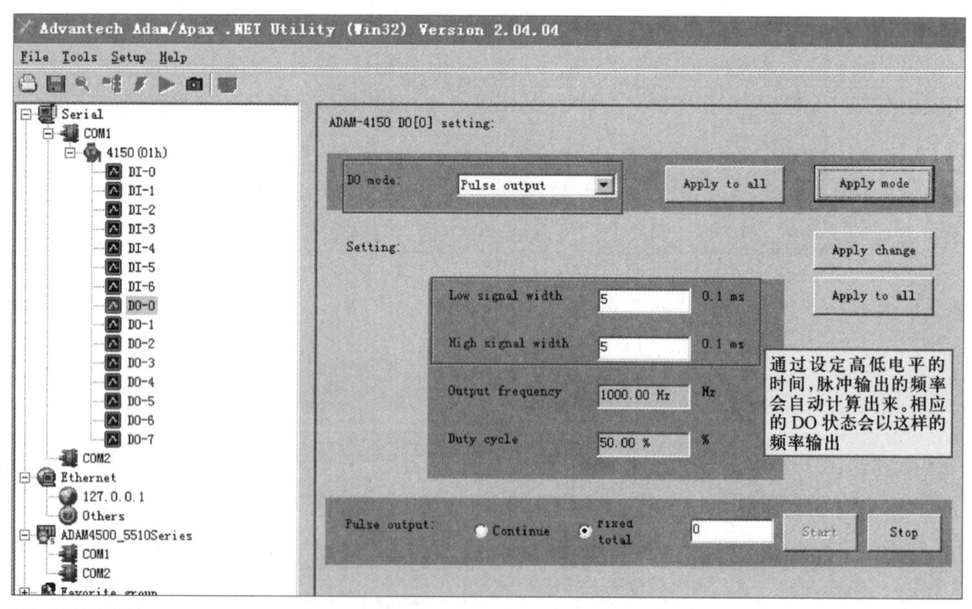

图3-11 脉冲频率

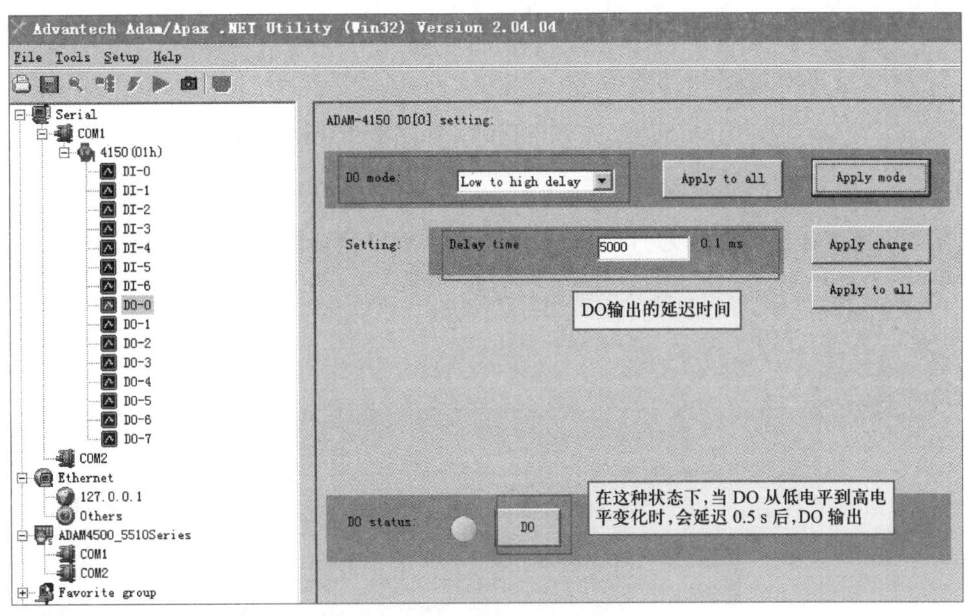

图3-12 延迟时间设置

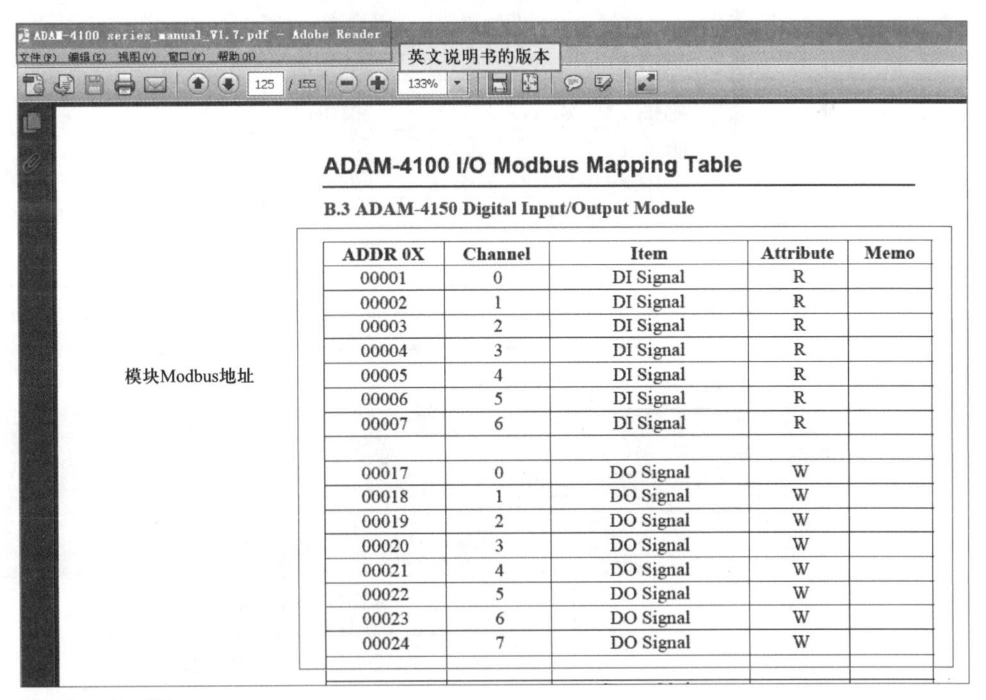

ADAM-4100 I/O Modbus Mapping Table

B.3 ADAM-4150 Digital Input/Output Module

ADDR 0X	Channel	Item	Attribute	Memo
00001	0	DI Signal	R	
00002	1	DI Signal	R	
00003	2	DI Signal	R	
00004	3	DI Signal	R	
00005	4	DI Signal	R	
00006	5	DI Signal	R	
00007	6	DI Signal	R	
00017	0	DO Signal	W	
00018	1	DO Signal	W	
00019	2	DO Signal	W	
00020	3	DO Signal	W	
00021	4	DO Signal	W	
00022	5	DO Signal	W	
00023	6	DO Signal	W	
00024	7	DO Signal	W	

图3-13 Modbus地址

3. 命令测试

（1）Modbus协议测试

参照ADAM-4100系列的英文说明书附录B，可以查到模块对应的Modbus地址，如图3-13所示。

可以用软件读取模块输入状态，如图3-14所示。

如不确定自己发送的Modbus指令是否正确，可以用第三方软件扫描发送与接收码，如图3-15所示。

使用ModScan32软件查询，如图3-16所示。

然后通过串口调试助手软件，发送Modbus命令，设置ADAM-4150 8DO输出通道输出都为1。用串口调试助手软件测试结果如下：ADAM-4150模块的DO输出全部为1，模块的输出灯全亮，证明指令无误，可以执行写操作，如图3-17、图

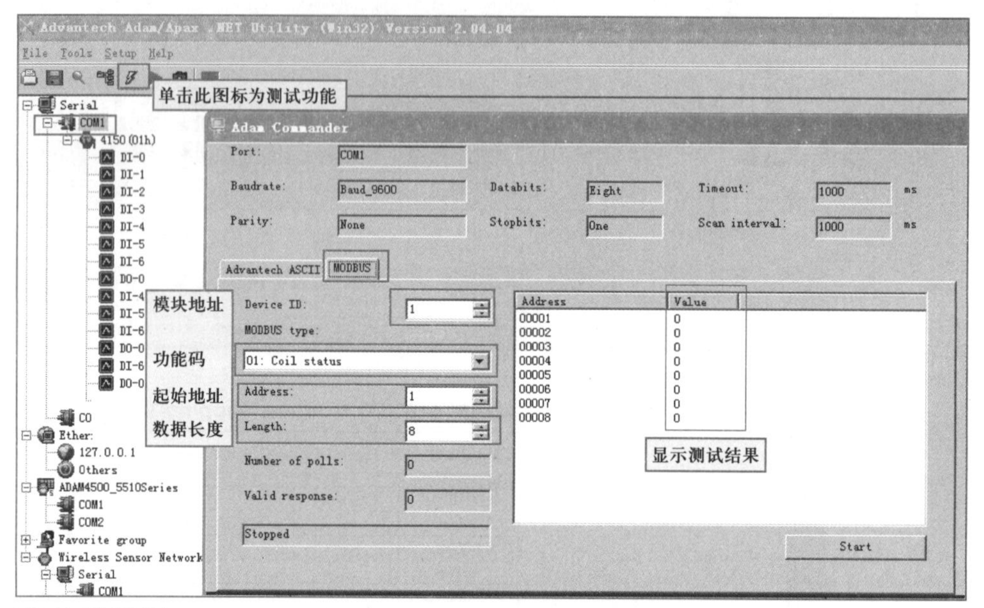

图3-14 模块输入状态

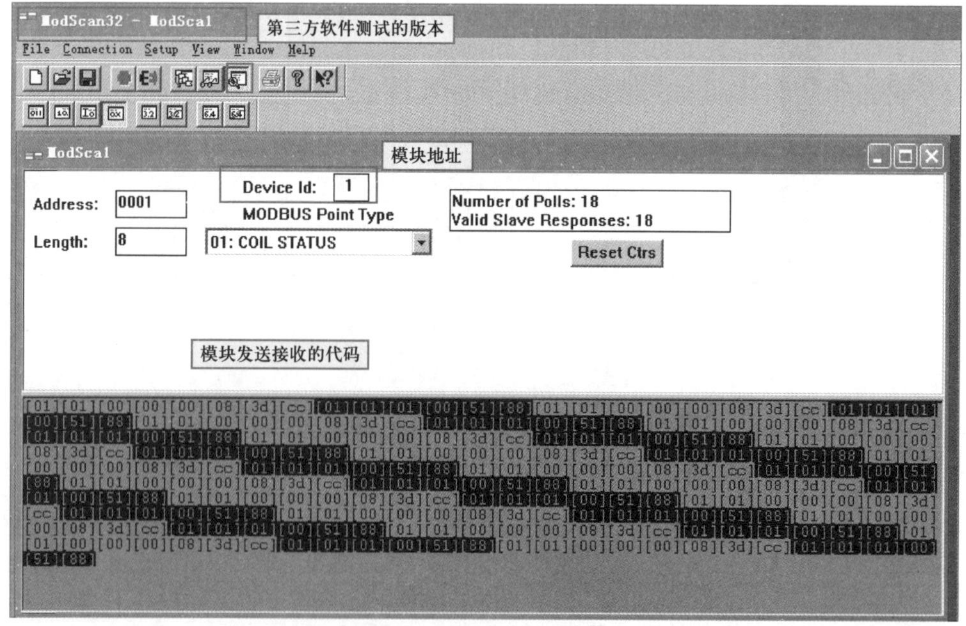

图3-15 测试软件扫描

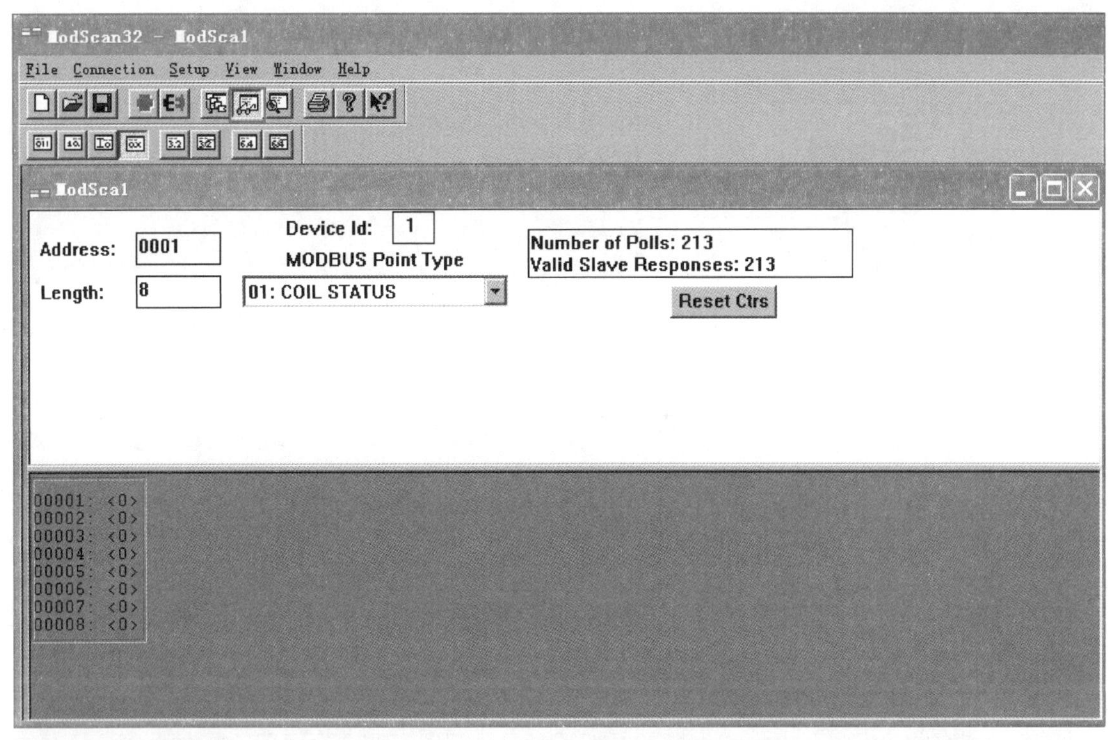

图3-16 ModScan32软件查询

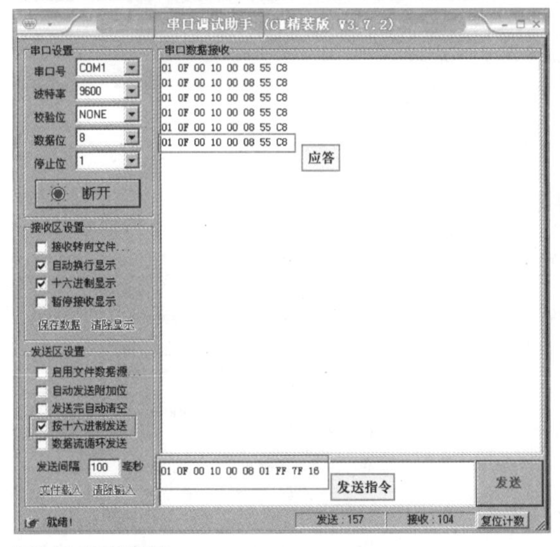

图3-17 串口调试助手

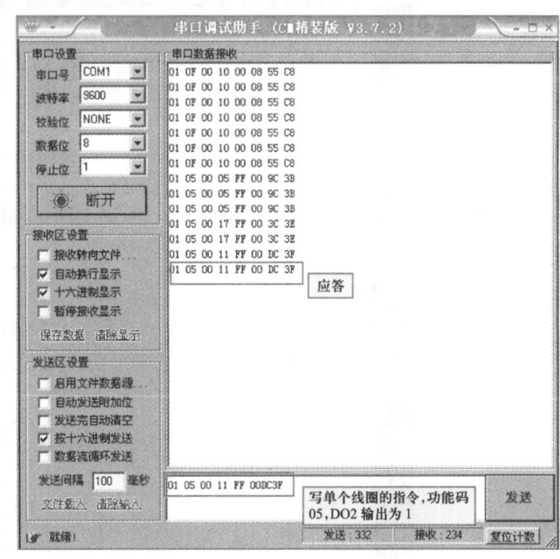

图3-18 串口接收数据

3-18所示。

（2）ASCII指令测试

模块为研华协议，如图3-19所示。

关于研华协议，指令的具体格式可以通过查找手册的指令表获得，如图3-20所示。

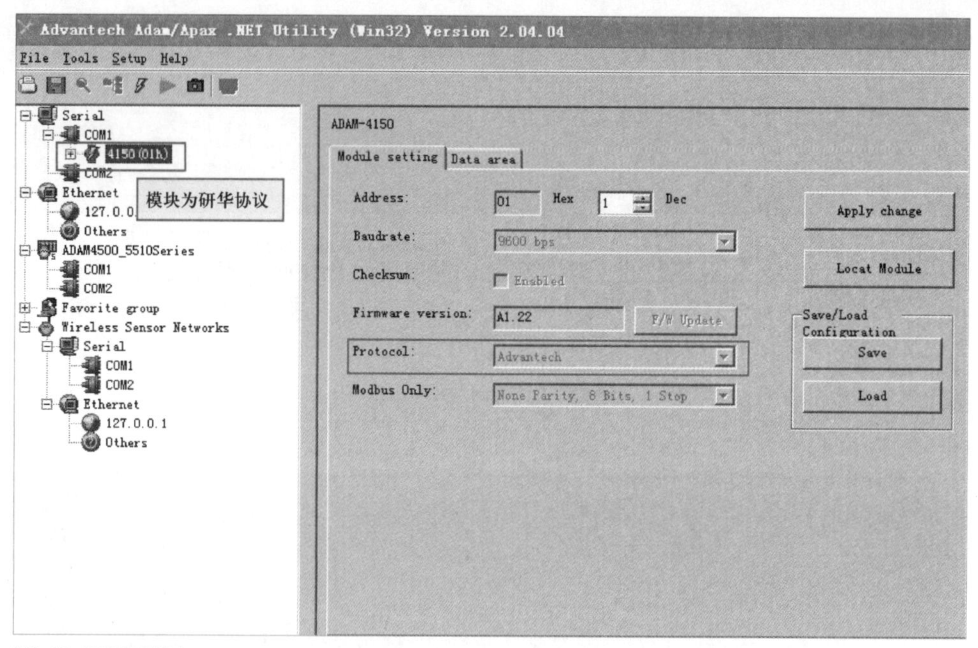

图3-19 ASCII指令测试

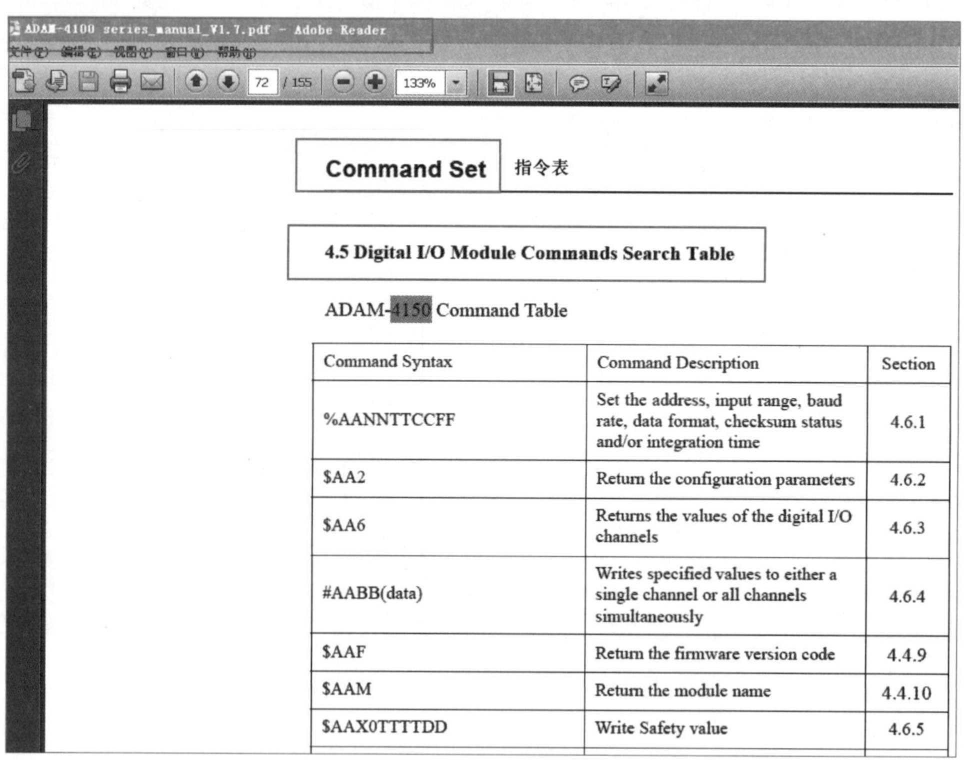

Command Set 指令表

4.5 Digital I/O Module Commands Search Table

ADAM-4150 Command Table

Command Syntax	Command Description	Section
%AANNTTCCFF	Set the address, input range, baud rate, data format, checksum status and/or integration time	4.6.1
$AA2	Return the configuration parameters	4.6.2
$AA6	Returns the values of the digital I/O channels	4.6.3
#AABB(data)	Writes specified values to either a single channel or all channels simultaneously	4.6.4
$AAF	Return the firmware version code	4.4.9
$AAM	Return the module name	4.4.10
$AAX0TTTTDD	Write Safety value	4.6.5

图3-20 指令表

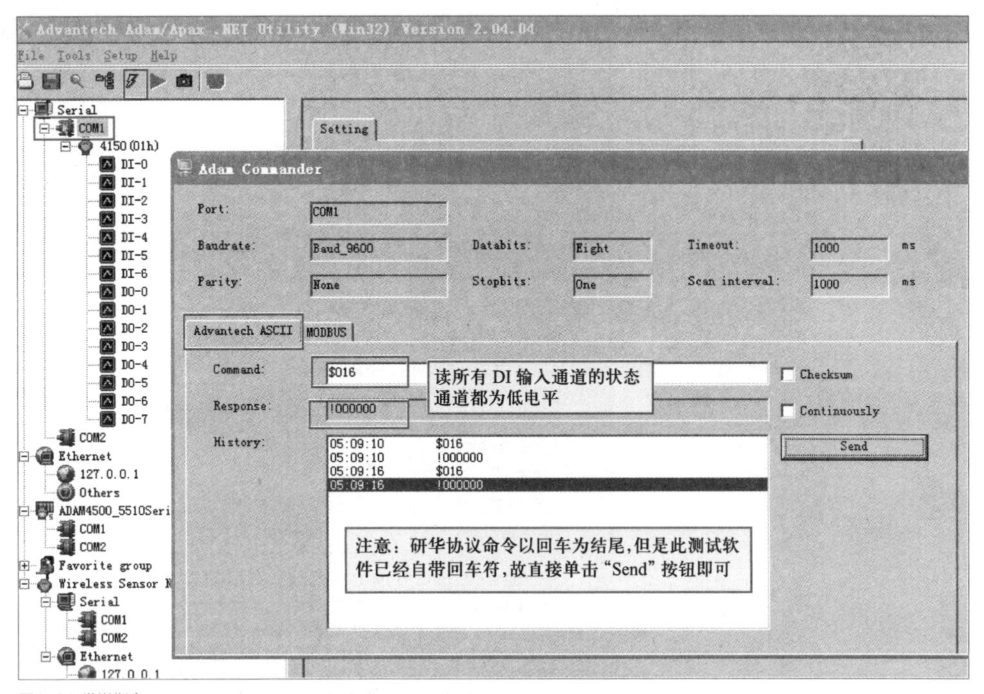

图3-21 发送指令

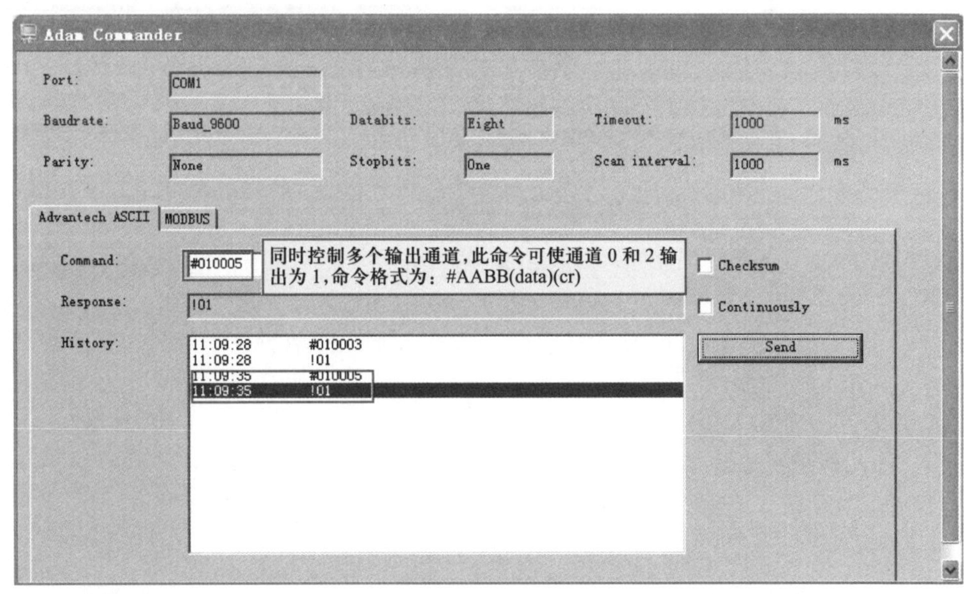

图3-22 通道为高电平

用户可以用研华软件的测试功能，发送相应的指令码，如图3-21所示。

“#010005”可以使通道0和通道2为高电平，如图3-22所示。

用户也可以用第三方软件来测试，测试结果如图3-23所示。

图3-23 测试结果

巩固及拓展

1. 数据采集系统的组成是什么？
2. 数据采集系统的特点是什么？
3. 数据采集模块的测试方法有哪些？

学习任务3　模拟量数据采集模块的安装调试

3

「任务说明」

了解 ADAM-4017 数据采集模块的工作原理，熟练掌握模块的硬件接线、软件测试方法，理解模拟量设备信号输入输出的工作原理，为后续数字量、模拟量数据采集模块综合实训做知识储备。

「相关知识与技能」

一、模拟量I/O数据采集模块

ADAM-4017/4017+是16位A/D 8通道的模拟量输入模块，可以采集电压、电流等模拟量信号。它为所有通道都提供了可编程的输入范围，这些模块为工业测量和监控的应用提供很好的性价比；而且它的模拟量输入通道和模块之间还提供了3 000 V的电压隔离，这样就有效地防止模块在受到高压冲击时损坏。

ADAM-4017支持6路差分、2路单端信号，输入范围有±150 mV、±500 mV、±1 V、±5 V、±10 V、±20 mA几种模式。如果测试电流信号，需要在该通道的输入端口并联一个125 Ω的精密电阻。

ADAM-4017+支持8路差分信号，还支持Modbus协议。各通道可独立设置输入范围，同时在模块右侧使用了一个拨码开关来设置INIT和正常工作状态的切换，ADAM-4017+还增加了4~20mA的输入范围，测量电流时，不需要外接电阻，只需打开盒盖，设置跳线即可，变送器的“+”接24V供电电源的高电压端，变送器的“-”接模块/板卡的VIN+，VIN-接24V电源对应的低电压端（GND）。注意在模块/板卡的VIN+、VIN-并联250 Ω电阻，其外形如图3-24所示。

图3-24 ADAM-4017外形

二、模拟量I/O数据采集模块设备布局

首先了解ADAM-4017模拟量I/O数据采集模块对于传感器数据信号的采集方法。以测试4 ~ 20 mA电流信号为例，采集电流信号时，需在该通道的输入端口并联一个125 Ω的精密电阻，将传感器串联在VIN+与VIN-端口之间，具体接线示意图如图3-25所示。

其中VIN0+~VIN7+为电源流入传感器后的正极信号引入端，VIN0-~VIN7-为电源的负极端。+VS为采集模块的供电电源正极，GND为采集模块供电电源的负极；D+和D-是RS-485接口，用于将RS-485转RS-232的串口接至计算机或其他设备的串口。图3-26所示为变速器接线图。

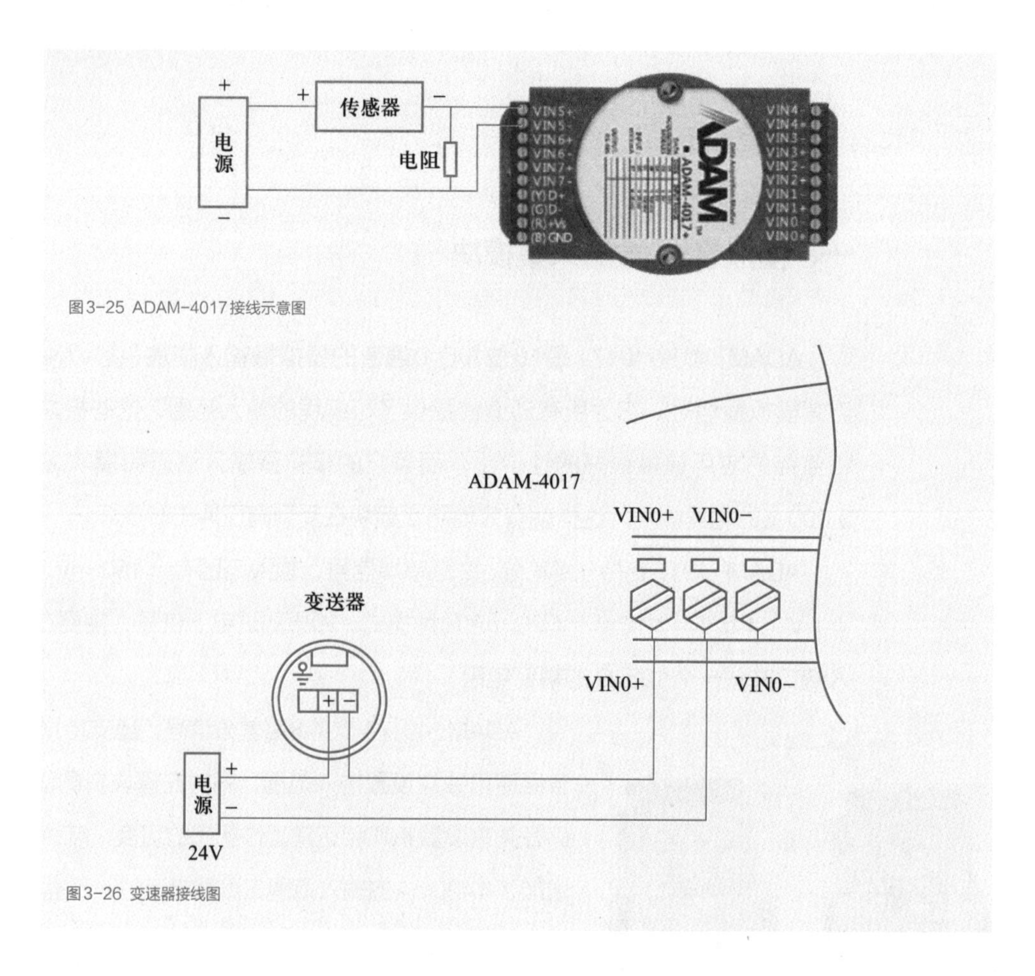

图3-25 ADAM-4017接线示意图

图3-26 变速器接线图

三、模拟量I/O数据采集模块测试

1. 安装软件

把ADAM Utility软件安装在计算机中，如图3-27所示。

选择ADAM-4000 Utility安装选项，出现图3-28所示安装界面。

根据软件安装提示，完成软件安装，计算机中会出现ADAM-4000-5000 Utility软件，如图3-29所示。

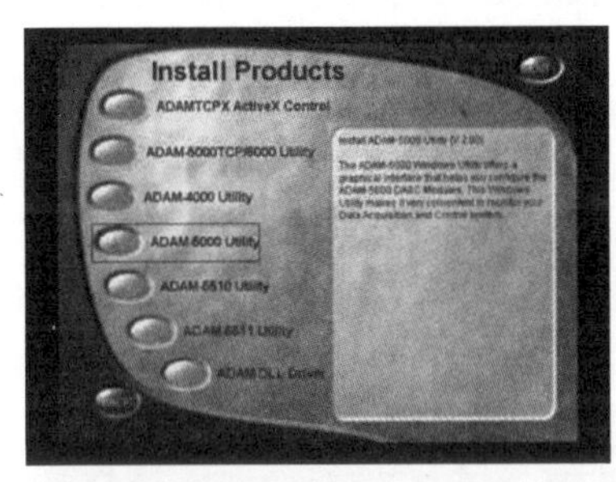

图3-27 安装软件

图3-28 安装界面

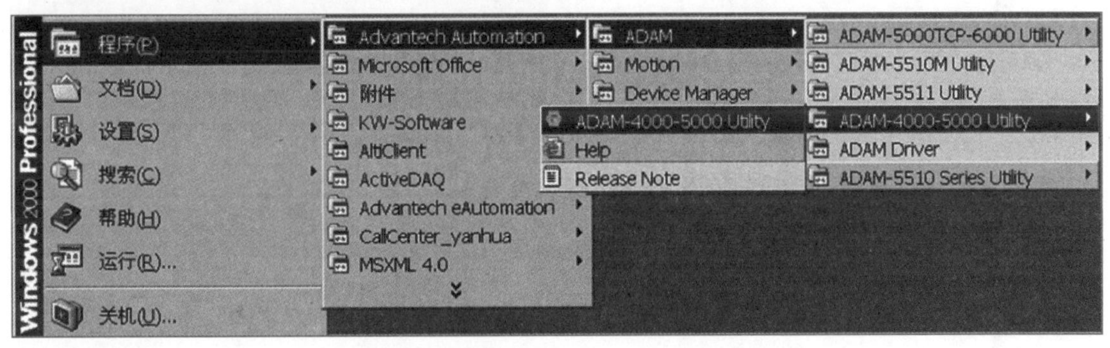

图3-29 打开软件

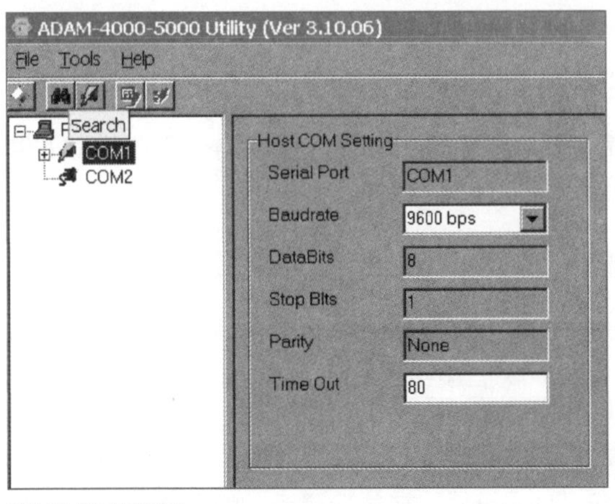

图3-30 串口选择界面

2. 软件应用

（1）选中“COM1”或“COM2”，单击工具栏中的Search按钮，如图3-30所示。

（2）弹出“Search Installed Modules”窗口，提示扫描模块的范围，允许输入0 ~ 255。RS-485网络扫描如图3-31所示。

（3）选择模块，进入测试/配置界面，如图3-32所示。

（4）ADAM-4017+还支持Modbus协议，如图3-33所示（Modbus寄存器支持列表见说明书）。

图3-31 扫描模块

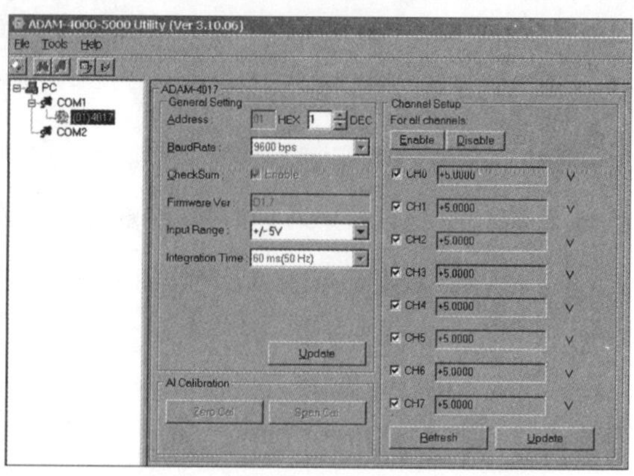

图3-32 设置界面

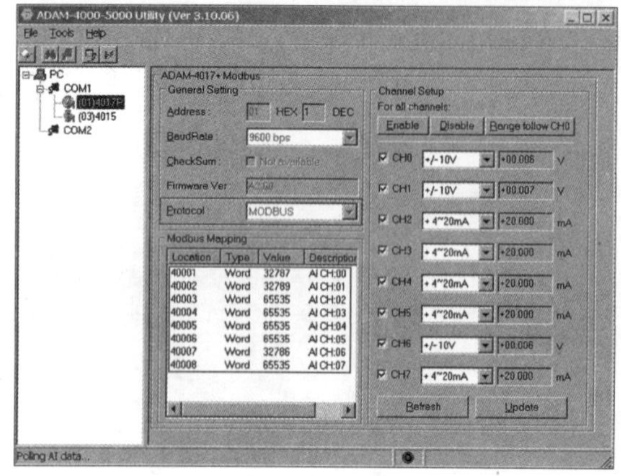

图3-33 Modbus 协议

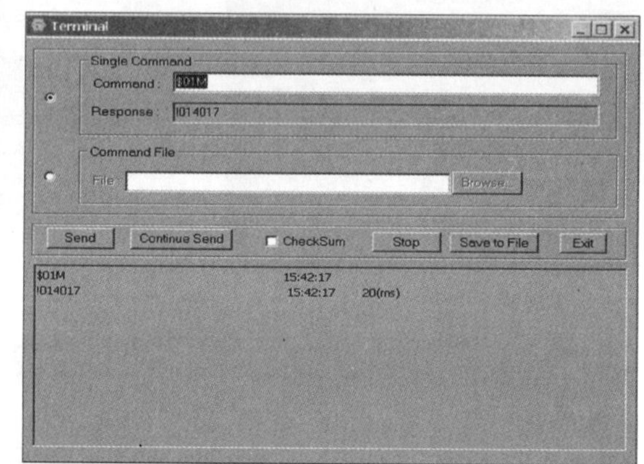

图3-34 "Terminal"对话框

（5）在工具栏选择Terminal功能，弹出一个"Terminal"对话框，用于测试命令，如图3-34所示。

（6）这里允许在RS-485总线上直接发送和接收命令。有两个可选项：Single Command和Command File。Single Command允许将命令键入，一次一个，并按Enter键，命令的回答显示在下方空白区内。如果再发送命令，再次按Enter键即可。Command File允许浏览路径，发送命令文件，前面的命令和回应会保留在屏幕上供参考。

（7）模块配置（Module Calibration）:

将模块的INIT*和GND短接，重新上电，此时进入模块的初始化状态，可以配置模块的地址、通信速率、量程范围、数据格式、工作方式、通信协议等。以ADAM-4017模块为例，常用的选项含义见表3-1。

将需要的选项进行修改，最后执行"Update"。完成设置后，将INIT*和GND断开，重新对模块上电，进入正常工作模式。

注意：设定波特率和校验应注意：在同一RS-485总线上的所有模块和主计算机

表 3-1 模块配置（Module Calibration）

设定	说明
Address	模块地址，范围为 0 ~ 255
Baudrate	波特率
Checksum	校验和状态，使能有效 / 无效
Firmware Ver	模块的固件版本号
Input range	输入范围

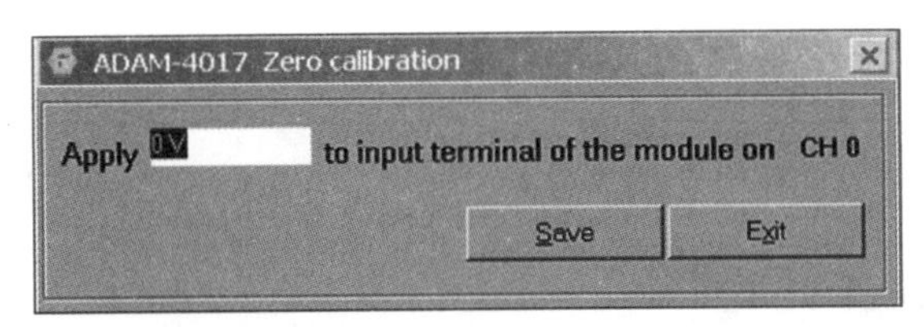

图3-35 量程的最小值

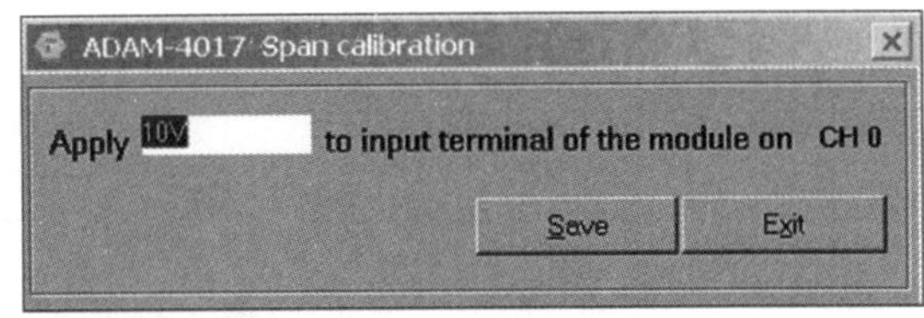

图3-36 量程的最大值

的波特率和校验必须相同！

（8）校准（Calibration）：

模块在出厂时均经过校准，一般不需用户再进行校准；但在某些情况下，用户需要对模拟量模块进行校准，校准的结果会保存在内置的EEPROM中。随机提供的用户程序支持模块的校准。ADAM-4000提供应用软件对模拟量进行软件校准。

① 将INIT*和GND短接，重新对模块上电。

② 确保要校准的模块安装正确，并配置适当的输入量程。使用ADAM应用软件可以实现校准。

③ 用一个精密电压源作校准电源连到模块的VIN0+和VIN0-端点；

④ 单击“Zero Calibration”按钮，将电压源输出调节到模块所选量程的最小值，执行零校准命令，根据提示输入电压/电流值，并保存，如图3-35所示。

⑤ 单击“Span Calibration”按钮，将电压源输出调节到模块所选量程的最大值，执行满量程校准命令；根据提示输入电压/电流值，并保存，如图3-36所示。

巩固及拓展

1. “数据采集”是指什么？
2. 数据采集系统的组成是什么？
3. 数据采集系统性能的好坏取决于哪些参数？
4. 数据采集系统具有的功能是什么？
5. 数据采集的任务是什么？
6. 在数据采集系统中同时存在有哪两种不同形式的信号？
7. 控制网络与数据网络结合的优点有哪些？

实战强化1 安装设备前的构思绘图

1

（一）实施目的

1. 熟悉开发Visio解决方案的基本概念。

2. 学习应用Visio工具绘制网络图、机架图、拓扑图等。

3. 掌握Visio软件绘图方法。

（二）工具/原材料

Windows操作系统、Visio安装软件、相关拓扑结构图等。

（三）运用Visio绘制物联网设备图

1. Visio绘图软件基础知识

（1）Visio的功能与特色

Visio软件的核心功能包含了智慧图元技术、智慧型绘图和开发式架构，它的最大特色就是“拖拽式绘图”，这也是Visio与其他绘图软件的最大区别之处。用户只需用鼠标把相应的图件拖动到绘图页中，就能生成相应的图形，可以对图形进行各种编辑操作。通过大量图件的组合，就能绘制出各种图形。

Visio不但能绘制各种各样的专业图形，还可以绘制丰富的生活图形，无论是办公用户还是工程技术人员，都可以用它来绘制自己的图形，包括程序流程图、工艺流程图、企业机构图等。Visio提供的模板包括：

- Web图表。
- 地图。
- 电气工程。
- 工艺工程。
- 机械工程。
- 建筑设计图。
- 框图。
- 灵感触发。

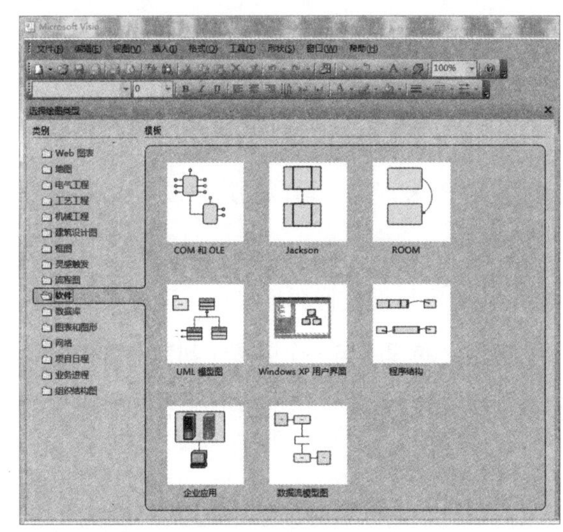

图3-37 软件模板

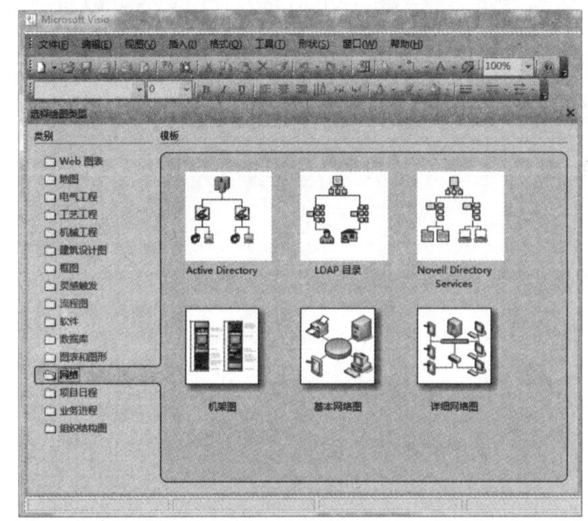

图3-38 网络模板

- 流程图。
- 软件。
- 数据库。
- 图表和图形。
- 网络。
- 项目日程。
- 业务进程。
- 组织结构图。

Visio与Microsoft的Office系列软件等有很好的整合性。

（2）Visio的安装

Visio的安装过程十分简单，并且不同版本的安装过程大同小异，其间需要输入作为产品密钥的产品序列号。软件模板如图3-37所示，网络模板如图3-38所示。

在软件模板和网络模板中，用户也可以根据自己的需要建立个性化的新模板。

（3）Visio的文件类型

Visio文件共有4种类型，即绘图文件、模具文件、模板文件和工作环境文件。

① 绘图文件（.vsd）：用于存储绘制的各种图形。一个绘图文件中可以有多个绘图页，它是Visio中最常用的文件。

② 模具文件（.vss）：用来存放绘图过程中生成各种图形的“母体”，即形状（图件）。Visio自带了大量对应于不同绘图场合的模具文件，给绘图带来了很大的方便。用户还可以根据自己的需要，生成自己的模具文件。

③ 模板文件（.vst）：同时存放了绘图文件和模具文件，并定义了相应的工作环境。Visio自带了许多模板文件。用户可以利用Visio自带的或者自己生成的模具文件，对操作环境加以改造，进而生成自己的模板文件。

④ 工作环境文件（.vsw）：用户根据自己的需要将绘图文件与模具文件结合起来，定义最适合个人的工作环境，生成工作环境文件。该文件存储了绘图窗口、各组件的位置和排列方式等。在下次打开时，可以直接进入预设的工作环境。

此外，Visio还支持多种其他格式的文件，可以在Visio的打开或保存操作中使用这些文件类型。

2. Visio绘制工程图形

除了一般绘图操作外，Visio还具有很强的开发能力，可以通过开发Visio解决方案来扩展Visio的应用。

所谓解决方案就是通过组合Visio图形和程序将现实世界模型化，以解决特定的绘图问题。软件的解决方案通常是将一个自定义的程序与一个或多个封装的软件应用程序组合起来。解决方案的开发人员不是从头开发功能，而是使用内置在封装产品中的现有功能。

Visio解决方案通常将一些图形（由Visio提供的或为该解决方案开发的）与一个模板组合起来，创建一些使用这些图形的绘图。Visio解决方案还可以使用Automation（自动操作）来控制它的图形和绘图。Visio解决方案中的自定义程序可以使用任意一种支持将Automation作为客户的编程语言来编写，例如Visual Basic for Applications（VBA）、Visual Basic或C++等。为方便VBA项目的开发，Visio提供了一个集成开发环境。

（1）关于Visio解决方案

Visio解决方案通常包括主要图形的样板（stencil），这些样板被称为“主图形”（master），用户可以将其拖放到绘图页面中，以创建一个绘图，而不必手工绘制任何内容。解决方案可能还包括一些特定图形（如标题框、徽标或框架等）样板的模板（template），以及一些预先定义绘图比例、绘图大小和用于打印的纸张大小等模板，以方便在新的绘图中使用。

程序（无论是解决方案中Visio文档的VBA代码，还是Visio文档外的独立程序）可以帮助创建绘图、分析绘图，或者在绘图和外部数据源之间传输信息。

可以将Visio图形设计成可重用的组件，以便用户可以在不必使用绘图工具的情况下创建绘图。

在一个设计良好的Visio解决方案中，图形与模型范围中的对象相对应，创建绘图就是构造模型。图形行为可以确保正确的建模和正确的图形表示，并且使用户可以忽略具体的属性来创建具有可读性的示意图。

（2）使用Visio图形创建解决方案

Visio提供了使开发人员可以很容易访问其专业化图形功能的解决方案，并且提供了一些可以利用ShapeSheet窗口中的公式编程的图形。

每个Visio图形都包括一类公式，以表示它的属性，例如它的宽度和高度等，以及当用户双击它时图形的变化等行为。因为Visio图形可以通过公式编程，所以可以将一些重要的数据（如零件数量、名称、生产商等）与表示设备的图形等关联起来。图形会变成一些功能强大的组件，它们在一个大型解决方案中的独特行为完全是由所编写的公式提供。

① 将对象组合成绘图

Visio图形都是一些“参数性”的矢量集合图形，也就是说，Visio图形可以根据具体的参数值来调整它的“几何形状”及其他属性。可以通过组合一些智能对象来创建所需的绘图。

在图3-39所示的螺栓图形中，螺栓长度、螺纹长度和螺栓直径都是一些由公式控制的参数。

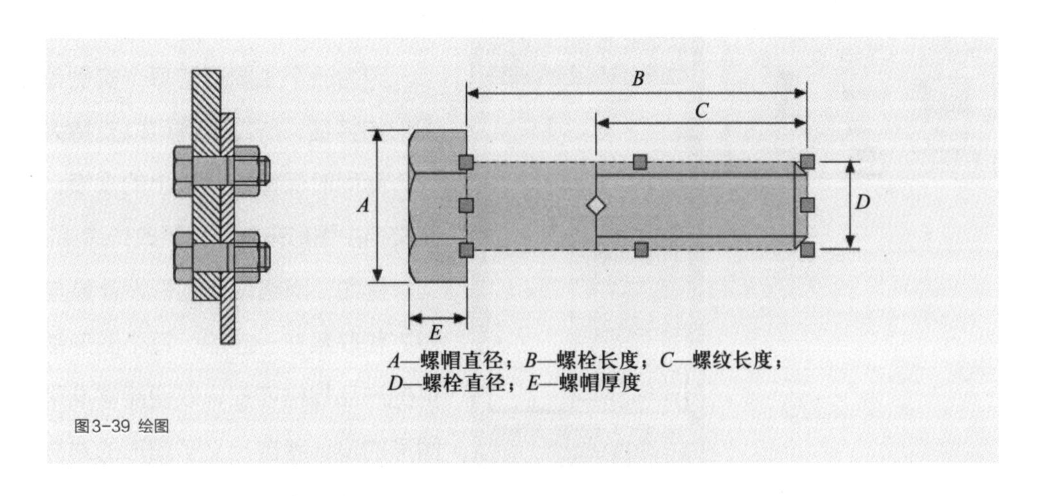

图3-39 绘图

图形是“参数性”的图形，螺帽直径和螺帽厚度都是通过这些参数计算得到的。在实际的物理范围内，这些参数彼此之间是相互独立的。用户可以通过拖动选择柄更改螺栓长度或螺栓直径，或者通过拖动控制柄更改螺纹长度。程序可以使用生产商的可用尺寸数据库中的数值数据来设置这些参数。

② 用图形表示组件

就像一个程序中的过程会将功能封装起来，以使它们更易于使用和重用一样，Visio会将绘图页面中的行为封装起来，可以将Visio图形看作是组件。

一个解决方案很少是由一个图形组成的，通常需要开发一套支持某种特定类型绘图的图形，然后在Visio样板中将这些图形组合成主图形。再根据该主图形创建实例（图形）样板，主图形可以由一个图形组成，也可以由多个图形或一组图形组成。实例将从主图形那里继承很多特征。

用户（或程序）可以将主图形从样板拖放到Visio绘图中，样板使自定义的图形

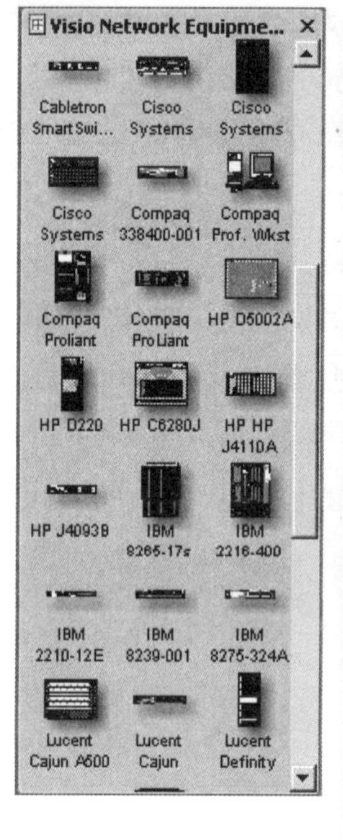

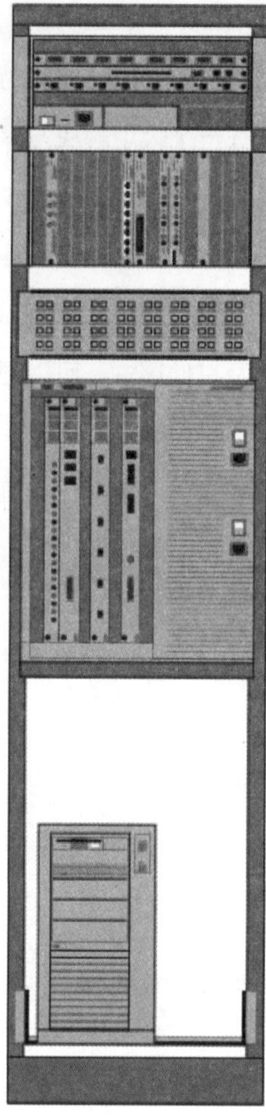

图3-40 网络设备图

更易于重用。

当用户首次将一个主图形拖放到绘图页中时，Visio将自动在该绘图页中创建一个主图形实例，并将该主图形的一个副本（被称为“文档主图形”）添加到绘图的文档样板中。将文档样板存储在绘图文件中可以带来两个好处：一是绘图是完全自我包含的。一旦用户创建了绘图，就不再需要样板。二是主图形的实例将从文档样板继承属性。用户可以编辑文档样板中的主图形，以更改绘图中该主图形所有实例的特征。

因为一个主图形的每个实例都继承文档主图形的特征，所以实例可以支持大量复杂的行为，而同时保持相对较小的规模。可以通过更改文档主图形来将整体更改传递给实例。

例如，网络设备图形设计是与网络设备架对齐和联系在一起的，每个图形都与生产商提供的产品规格匹配，以便能够准确地放置，而图形的设计者自定义了图形的对齐框，并添加了一些连接点，以使图形更易于使用，如图3-40所示。

为了帮助用户使用主图形来创建绘图，通常需要提供一个模板。模板可以提供绘图页中已经存在的图形，它可以设置绘图页，使它具有统一的网格和比例，并且可以包含指定的样式和层。模板还可以打开一个或多个样板。当用户在模板的基础上创建绘图时，Visio将打开一些样板，并创建一个新的绘图文件，将模板的样式及其他属性复制到这个新文件中。就像使用样板一样，一旦用户创建了绘图，就不再需要这个模板。

（3）使用SmartShape技术开发图形

使用Microsoft Visio的SmartShape技术，可以构建对于需要创建的各种绘图或图表有意义的特征模型。通过定义一些公式，使图形的行为符合应用于它们所对应对象的设计规则、代码或原则。

每个Visio图形都有它自己的ShapeSheet表格，它定义了该图形独特的行为和功能。可以将ShapeSheet看作是图形的属性页，其中每个属性都是由一个随用户对该图形所做的操作动态变化的值或公式来设置的。可以在ShapeSheet窗口中查看和编辑图形的公式。

希望通过外部编程获得的很多特性都可以通过ShapeSheet窗口来控制。例如，通过在ShapeSheet窗口中定义用于某个图形的公式，可以将一些菜单项目添加到这个图形的快捷菜单中。这些公式可以控制图形的其他属性，例如：

① 几何形状（翻转、旋转、显示或隐藏路径）。

② 颜色、模式和线条的粗细。

③ 文本，包括字体、段落格式和方向等。

④ 帮助用户调整图形的控制柄。

⑤ 可以连接其他图形的连接点。

⑥ 可以包含用户数据的自定义属性。

表格形式的界面使它更易于使用单元格引用将一个图形属性与另一个图形属性联系起来，这意味着图形属性可以彼此影响。例如，可以将一个图形（如机械绘图中的一个零件）的颜色与它的尺度联系在一起，以指出该零件是否在公差范围内。

（4）在Visio解决方案中使用Automation

有些解决方案不仅仅需要图形、样板和模板。例如，可能需要根据每天都会变化的数据创建一些绘图，或者需要执行一些反复进行的常规图形开发任务等。通过在解决方案中使用Automation（自动操作）来合并Visio引擎的功能，只需简单地使用它的对象，就可以自动执行这些任务。

如果熟悉VBA，可以继续使用对象（诸如命令按钮、用户窗体、数据库和字段等）控件。使用Automation，也可以使用其他应用程序的对象。绘图、主图形、图形，甚至Visio菜单和工具都可以成为程序的组件。程序可以在一个Visio实例中运行，也可以启动Visio应用程序，然后访问它所需要的对象。

Visio包括VBA，因此，不需要使用单独的开发环境来编写程序。但是，可以使用任意支持Automation的语言来编写控制Visio引擎的程序。

（5）计划Visio解决方案

最简单的解决方案是使用由Visio提供的内容，以及用户所创建的图形、样板和模板的标准化绘图。如果想为创建某种特定类型的绘图提供更多的帮助，可以VBA代码、COM（Component Object Model，组件对象模型）加载项或Visio附件的形式，来为解决方案添加一些程序。如果所创建的绘图符合一组严格的规则，那么解决方案就可以包括一个使用来自其他数据源的数据生成的用户可以修改的绘图的应用程序。如果解决方案不仅是为了提供绘图，那么它还将涉及与外部数据库，甚至外部应用程序（从市场上购买的或者内部开发的）的集成问题。

① 计划开发过程

一位开发人员可能会经常创建一个由自定义图形、模板及少量代码组成的简单的Visio解决方案。但是，更周密的解决方案可能会需要一个开发小组，而每位小组成员都需要具备一定的技术。例如，一个小组可能是由下面的成员组成的：

A. 一名系统设计师。他了解软件系统的设计过程，并且对Visio及其结构和常用功能也有很好的理解。系统设计师拥有自己的技术思想和Visio解决方案的设计方案。

B. 多名图形开发人员。他们需要非常熟悉Visio的绘图工具和ShapeSheet窗口，需要具有扎实的数学和几何学知识，因为他们的大多数工作都会涉及创建控制图形行为的公式方面的内容。

C. 多名Automation开发人员。他们掌握用来开发解决方案的编程语言（VBA、Visual Basic或C++，这取决于解决方案需要的集成类型）。Automation开发人员需要对Visio图形和公式有一定的了解，并且需要非常熟悉Visio对象模型。

D. 多名学术问题专家。他们具有广泛的知识背景，并且在解决方案所属的领域内具有一定的经验。他们需要向开发小组提供行业或公司标准、处理方法、实用性等方面的建议。

一旦成立了开发小组，就可以为开发过程采用下述执行步骤：

A. 拜访用户以了解他们的需求，并确定解决方案所属领域内的对象。在一个大型工程中，需要考虑文档管理方面的需求，以便其他用户和开发人员能够查阅这些文档，以了解他们所需的内容。

B. 逐步开发解决方案，并且在每个阶段都要求用户介入，以获得反馈信息。

C. 允许用户试用，然后根据用户的反馈信息来修改图形。

D. 一旦用户对最初的图形设计感到满意，就可以开发用户需要用来构建绘图的所有助理程序或附件，并且，如果需要，还可以调整这些图形，以使它们能够更顺利地工作。

E. 最后，如果解决方案的图形和附件需要与数据库或其他应用程序进行交互，那么需要在开发过程的早期准确地确定如何来实现这一点，以便可以相应地设计图形和附件。

② 计划图形和样板

可以通过构建所需要的图形，然后用公式实现尽可能多的图形功能，来开始开发解决方案。之所以从图形开始主要有两个重要原因：

A. 图形可以是智能的。可以使用Visio图形本身固有的能力来处理多种必须通过编码才能实现的图形功能。

B. 图形独立于控制它们的代码。一旦开发出解决方案将要使用的主图形，就可以更改这些图形，而不必重新编译代码，反之亦然。

如果图形行为是可预测的，并且可以使用公式来实现（如自动调整大小或缩放），那么可以使用ShapeSheet为图形设置它的行为。如果行为在运行时是动态变化的，那么可以在程序（如文档的VBA代码、ActiveX控件、Visio附件，或者COM加载项）中处理这种行为。通过设置图形公式，可以更准确地控制图形的外观和行为。

当为程序构建主图形时，可以通过手工创建各种希望程序自动执行的绘图，在Visio实例中测试这些主图形。

③ 计划模板

模板为用户提供了一个共用的工作区。用户可以在一些图形组中选择来创建标准化的绘图。

模板可以包括一些样式，并且可以使用统一的网格和度量系统来设置绘图页面。模板可以设置其中已经包含图形的绘图页面，并且可以打开一个或多个样板，以使用户可以添加更多的图形。模板还可以通过包括ActiveX控件（如命令按钮和文本框等）、执行特定任务的自定义控件，以及允许用户通过控件与绘图进行交互的VBA代码，来为绘图提供它们自己的用户界面。

④ 自动实现图形和模板

当完成解决方案的主图形和模板的开发之后，就可以使用Automation来实现解决方案的其他内容。具体内容取决于解决方案要达到的目的，以及它所需要的运行环境。但是，通常可以使用Automation进行下面的操作：

A. 实现解决方案的用户界面。大多数独立的程序都需要一个对话框或向导页面，来向用户提供操作建议，并提示程序执行所需要的信息。

B. 存储和检索数据。图形可以具有自定义属性——通过配置这些属性来提示用户输入数据或图形属性。为了保护数据类型及防止数据被无意中更改，可能希望解决方案将数据存储在一个外部数据库中，然后从这个外部数据库中检索数据。

C. 设置图形及其属性，或者连接图形。图形可以有一些公式，当程序移动或调整这些公式，它们将会相应地调整。

⑤ 集成Visio解决方案和数据库

集成Visio解决方案和数据库需要做一些计划，以将绘图与数据库保持同步。决定将要使用哪个数据库、将要更改哪些内容、如何更改，以及什么时候进行更改。

⑥ 实现Automation的不同方法

所编写的程序类型取决于打算做些什么。可以在Visio文档或其他Automation控制器应用程序中编写VBA宏，也可以用Visual Basic或C/C++ 编写独立的程序。可以为COM加载项编写动态链接库（DLL），也可以编写另一种与Visio一起运行的特殊类型的DLL——称为“Visio库”（VSL）。用户可以从Windows桌面或Windows资源管理器运行程序，也可以在Visio中通过选择添加到Visio菜单、添加到Visio工具栏，甚至通过双击或右击绘图中的图形，来运行程序。或者，还可以设计程序，使它能够在发生某个事件（如打开文档或创建文档）时自动运行。

在Visio解决方案中实现Automation有4种基本的方法。可以实现下面这些内容：

A. 独立的可执行（exe）文件。这些文件通常使用Visual Basic或C++编写，但是，它们也可以使用任意一种支持创建ActiveX Automation客户的语言来编写。

B. Visio库。它是具有规定Visio入口点和“.vsl”文件扩展名的标准的Windows DLL。vsl的速度比exe文件的速度快许多，但是它必须使用C++来编写。

C. VBA宏。VBA被包括在Visio产品中，它可以用来编写宏、创建对话框，或者创建类模块。其他VBA客户（如Word和Excel）也可以用来控制Visio。

D. COM加载项。它是专门被注册由Visio或其他Office应用程序加载的标准的Windows DLL。可以在Microsoft Office Developer中使用任意的Office应用程序来构建COM加载项，也可以在Visio中使用VBA来构建COM加载项。另外，还可以使用Visual Basic或C++来创建COM加载项。像VSL和VBA宏一样，COM加载项是在与Visio实例相同的进程中执行的，并且也很容易编写。

E. 在Visio实例中使用VBA来加载和执行用其他语言创建的Automation服务器（DLL或exe文件）的混合方法。

如果Automation服务器是被作为DLL创建的，并且支持广泛的结构范围，那么这种混合方法将支持进程内执行。但是，这种混合方法一般需要进行更谨慎的系统设计。

3. 具体操作

（1）Visio绘制图形步骤

步骤1：启动Visio，进入“新建和打开文件”窗口。

步骤2：在“选择绘图类型”栏的“类别”中单击选择图形相应的模板，生成新空白绘图页。

步骤3：在模具中选择一个图件，将其拖放到绘图页中的合适位置。

步骤4：重复上述步骤，将模具中的各种图件拖入页面中，并排列。

步骤5：单击“常用工具栏”中的“连接线”工具或选用拖动模具中的“动态连接线”进行连接（可以选择“常用工具栏”中“指向工具”取消连接状态），重复上述动作，完成所有流程的连接。

步骤6：用鼠标选择所有对象或按下Shift键选取，在“格式”工具栏设置线条的线型、粗细和箭头。

步骤7：在一个图形上双击鼠标，进入文字编辑方式，输入文字，重复上述步骤，输入所有图形中的文字（连接线上的文字也可以双击鼠标输入），如果对文字字体、字号不满意，可以在“格式”工具栏修改（一般使用11号字）。

步骤8：保存文件：学号 + 姓名 + 图形名称。完成结构化程序流程图，如图3-41所示。

（2）用Visio绘制如图3-42所示的UML模型图

在“选择绘图类型”栏“类别”中单击选择“软件”“UML模型图”模板，选择“UML序列”，如图3-42所示。

（3）用Visio绘制图3-43所示的基本网络实例图

在“选择绘图类型”栏“类别”中单击选择“网络”“基本网络图”模板，如图3-43所示。

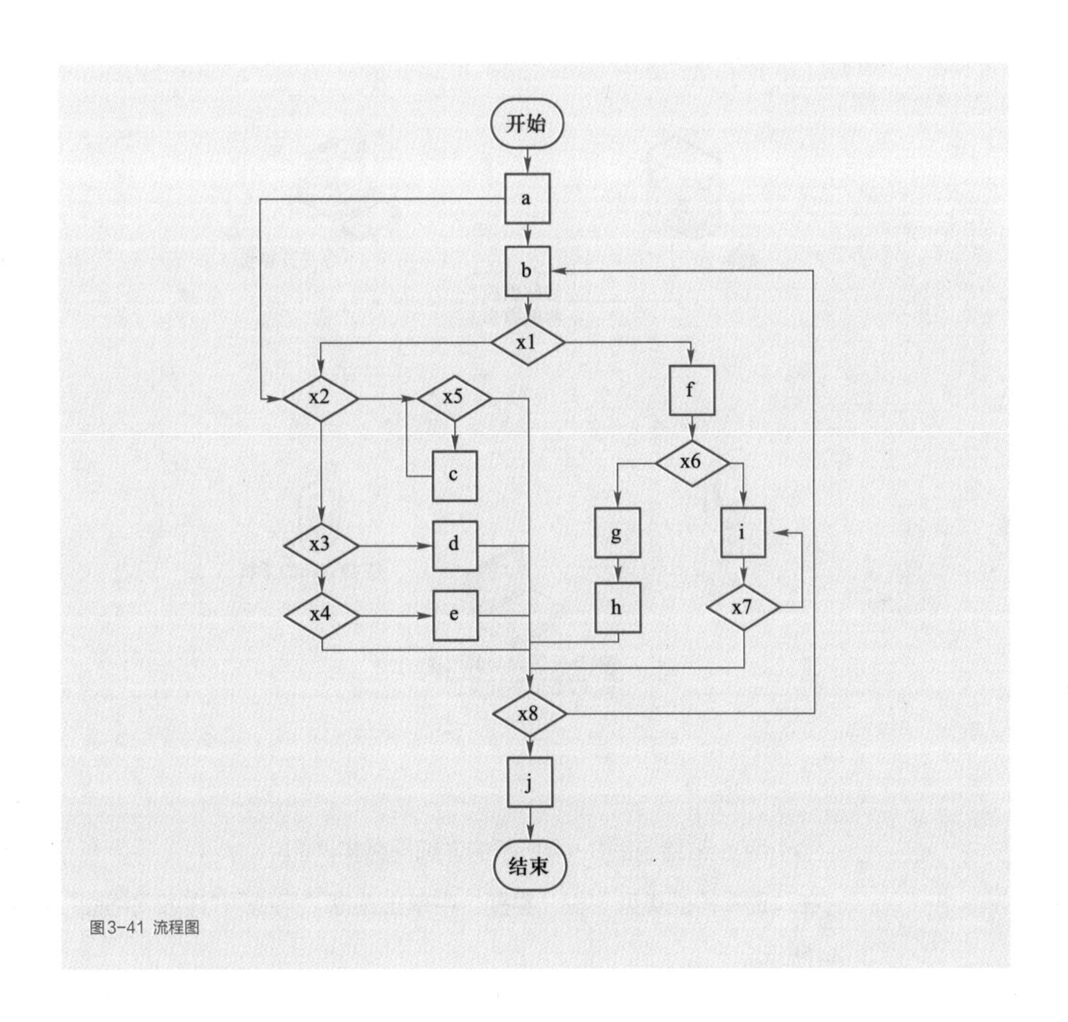

图3-41 流程图

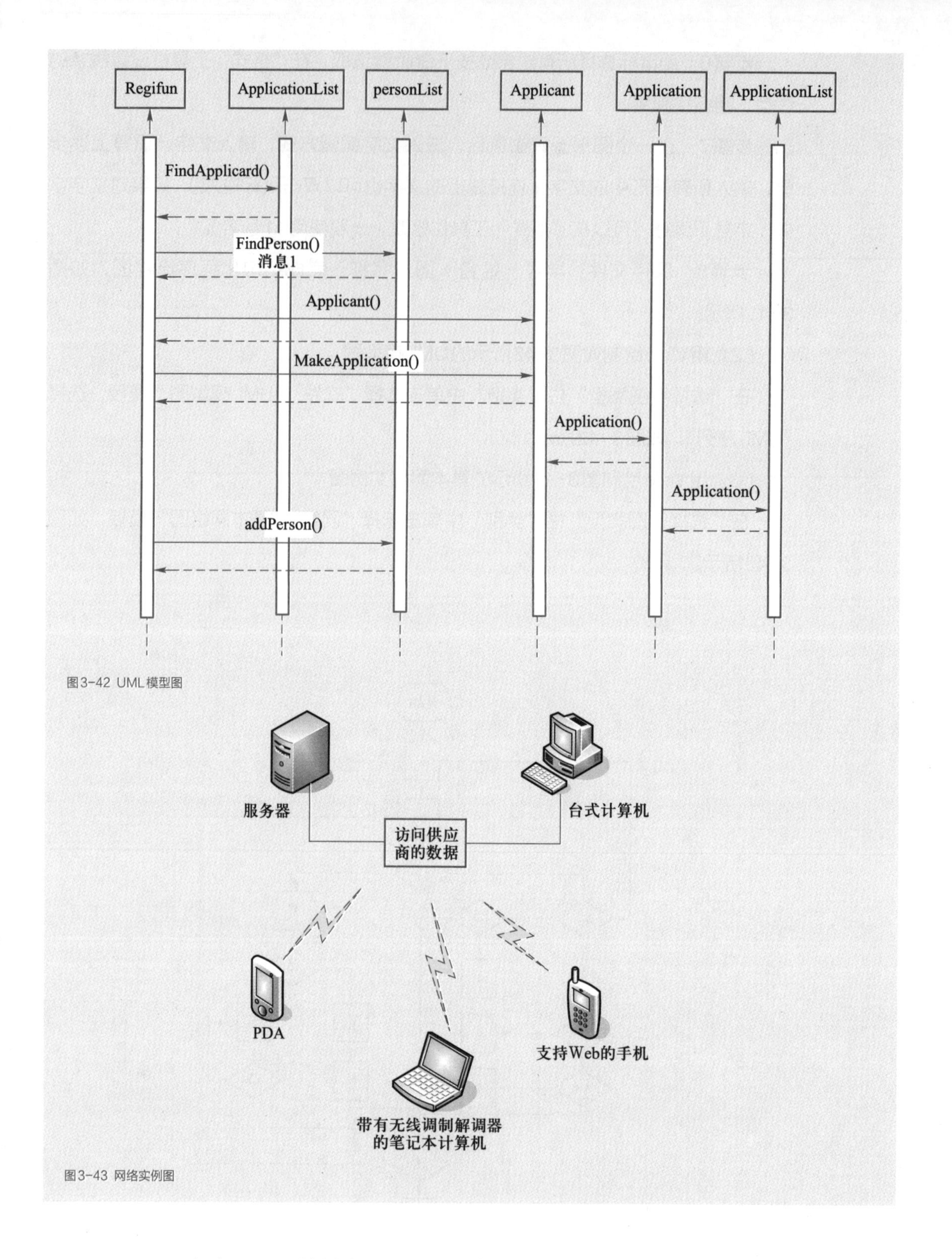

图3-42 UML模型图

图3-43 网络实例图

（4）用Visio绘制图3-44所示的详细网络实例图

在“选择绘图类型”栏“类别”中单击选择“网络”“详细网络图”模板，如图3-44所示。

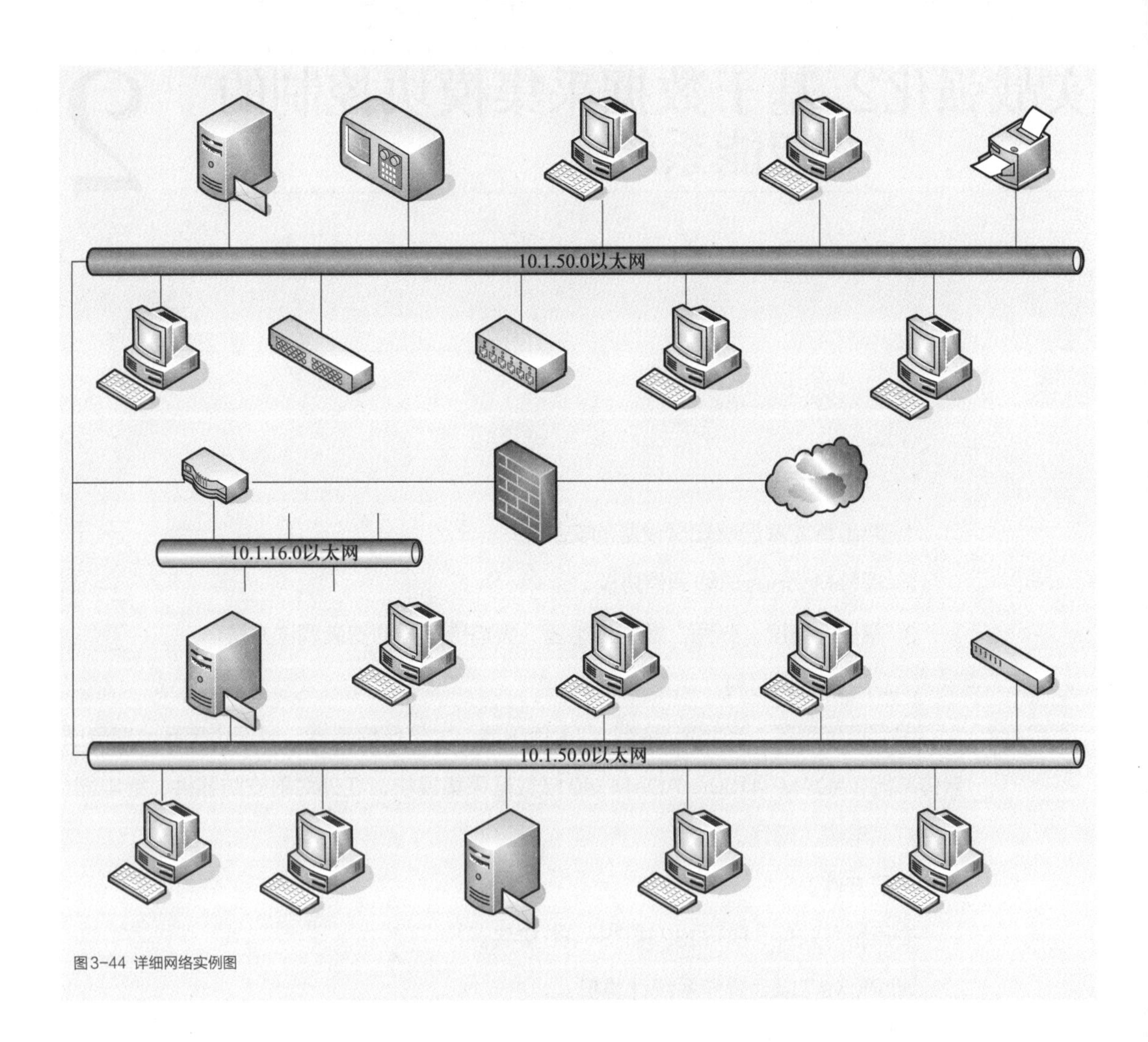

图3-44 详细网络实例图

小组评价

小组名称：　　　　　　　　　　　　　　　　组长：

成员姓名	组内承担任务内容	准备	实施	完成结果	自我评价	教师评价	备注
组内互评							
结论							

实战强化2 基于数据采集模块控制的智能系统

2

（一）实施目的

1. 熟悉智能家居感知层设备的安装。

2. 理解Modbus总线通信协议。

3. 掌握温湿度、光照、烟雾传感器、火焰传感器的安装调试方法。

（二）工具/原材料

温湿度传感器、光照传感器、CO_2传感器、大气压传感器、风速传感器、空气质量传感器、ADAM-4150 、ADAM-4017数据采集模块、红外对射安防器件、继电器、报警灯、电线、网线。

工具套件。

安卓智慧软件、RS-232转RS-485接头。

Windows 7以上操作系统计算机。

（三）操作步骤

1. 首先画出拓扑图并在网孔板上安装固定图纸中的器件，如图3-45、图3-46所示。

2. 按照接线图的布线要求进行布线，完成智能安防模块和智能环境模块接线，具体接线图如图3-47、图3-48所示。

（1）布局要求合理，尽量减少交叉走线。

（2）根据计算机的多少预判电缆长度，尽量不用超长线连接，做好防火防水防漏措施。

（3）确定线缆通畅、设备完好。

网线的测试：按照EIA568A、EIA568B等规范制作水晶头，用网络测试仪测试通断；用万用表测试设备线圈通断。

（4）确认传感器完好：用万用表测试设备线圈通断等参数是否正常。

（5）确定各点位用线长度：各点位出口处的长度为200 mm ～ 300 mm。

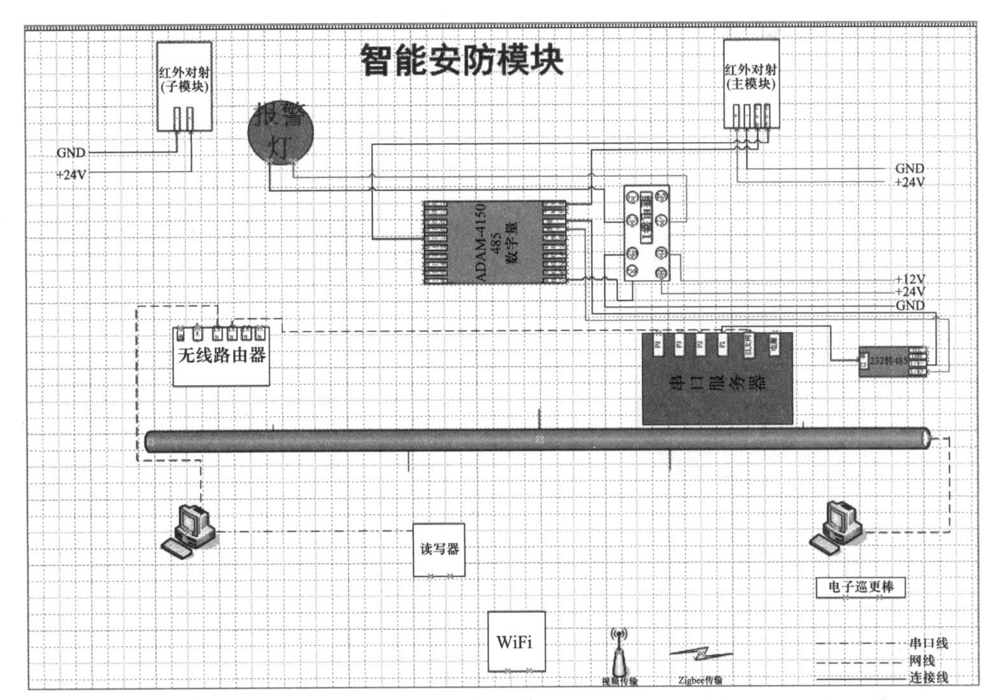

图3-45 智能安防模块Visio图

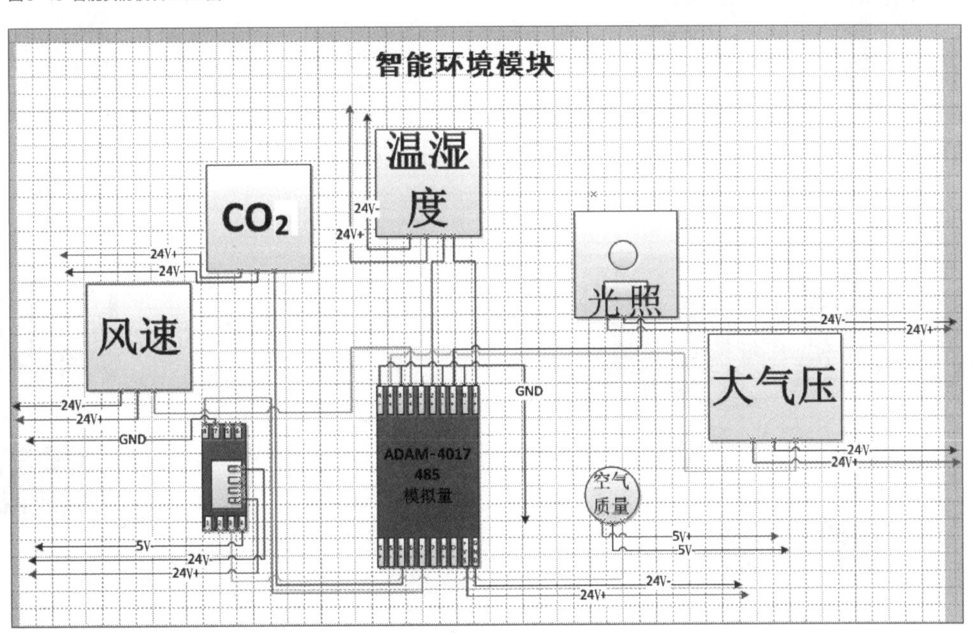

图3-46 智能环境模块Visio图

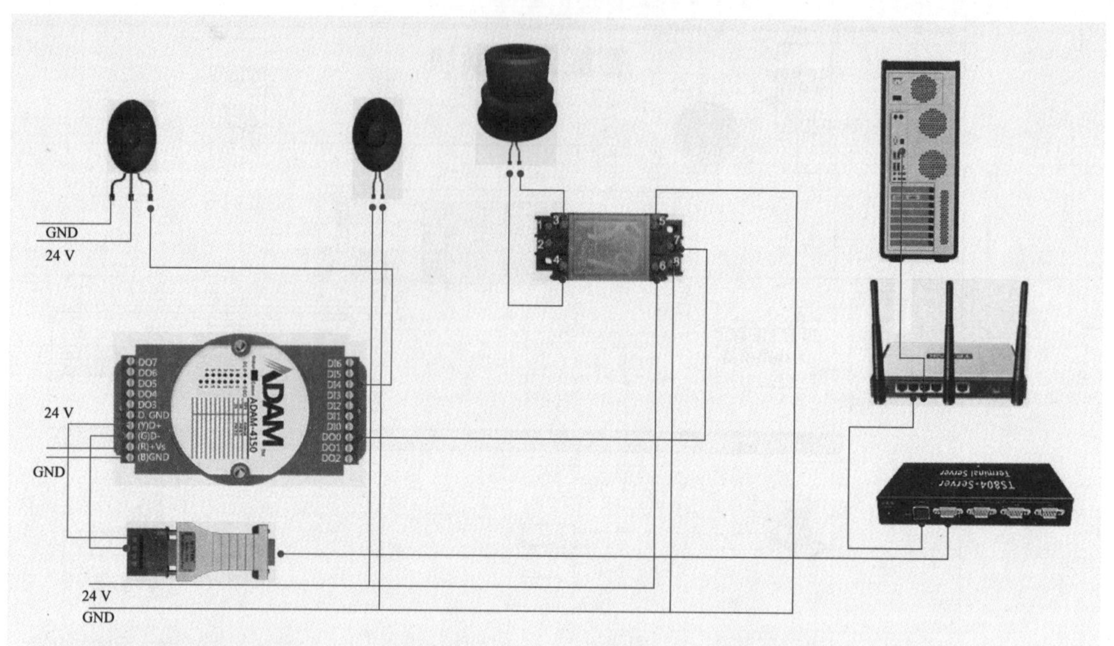

图3-47 智能安防模块接线图

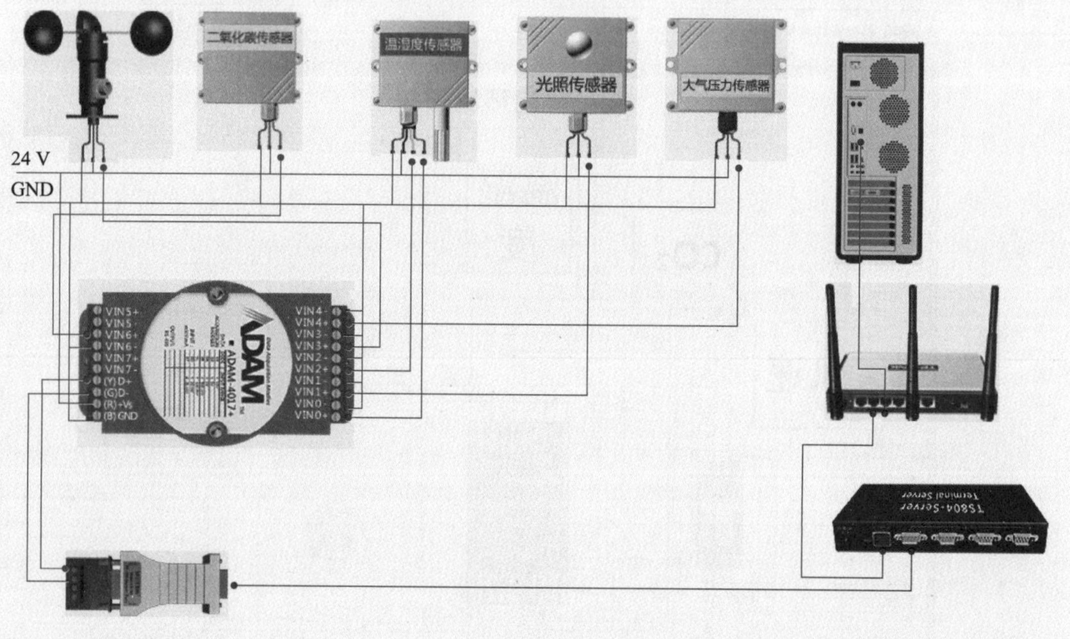

图3-48 智能环境模块接线图

（6）确定标签：将各类线缆按一定长度剪断后，在线的两端分别贴上标签，并注明序号。

（7）确定线槽或线管内的截面积不得超过管槽截面积的80%。

3. 运行程序进行调试。

4. 查找故障，处理问题。

5. 技能要点的总结归纳。

小组评价

小组名称：　　　　　　　　　　　　　　　　组长：

成员姓名	组内承担任务内容	准备	实施	完成结果	自我评价	教师评价	备注
组内互评							
结论							

实战强化3 网络摄像头的安装调试 3

（一）实施目的

1. 了解网络摄像头的工作原理。

2. 熟悉网络摄像头设备的安装。

3. 掌握网络摄像头配置与调试方法。

（二）工具/原材料。

网络摄像头1台、计算机1台、网线1根、D-Link无线路由器 1台。

（三）操作步骤

1. 首先连接硬件，用网线将无线路由器LAN口与主机相连，用网线将摄像头与无线路由器另一个LAN口相连，将无线路由器复位，如图3-49所示。

2. 查看D-Link无线路由器IP地址，例如为“192.168.0.1”，随后将本机IP地址修改为与无线路由器同段位，如“192.168.0.2”。在主机桌面左下角选择“开始”→“控制面板”→“网络和Internet”→“网络共享中心”→“本地连接”→“属性”，双击“Internet协议版本4”，如图3-50、图3-51所示。

3. 将“自动获得IP地址”改为“使用下面的IP地址”，填写IP地址、子网掩码、默认网关，单击“确定”按钮，如图3-52所示。

4. 将摄像头复位，使摄像头进入自检模式，摄像头云台会上下左右旋转，安装

图3-49 接线示意图

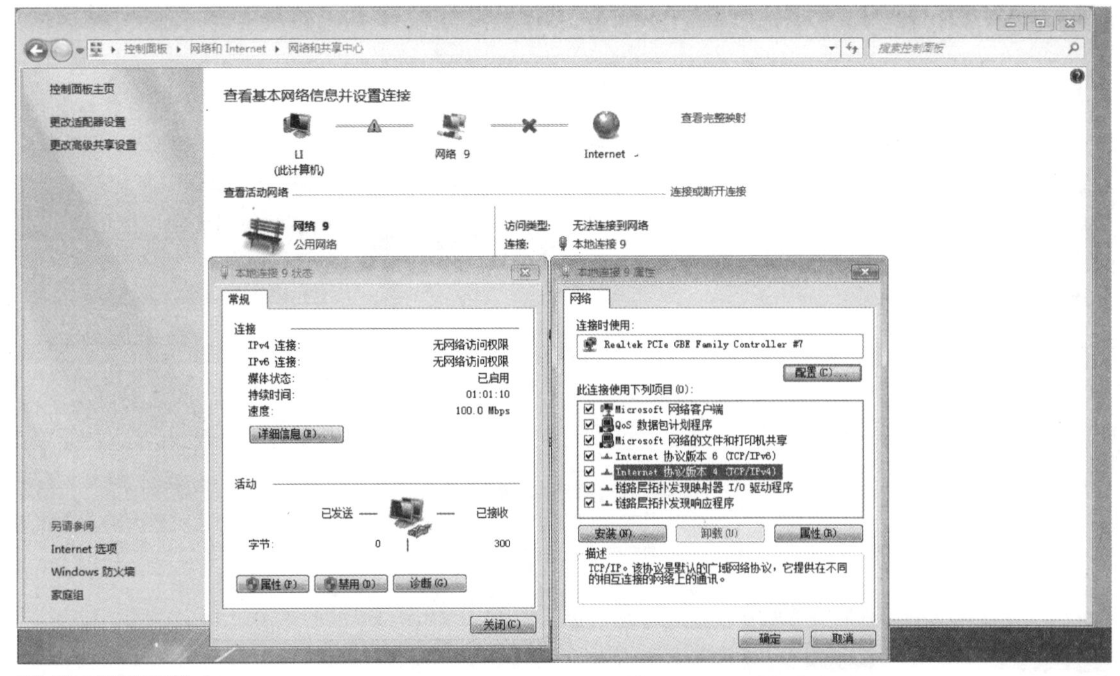

图3-50 无线路由器设置

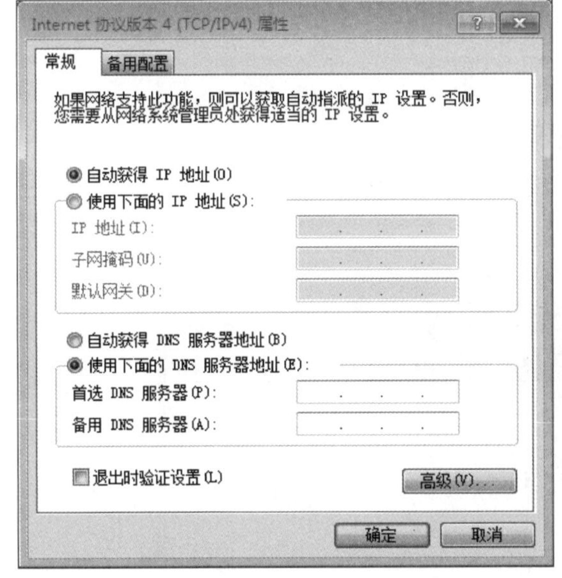

图3-51 IP地址设置

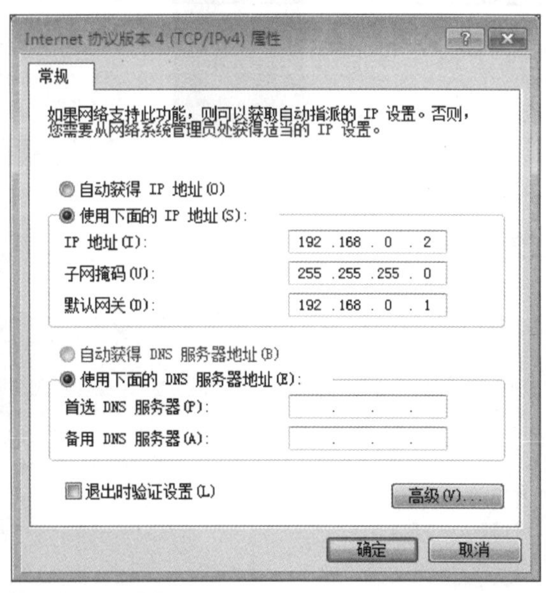

图3-52 TCP/IP设置

摄像头驱动，如图3-53、图3-54、图3-55所示。

5. 安装插件驱动，如图3-56、图3-57所示。

6. 生成对话框，如图3-58所示。

7. 单击“一键修改不匹配IP”，可以搜索到当前摄像头IP地址为“192.168.0.100:81”，如图3-59所示。

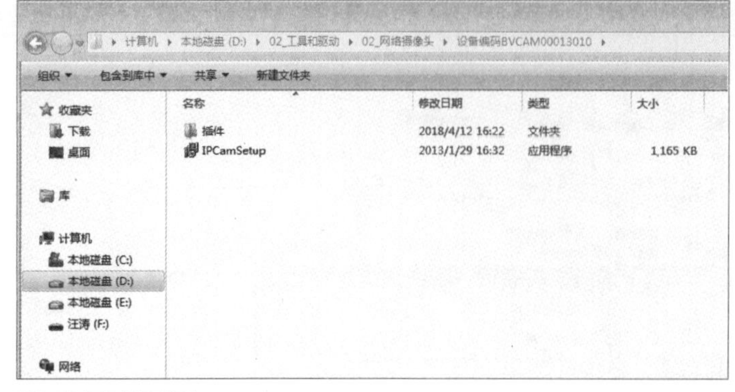

图3-53 摄像头驱动程序

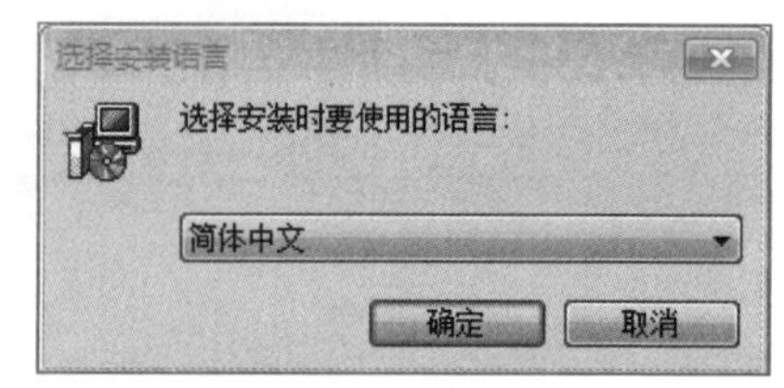

图3-54 选择软件语言

图3-55 安装向导

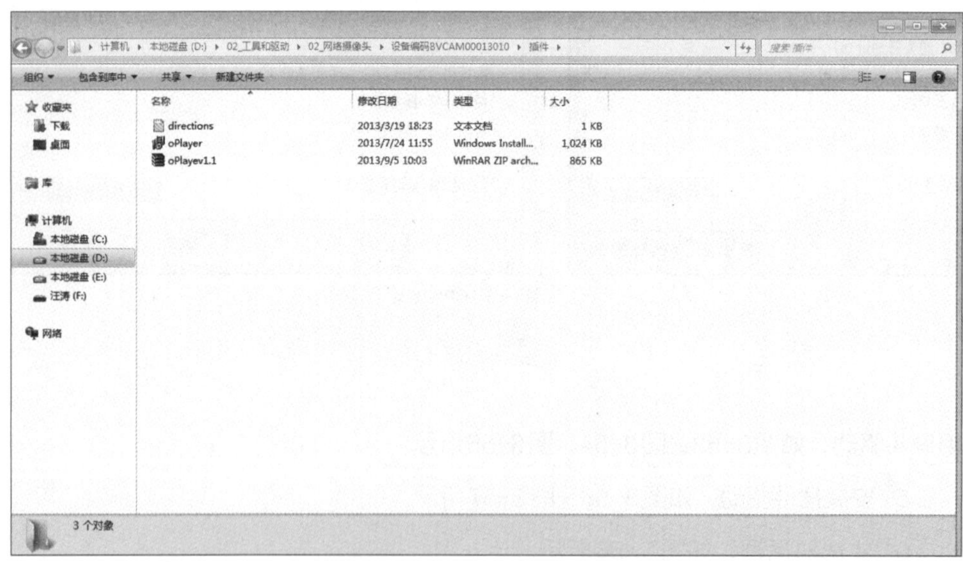

图3-56 安装插件

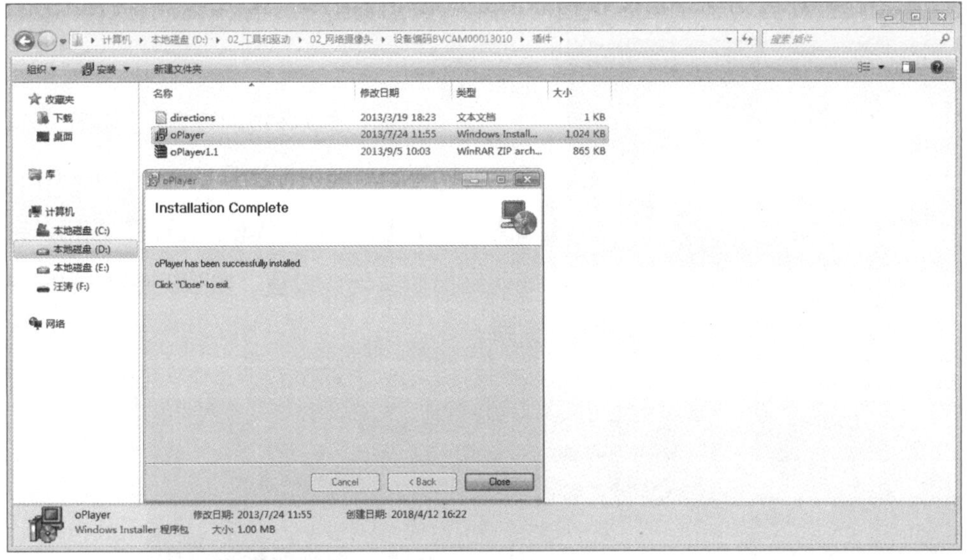

图3-57 插件驱动

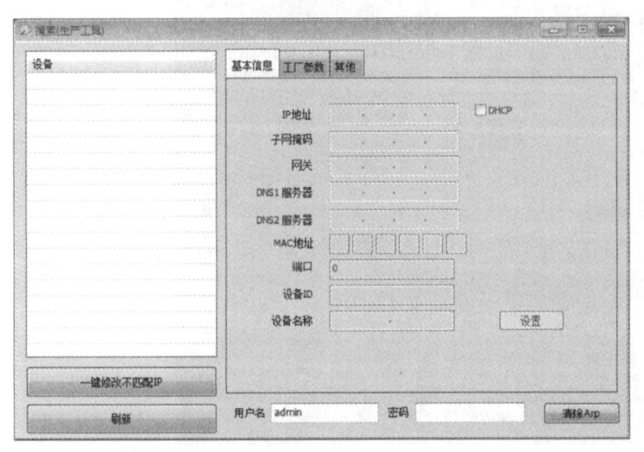

图3-58 “搜索”对话框

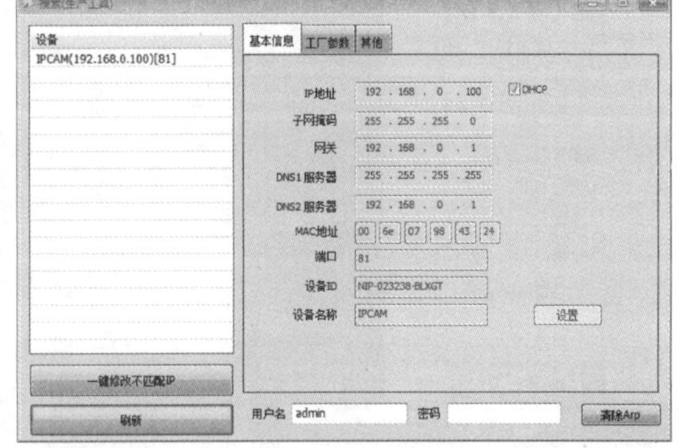

图3-59 搜索结果

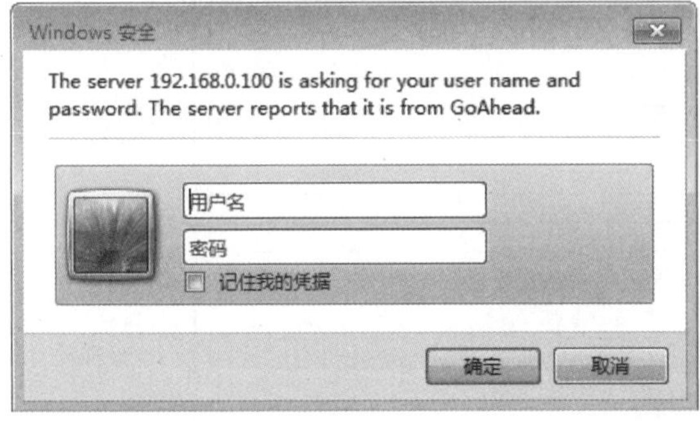

图3-60 登录界面

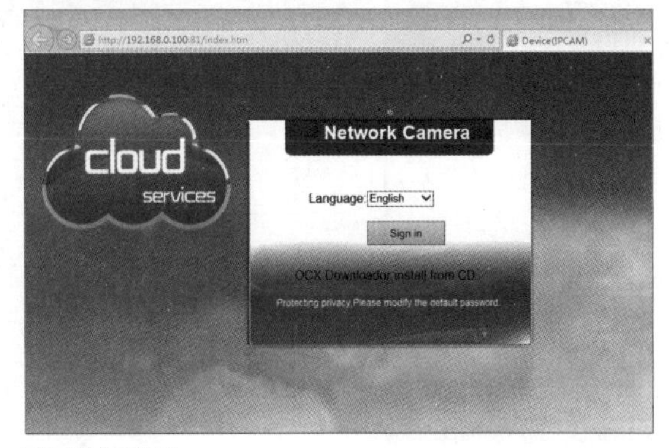

图3-61 语言选择

8. 双击“192.168.0.100:81”，弹出图3-60所示界面。

9. 输入用户名“admin”，初始密码为空，单击“确定”按钮，弹出新界面，如图3-61所示。

10. 选择“简体中文”，单击“登录”按钮，如图3-62所示。

图3-62 选择“简体中文”

11. 出现新界面，单击设置按钮，如图3-63所示。

12. 选择“无线局域网设置”，如图3-64所示。找到当前路由器型号D-Link_DIR-613，如图3-65所示。选中后单击“设置”按钮，完成网络摄像头无线设置，如图3-66、图3-67所示。

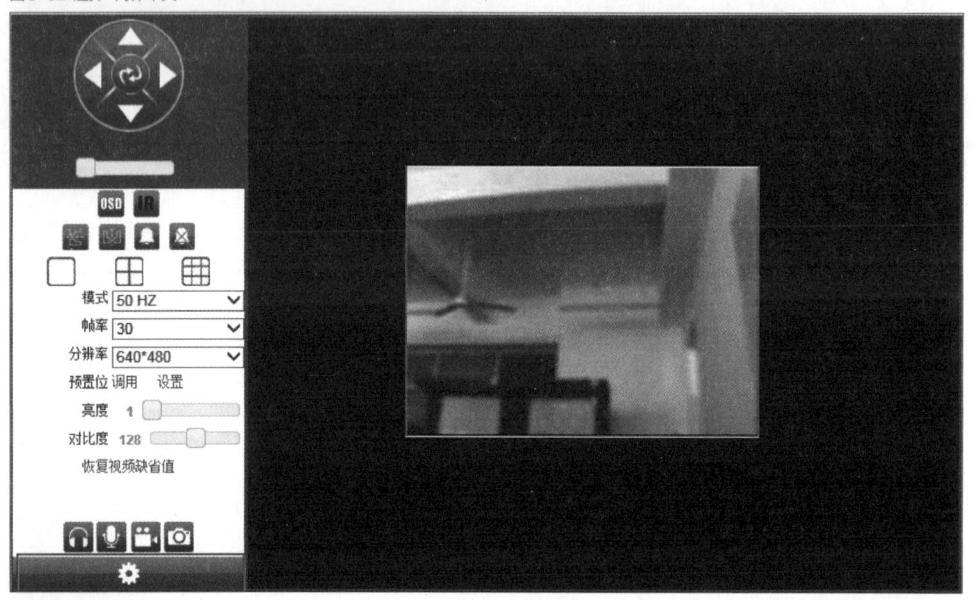

图3-63 摄像头设置

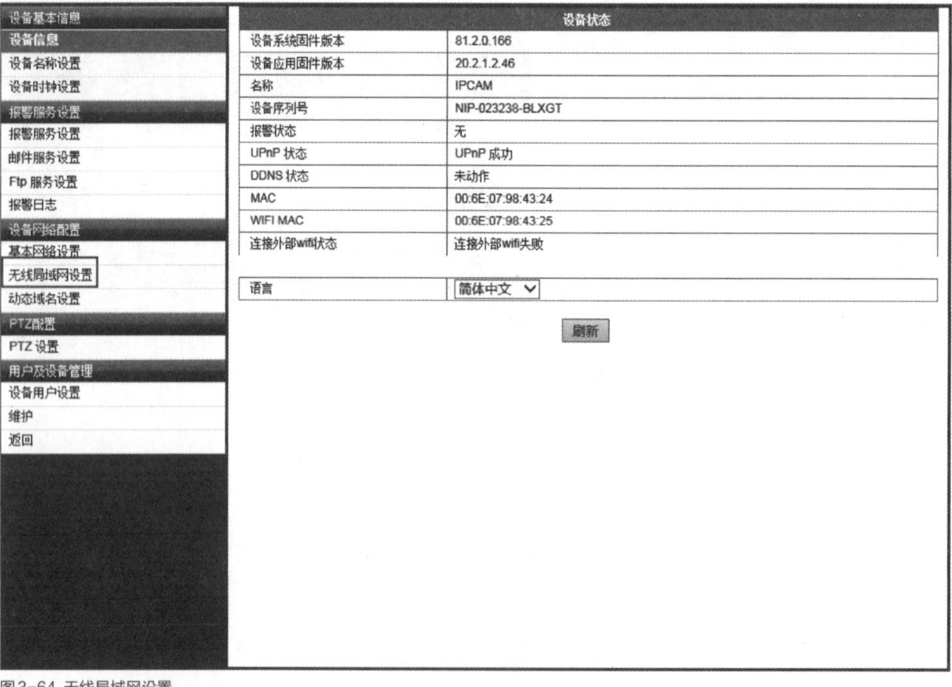

图3-64 无线局域网设置

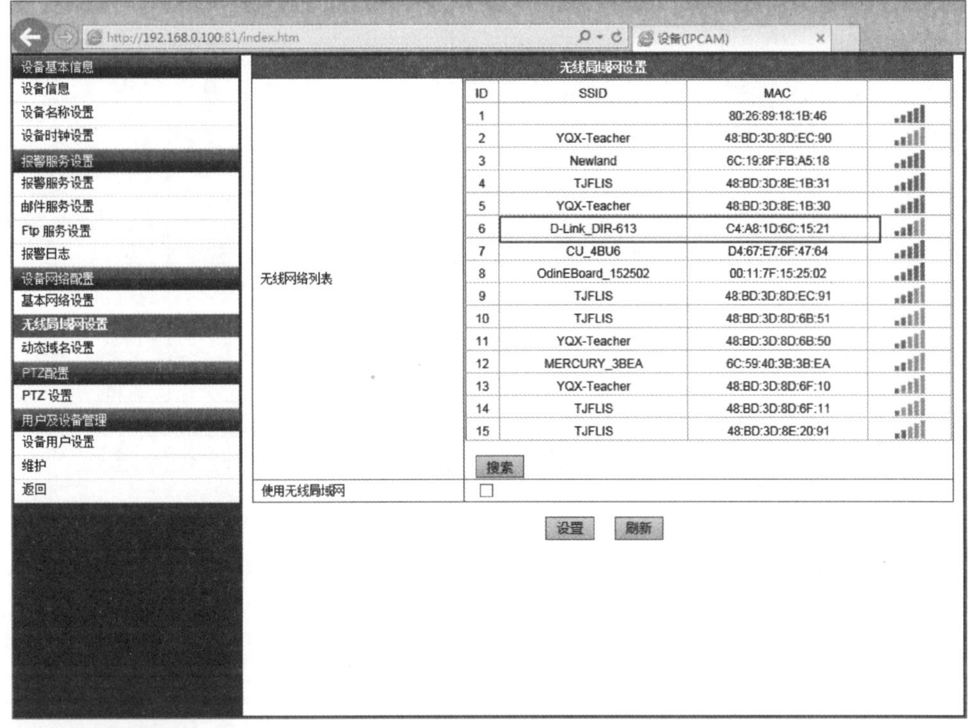

图3-65 无线摄像头设置

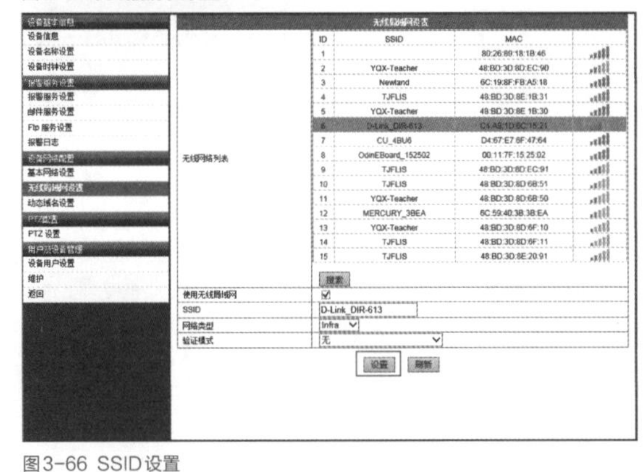

图3-66 SSID设置

图3-67 完成设置

13. 然后拔下网络摄像头网线。通过主机IE浏览器进入网络访问，在IE浏览器地址栏中输入“192.168.0.100:81”，最终实现无线路由器控制网络摄像头的无线设置。图3-68所示为设置完成示意图。

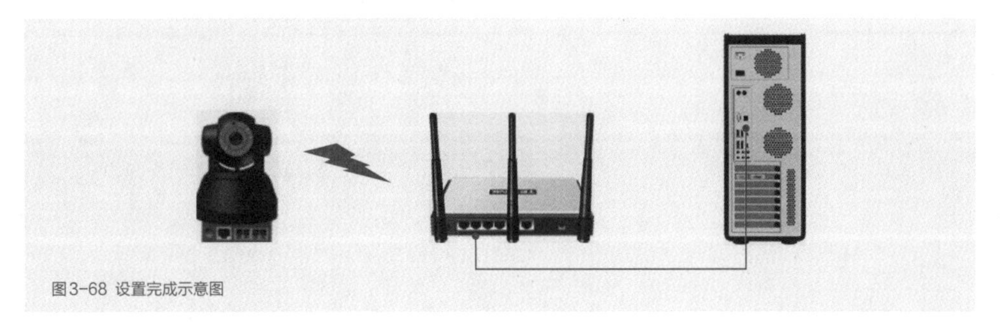

图3-68 设置完成示意图

小组评价

小组名称：　　　　　　　　　　　　　　　　组长：

成员姓名	组内承担任务内容	准备	实施	完成结果	自我评价	教师评价	备注
组内互评							
结论							

项目4　RFID技术应用及设备调试

「学习目标」

- 掌握RFID的工作原理。
- 了解RFID系统的通信原理。
- 了解低频RFID相关硬件电路的基本原理。
- 掌握RFID设备的安装调试方法。

「项目概述」

本项目将学习RFID应用技术的基础知识，了解RF（射频）技术原理、射频电路模块原理，会对RFID设备进行安装与调试，了解RFID系统的调制与解调，根据RFID电子标签分类对采集模块相应类型的端口进行连接，完成数字采集传送工作等。

学习任务1 RF（射频）技术认知

1

「任务说明」

了解 RF（射频）技术原理，熟悉典型的射频电路，学会射频技术的特点等基础知识，通过学习射频技术的相关知识，为后期学习 RFID 的工作原理与技术应用奠定基础。

「相关知识与技能」

一、RF技术

RF（Radio Frequency）技术被广泛应用于多个领域，如电视、广播、移动电话、雷达、自动识别系统等。RFID（射频识别）指应用射频识别信号对目标物进行识别。RFID的应用包括：ETC（电子收费）、铁路机车车辆识别与跟踪、集装箱识别、贵重物品识别认证及跟踪、商业零售、医疗保健、后勤服务等的目标物管理、出入门禁管理、动物识别跟踪、车辆自动锁门（防盗）等。RF（射频）专指具有一定波长可用于无线电通信的电磁波。电磁波可由其频率表述为：kHz（千赫），MHz（兆赫）及GHz（千兆赫）。其频率范围为VLF（极低频，10 ~ 30 kHz）至EHF（极高频，30 ~ 300 GHz）。

RFID是一项易于操控、简单实用且特别适合用于自动化控制的应用技术，其所具备的独特优越性是其他识别技术无法实现的。它既可以支持只读工作模式，也可以支持读写工作模式，且无需接触或瞄准；可自由工作在各种恶劣环境下；可进行高度的数据集成。另外，该技术很难被仿冒侵入，具备极高的安全防护能力。RFID类似于条码扫描，对于条码技术而言，它是将已编码的条形码附着于目标物，并使用专用的扫描读写器利用光信号将信息传送到扫描读写器；而RFID则使用专用的RFID读写器及专门的可附着于目标物的RFID单元，利用RF信号将信息由RFID单元传送至RFID读写器。

RFID单元中载有关于目标物的各类相关信息，例如，该目标物的名称，目标物运输起始终止地点、中转地点及目标物经过某一地的具体时间等，还可以载入诸如温度等指标。RFID单元，如标签、卡等可灵活附着于各类物品。其使用的电磁波频率为50 kHz ~ 5.8 GHz，一个最基本的RFID系统一般包括：一个载有目标物相关信息的RFID单元（应答机或卡、标签等）、在读写器及RFID单元间传输RF信号的天线、一个产生RF信号的RF收发器、一个接收从RFID单元上返回的RF信号并将解码的数据传输到主机系统以供处理的读写器，其中天线、读写器、收发器及主机可局部或全部集成为一个整体，或集成为少数部件。

二、典型的射频电路

射频电路最主要的应用领域是无线通信。一个无线通信收发机的系统模型包含了发射机电路、接收机电路以及通信天线。这个收发机可以应用于个人通信和无线局域网络中。在这个系统中，数字处理部分主要是对数字信号进行处理，包括采样、压缩、编码等；然后通过D/A转换器变成模拟信号进入模拟电路单元，如图4-1所示。

射频电路输入信号通过一个经过匹配的滤波网络输入放大模块。放大模块一般采用三极管的共射极结构，其输入阻抗必须与位于低噪声放大器前面的滤波器的输出阻抗相匹配，从而保证最佳传输功率和最小反射系数。对于射频电路设计来说，这种匹配是必须的。此外，低噪声放大器的输出阻抗必须与其后端的混频器输入阻抗相匹配，这样能保证放大器输出的信号能完全、无反射地输入到混频器中。这些匹配网络

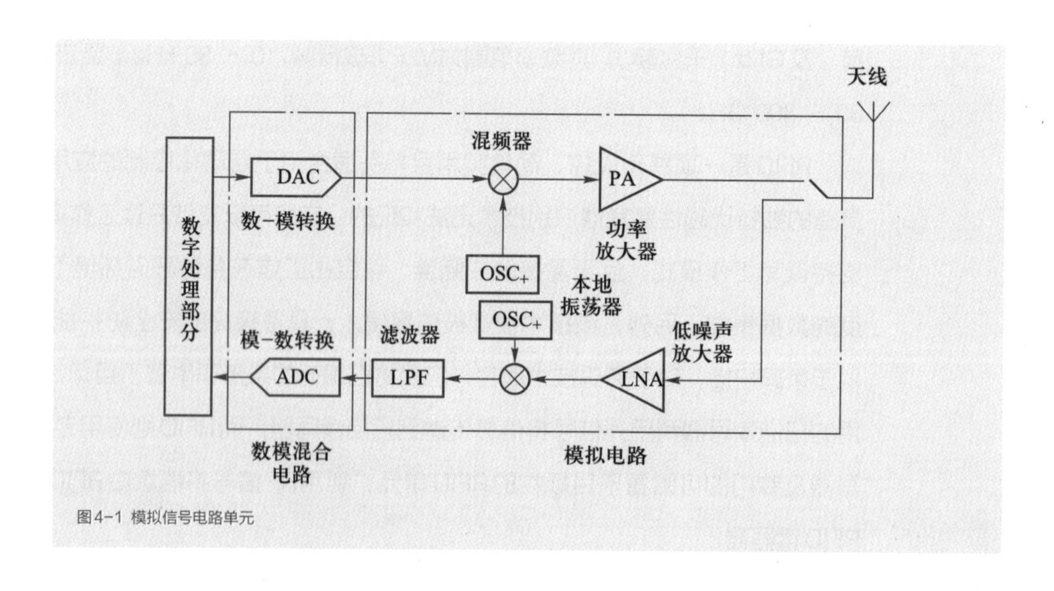

图4-1 模拟信号电路单元

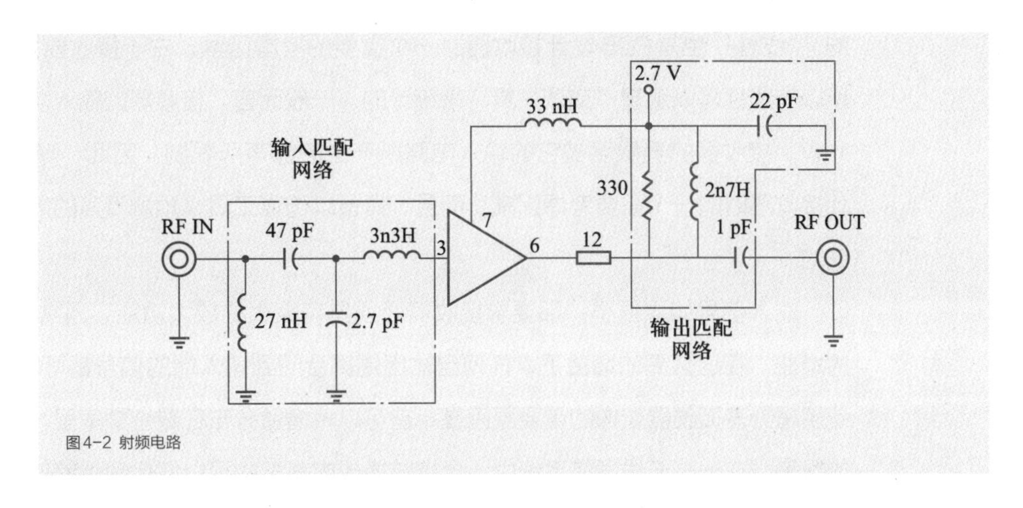

图4-2 射频电路

是由微带线组成，在有些时候也可能由独立的无源器件组成，但是它们在高频情况下的电特性与在低频情况下完全不同。

图4-2中可以看出微带线实际上是一定长度和宽度的敷铜带，与微带线连接的是片状电阻、电容和电感。

三、电路的功率和增益

射频电路增益、噪声和非线性是描述射频电路最常用的指标。在射频和微波系统中，由于反射的普遍存在和理想的短路、开路难以获得，低频电路中常用的电压和电流参数的测量变得十分困难。因此，功率的测量得到了广泛应用。并且，传统的射频和微波电路使用分立元件和传输线构成，电路的输入、输出通常需要匹配到一个系统阻抗。由于这些原因，电路的性能指标（如增益、噪声、非线性等）都可以通过功率表示出来。为了计算方便，在射频和微波工程中常用功率强度对数的形式来表示功率。在射频系统中考虑的功率指的是功率增益，这与电压增益很容易产生混淆。此外，在射频系统中，同样存在多种功率的定义，当匹配电路存在时，可以定义以下功率：PL，负载获得的功率；Pin，电路的输入功率；Pavs，信号源能提供的最大功率；Pavn，电路能提供的最大功率。

四、射频技术的干扰信号

接收器必须对小信号很灵敏。为避免其他信号干扰，接收器的前端必须是线性的。“线性”也是PCB设计接收器时一个重要的考虑因素。由于接收器是窄频电路，所以非线性是以测量“交调失真”来统计的。一般而言，接收器的输入功率可以小到1 μV。接收器的灵敏度被它的输入电路所产生的噪声所限制。因此，噪声是PCB设计接收器时的一个重要考虑因素。而且，具备以仿真工具来预测噪声的能力是不可或缺的。

输入信号如果很小，那要求接收器必须具有极大的放大功能，通常需要120 dB的增益。在这么高的增益下，任何自输出端耦合回到输入端的信号都可能产生问题。使用超外差接收器架构的重要原因是，它可以将增益分布在数个频率里，以减少耦合的概率。在一些无线通信系统中，直接转换或内差架构可以取代超外差架构。在此架构中，射频输入信号在单一步骤下直接转换成基频。因此，大部分的增益都在基频中。在这种情况下，必须了解少量耦合的影响力，并且必须建立起“杂散信号路径”的详细模型，如穿过基板的耦合、封装脚位与焊线之间的耦合、穿过电源线的耦合。

巩固及拓展

一、填空

1. 自动识别技术是应用一定的________，通过被__________和__________之间的接近活动，自动地获取被识别物品的相关信息，常见的自动识别技术有__________、__________、__________、________等。

2. RFID系统通常由________________、________________和________________三部分组成。

3. 读写器和电子标签通过各自的天线构建了二者之间的非接触信息传输通道。根据观测点与天线之间的距离由近及远可以将天线周围的场划分为三个区域：__________、__________、__________。

4. 在RFID系统中，读写器与电子标签之间能量与数据的传递都是利用耦合元件实现的，RFID系统中的耦合方式有两种：__________________________________。

5. 按照射频识别系统的基本工作方式来划分，可以将射频识别系统分为________。

6. 按照读写器和电子标签之间的作用距离可以将射频识别系统划分为三类：______________、______________、______________。

二、选择题

1. 下列哪一项不是低频RFID系统的特点？（　　）

A. 它遵循的通信协议是ISO18000-3

B. 它采用标准CMOS工艺，技术简单

C. 它的通信速度低

D. 它的识别距离短（<10 cm）

2. ISO18000-3、ISO14443和ISO15693这三项通信协议针对的是哪一类RFID系统？（　　）

A. 低频系统

B. 高频系统

C. 超高频系统

D. 微波系统

3. 未来RFID的发展趋势是（　　）。

A. 低频RFID

B. 高频RFID

C. 超高频RFID

D. 微波RFID

4. 在一个RFID系统中，下列哪一个部件一般占总投资的60% ~ 70%?（　　）

A. 电子标签

B. 读写器

C. 天线

D. 应用软件

5. 射频识别系统中的哪一个器件的工作频率决定了整个射频识别系统的工作频率？（ ）

A. 电子标签

B. 上位机

C. 读写器

D. 计算机通信网络

三、问答题

1. RFID 应用在哪些领域？

2. 简述典型射频电路的工作原理？

3. 简述避免射频信号干扰的方法。

学习任务2 RFID的工作原理与技术应用

2

「任务说明」

了解 RFID 工作原理，熟悉 RFID 技术特点及优势，重点是 RFID 应用技术等技能，通过学习射频技术的相关基础知识，为后期 RFID 通信技术应用的学习奠定基础。

「相关知识与技能」

RFID（Radio Frequency Identification，射频识别）是一种非接触的自动识别技术，作为实体，它是利用无线射频技术对物体对象进行非接触式和即时自动识别的无线通信信息系统。随着技术的进步，RFID 应用领域日益扩大，现已涉及人们日常生活的各个方面，典型应用包括：在物流领域用于仓库管理、生产线自动化、日用品销售；在交通运输领域用于集装箱与包裹管理、高速公路收费与停车收费；在农牧渔业用于羊群、鱼类、水果等的管理以及宠物、野生动物跟踪；在医疗行业用于药品生产、病人看护、医疗垃圾跟踪；在制造业用于零部件与库存的可视化管理；RFID 还可以应用于图书与文档管理、门禁管理、定位与物体跟踪、环境感知和支票防伪等多个领域。

RFID已成为物联网及相关领域的研究热点，被视为“金矿”领域。各大软硬件厂商都对RFID技术及其应用表现出了浓厚的兴趣，相继投入大量研发经费，推出了各自的软件或硬件产品及系统应用解决方案。在应用领域，大批企业已经开始准备采用RFID 技术对业务系统进行改造，以提高企业的工作效率并为客户提供各种增值服务。在标签领域，RFID标签与条码相比，具有读取速度快、存储空间大、工作距离远、穿透性强、外形多样、工作环境适应性强和可重复使用等多种优势。

一、RFID的工作原理

1. RFID系统组成（如图4-3所示）

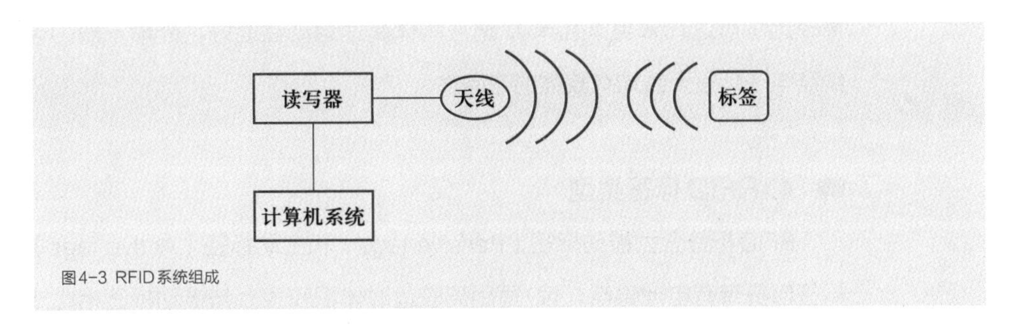

图4-3 RFID系统组成

RFID系统组成部分见表4-1。

表4-1 RFID系统组成部分

读写器（Reader）	读取（有时还可以写入）标签信息的设备，可设计为手持式或固定式
天线（Antenna）	在标签和读写器之间传递射频信号
标签（Tag）	由耦合元件及芯片组成，每个标签具有唯一的电子编码，附着在物体上标识目标对象；每个标签都有一个全球唯一的ID号码——UID，UID是在制作芯片时放在ROM中的，无法修改

2. RFID系统的工作原理

电子标签中一般保存有约定格式的电子数据，在实际应用中，电子标签附着在待识别物体的表面。读写器可无接触地读取并识别电子标签中所保存的电子数据，从而达到自动识别物体的目的。通常读写器与计算机相连，所读取的标签信息被传送到计算机进行下一步处理。在以上基本配置之外，还应包括相应的应用软件。

3. RFID系统的工作频率（见表4-2）

通常读写器发送时所使用的频率被称为RFID系统的工作频率。常见的工作频率有低频125 kHz、134.2 kHz及13.56 MHz等。低频系统一般指其工作频率小于30 MHz，这些频率应用的射频识别系统一般都有相应的国际标准予以支持。其基本特点是电子标签的成本较低、标签内保存的数据量较少、阅读距离较短、电子标签外形多样（卡状、环状、纽扣状、笔状）、阅读天线方向性不强等。

表4-2 RFID系统的工作频率

频段	描述	作用距离	穿透能力
125~134 kHz	低频（LF）	45 cm	能穿透大部分物体
13.553~13.567 MHz	高频（HF）	1~3 m	勉强能穿透金属和液体
400~1 000 MHz	超高频（UHF）	3~9 m	穿透能力较弱
2.45 GHz	微波（Microwave）	3 m	穿透能力最弱

高频系统一般指其工作频率大于400 MHz，典型的工作频段有915 MHz、2.45 GHz、5.8 GHz等。高频系统在这些频段上也有众多的国际标准予以支持。高频系统的基本特点是电子标签及读写器成本均较高、标签内保存的数据量较大、阅读距离较远（可达几米至十几米），适应物体高速运动性能好，外形一般为卡状，阅读天线及电子标签天线均有较强的方向性。

4. RFID标签类型

RFID标签分为被动标签（Passive tags）和主动标签（Active tags）两种。主动标签自身带有电池供电，读/写距离较远时体积较大，与被动标签相比成本更高，也称为有源标签，一般具有较远的阅读距离，不足之处是电池不能长久使用，能量耗尽后需更换电池。

被动标签在接收到读写器发出的微波信号后，将部分微波能量转化为直流电供自己工作，一般可做到免维护，成本很低并具有很长的使用寿命，比主动标签更小也更轻，读写距离则较近，也称为无源标签。相比有源系统，无源系统在阅读距离及适应物体运动速度方面略有限制。

按照存储的信息是否被改写，标签也被分为只读式标签（read only）和可读写标签（read and write）。只读式标签内的信息在集成电路生产时将信息写入，以后不能修改，只能被专门设备读取；可读写标签将信息写入其内部的存储区，需要改写时可以采用专门的编程或写入设备擦写。一般将信息写入电子标签所花费的时间远大于读取电子标签信息所花费的时间，写入所花费的时间为秒级，阅读花费的时间为毫秒级。

二、RFID技术的特点

RFID是一项易于操控、简单实用且特别适合用于自动化控制的应用技术，识别工作无需人工干预，它既可以支持只读工作模式，也可以支持读写工作模式，且无需接触或瞄准；可自由工作在各种恶劣环境下，如短距离射频产品不怕油渍、灰尘污染等恶劣的环境；可以替代条码，例如用在工厂的流水线上跟踪物体；长距射频产品多用于交通上，识别距离可达几十米，如自动收费或识别车辆身份等。

RFID技术的主要特点如下：

（1）读取方便快捷：数据的读取无需光源，甚至可以透过外包装来进行。有效识别距离更大，采用自带电池的主动标签时，有效识别距离可达到30 m以上。

（2）识别速度快：标签一进入磁场，读写器就可以即时读取其中的信息，而且能够同时处理多个标签，实现批量识别。

（3）数据容量大：RFID标签的数据容量比二维条形码大很多，且可以根据用户的需要扩充。

（4）使用寿命长，应用范围广：其无线电通信方式，使其可以应用于粉尘、油污等高污染环境和放射性环境，而且其封闭式包装使得其寿命大大超过印刷的条形码。

（5）标签数据可动态更改：利用编程器可以写入数据，从而赋予RFID标签交互式便携数据文件的功能，而且写入时间相比打印条形码更少。

（6）更好的安全性：不仅可以嵌入或附着在不同形状、类型的产品上，而且可以为标签数据的读写设置密码保护，从而具有更高的安全性。

（7）动态实时通信：标签以与每秒50 ~ 100次的频率与解读器进行通信，所以只要RFID标签所附着的物体出现在读写器的有效识别范围内，就可以对其位置进行动态追踪和监控。

三、RFID技术标准及应用

目前，还未形成完善的关于RFID的国际和国内标准。RFID的标准化涉及标识编码规范、操作协议及应用系统接口规范等多个部分。其中标识编码规范包括标识长度、编码方法等；操作协议包括空中接口、命令集合、操作流程等规范。当前主要的RFID相关规范有欧美的EPC 规范、日本的UID规范和ISO 18000系列标准。其中ISO标准主要定义标签和读写器之间互操作的空中接口。

EPC规范由Auto-ID 中心及后来成立的EPCglobal 负责制定。Auto-ID 中心由美国麻省理工学院（MIT）发起成立，其目标是创建全球“实物互联网”。2003年，成立了新的EPCglobal组织接替以前Auto-ID 中心的工作，管理和发展EPC规范。

UID规范由日本泛在ID中心负责制定。日本泛在ID中心由T-Engine论坛发起成立，其目标是建立和推广物品自动识别技术并最终构建一个无处不在的计算环境。该规范对频段没有强制要求，标签和读写器都是多频段设备，能同时支持13.56 MHz或2.45 GHz频段。UID标签泛指所有包含ucode码的设备，如条形码、RFID标签、智能卡和主动芯片等，它定义了9种不同类别的标签。

四、RFID应用环境

在国外，RFID技术被广泛应用于工业自动化、商业自动化、交通运输控制管理等众多领域，如交通监控、机场管理、高速公路自动收费、停车场管理、动物监管、物品管理、流水线生产自动化、车辆防盗、安全出入检查等。在国内，RFID产品市场十分巨大，该技术主要应用于高速公路自动收费、公交电子月票系统、人员识别与物资跟踪、生产线自动化控制、仓储管理、汽车防盗系统、铁路车辆和货运集装箱识别等。自RFID技术出现以来，其生产成本一直居高不下。此外，不成熟的应用技术环境以及缺乏统一的技术标准是RFID至今才得到重视的重要原因。RFID技术的成功应用，不仅需要硬件制造、无线数据通信与网络、数据加密、自动数据收集与数据挖掘等技术，还必须与企业的企业资源计划（ERP）、仓库管理系统（WMS）和运输管理系统（TMS）结合起来，同时需要统一的标准以保证企业间的数据交换和协同工作。制造技术的快速发展使得RFID的生产成本不断降低，无线数据通信、数据处理和网络技术的发展都已经日益成熟。RFID的软件和硬件技术应用环境日渐成熟，为大规模实际应用奠定了基础。

巩固及拓展

一、填空

1. RFID的英文全称是____。

2. 读写器和电子标签之间的数据交换方式可以划分为两种，分别是______________、______________。

3. 典型的读写器终端一般由____________、____________、____________三部分构成。

4. 控制系统和应用软件之间的数据交换主要通过读写器的接口来完成。一般读写器的I/O接口形式主要有：__________________。

5. 随着RFID技术的不断发展，越来越多的应用对RFID系统的读写器提出了更高的要求，未来的读写器也将朝着__________________________方向发展。

二、选择题

1. 下列哪一项是超高频RFID系统的工作频率范围？（　　）

   A. <150 kHz

   B. 433.92 MHz和860~960 MHz

   C. 13.56 MHz

   D. 2.45~5.8 GHz

2. 下列哪一个载波频段的RFID系统拥有最高的带宽和通信速率、最长的识别距离和最小的天线尺寸？（　　）

   A. <150 kHz

   B. 433.92 MHz和860~960 MHz

   C. 13.56 MHz

   D. 2.45~5.8 GHz

3. 绝大多数射频识别系统的耦合方式是（　　）。

   A. 电感耦合式

   B. 电磁反向散射耦合式

   C. 负载耦合式

   D. 反向散射调制式

4. 在射频识别系统中，最常用的防碰撞算法是（　　）。

   A. 空分多址法

   B. 频分多址法

C. 时分多址法

D. 码分多址法

5. 通信双方都拥有一个相同的保密的密钥来进行加密、解密，即使二者不同，也能够由其中一个很容易的推导出另外一个。该类密码体制称为（　　）。

A. 非对称密码体制

B. 对称密码体制

C. RSA 算法

D. 私人密码体制

三、简答题

1. 简述 RFID 系统的工作原理。

2. 简述 RFID 系统的工作频率及特点。

3. 简述 RFID 的三种工作模型。

学习任务3 RFID通信技术应用

3

「任务说明」

了解 RFID 系统的调制与解调、RFID 系统的编码与解码、数字调制脉冲方式、RFID 电子标签分类及工作原理，学会区分不同电子标签的类型，通过学习 RFID 通信技术的相关基础知识，为后续学习 RFID 读写器等设备的安装与调试奠定基础。

「相关知识与技能」

一、RFID系统的调制与解调

1. RFID系统的调制方式

RFID系统一般采用数字调制方式传送信息，例如用数字基带信号和已调脉冲的数字调制信号对高频载波进行调制。已调脉冲包括NRZ码的FSK、PSK 调制波和副载波调制信号，数字基带信号包括密勒码、修正密勒码、曼彻斯特码信号等，这些信号包含了要传送的信息。数字调制方式有相移键控（PSK）、频移键控（FSK）和幅移键控（ASK）。RFID系统中采用较多的是ASK调制方式。ASK调制的时域波形如图4-4所示，图中的包络是周期脉冲波，而ASK调制的包络波形是数字基带信号和已调脉冲。

2. ASK调制方式

（1）副载波负载调制

首先用基带编码的数据信号调制低频率的副载波，可以选择振幅键控（ASK）、频移键控（FSK）或相移键控（PSK）调制作为副载波调制的方法。副载波的频率是通过对高频载波频率进行二进制分频产生的。然后用经过编码调制的副载波信号控制应答器线圈并接负载电阻的接通和断开，即采用经过编码调制的副载波进行负载调制，以双重调制方式传送编码信息。

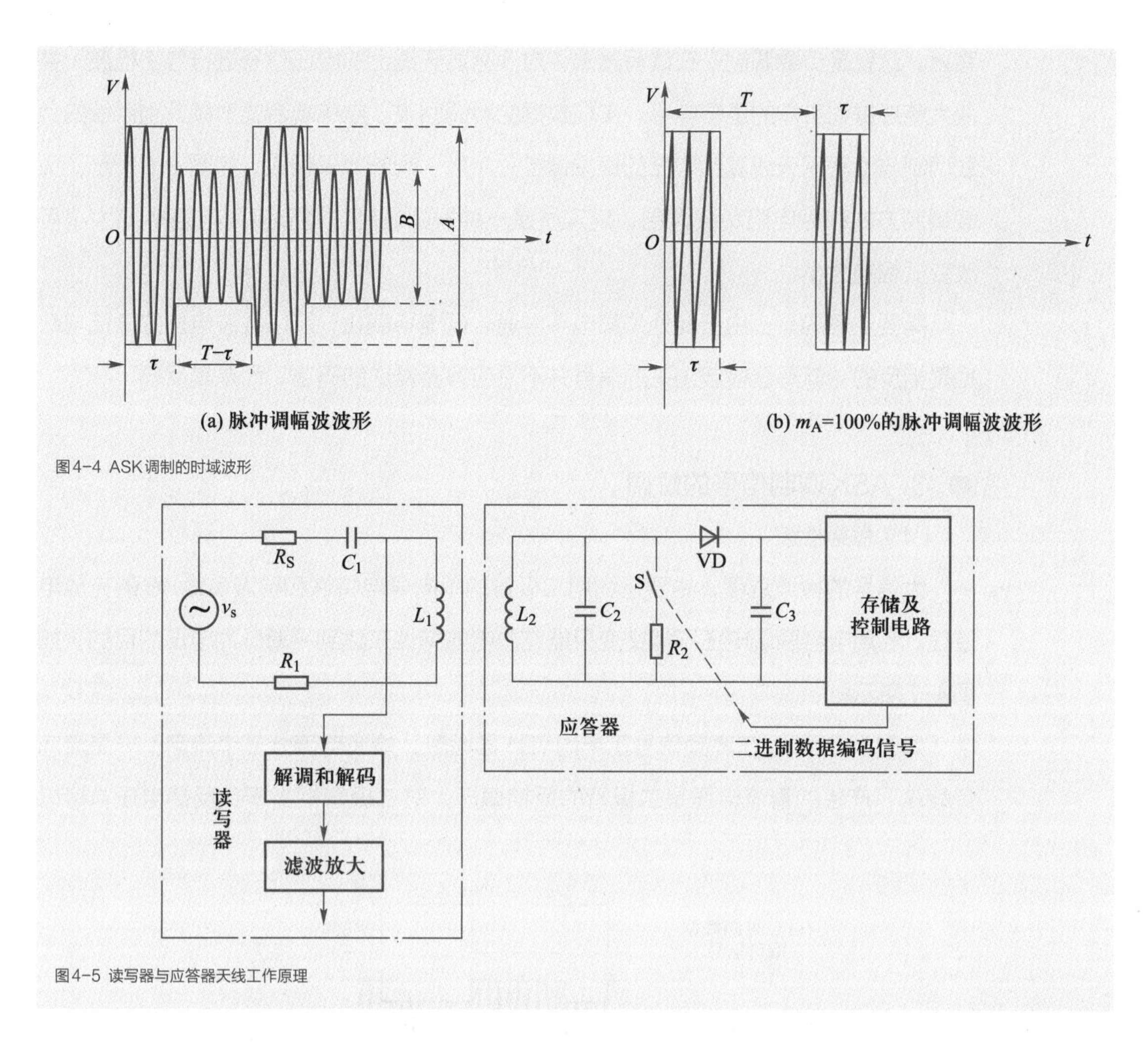

图4-4 ASK调制的时域波形

图4-5 读写器与应答器天线工作原理

使用这种传输方式可以降低误码率，减小干扰，但是硬件电路比负载调制系统复杂。在采用副载波进行负载调制时，需要经过多重调制。在读写器中，同样需要进行逐步多重解调，这种系统的调制解调模块过于繁琐，并且用于分频的数字芯片对接收到的信号的电压幅度和频率范围要求苛刻，不易实现。

（2）负载调制

电感耦合系统，本质上来说是一种互感耦合，即作为一次线圈的读写器和作为二次线圈的应答器之间的耦合。如果应答器的固有谐振频率与读写器的发送频率相符合，则处于读写器天线的交变磁场中的应答器就能从磁场获得最大能量。

同时，与应答器线圈并接的阻抗变化能通过互感作用对读写器线圈造成反作用，从而引起读写器线圈回路阻抗的变化，即接通或关断应答器天线线圈处的负载电阻会引起阻抗的变化，从而造成读写器天线的电压变化，如图4-5所示。

根据这一原理，在应答器中以二进制编码信号控制开关S，即通过编码数据控制应答器线圈并接负载电阻的接通和断开，使这些数据以调幅的方式从应答器传输到读写器，这就是负载调制。在读写器端，对读写器天线上的电压信号进行包络检波，并放大整形得到所需的逻辑电平，实现数据的解调回收。电感耦合式射频识别系统的负载调制与读写器天线高频电压的振幅键控（ASK）调制效果相似，如图4-6所示。负载调制方式称为电阻负载调制，其实质是一种振幅调制，调节接入电阻R_2的大小可改变振幅的大小。

需要注意的是：由于此处是高电平导通，低电平截止，所以载波电压的高低与数据是相反的，读写器检波出来的信号并不是应答器发送的码字，而是其反码。

3. ASK调制信号的解调

（1）包络检波

大信号的检波过程，主要是利用二极管的单向导电特性和检波负载RC的充放电过程。利用电容两端电压不能突变只能充放电的特性来达到平滑脉冲电压的目的，如图4-7所示。

如图4-8所示，在高频信号正半周VD1导通时，检波电流分三个流向：一是流向负载R_7，产生的直流电压是二极管的反相偏压，对二极管相当于负反馈电压，可以

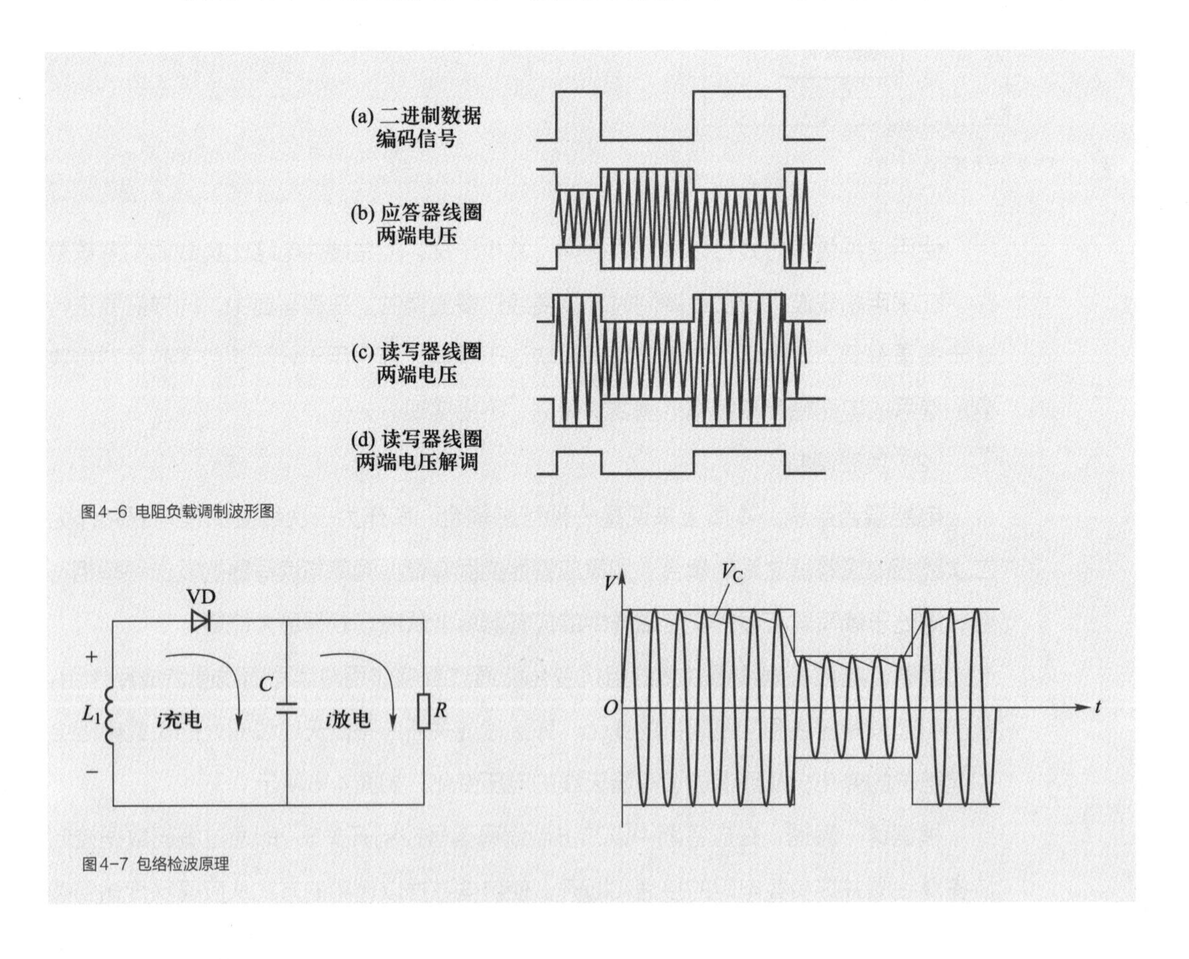

图4-6 电阻负载调制波形图

图4-7 包络检波原理

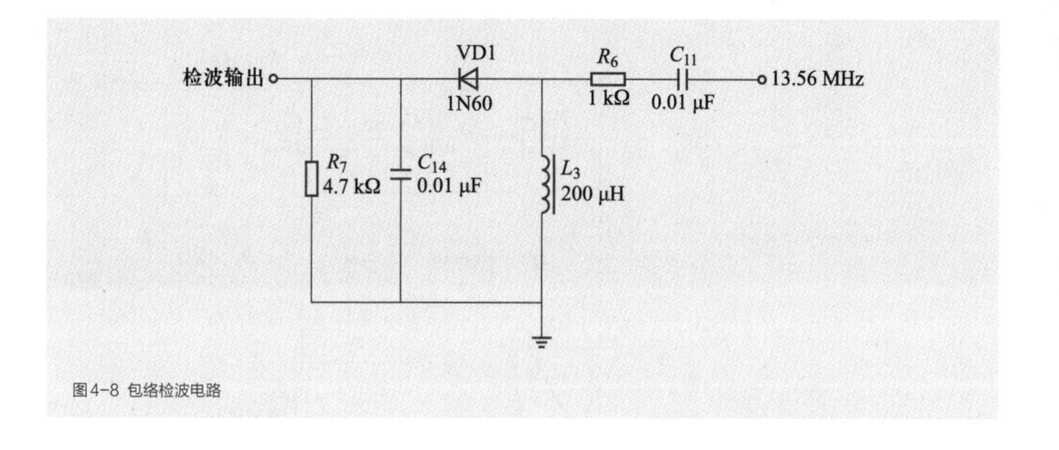

图4-8 包络检波电路

改变检波特性的非线性；二是流向负载电容C_{14}充电；三是流向负载作为输出信号。如忽略VD1的压降，则在电容上的电压等于VD1输入端电压u_2，当u_2达到最大的峰值后开始下降，此时电容C_{14}上的电压u_C也将由于放电而逐渐下降，当$u_2<u_C$时，二极管被反偏截止，于是u_C向负载供电且电压继续下降，直到下一个正半周$u_2>u_C$时二极管再导通，再次循环下去。

因为包络检波电路会改变耦合线圈的Q值，使谐振回路谐振状态发生变化，为了减小检波电路对谐振状态的影响，采用松耦合方式，即在耦合线圈和检波电路之间串联一个小电容C_{11}和一个电阻R_6，使检波电路的阻抗远大于谐振线圈的阻抗，从而使检波电路对谐振状态的影响减小。

检波电路是连续波串联式二极管大信号包络检波器。图中R_7为负载电阻，其阻值较大；C_{14}为负载电容，在高频时，其阻抗远小于R_7的阻值，可视为短路，而在调制频率比较低时，其阻抗远大于R_6，可视为开路。线圈L_3有存储电能的作用，能有效提高检波电路的输出信号电压。

（2）比较电路

经过包络检波以及放大后的信号存在少量的杂波干扰，而且电压太小，如果直接将检波后的信号送给单片机2051进行解码，单片机会因为无法识别而不能解码或解码错误。比较器主要是用来对输入波形进行整形，可以将正弦波或任意不规则的输入波形整形为方波输出。比较电路由LM358组成，如图4-9所示。

LM358类似于增益不可调的运算放大器，如图4-10所示。

每个比较器有两个输入端和一个输出端。两个输入端一个称为同相输入端，用“+”表示，另一个称为反相输入端，用“-”表示。比较两个电压时，任意一个输入端加一个固定电压作参考电压（也称为门限电平，它可选择LM358输入共模范围的任何一点），另一端加一个待比较的信号电压。当“+”端电压高于“-”端时，输

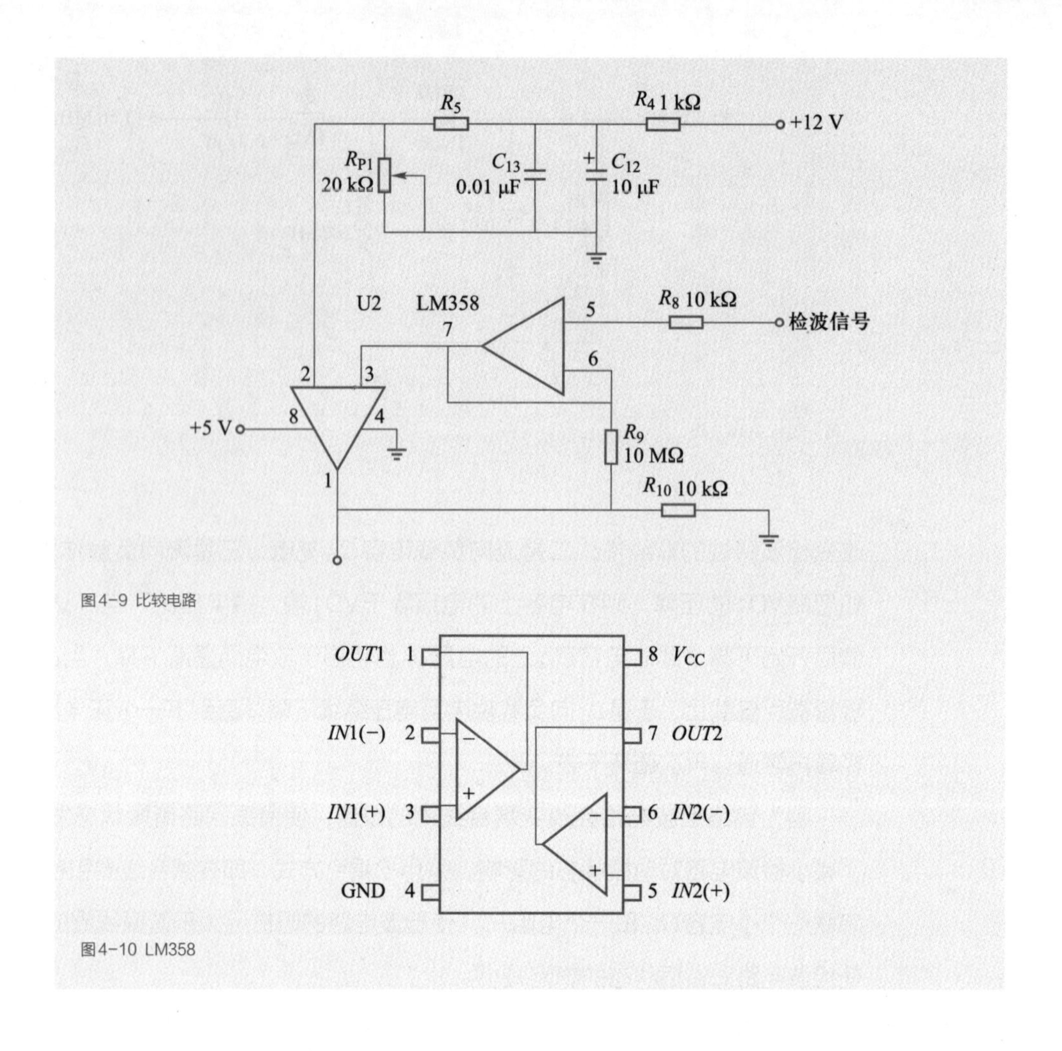

图4-9 比较电路

图4-10 LM358

出管截止，相当于输出端开路。当“-”端电压高于“+”端时，输出管饱和，相当于输出端接低电位。两个输入端电压差别大于10 mV就能确保输出能从一种状态平稳地转换到另一种状态，因此，把LM358用在弱信号检测等场合是比较理想的。LM358的输出端相当于一只不接集电极电阻的三极管，在使用时输出端到正电源一般要接一只电阻（称为上拉电阻）。选不同阻值的电阻会影响输出端高电位的值。因为当输出三极管截止时，它的集电极电压基本上取决于上拉电阻与负载的值。另外，各比较器的输出端允许连接在一起使用。

信号送到LM358后先由电压跟随器进行阻抗匹配，电压跟随器的特点是输入阻抗小、输出阻抗大，经过变换后使电压比较器输入阻抗匹配，完成包络的整形输出。然后进行电压比较，通过调整比较电压的电压值来得到二进制信号，比比较电压值大的电压判为高电平，用“1”表示；比比较电压值小的电压判为低电平，用“0”表示。

R_5和可变电阻R_{P1}给LM358的2脚比较端设定一个偏置电压，通过调整可变电阻来控制比较电压的高低，使2脚的比较电压比3脚的电压值低0.5V左右即可。经过比较后的信号由1脚输出到解码单片机。

二、RFID系统的编码与解码

在RFID系统中，为使读写器在读取数据时能很好地解决同步的问题，往往不直接使用数据的NRZ码对射频进行调制，而是将数据的NRZ码进行编码变换后再对射频进行调制。所采用的变换编码主要有曼彻斯特码、密勒码和修正密勒码等。RFID系统的编码与解码可以采用编码器、解码器或软件完成。本系统采用软件编程方法实现应答器端的编码和读写器端的解码。

1. 曼彻斯特（Manchester）码

（1）编码与解码方式

在曼彻斯特码中，1码是前半（50%）位为高电平，后半（50%）位为低电平；0码是前半（50%）位为低电平，后半（50%）位为高电平。

NRZ码和数据时钟进行异或运算便可得到曼彻斯特码，曼彻斯特码和数据时钟进行异或运算也可得到NRZ码。前者即是曼彻斯特码的编码方式，后者是曼彻斯特码的解码方式，如图4-11所示。

（2）编码器与解码器

如上所述，可以采用NRZ码和数据时钟进行异或运算的方法来获得曼彻斯特码，但是这种简单的方法具有缺陷。由于上升沿和下降沿不理想，在输出中会产生尖峰脉冲，因此需要改进。

改进的编码器电路如图4-12所示。该电路在异或运算之后加接了一个D触发器

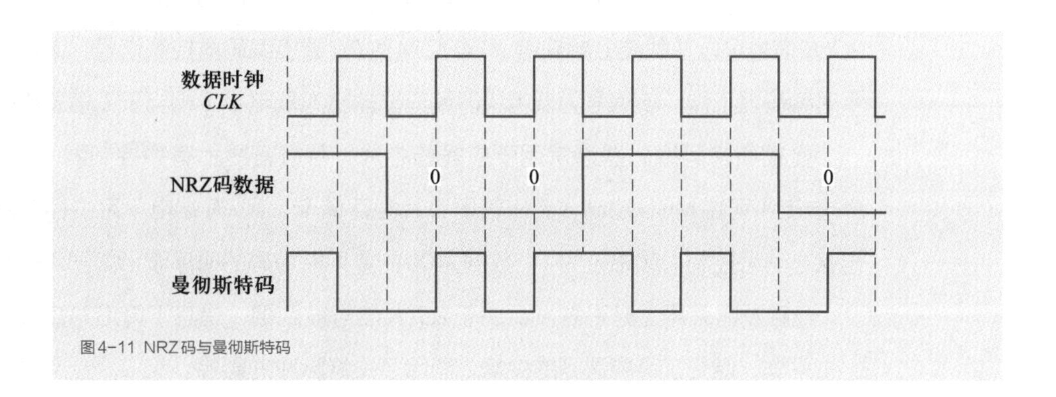

图4-11 NRZ码与曼彻斯特码

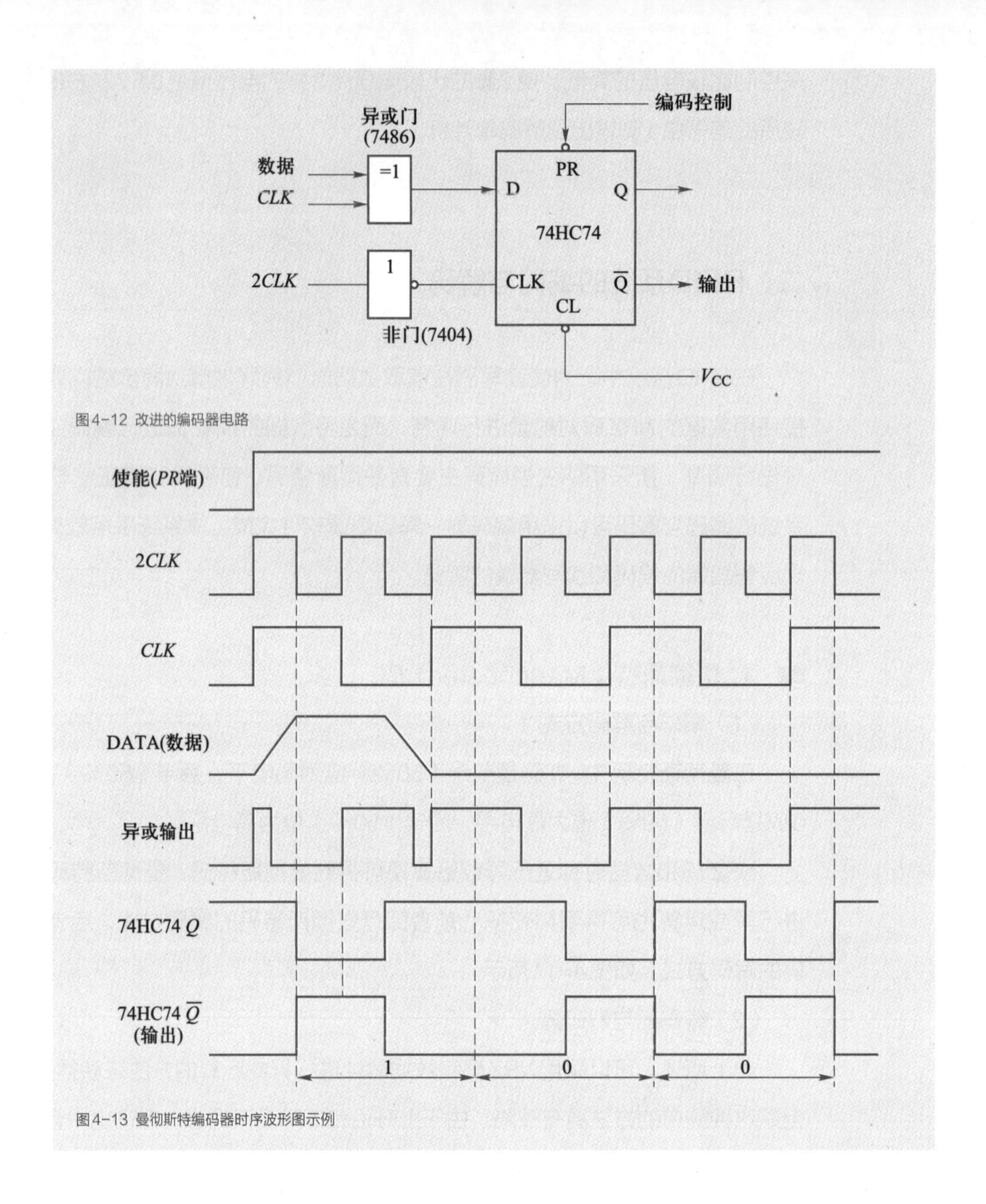

图4-12 改进的编码器电路

图4-13 曼彻斯特编码器时序波形图示例

74HC74，从而消除了尖峰脉冲的影响。

改进的编码器电路需要一个数据时钟的2倍频信号*2CLK*。在RFID系统中，*2CLK*信号可以从载波分频获得。74HC74的*PR*端接编码器控制信号，该信号为高电平时编码器工作，该信号为低电平时编码器输出为低电平（相当于无信息传输）。

曼彻斯特码编码器通常用于应答器芯片，若应答器上有微控制器（MCU），则*PR*端电平可由MCU控制；若应答器芯片为存储卡，则*PR*端电平可由存储器数据输出状态信号控制。起始位为1，数据为00的曼彻斯特码的时序波形如图4-13所示。

*D*触发器采用上升沿触发。由于*2CLK*信号被倒相，是其下降沿对*D*端（异或输出）采样，避开了可能遇到的尖峰，消除了尖峰脉冲的影响。

曼彻斯特码和数据时钟进行异或运算便可恢复出NRZ码数据信号。因此，采样异或电路可以组成曼彻斯特码解码器。实际应用中，曼彻斯特码解码可由读写器MCU的软件程序实现。

（3）软件编码与解码

采样曼彻斯特码传输数据信息时，信息块格式如图4-14所示，起始位采样1码，结束位采用无跳变低电平。

当MCU的时钟频率较高时，可将曼彻斯特码和2倍数据时钟频率的NRZ码相对应，其对应关系见表4-3。

表4-3 曼彻斯特码与2倍数据时钟频率的NRZ码

曼彻斯特码	1	0	结束位
NRZ码	10	01	00

当输出数据1的曼彻斯特码时，可输出对应的NRZ码10；当输出数据0的曼彻斯特码时，可输出对应的NRZ码01；结束位的对应NRZ码为00。

在使用曼彻斯特码时，只要编好1、0和结束位的子程序，就可方便地由软件实现曼彻斯特码的编码。

在解码时，MCU可以采用2倍数据时钟频率对输入数据的曼彻斯特码进行读入。首先判断起始位，其码序为10；然后将读入的10、01组合转换成为NRZ码的1和0；若读到00组合，则表示收到了结束位。

例如，若曼彻斯特码的读入串为10 1001 0110 0100，则解码得到的NRZ码数据为10010，如图4-15所示。

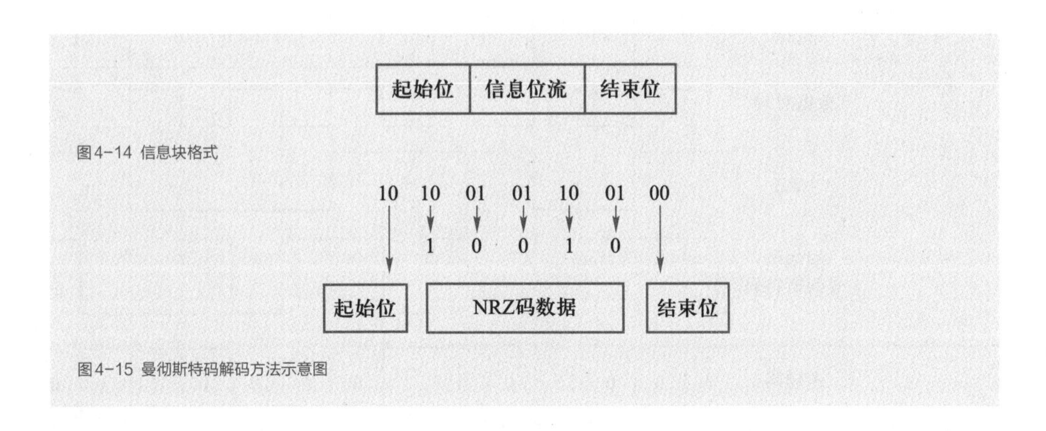

图4-14 信息块格式

图4-15 曼彻斯特码解码方法示意图

2. 密勒（Miller）码

（1）编码方式

密勒码的编码规则见表4-4。密勒码的逻辑0的电平和前位有关，逻辑1虽然在位中间有跳变，但是上升还是下降取决于前位结束时的电平。

表4-4 密勒码的编码规则

bit(i-1)	bit i	编码规则
X	1	bit i 的起始位置不变化，中间位置跳变
0	0	bit i 的起始位置跳变，中间位置不跳变
1	0	bit i 的起始位置不跳变，中间位置不跳变

密勒码的波形如图4-16所示。

（2）编码器

密勒码的传输格式如图4-17所示，起始位为1，结束（停止）位为0，数据位流包括传送数据及其检验码。

密勒码的编码电路如图4-18所示。倒相的曼彻斯特码的上升沿正好是密勒码波形中的下降沿，因此由曼彻斯特码来产生密勒码。倒相的曼彻斯特码作为*D*触发器74HC74的*CLK*信号，用上升沿触发，触发器的输出端输出的是密勒码。

（3）软件编码

从密勒码的编码规则可以看出，NRZ码可以转换为用两位NRZ码表示的密勒码值，其转换关系见表4-5。

表4-5 密勒码的两位表示法

密勒码	二位表示法的二进制数
1	10或01
0	11或00

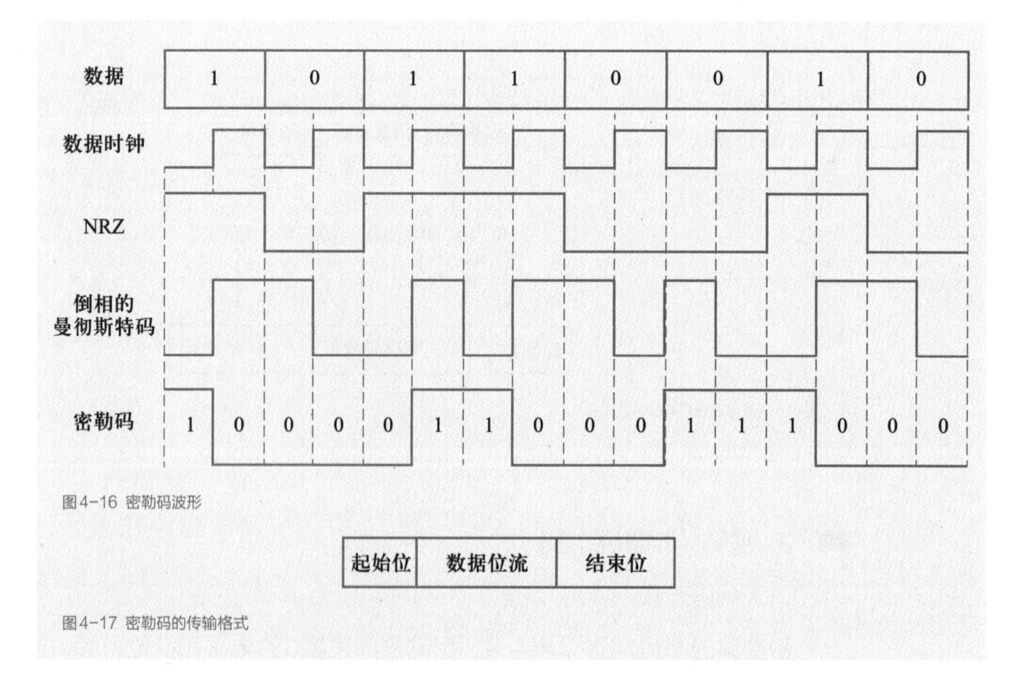

图4-16 密勒码波形

图4-17 密勒码的传输格式

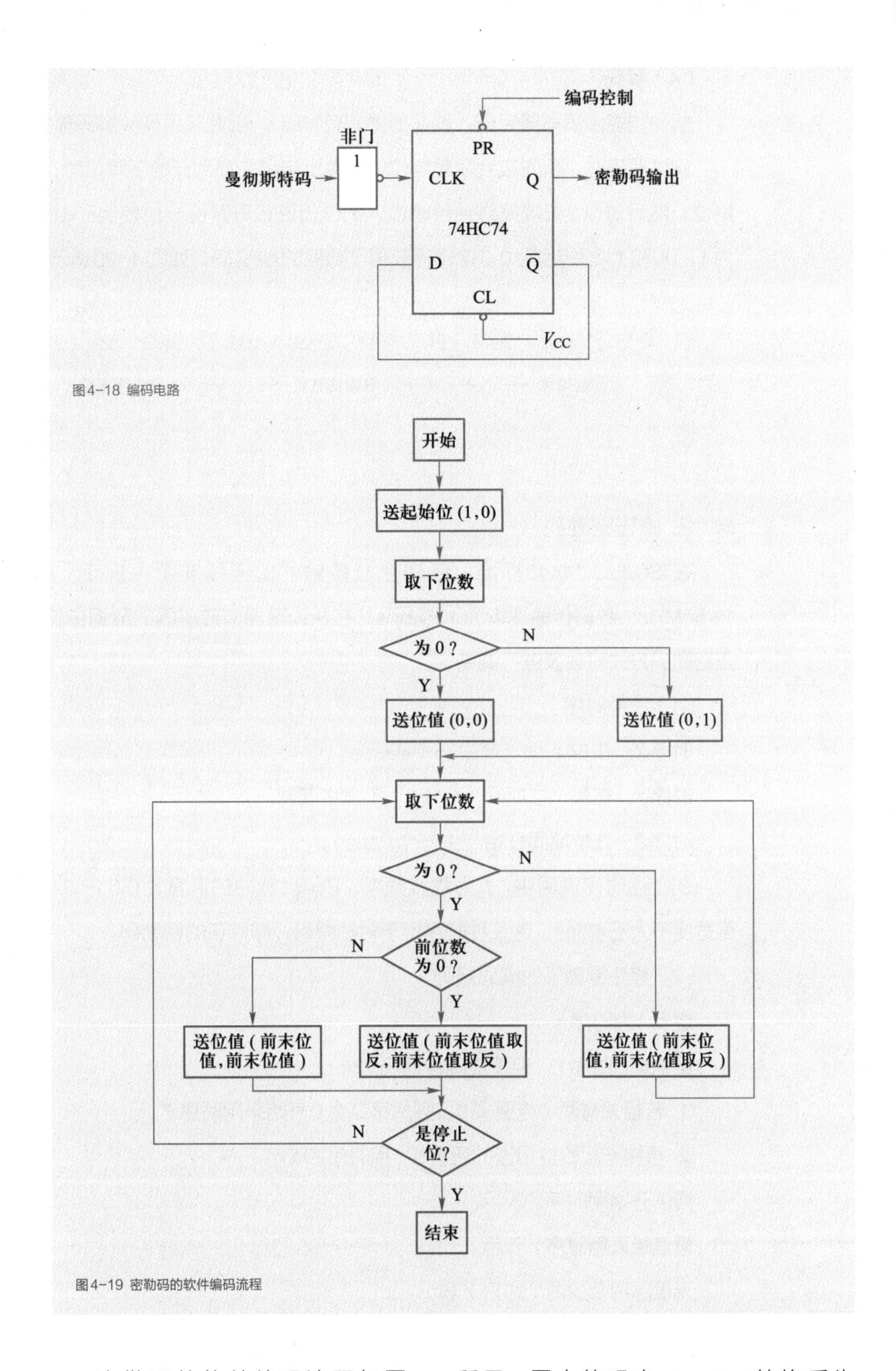

图4-18 编码电路

图4-19 密勒码的软件编码流程

密勒码的软件编码流程如图4-19所示，图中的码串1011 0010转换后为1000 0110 0011 1000。在存储式应答器中，可将数据的NRZ码转换为两位NRZ码表示的密勒码，存放于存储器中，但存储器的容量需要增加一倍，数据时钟也需要提高一倍。

（4）解码

解码功能由读写器完成，读写器中都有MCU，因此采用软件解码最为方便。

软件解码时，首先应判断起始位，在读出电平由高到低的下降沿时，便获得了起始位。然后对以2倍数据时钟频率读入的位值进行每两位一次转换：01和10都转换为1，00和11都转换为0。这样便获得了数据的NRZ码，如图4-20所示。

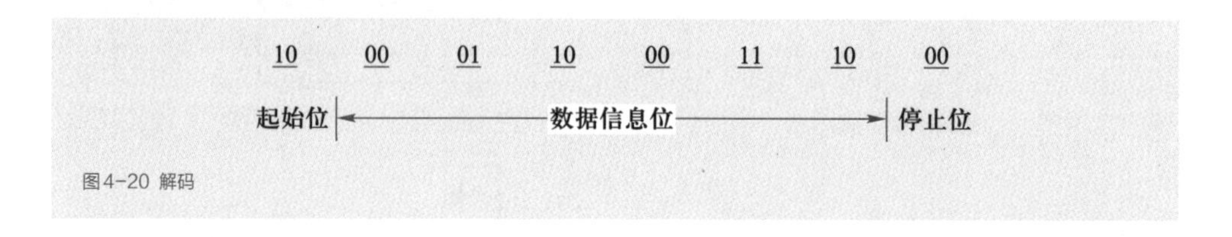

图4-20 解码

3. 修正密勒码

在ISO/IEC 14443标准（近耦合非接触式IC卡标准）中规定：载波频率为13.56MHz；数据传输速率为106kbps；在从读写器向应答器的数据传输中，采用修正密勒码方式对载波进行调制。

（1）三种时序

时序X：在$64/f_c$处，产生一个Pause。

时序Y：在整个位期间（$128/f_c$）不发生调制。

时序Z：在位期间开始产生一个Pause。

在上述时序说明中，f_c为载波频率，Pause脉冲的底宽为0.5 ~ 3.0μs，90%幅度宽度不大于4.5μs。这三种时序用于对帧编码，即修正的密勒码。

（2）修正密勒码的编码规则

逻辑1为时序X。

逻辑0为时序Y。但下述两种情况除外：

① 若相邻有两个或更多0，则从第二个0开始采用时序Z。

② 直接与起始位相连的所有0，用时序Z表示。

通信开始用时序Z表示。

通信结束用时序Y表示。

无信息用至少两个时序Y表示。

三、RFID电子标签通信方式

电子标签可分为两部分，即电子标签的芯片和标签的天线。天线的功能是接收读写器发射到空间的电磁波和将芯片本身发射的能量以电磁波的方式发射出去。芯片的功能是对标签接收到的信号进行调制、解码等各种处理，并把电子标签需要返回的信号进行编码、调制等各种处理，如图4-21所示。

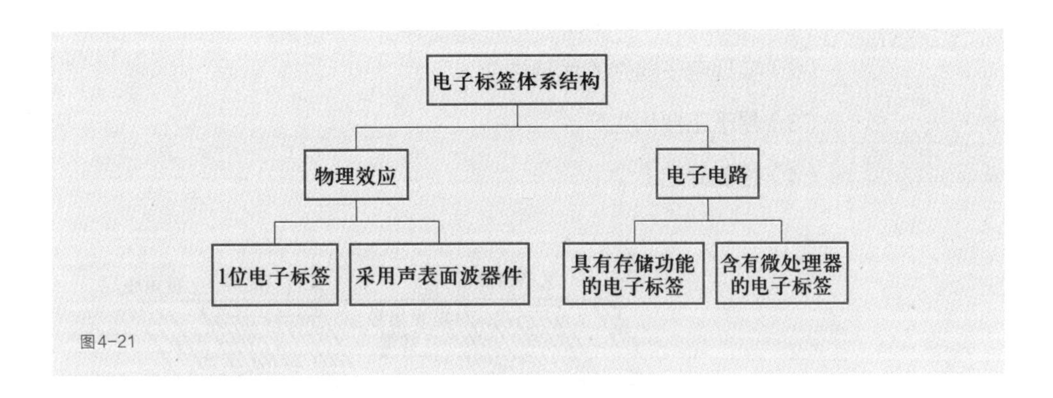

图4-21

1. 位电子标签

只有1和0两种状态。该系统读写器只能发出两种状态，这两种状态分别是“在读写器工作区有电子标签”和“在读写器工作区没有电子标签”。电子标签采用*LC*振荡电路进行工作，振荡电路将频率调谐到某一振荡频率上。射频法工作系统由读写器（检测器）发出某一频率的交变磁场，当交变磁场的频率与电子标签的谐振频率相同时，电子标签的振荡电路产生谐振，同时振荡电路中的电流对外部的交变磁场产生反作用，并导致交变磁场振幅减小。读写器如果检测到交变磁场减小，将报警。当电子标签使用完毕后，用“去激活器”将电子标签销毁，射频法的工作原理如图4-22所示。

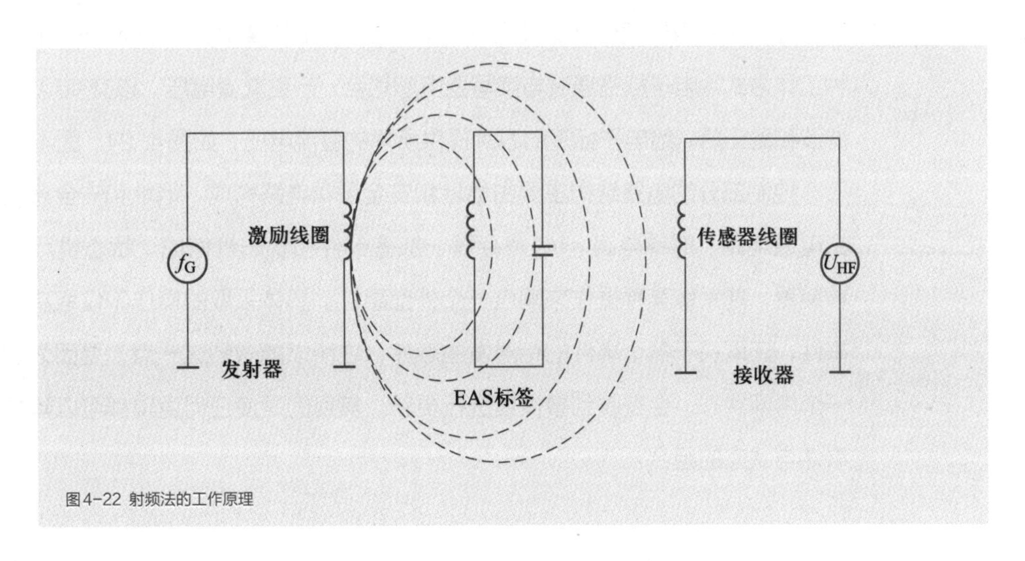

图4-22 射频法的工作原理

2. 采用声表面波技术的标签——SAW

SAW，就是在压电固体材料表面产生和传播弹性波，该波振幅随深入固体材料深度的增加而迅速减小。典型的声表面波器件结构原理如图4-23所示。电信号通过叉指换能器转换成声信号（声表面波），在介质中传播一定距离后到达接收叉指换能器，又转换成电信号，从而得到对输入电信号模拟处理的输出电信号。

采用声表面波器件的电子标签的特点：

（1）实现电子器件的超小型化。

（2）实现电子器件的优越性能。

（3）易于工业化生产。

（4）性能稳定。

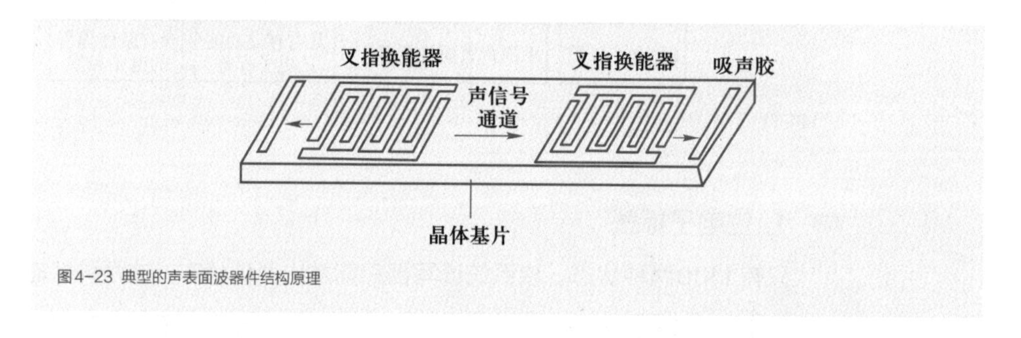

图4-23 典型的声表面波器件结构原理

3. 含有芯片的电子标签

含有芯片的电子标签是以集成电路芯片为基础的电子数据载体，这也是目前使用最多的电子标签。含有芯片的电子标签基本由天线、模拟前端（射频前端）和控制电路三部分组成。从读写器发出的信号，被电子标签的天线接收，该信号通过模拟前端（射频前端）电路，进入电子标签的控制部分，控制部分对数据流做各种逻辑处理。为了将处理后的数据流返回到读写器，射频前端采用负载调制器或反向散射调制器等多种工作方式。电子标签通过与读写器电感耦合，产生交变电压，该交变电压通过整流、滤波和稳压后，给电子标签的芯片提供所需的直流电压，如图4-24、图4-25所示。

控制部分的电路结构主要由地址和安全逻辑电路构成。地址和安全逻辑电路主要由电源电路、时钟电路、I/O寄存器、加密部件和状态机构成。状态机可以理解为一种装置，能采取某种操作来响应一个外部事件。具体采取的操作不仅取决于接收到的事件，还取决于各个事件的相对发生顺序。之所以能做到这一点，是因为装置能跟踪一个内部状态，会在收到事件后进行更新。其目的是使任何逻辑都可以建模成一系列事件与状态的组合。

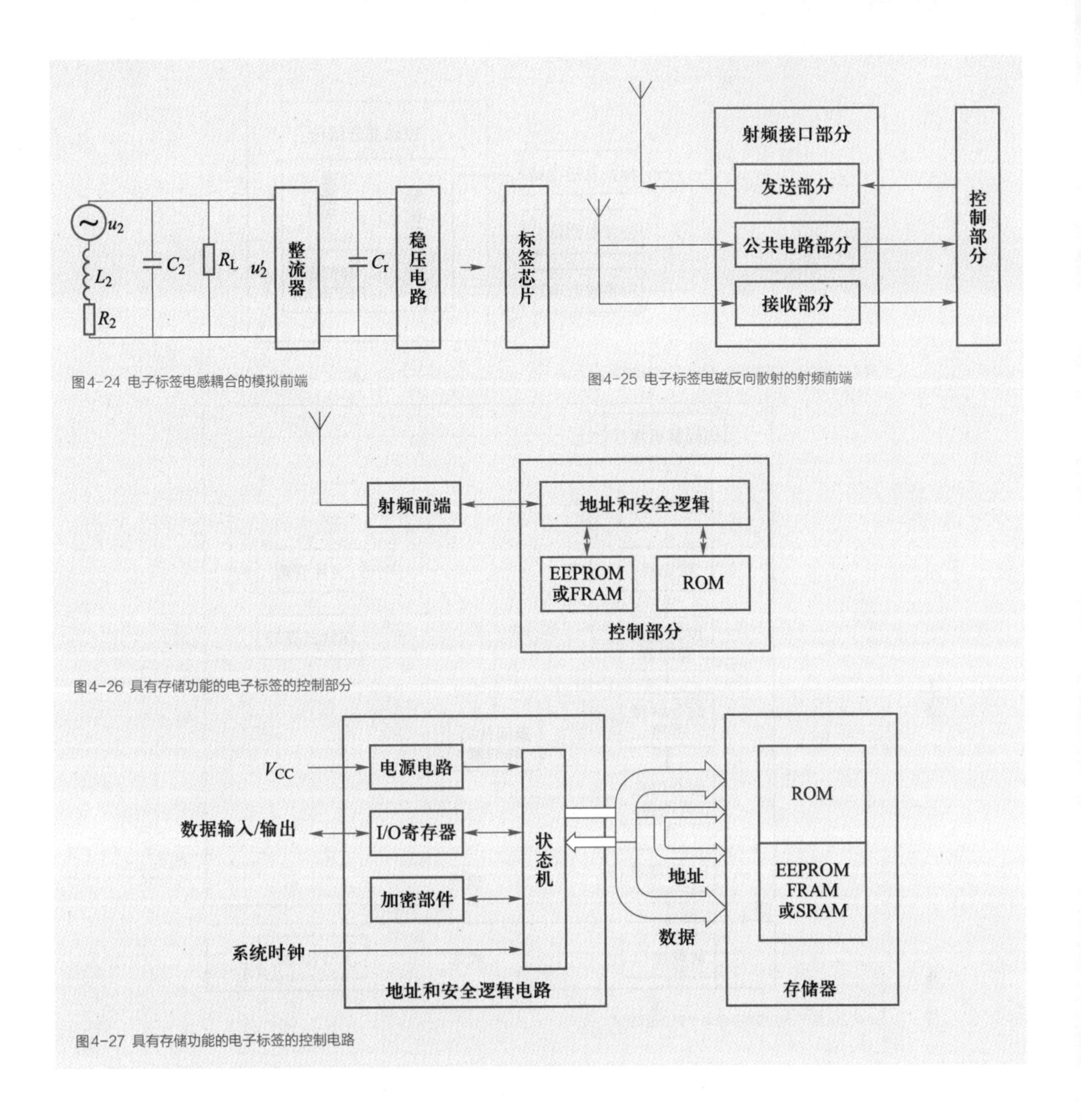

图4-24 电子标签电感耦合的模拟前端

图4-25 电子标签电磁反向散射的射频前端

图4-26 具有存储功能的电子标签的控制部分

图4-27 具有存储功能的电子标签的控制电路

4. 具有存储功能的电子标签

控制部分主要由地址和安全逻辑、存储器组成，这种电子标签的主要特点是利用状态自动机在芯片上实现寻址和安全逻辑，如图4-26、图4-27所示。

5. 含有微处理器的电子标签

控制部分主要由编解码电路、微处理器和存储器组成。处理过程如下：读写器向电子标签发送的命令，经电子标签的天线进入射频模块，信号在射频模块中处理后，被传送到操作系统。操作系统程序模块是以代码的形式写入ROM的，并在芯片生产阶段写入芯片之中。操作系统的任务是对电子标签进行数据传输，完成命令序列的控

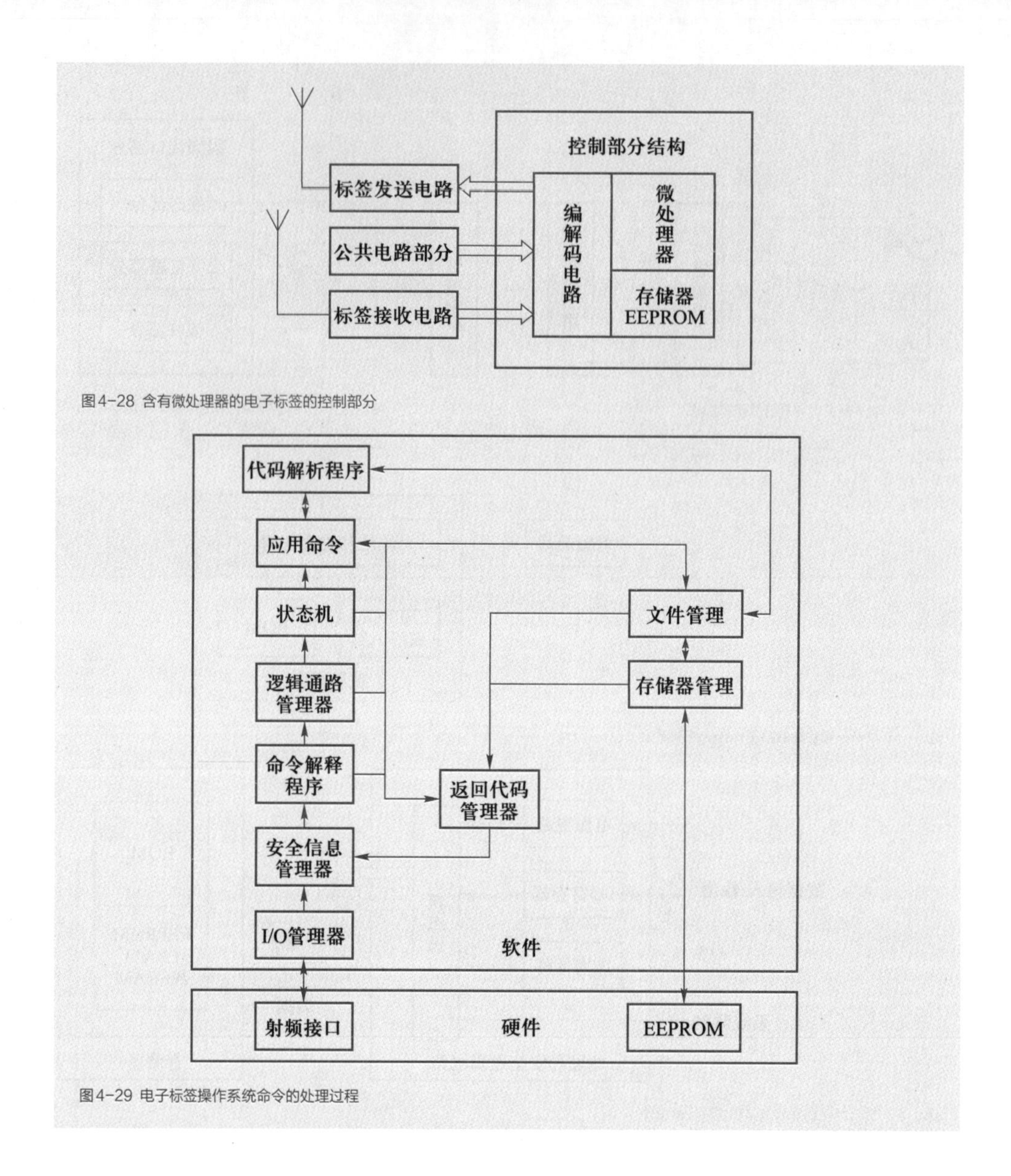

图4-28 含有微处理器的电子标签的控制部分

图4-29 电子标签操作系统命令的处理过程

制、文件管理及加密算法，如图4-28所示。

存储器分为只读电子标签和可写入式电子标签。只读电子标签又分为一次性编程只读标签和可重复编程只读标签。可写入式电子标签是具有密码功能的电子标签。电子标签操作系统命令的处理过程如图4-29所示。

非接触式IC卡又称射频IC卡，是近些年广泛使用的一项技术。它成功地将射频识别技术和IC卡技术相结合，是电子科技领域技术创新的成果。非接触式IC卡广泛应用于智能楼宇、智能小区、现代企业和学校等场合，可用于通道控制、物流管理、停车场管理、商业消费、企业管理和学校管理等方面。

IC卡与ID卡的区别：IC卡全称为集成电路卡（Integrated Circuit Card），又称智能卡（Smart Card）。IC卡可读写，容量大，有加密功能，数据记录可靠，使用很方便。ID卡全称为身份识别卡（Identification Card），是一种不可写入的感应卡。ID卡含有固定的编号。

巩固及拓展

一、填空

1. 读写器之所以非常重要，是由它的功能所决定的，它的主要功能有：________________________________。

2. 根据电子标签工作时所需的能量来源，可以将电子标签分为________________________________。

3. 按照不同的封装材质，可以将电子标签分为________________________________。

4. 电子标签的技术参数主要有________________________________。

5. 未来的电子标签将有以下的发展趋势：________________________________。

6. 电感耦合式系统的工作模型类似于变压器模型。其中变压器的一次和二次线圈分别是：________________________________。

二、选择

1.（　　）是电子标签的一个重要组成部分，它主要负责存储标签内部信息，还负责对标签接收到的信号以及发送出去的信号做一些必要的处理。

A. 天线

B. 电子标签芯片

C. 射频接口

D. 读写模块

2. 在RFID系统中，电子标签的天线必须满足一些性能要求。下列几项要求中哪一项不需要满足。（　　）

A. 体积要足够小

B. 要具有鲁棒性

C. 价格不应过高

D. 阻抗要足够大

3. 读写器中负责将读写器中的电流信号转换成射频载波信号并发送给电子标签，或者接收标签发送过来的射频载波信号并将其转化为电流信号的设备是（　　）。

A. 射频模块

B. 天线

C. 读写模块

D. 控制模块

4. 电子标签正常工作所需要的能量全部是由读写器供给的，这一类电子标签称为（　　）。

A. 有源标签

B. 无源标签

C. 半有源标签

D. 半无源标签

5. 在天线周围的场区中有一类场区，在该区域里辐射场的角度分布与距天线口径的距离远近是不相关的。这一类场区称为（　　）。

A. 辐射远场区

B. 辐射近场区

C. 非辐射场区

D. 无功近场区

6. RFID系统面临的攻击手段主要有主动攻击和被动攻击两种。下列哪一项属于被动攻击？（　　）。

A. 获得RFID标签的实体，通过物理手段进行目标标签的重构

B. 利用微处理器的通用接口，用软件寻求安全协议加密算法及其弱点，从而删除或篡改标签内容

C. 采用窃听技术，分析微处理器正常工作过程中产生的各种电磁特征，获得RFID标签和阅读器之间的通信数据

D. 通过干扰广播或其他手段，产生异常的应用环境，使合法处理器产生故障，拒绝服务器攻击等

三、问答题

1. 简述RFID电子标签的构成。

2. 简述电子标签的技术参数。

3. 简述电子标签的发展趋势。

4. RFID 信息系统可能受到的威胁有哪两类？

5. 针对 RFID 的攻击手段有哪两类？并进行分析。

学习任务4 RFID读写器的安装与调试 4

「任务说明」

了解 RFID 读写器的种类，学会 RFID 读写器的安装方法，掌握 RFID 读写器的配置方法，通过学习 RFID 读写器的安装与调试方法，为后续 RFID 读写器实战项目奠定基础。

「相关知识与技能」

一、RFID读写器

读写器，又称为阅读器，如果可以改写电子标签数据，还可以称为编程器。典型读写器终端一般由天线、射频接口模块和逻辑控制模块三部分构成，RFID读写器是读取和写入电子标签信息的设备，读写器是射频识别系统中非常重要的组成部分。一方面，电子标签返回的微弱电磁信号通过无线方式进入读写器的射频模块并转换成数字信号，再经过逻辑处理、单元处理和存储，完成对电子标签的识别或读写操作；另一方面，上层软件与读写器需要进行交互，实现操作指令的执行和数据的汇总上传。

在通常情况下，射频标签读写设备应根据射频标签的读写要求以及应用需求来设计。随着射频识别技术的发展，射频标签读写设备已形成了一些典型的实现模式。未来的读写器会呈现智能化、小型化和集成化趋势，还将具备强大的前端控制功能。在物联网领域中，读写器已经成为同时具备通信、控制和计算机功能的核心设备。

二、读写器的功能

（1）实现与电子标签的通信

（2）给标签供能

（3）实现与计算机网络的通信

（4）实现多标签识别

（5）实现移动目标识别

（6）实现错误信息提示

（7）对于有源标签，读写器能够读出有源标签的电池信息（如电池的总量、剩余电量等）

三、读写器的I/O接口形式

一般读写器的I/O的接口形式主要有：

1. RS-232串行接口

计算机普遍适用的标准串行接口，能够进行双向数据信息传递。它的优势在于通用、标准，缺点是传输距离较短，传输速率较慢。

2. RS-485串行接口

也是一类标准串行通信接口，数据传递运用差分模式，抵抗干扰能力较强，传输距离比RS-232远，传输速率与RS-232差不多。

3. RJ-45以太网接口：

读写器可以通过该接口直接进入网络。

4. USB接口

也是一类标准串行通信接口，传输距离较短，传输速率较高。

四、读写器的工作方式及种类

读写器主要有两种工作方式，一种是读写器先发言方式（Reader Talks First，RTF），另一种是标签先发言方式（Tag Talks First，TTF）。一般情况下，电子标签处于等待或休眠状态，当电子标签进入读写器的作用范围后被激活，便从休眠状态转为接收状态，接收读写器发出的命令，进行相应处理，并将结果返回给读写器。这类只有接到读写器特殊命令才发送数据的电子标签被称为RTF方式；相反，进入读写器的能量场后主动发送数据的电子标签被称为TTF方式。

根据用途，各种读写器的结构和制造形式各具特色，大致可分为以下几类：固定式读写器、OEM读写器、工业读写器、便携式读写器以及大量特殊结构的读写器。

1. 固定式读写器

固定式读写器是最常见的一种读写器，它是将射频控制器和高频接口封装在一个固定的外壳中构成的。有时为了减小设备尺寸，降低成本，便于运输，也可以将天线和射频模块封装在一个外壳单元中，构成集成式读写器或者一体化读写器。

2. OEM读写器

为了将读写器集成到用户自己的数据操作终端、BDE终端、出入控制系统、收款系统及自动装置等，需要采用OEM读写器。它装在一个屏蔽的铁皮外壳中，或者以外壳的插板的方式工作。电子连接的形式大致有焊接端子、插接端子或螺钉旋接端子等。

3. 工业读写器

安装或生产设备中需要采用工业读写器，其大多数具备标准的现场总线接口，以便集成到现有的设备中，它主要应用在矿井、畜牧、自动化生产等领域。此外，这类读写器还满足多种不同的防护需要。

4. 发卡机

发卡机也称读卡器、发卡器等，主要用来对电子标签进行具体内容的操作，包括建立档案、消费纠正、挂失、补卡、信息纠正等，经常与计算机放在一起。从本质上说，发卡机实际上是小型的射频读写器。

5. 便携式读写器

便携式读写器是适合于用户手持使用的一类射频电子标签读写设备，其工作原理与其他形式的读写器完全相同。便携式读写器主要用于动物识别，主要作为检查设备、付款往来的设备、服务及测试工作中的辅助设备。其一般带有LED显示屏，并且带有键盘面板以便于操作或输入数据，通常可选用RS-232接口来实现便携式读写器与计算机之间的数据交换，除了在实验室中用于系统评估工作的最简单的便携式读写器外，还有用于恶劣环境的特别耐用并且带有防水保护的便携式读写器。

五、RFID读写器常见故障

1. 多读写器之间干扰

当两台或两台以上的读写器同时工作时，读写器需要避免相互干扰问题，在安装调试时需注意满足以下两点要求：

（1）相邻两台读写器的天线之间的间距大于3 m。

（2）相邻两台读写器的工作频段分别设置为920 ~ 925 MHz的跳频，跳频间隔建议1MHz。

2. 上电后面板或电源指示灯不亮

（1）供电系统故障：检查电源适配器供电是否正常，交流电源电压是否在100~240 V之间。

（2）如果其他指示灯亮，则考虑内部主板故障。

3. 网口不能连接

对于有网口的读写器，铭牌上出厂设置的默认IP地址一般为：192.168.0.×，只要计算机地址与读写器的IP地址在同一个网段，就可以与读写器可靠连接。如果铭牌不清，无法了解默认IP地址，可以运用一台有RS-232串口的计算机对读写器的IP地址进行重新设置。

4. 串口无法连接

（1）首先考虑读写器的波特率选择是否正确。

（2）选择的COM口是不是跟读写器与计算机连接的情况相符。

（3）串口电缆是否连接正确，电缆未连接或连接不牢会导致计算机的命令不能顺利下发到读写器。

5. 不能读卡

（1）串口电缆或网络电缆是否连接正确，电缆未连接或连接不牢会导致计算机命令不能下发到读写器。

（2）请检查天线接头是否拧紧，标签是否损坏，否则可能是读写器的主板故障。

（3）检查天线号设置是否正确。

（4）检查标签是否符合通信协议要求。

（5）检查标签是否损坏，如果无法读取ID号，可以尝试读写下一张标签，判断是否标签损坏。如果无法读取数据区，则需要检查标签数据区是否被锁定。锁定的标签只需要解锁即可正常使用。

6. 读卡距离近

（1）检查读写器频段设置是否正确。工作模式应选择跳频，跳频频段范围920 ~ 925 MHz，跳频点间隔1 MHz。

（2）检查标签与天线的极化方向是否匹配。如果天线是垂直极化的，则标签需要竖直放置。

（3）检查标签表面是否覆盖有其他材料。如果标签表面覆盖有其他材料，并且这个材料使得天线的频段偏移，就会直接影响到读写器的读取效果。如果是金属材质，由于射频信号无法穿透金属，读写器将无法读取到标签。

（4）检查读写器与天线连接的射频线缆。如果射频线缆的接头松动或同轴线缆断了，使得射频信号变得很弱，则直接影响到读取的距离。

（5）检查标签的属性。金属标签一般要求安装在金属表面，这样才能充分发挥金属标签的性能。其他标签尽可能不要靠近金属表面安装。

（6）标签性能正常老化。由于长期使用，标签的性能将会有所下降，直接表现为读取距离变近，一般不影响使用。极少数老化严重，可能导致读取距离变得非常近，这时候就需要考虑更换标签。

（7）检查距离比阈值是否设置合理。标签距离读写器天线越近则标签强度越强。如果用户给读写器设置了一个较高的距离比阈值，则标签强度低于这个阈值时将无法被读取到。当超过一定距离时，标签强度低于这个阈值，将被读写器底层软件过滤掉。

巩固及拓展

一、填空题

1. 随着 RFID 技术的进一步推广，一些问题也相应出现，这些问题制约着它的发展，其中最为显著的是数据安全问题。数据安全主要解决______________________和______________________问题。

2. RFID 系统按照工作频率分类，可以分为______________________、______________________、______________________、______________________四类。

3. 超高频 RFID 系统的识别距离一般为______________________。

4. 超高频 RFID 系统数据传输速率高，可达______________________。

二、选择题

1. RFID 信息系统可能受到的威胁有两类：一类是物理环境威胁，另一类是人员威胁。下列哪一项属于人员威胁？（　　）

A. 电磁干扰

B. 断电

C. 设备故障

D. 重放攻击

2. 射频识别系统中的加密数据传输所采用的密码体制是（　　）。

A. 非对称密码体制

B. RSA 算法

C. DES 算法

D. 序列密码体制

3. 工作在 13.56 MHz 频段的 RFID 系统的识别距离一般为（　　）。

A. <1 cm

B. <10 cm

C. <75 cm

D. 10 m

三、简答题

1. 简述读写器的功能。

2. 简述读写器的 I/O 接口类型。

3. 简述读写器的种类。

实战强化1 RFID读写器修改电子价签 1

（一）实施目的

1. 了解UHF Reader读写器的连接方式。

2. 熟悉UHF Reader读写器配置方法。

3. 掌握UHF Reader 读写器软件调试方法。

（二）工具/原材料

计算机1台、UHF Reader读写器、电源适配器、UHF Reader18demomain软件。

（三）实施步骤

1. 首先将RFID读写器（UHF Reader）的软件安装在主机上，按照图4-30所示连线。

电源线连接时需要注意连接器的缺口，对准缺口后再连接。DB9接头没有用到的预留线用胶布隔离开，防止影响串口服务器正常工作，如图4-31、图4-32所示。

2. 打开软件文件夹，双击 UHFReader18demomain ，打开应用程序。

3. 在主机的桌面上找到“计算机”并右击，选择“管理”→“设备管理器”找到“端口（COM和LPT）”，查询当前的设备为COM1口，如图4-33所示。

也可以给设备更改默认的端口号，选中“计算机管理”对话框中的“通信端口

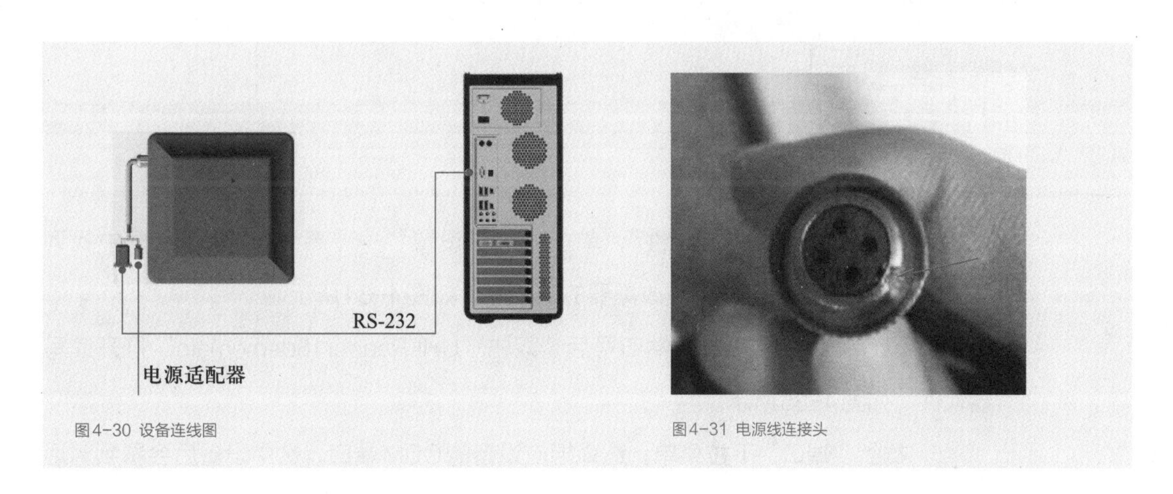

图4-30 设备连线图

图4-31 电源线连接头

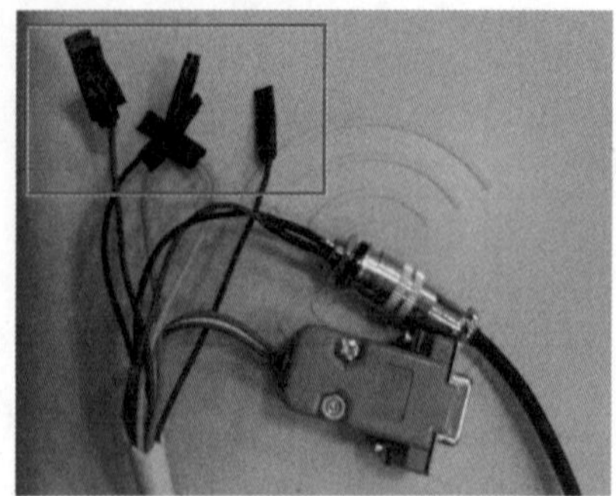

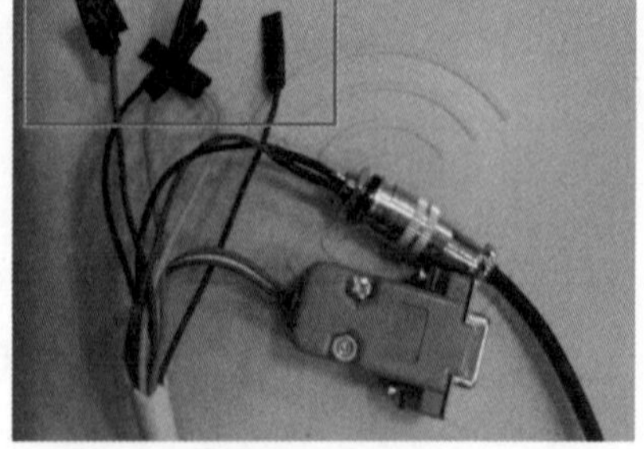

图4-32 DB9预留线头处理

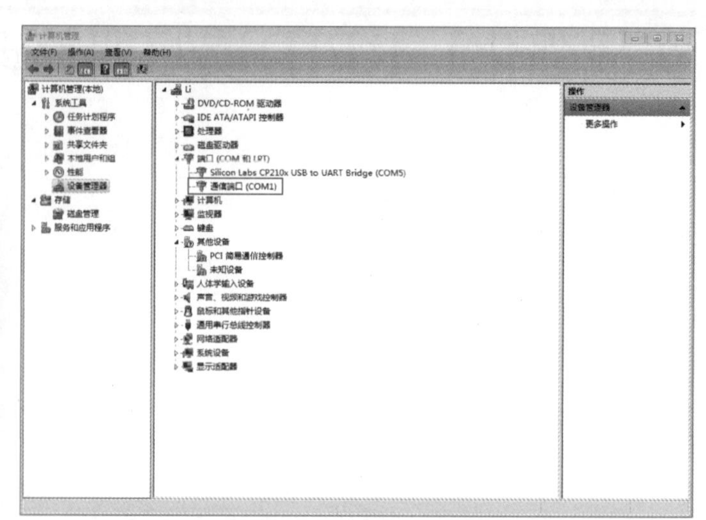

图4-33 通信端口

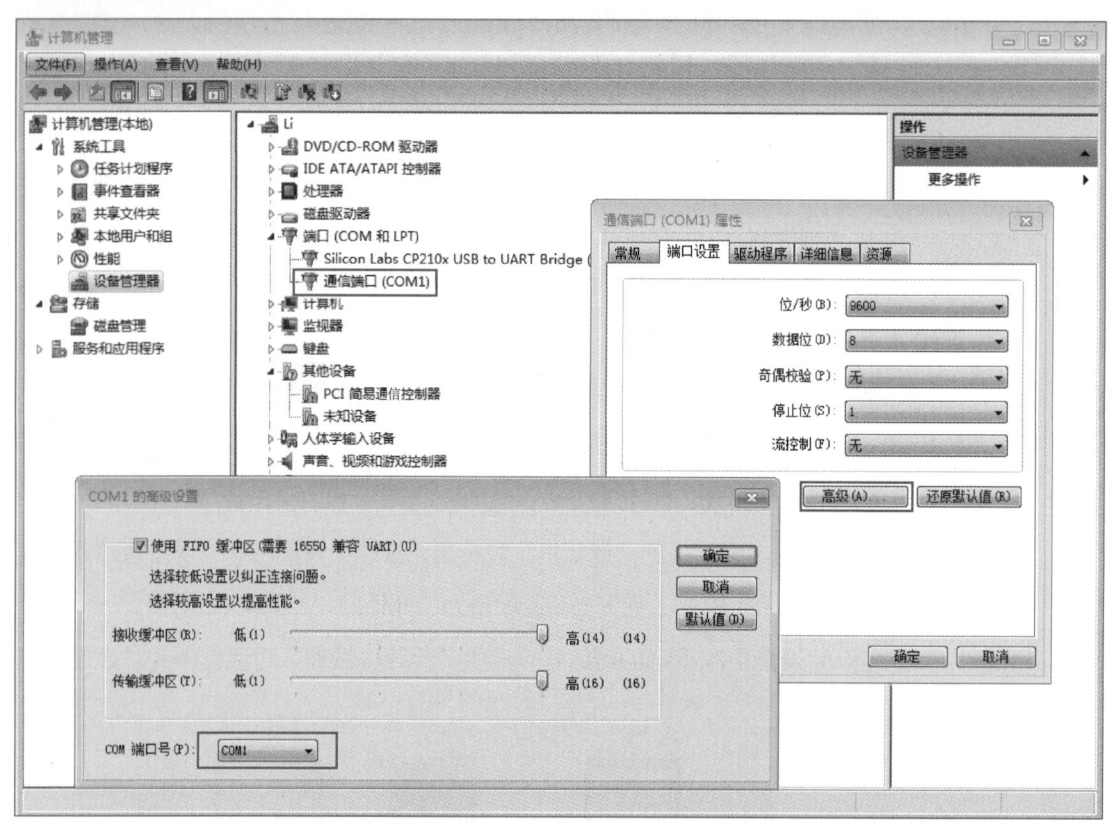

图4-34 更改通信端口号

(COM1)”，右击，选择“属性”，单击“端口设置”→“高级”，在对话框中找到“COM端口号”下拉菜单，更改需要的端口号，如图4-34所示。

4. 以COM1为例。查看端口号后，双击“UHFReader18demomain”打开读写器软件，如图4-35所示。

5. 找到“端口”下拉菜单，选择相应设备的COM端口，选中设置后会看到对话

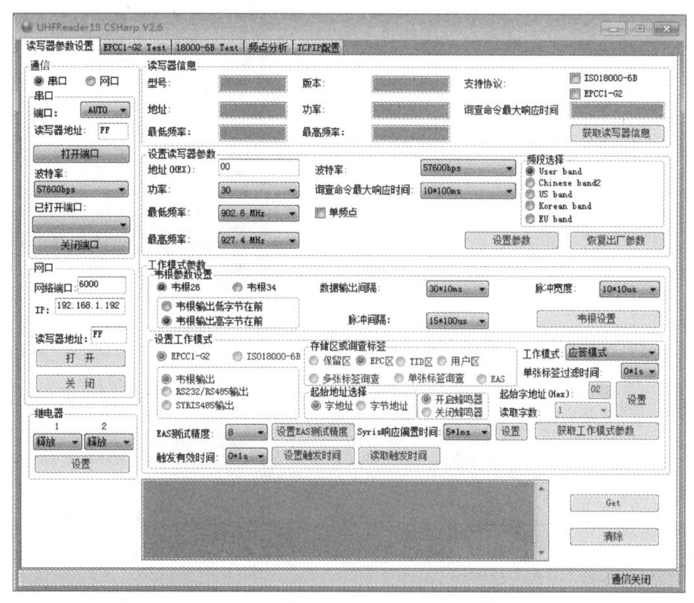

图4-35 读写器软件

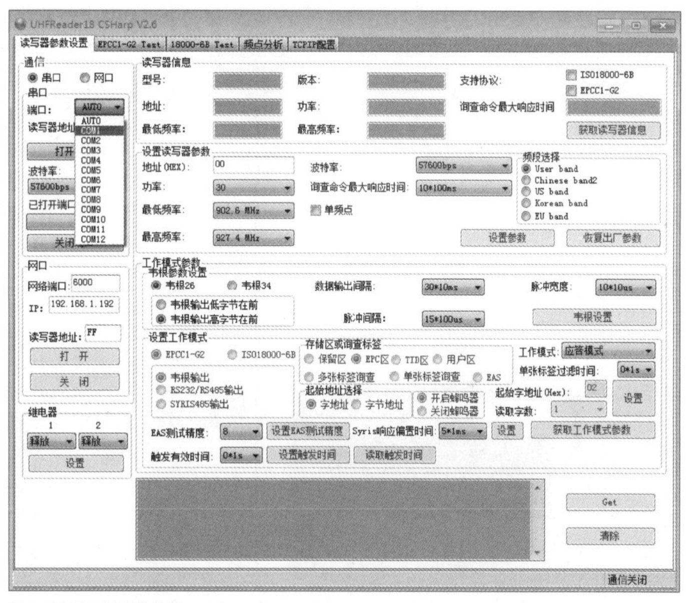

图4-36 读写器参数设置

框右下角端口信息及左上角频率型号等信息，如图4-36所示。

在图4-37中可以看到通信端口COM1已被打开，已经连接到RFID读写器，而且会显示出信息，例如型号、最低频率、最高频率等。

6. 以图4-38所示的能储存信息的电子价签为例，当前电子价签的价格为16.8元，将其修改为916.8元。在UHFReader18 CSHarp V2.6对话框中，选择“EPCC1-G2 Test”选项卡，将电子价签放在RFID读写器上，单击“查询标签”按钮，如图4-39所示。

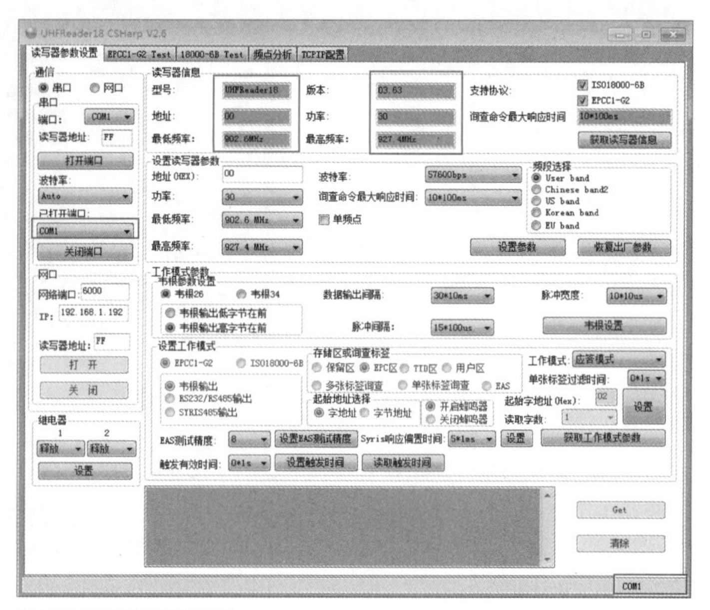

图4-37 打开端口后读取到信息

图4-38 可擦写电子价签

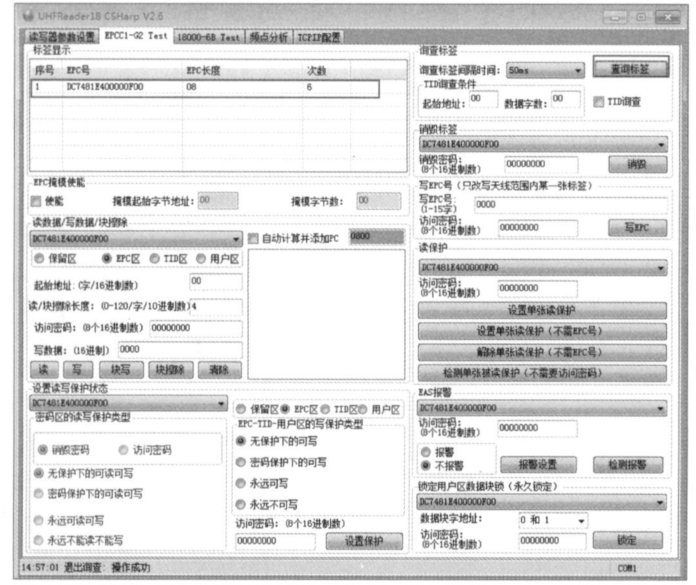

图4-39 标签显示

7. 选中“用户区”，在“写数据”文本框中写入“0091680000000000”，单击“写”按钮，听到“嘟”的一声，再观察电子价签，价格被改为“916.80元”，如图4-40、图4-41所示。

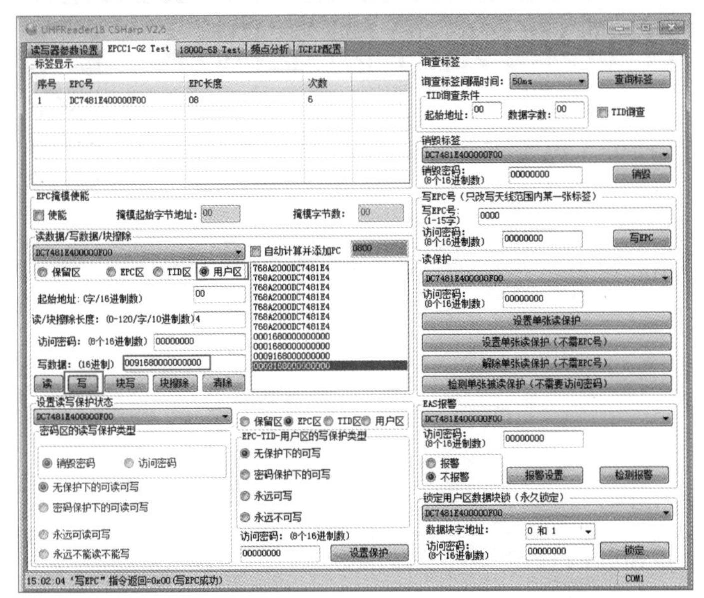

图4-40 写入标签信息

图4-41 修改后的电子价签

小组评价

小组名称： 组长：

成员姓名	组内承担任务内容	准备	实施	完成结果	自我评价	教师评价	备注
组内互评							
结论							

实战强化2 基于RFID的无源标签调试 2

（一）实施目的

1. 了解无源标签。

2. 熟悉无源标签与UHF Reader读写器的配置方法。

3. 掌握无源标签信息的更改方法。

（二）工具/原材料

计算机1台、UHF Reader读写器、电源适配器、UHF Reader18demomain软件。

（三）实施步骤

1. 首先将RFID读写器的软件安装在主机上，按照图4-42所示连线，准备无源标签若干，如图4-43所示。

2. 在主机的桌面上右击“计算机”，选择“管理”→“设备管理器”，找到“端口（COM和LPT）”，查询当前的设备为COM1口，如图4-44所示。

3. 查看端口号后，双击“UHFReader18demomain”，打开读写器的软件，按照“设备管理”中查找到的端口号COM1选择读写器的软件中对应的端口地址，如图4-45、图4-46所示。

4. 打开UHF Reader读写器操作界面，“已打开端口”选择“COM1”，在“通

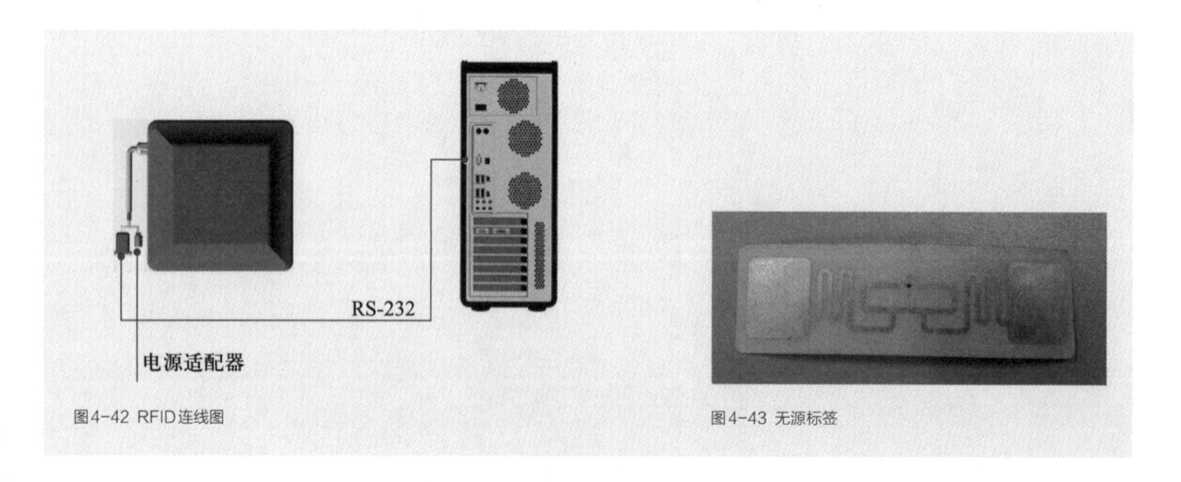

图4-42 RFID连线图

图4-43 无源标签

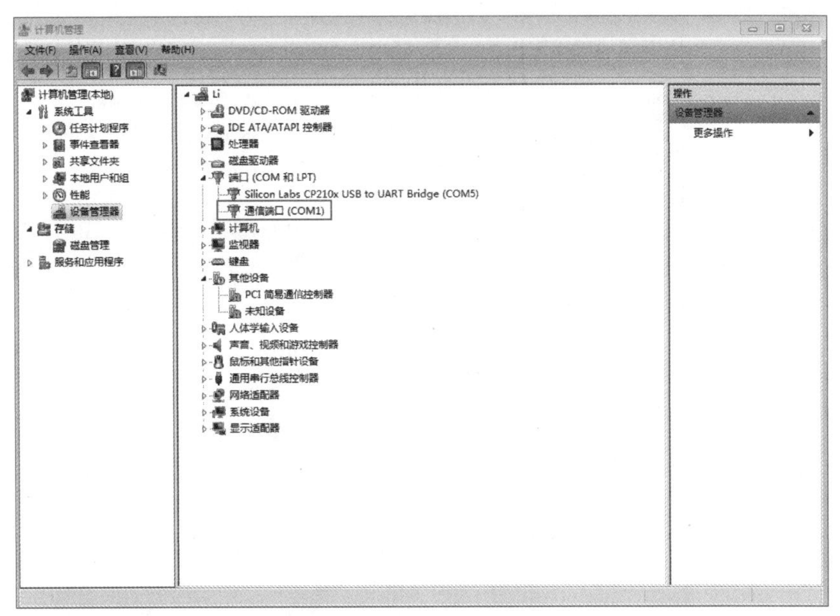

图4-44 查找通信端口

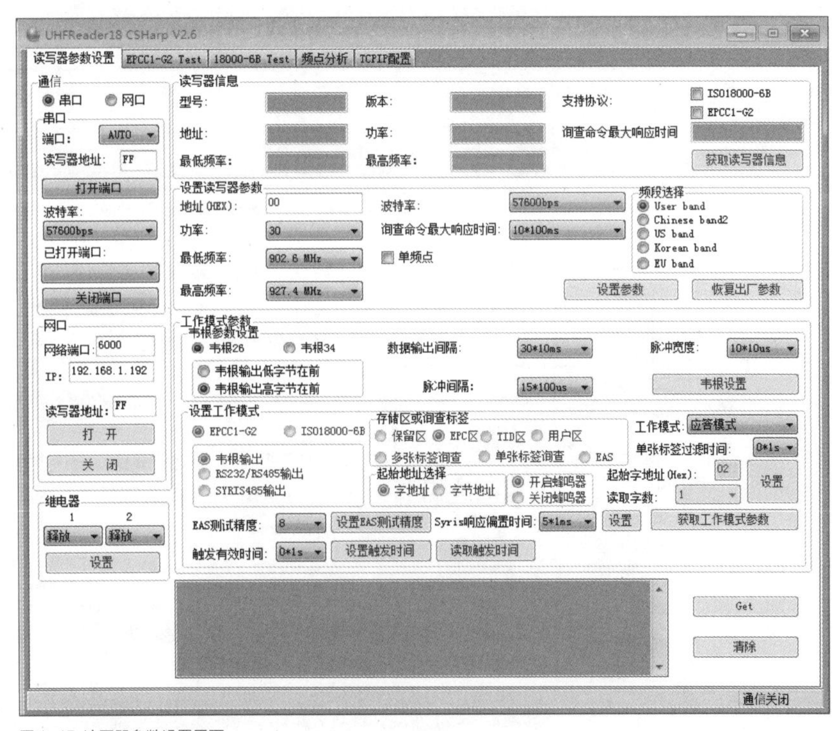

图4-45 读写器参数设置界面

信”部分单击“打开端口”按钮，观察读写器连通信息，如图4-47所示。

5. 单击“EPCC1-G2 Test”选项卡，将电子标签放在RFID读写器上，单击“查询标签”按钮，如图4-48所示。

6. 在“EPC掩模使能”区域选中“EPC区”，单击“读”按钮，“自动计算并添加PC”下方会出现代码，代表当前标签，如图4-49所示。

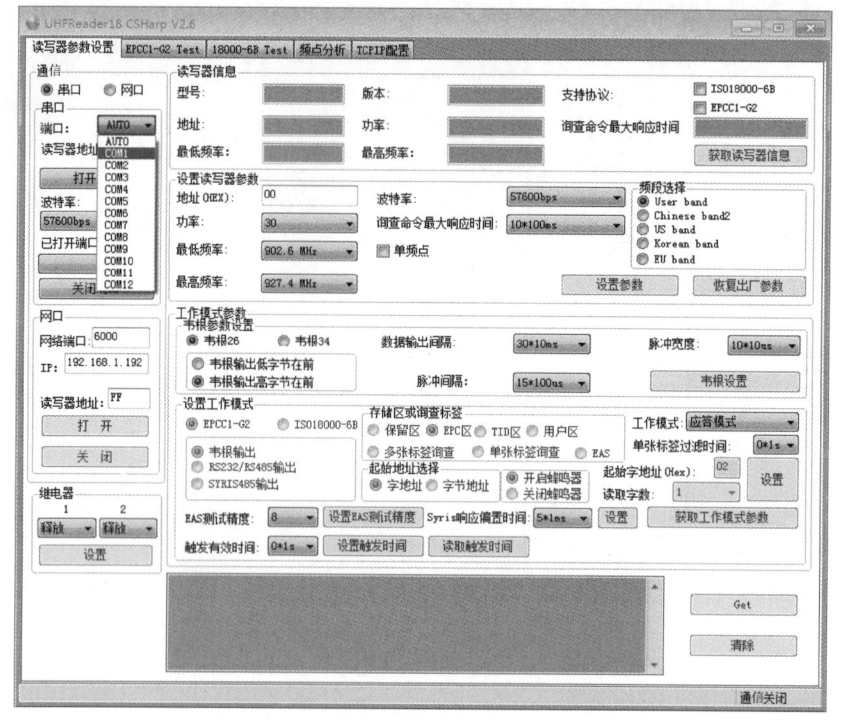

图4-46 设置信息

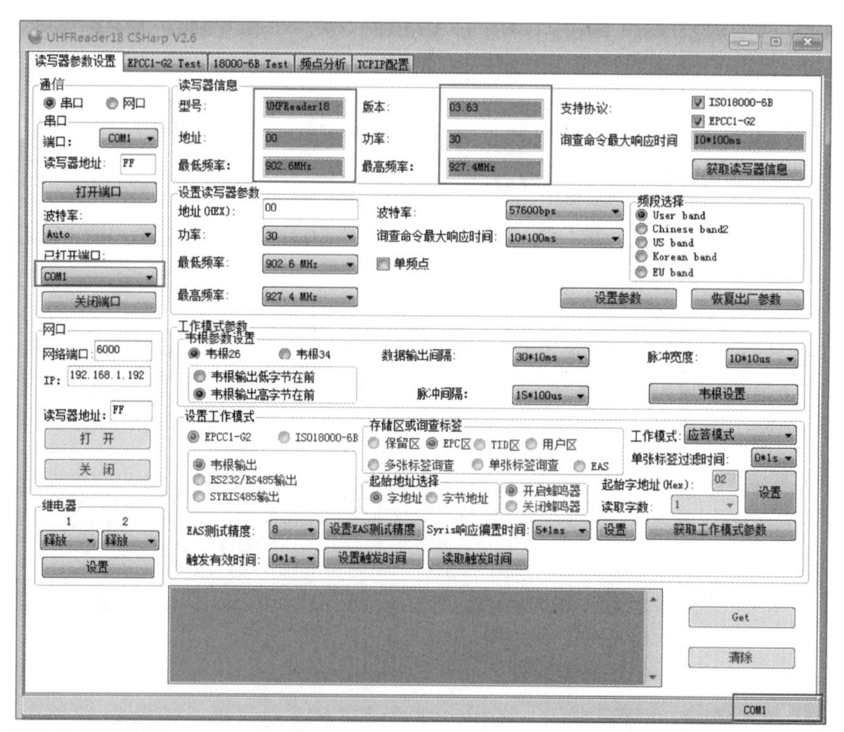

图4-47 读取到的信息

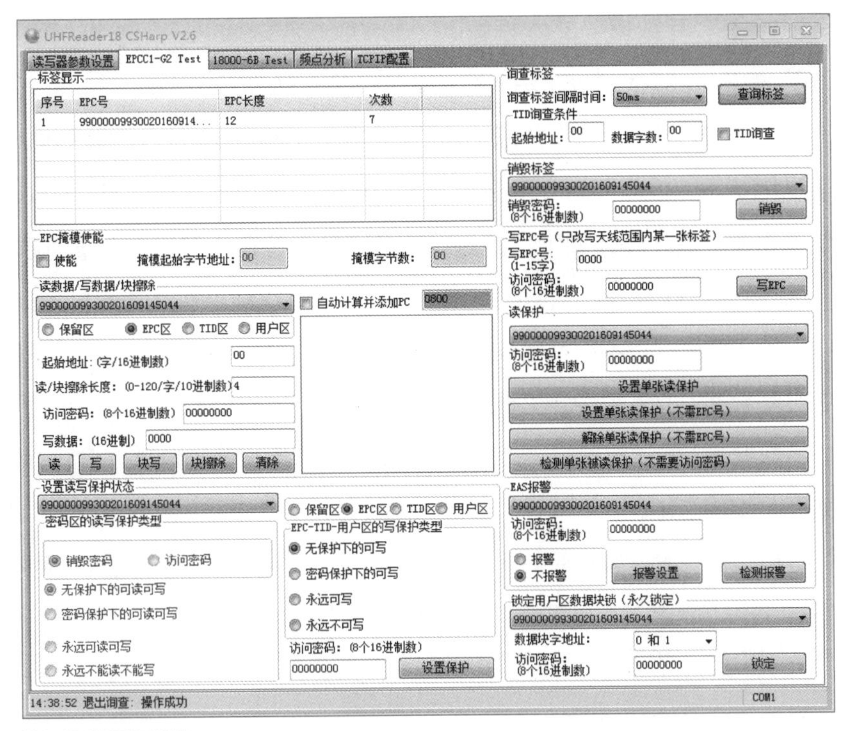

图4-48 读取到EPC号

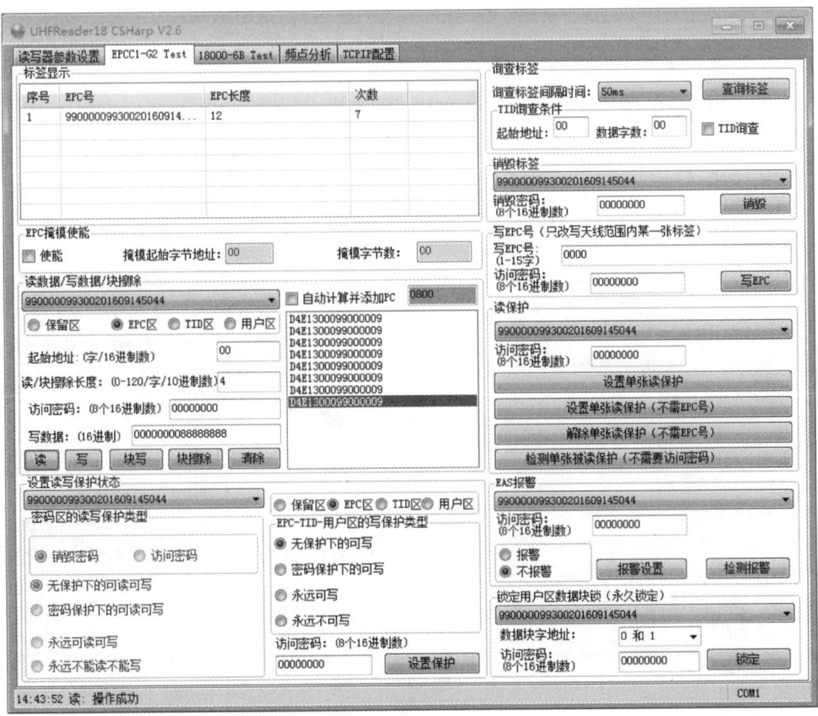

图4-49 写数据

7. 在“写数据”文本框输入“0000000088888888”，选中“用户区”，单击“写”按钮，数据密码就被写入标签中，如图4-50所示。

8. 这时“自动计算并添加PC”下方会出现代码“0000000088888888”，代表当前标签。但需要防止电子标签被其他读写器错误读取信息，可以给标签设置访问密码。具体操作如下：首先放一个任意标签在读写器上，发现原界面代码为“0000000000000002”，读取后为0000000000000000，如图4-51、图4-52所示。

为了使此标签不被其他UHF Reader读取，可以进行访问加密，具体操作方法：在“写数据”文本框中定义此标签的数据，如“1111111111111111”，按“写”按钮将数据写入，这时再按“读”按钮，此标签数据被更新为“1111111111111111”，如图4-53所示。

只有把“设置读写保护状态”区域设置为“用户区”和“密码保护下的可读可写”，在“访问密码”处填写“00000000”才能生效，如图4-54所示。

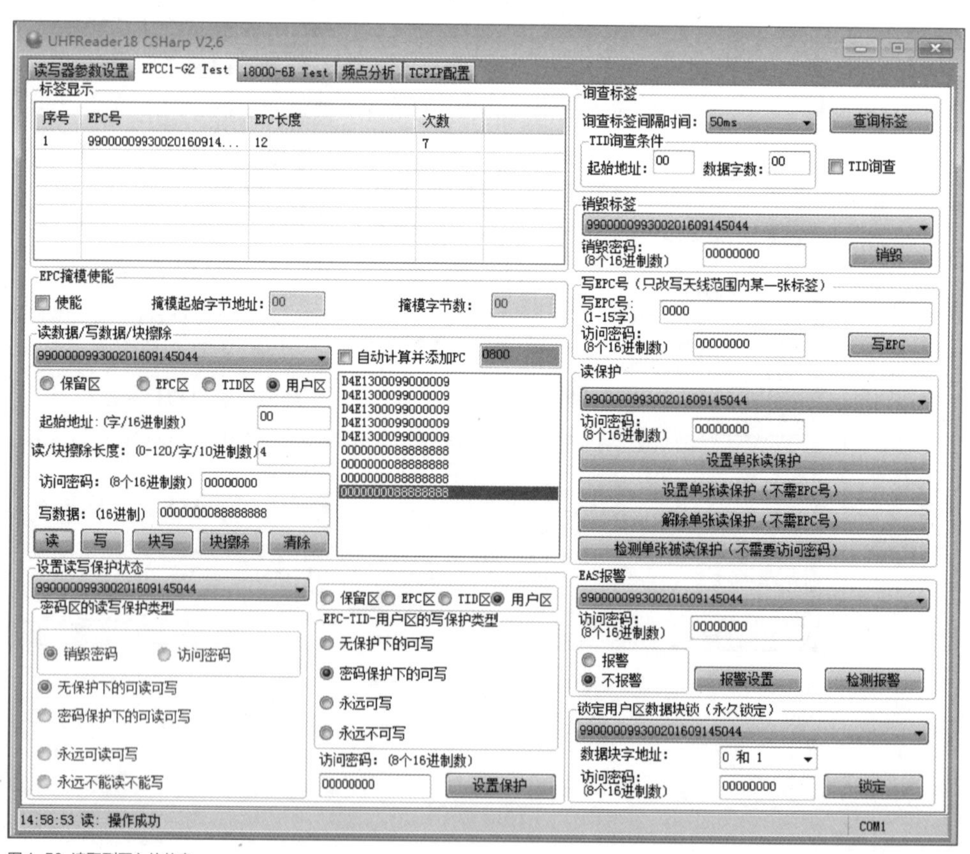

图4-50 读取到写入的信息

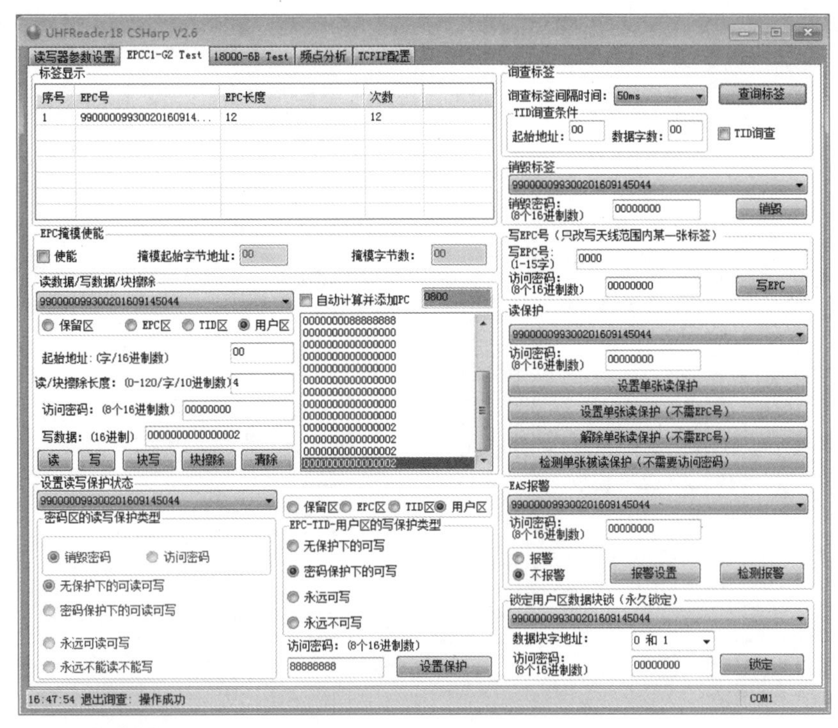

图4-51 读标签前代码

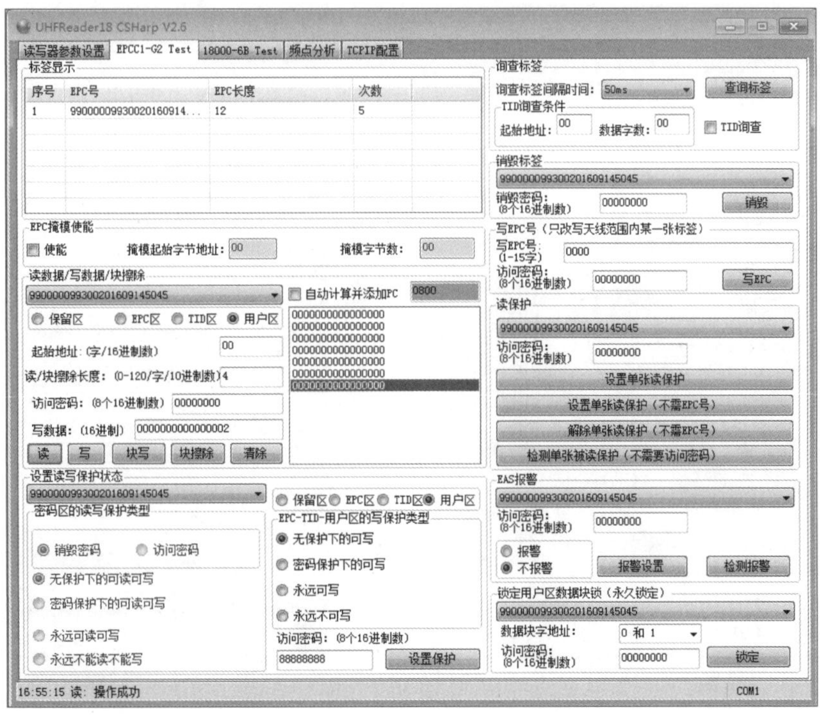

图4-52 读标签后代码

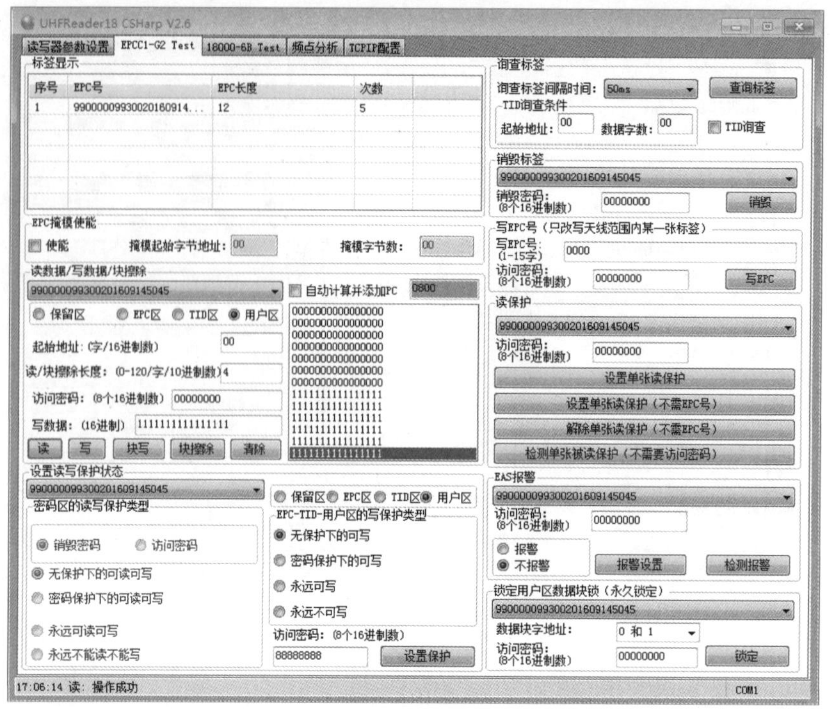

图4-53 访问密码设置界面

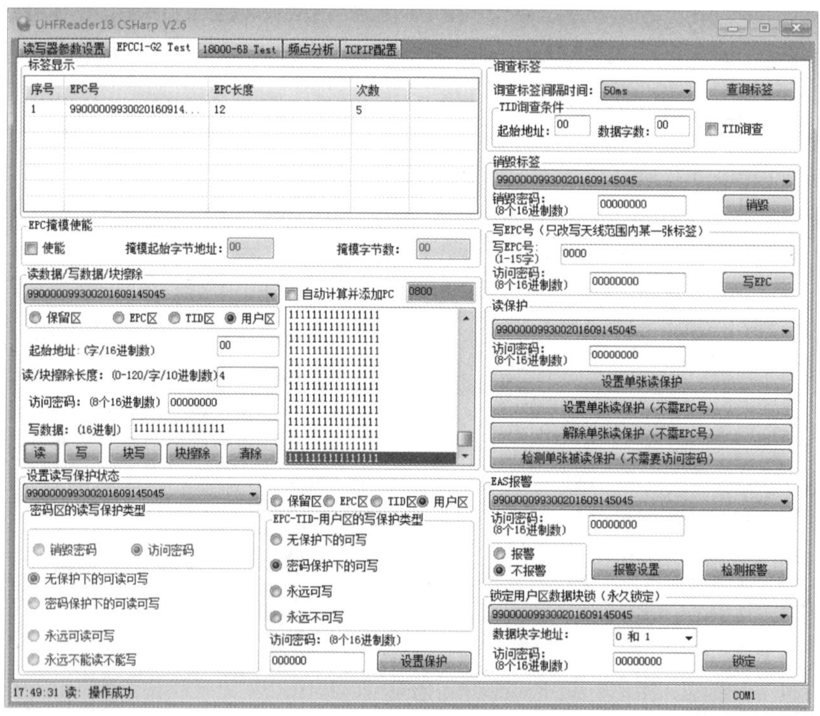

图4-54 访问密码设置成功

小组评价

小组名称：　　　　　　　　　　　　　　　　组长：

成员姓名	组内承担任务内容	准备	实施	完成结果	自我评价	教师评价	备注
组内互评							
结论							

实战强化3 基于RFID的物品出入库系统的安装调试

3

（一）实施目的

1. 了解UHF Reader读写器、桌面读卡器的使用方法。

2. 熟悉UHF Reader读写器、桌面读卡器出入库的调试方法。

3. 掌握RFID设备与数据库、IIS等软件的连接方法。

（二）工具/原材料

计算机1台、UHF Reader读写器、桌面读卡器、出入库软件、SQL软件、IIS软件。

（三）实施步骤

这里要完成的是使用桌面读卡器读取标签，确认商品名称进行入库，用UHF Reader读写器将录入的商品进行出库并完成结账的任务。

首先按图4-55所示连接RFID设备。

1. 添加数据库

（1）打开SQL Server Management Studio数据库软件，如图4-56所示。

（2）按照文件路径将入库用的数据库内容添加到SQL Server Management Studio数据库中，如图4-57所示。

（3）打开SQL Server 2008 R2，单击“SQL Server配置管理器”选项。单击

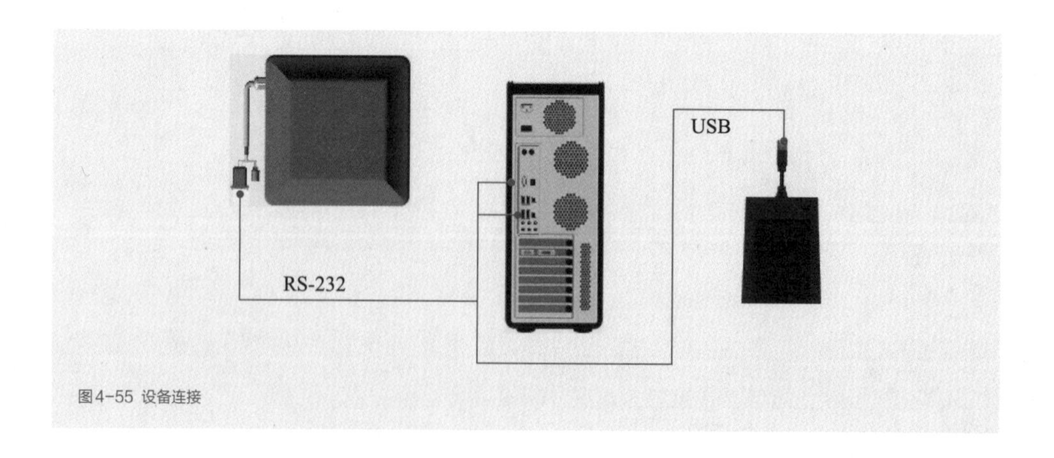

图4-55 设备连接

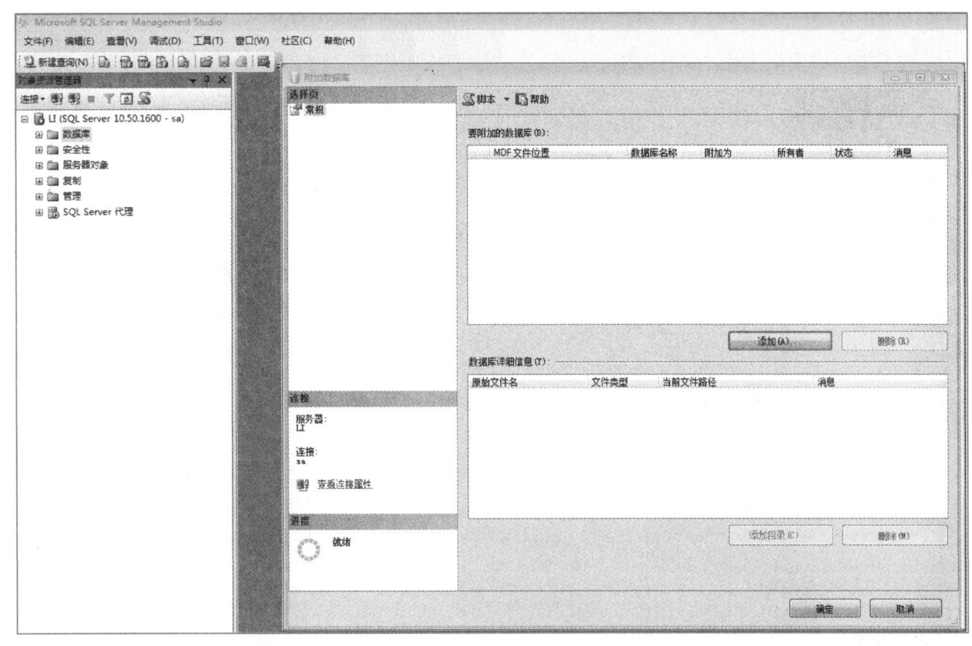

图4-56 打开数据库软件

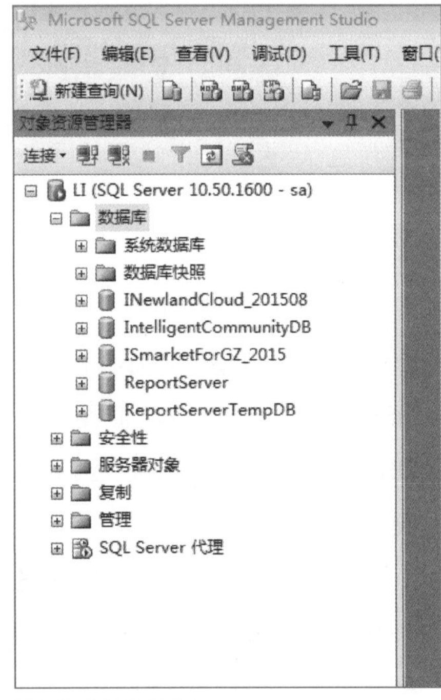

图4-57 完成数据库添加

图4-58 打开配置管理器

“MSSQLSEVER的协议”，再单击“TCP/IP”协议，启用“TCP/IP”，如图4-58和图4-59所示。

2. 修改IIS中的串口地址

（1）打开“设备管理器”（打开方法同前面的项目一样），查看USB端口占用的是COM5口，UHF Reader读写器通信端口为COM1口，如图4-60所示。

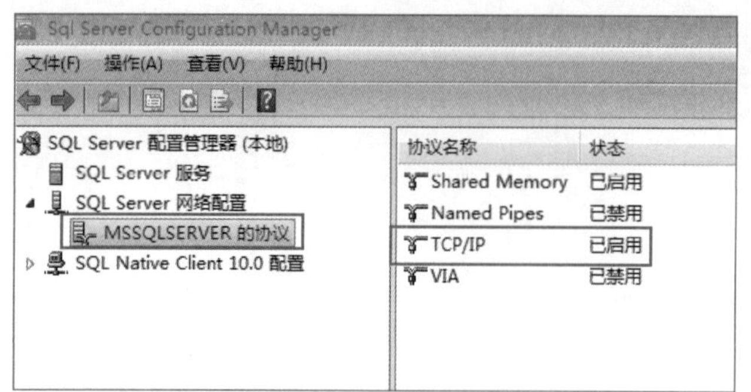

图4-59 启用TCP/IP

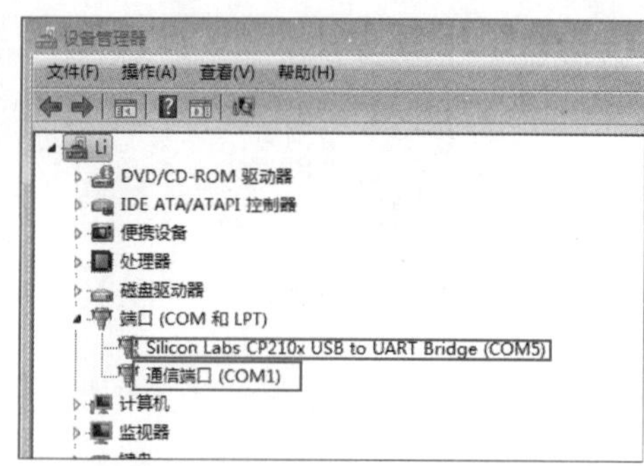

图4-60 查询设备占用端口号

图4-61 添加应用程序

图4-62 浏览添加上的应用程序

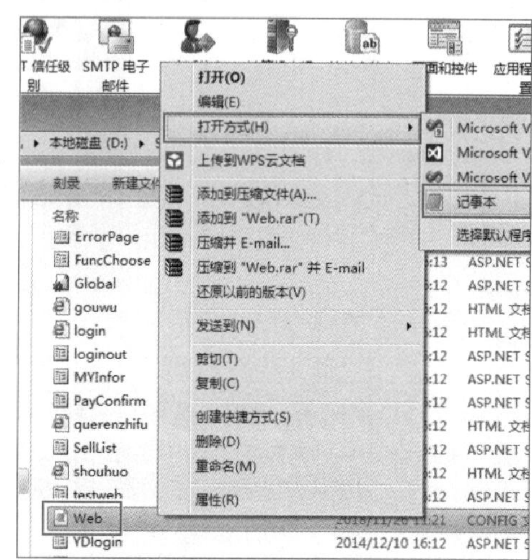

图4-63 找到Web进行修改

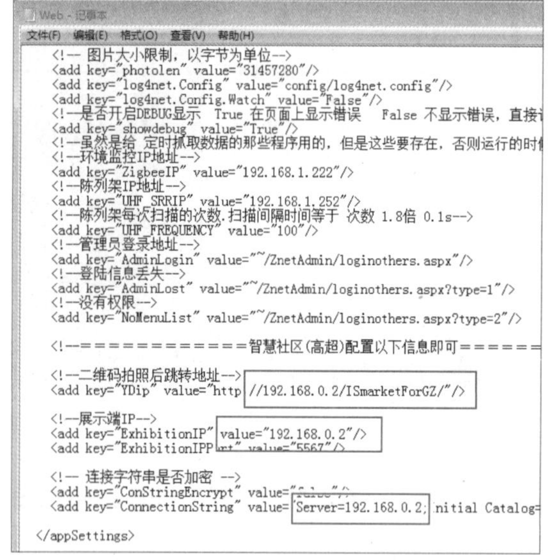

图4-64 修改信息

（2）找到桌面发卡器和读卡器设置，更改网站IP地址，打开IIS软件，将“ISmarketForGZ”添加到网站，右击“ISmarketForGZ”，选择“浏览”，如图4-61、图4-62所示。

（3）找到“Web”文件，右击，选择“打开方式”→“记事本”。更改展示端IP地址为本机IP地址，如图4-63和图4-64所示。

（4）右击“智慧社区工程应用—物业端”，选择“打开文件位置”，找到“.exe”可执行文件，以记事本方式打开，如图4-65所示。

（5）将收银RFID和桌面超高频COM口设置为当前设备所在端口。刚才通过“设备管理器”查询到的RFID COM端口为COM1，桌面超高频USB端口为COM5，如图4-66所示。

3. 登录界面

（1）打开登录界面，在“商品添加”页面填写相关信息，如“商品名称”为“钢笔”，还可以填写商品价格、商品规格、排序、仓库报警数量、货架报警数量等，如图4-67所示。

（2）将标签放到桌面发卡器上，找到“商品入库”对应的商品“钢笔”，单击“提交”完成入库，完成后会看到“商品名称”为“钢笔”，“排序”为“25”，如图4-68、图4-69、图4-70所示。

（3）找到“购物结算”部分，选择“现金”，将代表钢笔的标签放到UHF Reader读写器上，如图4-71所示。

单击“开始读取”按钮就会出现扫描出的物品“钢笔”，选中支付方式为“现金”，最后进行“提交”完成支付，如图4-72所示。

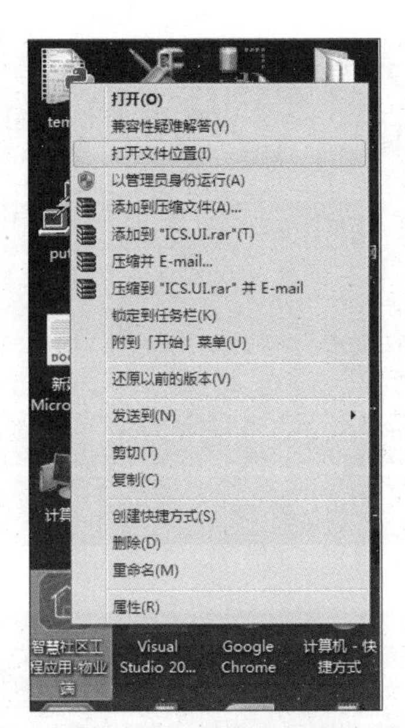

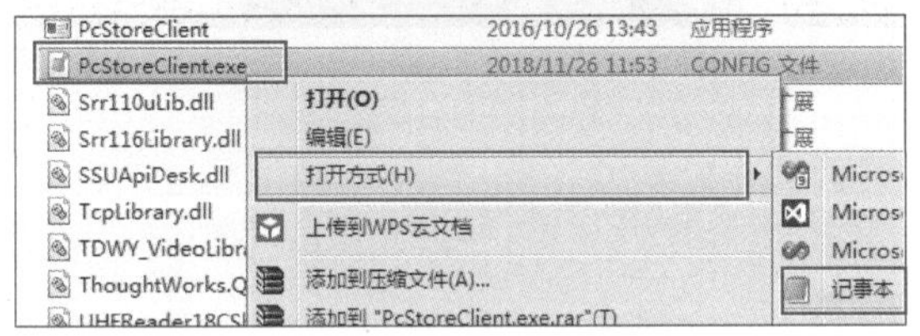

图4-65 找到可执行文件

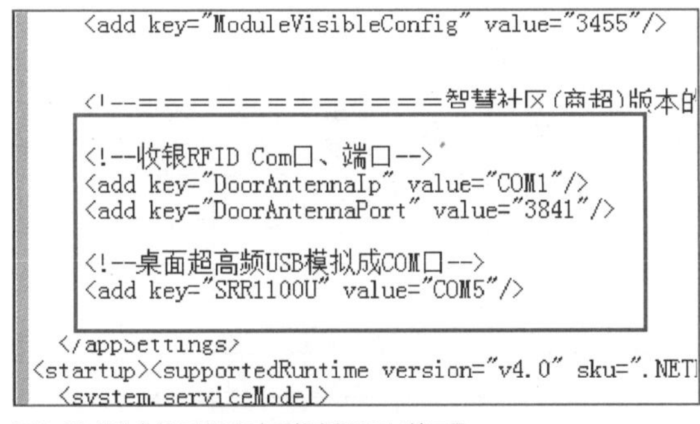

```
<add key="ModuleVisibleConfig" value="3455"/>

<!--=============智慧社区(商超)版本的

<!--收银RFID Com口、端口-->
<add key="DoorAntennaIp" value="COM1"/>
<add key="DoorAntennaPort" value="3841"/>

<!--桌面超高频USB模拟成COM口-->
<add key="SRR1100U" value="COM5"/>

</appSettings>
<startup><supportedRuntime version="v4.0" sku=".NET
<system.serviceModel>
```

图4-66 修改收银RFID和桌面超高频COM端口号

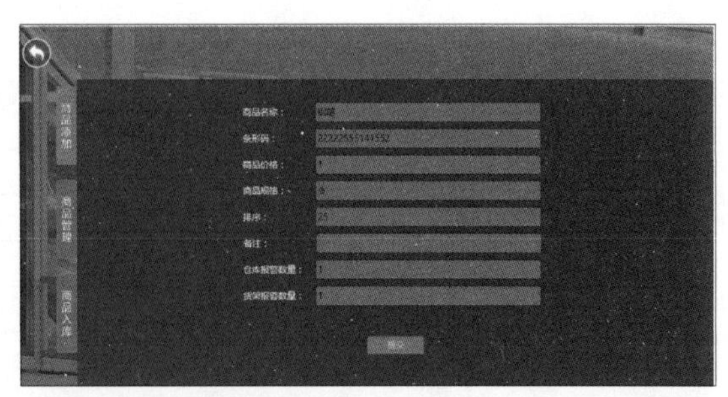

图4-67 添加商品信息

图4-68 将商品电子标签扫描

图4-69 商品入库

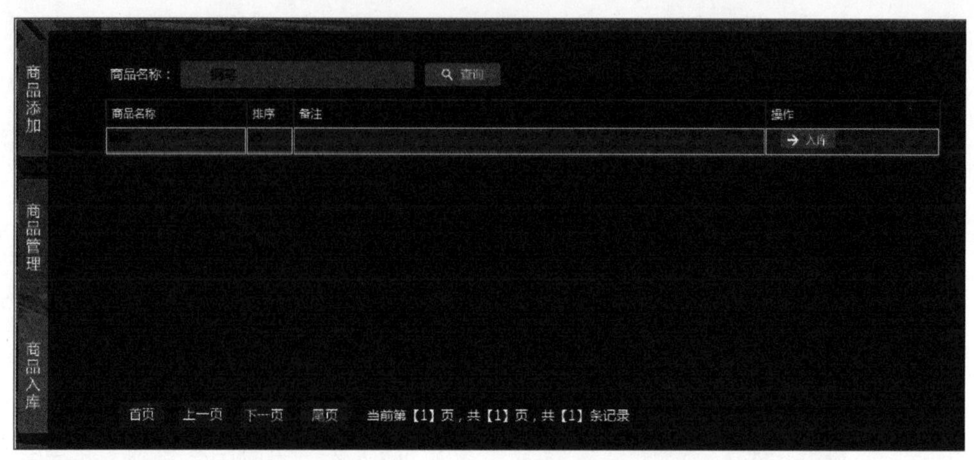

图4-70 显示入库成功

图4-71 用UHF Reader结算

图4-72 结算完成

小组评价

小组名称：　　　　　　　　　　　　　　组长：

成员姓名	组内承担任务内容	准备	实施	完成结果	自我评价	教师评价	备注
组内互评							
结论							

项目5 ZigBee软硬件设备的安装调试

「学习目标」

- 了解无线传感网络的概念及应用。
- 了解CC2530内部结构及原理。
- 熟悉 SmartRF Flash Programmer软件的使用。
- 理解发送和接收地址、PAN_ID、RF_CHANNEL、串口读写函数等概念。
- 熟悉BasicRF项目工程的建立及调试。

「项目概述」

本项目主要培养学习者对无线小功率ZigBee网络技术的应用能力、程序设计调试能力、无线设备安装、调试、维护能力，力求培养良好的职业素养。

学习任务1 认识ZigBee硬件设备

1

「任务说明」

了解 CC2530 单片机的概念、特点，及其涉及的无线通信技术。通过学习 CC2530 单片机的相关知识，为后续学习 ZigBee 烧写、配置和调试奠定基础。

「相关知识与技能」

一、CC2530单片机简介

CC2530是系统级SoC芯片，适用于2.4GHz IEEE 802.15.4、ZigBee和RF4CE应用。CC2530包括性能优秀的一流的RF收发器、工业标准增强型8051 MCU、可编程闪存（8 kB RAM），具有不同的运行模式，使得它尤其适应超低功耗要求的系统，且提供了一个强大完整的ZigBee 解决方案。CC2530被广泛应用在ZigBee系统低功耗无线传感器网络等领域。

单片机是一个体积小但功能完善的微型计算机系统，是一种集成电路芯片，它把中央处理器CPU、随机存储器RAM、只读存储器ROM、输入输出I/O接口、中断控制系统、定时/计数器和通信等多种功能部件集成到一块硅片上。例如：用在摄像机、洗衣机、电冰箱、空调、微波炉、电饭煲、电磁炉、电子宠物、机器人、智能仪表、医疗器械、打印机、电话、键盘等电器产品中。

二、CC2530的特点

CC2530用于2.4-GHz IEEE 802.15.4与ZigBee应用的SoC解决方案中，满足以ZigBee为基础的2.4 GHz ISM波段应用对低成本、低功耗的要求，并且结合高性能2.4 GHz DSSS（直接序列扩频）射频收发器核心和一颗高效的工业级8051控制器。内含模块大致可以分为三类：CPU和内存相关的模块，外设、时钟和电源管理相关的模块，以及射频相关的模块。

CC2530在单个芯片上整合了8051兼容微控制器、ZigBee 射频（RF）前端、内存和Flash存储器等，还包含串行接口（UART）、模/数转换器（ADC）、多个定时器（Timer）、AESI28安全协处理器、看门狗定时器（WatchDog Timer）、32 kHz晶振的休眠模式定时器、上电复位电路（Power On Reset）、掉电检测电路（Brown Out Detection）以及21个可编程I/O口等外设接口单元。其主要特点如下：

- 高性能、低功耗、带程序预取功能的8051微控制器内核。
- 2 KB/64 KB/128 KB或256 KB非易失性存储器。
- 在所有模式都带记忆功能的RAM（8 KB）。
- 2.4 GHz IEEE 802.15.4兼容RF收发器。
- 优秀的接收灵敏度和强大的抗干扰性能力。
- 精确的数字接收信号强度（RSSI）指示，链路质量指示（LQI）。
- 最高到4.5 dBm的可编程输出功率。
- 集成AES安全协议处理器，硬件支持CSMA/CA功能。
- 具有8路输入和可配置分辨率的12位ADC。
- 强大的5通道DMA。
- IR发生电路。

三、CC2530的内核

CC2530芯片使用的内核是一个单周期的8051兼容内核。它有三种不同的内存访问总线（SFR，DATA和CODE/XDATA），单周期访问SFR、DATA和主SRAM。它还包括一个调试接口和一个18位输入扩展中断单元。中断控制器共提供了18个中断源，分为6个中断组，每个与4个中断优先级之一相关。当设备从IDLE模式回到活动模式，任一中断服务请求也能响应。一些中断还可以从睡眠模式唤醒设备。内存仲裁器位于系统中心，因为它通过SFR总线把CPU、DMA控制器和物理存储器以及所有外设连接起来。内存仲裁器有4个内存访问点，每次访问可以映射到三个物理存储器之一：一个8 KB SRAM、闪存存储器和XREG/SFR寄存器。它负责执行仲裁，并确定同时访问同一个物理存储器之间的顺序。

存储空间方面，CC2530包含1个DMA控制器，8 KB静态RAM（SRAM），32 KB、64 KB、128 KB或256 KB可编程非易失性存储器（FLASH）。8051有4个不同的存储器空间，有独立的程序存储器和数据存储器空间。

（1）CODE程序存储器空间：一块只读程序存储器空间，地址空间为64 KB。

（2）DATA数据存储器空间：一块8位的可读/可写的数据存储器空间，可通过单周期的CPU指令直接或间接存取。地址空间为256 Byte，低128 Byte可通过直接或间接寻址访问，而高128 Byte只能通过间接寻址访问。

（3）XDATA数据存储器空间：一块16位的可读/可写的数据存储器空间，通常访问需要4、5个指令周期，地址空间为64 KB。

（4）SFR特殊功能寄存器：一块可通过CPU的单周期指令直接存取的可读/可写寄存器空间。地址空间为128 Byte，特殊功能寄存器可进行位寻址。以上4块不同的存储空间构成了CC2530的存储器空间，可通过存储管理器来进行统一管理。为方便DMA传送和硬件调试，此4块存储器空间在器件中是部分重叠的。

四、CC2530的结构特征

输入/输出接口：CC2530有21个数字I/O引脚，能被配置为通用数字I/O口或作为外设 I/O信号连接到 ADC、定时器或串口外设。

CC2530输入/输出接口包括3组输入/输出（I/O）口，分别是P0、P1、P2。其中P0和P1分别有8个引脚，P2有5个引脚，共21个数字I/O引脚。这些引脚都可以用作通用的I/O端口，同时通过独立编程还可以作为特殊功能的输入/输出，通过软件设置还可以改变引脚的输入/输出的硬件状态。

直接存取（DMA）控制器：中断方式解决了高速内核与低速外设之间的矛盾，从而提高了单片机的效率。但在中断方式中，为了保证可靠地进行数据传送，必须花费一定的时间，如重要信息的保护以及恢复等，而它们都是与输入/输出操作本身无关的操作。因此对于高速外设，采用中断模式就会感到吃力。为了提高数据的存取效率，CC2530专门在内存与外设之间开辟了一条专用数据通道。这条数据通道在DMA控制器硬件的控制下，直接进行数据交换而不通过8051内核，不用I/O指令。

定时器（Timer）：CC2530包含2个16位的定时器/计数器（Timer1和Timer2）和2个8位的定时器/计数器（Timer3和Timer4）。

14位模/数转换器（ADC）：CC2530的ADC支持14位模/数转换，这跟一般的单片机不同。这个ADC包括1个参考电压发生器和8个独立可配置通道。转换结果可通过DMA写到存储器中。

串行通信接口（USART）：CC2530有2个串行接口（USART0和USART1），可以独立操作在异步UART模式或同步SPI模式。2个USART有相同的功能，对应分配到不同的I/O口，2线制或4线制，支持硬件流控。

AES-128安全协议处理器：CC2530的数据加密由一个支持先进的高级加密技术标准AES的协议处理器来实现。该处理器允许加密/解密时，最小化CPU的使用率。

五、CC2530无线收发器

CC2530接收器是一款中低频接收器。接收到的射频信号首先被一个低噪放大器（LNA）放大，并把同相正交信号下变频到中频（2MHz），接着复合的同相正交信号被滤波放大，再通过AD转换器转换成数字信号，其中自动增益控制、最后的信道滤波、扩频、相关标志位、同步字节都是以数字的方法实现的。CC2530收发器通过直接上变频来完成发送，待发送的数据存在一个128Byte节的FIFO发送单元（与FIFO接收单元相互独立）中，其中帧头和帧标识符由硬件自动添加上去。按照IEEE802.15.4中的扩展顺序，每一个字符（4bits）都被扩展成32个码片，并被送到数模转换器以模拟信号的方式输出。一个模拟低通滤波器把信号传递到积分（quadrature）上变频混频器，得到的射频信号被功率放大器（PA）放大，并被送到天线匹配。

在发送模式中，RFSTATUS.FIFO和RFSTATUS.FIFOP位仅与RXFIFO相关，RFSTATUS.SFD位在发送数据帧中的状态。SFD完整发送后，RFIRQF0.SFD中断标志为高，同时产生RF中断。当发送 MPDU（MAC Protocol Data Unit，MAC协议数据单元）后或检测到下溢发生时，RFIRQF0.SFD中断标志为低。

接收模式中，在开始帧分隔符被接收到后，中断标志RFIRQF0.SFD为高，同时产生射频（RF）中断。如果地址识别禁止或成功，则仅当MPDU的最后一个字节接收到后，RFSTATUS.SFD为低；如果在接收帧中没有地址识别，则RFSTATUS.SFD立即转为低。当需读出接收帧时，FIFO和FIFOP信号是有用的。在RXFIFO中有一个或多个数据时，FSMSTAT1.FIFO 变为高，在接收溢出时，FSMSTAT1.FIFO变为低；在RXFIFO中的有效字节数超过编程进FIFOPCTRL的FIFOP门限值时，或当帧滤波使能，而直到帧已经接收，在帧头中的字节仍不被认为是有效数据时，FSMSTAT1.FIFOP变为高。

六、CC2530涉及的无线通信技术

为了更好地处理网络和应用操作的带宽，CC2530集成了大多数对定时要求严格的IEEE 802.15.4 MAC系列协议以减轻微控制器的负担。

信道评估（CCA）状态信号指示通道是否可用。当接收器已经使能至少8个符号周期时，CCA信号有效，RSSI_VALID状态指示能够用于确认这一点。CCA的操作通过CCACTRL0和CCACTRL1寄存器配置。在ZigBee物理层中可通过如下3种方法来进行信道评估（CCA）：① 超出阈值的能量：当CCA检测到一个超出阈值的能量时，给出一个忙的信息。② 载波判断：当 CCA检测到一个具有IEEE 802.15.4标准特性的扩展调制信号时，给出一个忙的信息。③ 带有超出阈值能量的载波判断。CC2530数字高频部分采用了直接序列扩频DSSS（Direct Sequence Spread Spectrum）技术，不仅能够非常方便地与IEEE802.15.4短距离无线通信标准兼容；而且大大提高了无线通信的可靠性。DSSS是直接利用具有高码率的扩频码序列、采用各种调制方式、在发射端扩展信号的频谱，而在接收端，用相同的扩频码序进行解码，把扩展后的信号还原成原始信息。

载波侦听多路访问/防冲突机制（CSMA/CA）：IEEE 802.15.4低速率无线个人区域网（LR-WPAN）使用的两种通道访问机制，依赖于网络配置。非信标个人区域网使用一个无时隙CSMA/CA通道访问机制，每次设备想发送数据帧或MAC命令时，它等待一段随机时间，等待的随机时间到且发现通道空闲，设备即发送它的数据；如果等待的随机时间到且发现通道忙，在试图再次访问通道前，设备将等待另一个随机时间。应答帧不用CSMA/CA机制。带信标个人区域网络使用带时隙的CSMA/CA机制，其中后退时隙和信标传输的起始对齐。在一个区域网中，所有设备的后退时隙都和此个人区域网中的协调器对齐。若设备想在竞争访问期（CAP）发送数据帧，它会定位下一个后退时隙的边界，然后等待一个随机的后退时隙。如果等待的后退时隙到且发现通道忙，在试图再次访问通道前，设备将等待另一个随机时隙；如果通道空闲，设备将在下一个可用的后退时隙边界发送数据，应答帧和信标帧不使用CSMA/CA机制。

学习任务2 ZigBee烧录与配置

2

「任务说明」

通过学习本任务，熟悉IAR、ZigBee协议栈等软件的安装，熟悉SmartRF04EB仿真器、SmartRF Flash Programmer软件的使用，为后面了解BasicRF Layer工作机制奠定基础。

「相关知识与技能」

一、IAR Embedded Workbench简介

IAR Embedded Workbench是IAR Systems公司为微处理器开发的一个集成开发环境，支持ARM、AVR、MSP430等芯片内核平台。不需要任何硬件支持就可以模拟各种ARM 内核、外部设备甚至中断的软件运行环境。它带有C/C++编译器和调试器的集成开发环境（IDE）、实时操作系统和中间件、开发套件、硬件仿真器以及状态机建模工具。它提供了一整套的程序编制、维护、编译、调试环境，能将汇编语言和C语言程序编译成HEX可执行输出文件，并能将程序下载到目标CC2530上运行调试。

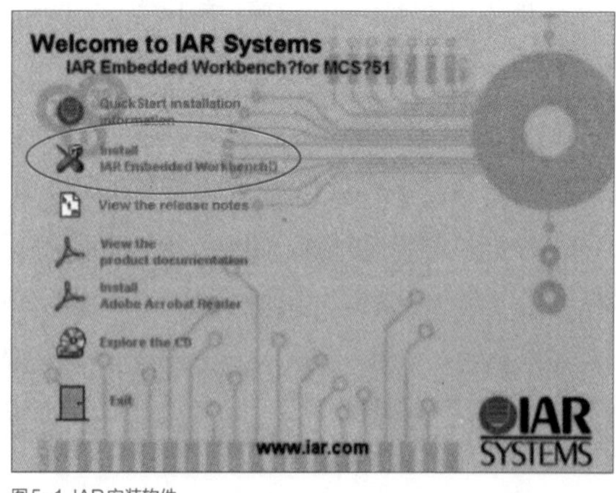

图5-1 IAR安装软件

二、软件安装

1. 安装IAR

（1）安装IAR8.101软件，双击打开安装文件，推荐默认安装路径，如图5-1所示。

（2）安装ZigBee协议栈（ZStack-CC2530-2.5.1a），路径默认安装，ZStack在组网实验实训中必须使用，如图5-2所示。

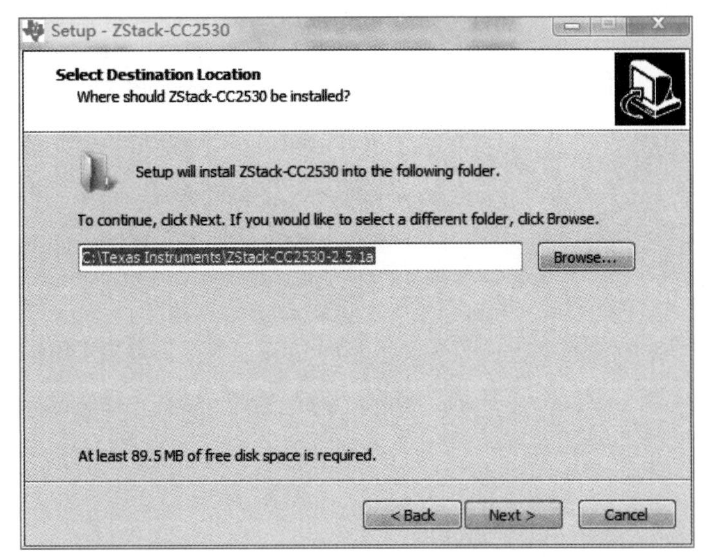

图5-2 安装路径

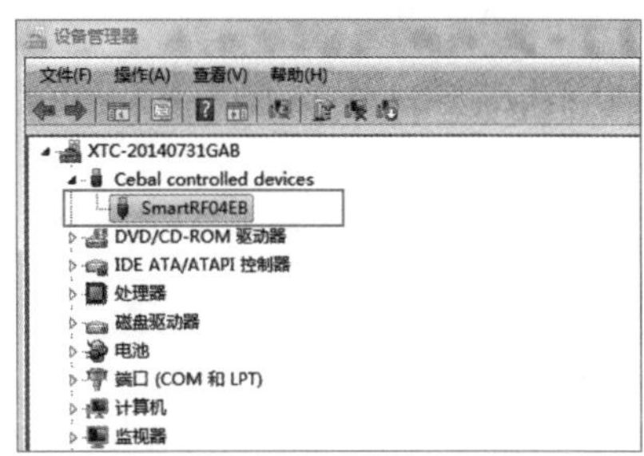

图5-3 增加设备SmartRF

（3）安装SmartRF04EB驱动，将仿真器SmartRF04EB连接到计算机，计算机会提示找到新硬件，选择列表安装，安装完成之后，在“设备管理器”窗口中可以看到，如图5-3所示。

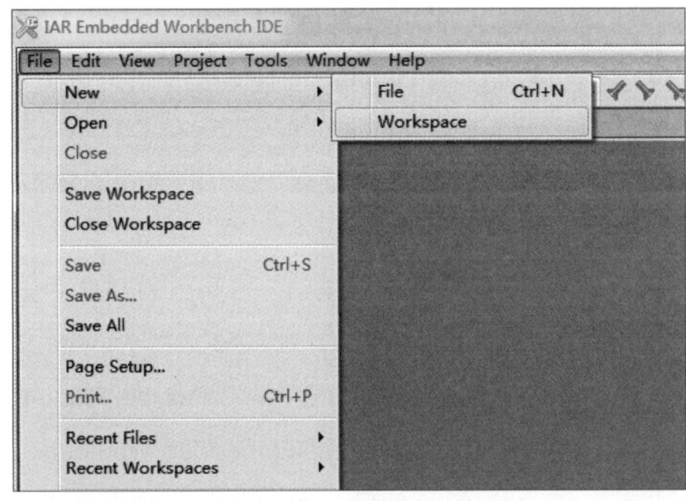

图5-4 新建工作区

2. 建立IAR开发环境

（1）新建工作区。启动IAR软件，选择“File”→“New”→“Workspace”命令，如图5-4所示。

（2）新建工程。单击“Project”→“Create New Project”命令，默认设置，单击“OK”按钮。设置工程保存路径为“F:\ZigBee”，工程名为“test”，如图5-5、图5-6所示。

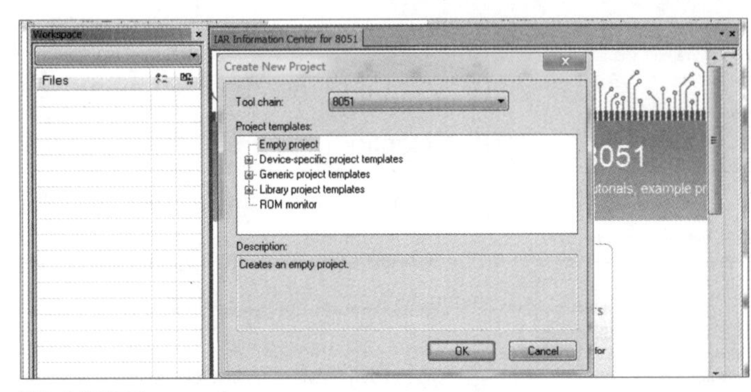

图5-5 新建工程

（3）新建文件。单击菜单栏“File”→“New”→“File”命令或单击工具栏“新建文件”图标，

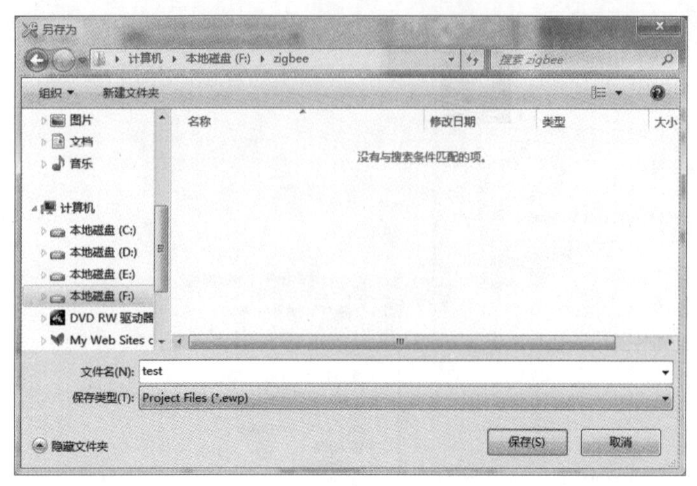

图5-6 工程地址

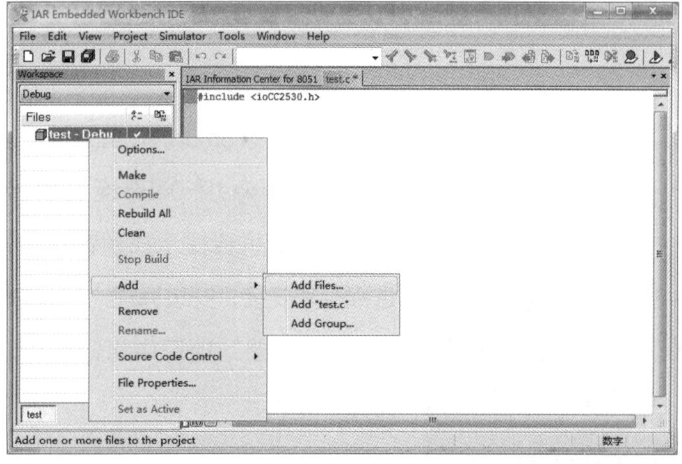

图5-7 新建文件

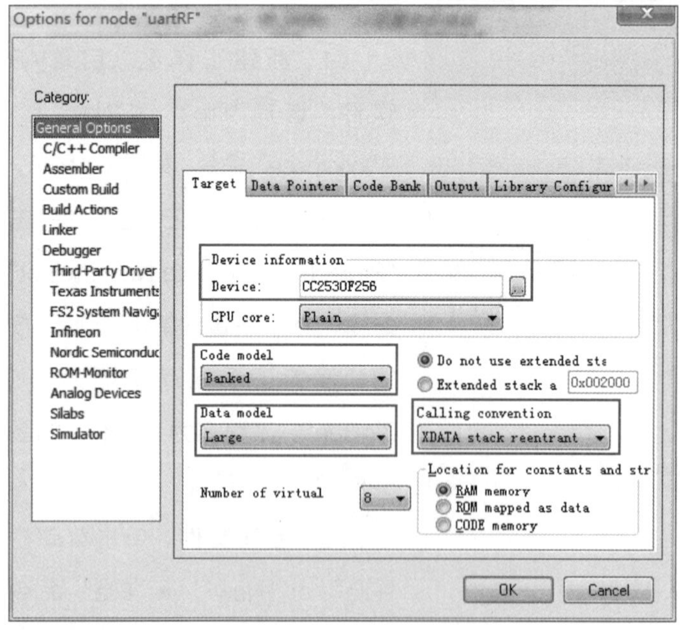

图5-8 设备参数配置

新建文件，并将文件保存在工程文件相同路径下，并命名为“test.c”。右击“test-Debug”，选择“Add”→“Add Files”命令，将“test.c”文件添加到工程中，如图5-7所示。

（4）保存工作区。单击工具栏中的“ ”图标，设置工作区保存路径与工程同一路径，工作区名为“test”。

3. 配置工程

单击菜单栏“Project”→“Options”命令。

（1）配置General Options。选择“Target”选项卡，单击“Device information”栏中的“Device”选择按钮，在弹出的文件中选择“CC2530F256”文件。该文件路径是“C:\Program Files\IAR Systems\Embedded Workbench 6.0Evaluation\8051\config\devices\Texas Instruments”，如图5-8所示。

（2）配置Linker。选择“Config”选项卡，单击“Linker Configuration file”栏中的“Override default”选择按钮，在弹出的文件中选择“lnk51ew_cc2530F256_banked. xcl”文件，如图5-9所示。

（3）配置Debugger。选择“Setup”选项卡，设置“Driver”

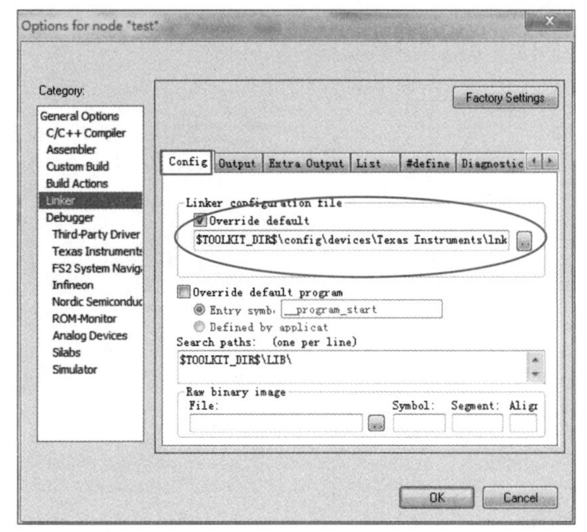

图5-9 Linker参数配置

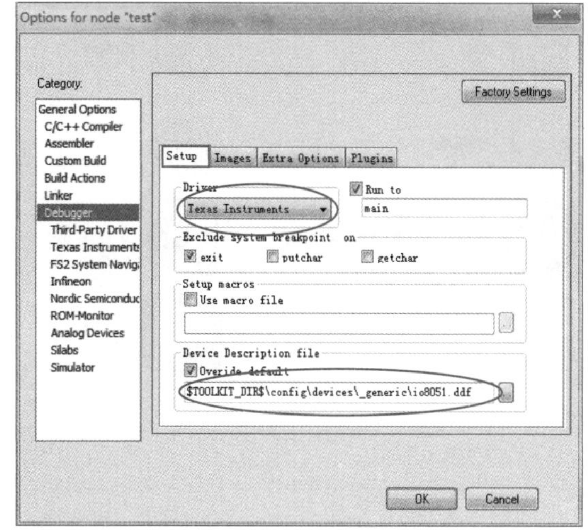

图5-10 Debugger参数配置

为“Texas Instruments”，在“Overide default”栏中选择“io8051.ddf”文件，如图5-10所示。

三、SmartRF Flash Programmer调试

SmartRF闪存编程器可用于对8051的低功耗射频无线MCU中的闪存进行编程，还可用于升级相关评估板和调试器（SmartRF 评估板、CC调试器等）上的固件和引导加载程序。SmartRF闪存编程器还可通过MSP-FET430UIF和eZ430软件狗对MSP430器件的闪存进行编程。在这里主要用来将开发好的hex文件下载进CC2530芯片中。

1. IAR开发环境在调试中的应用

IAR是C编译器，支持众多知名半导体公司的微处理器，许多全球著名的公司都在使用该开发工具来开发他们的前沿产品。IAR根据支持的微处理器种类不同分为许多不同的版本，由于CC2530使用的是8051内核，因此我们选用的版本是IAR Embedded Workbench for 8051。

2. 软件安装

程序安装包位于开发套件根目录软件工具文件夹中，如图5-11所示。

双击运行“autorun.exe”，然后在弹出的画面中选择第二项“Install IAR

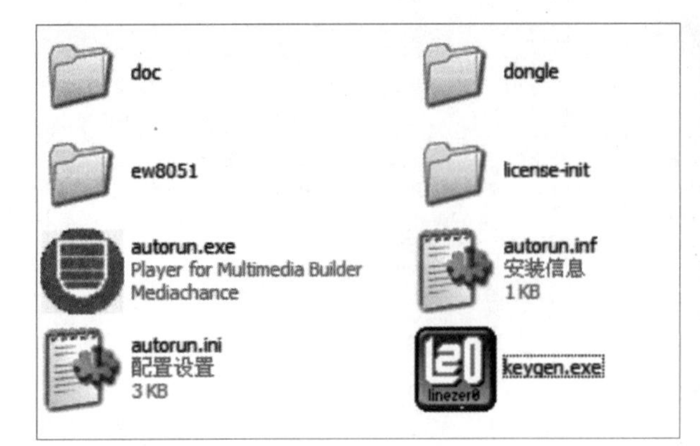

图5-11 安装软件图标

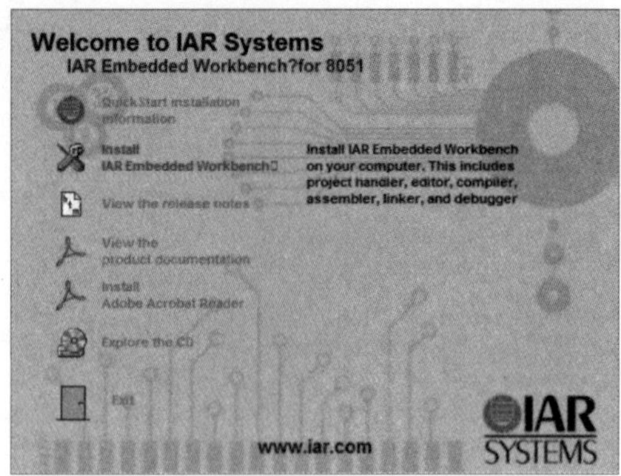

图5-12 软件界面

Embedded Workbench”，如图5-12所示。

根据提示一步步安装，直到安装结束。

巩固及拓展

一、ZigDee 简单工程实例应用

1. 按照点亮 ZigBee 板上一个 LED 灯的代码建立一个工程，熟悉 IAR 软件的使用方法。具体代码如下：

```
#include <ioCC2530.h>
#define LED1 P1_0                //P1.0 端口控制 LED1 发光二极管
void main(void)
{ P1DIR |= 0X01;                 // 定义 P1.0 端口为输出
          while ( 1 )
   {      LED1=1;                     // 点亮 LED1 发光二极管
   }
}
```

2. 编译、链接程序。单击工具栏中的 图标，编译、链接程序，“Messages”没有错误警告，说明程序编译、链接成功，如图 5-13 所示。

3. 将工程下载，调试程序，将 ZigBee 模块连接电源，并将 SmartRF04EB 仿真器的下载线连接至 ZigBee 模块，注意：连接线的方向是朝向 ZigBee 板外，如图 5-14、图 5-15 所示。

4. 单击工具栏中的 图标，下载程序，进入调试状态。单击“单步”调试按钮，逐步执行每条代码，当执行“LED1=1”代码时，LED 灯被点亮；再单击“复位”按钮，LED 灯被熄灭，重复上述动作，再点亮 LED 灯，如图 5-16 所示。

二、软件烧录程序

ZigBee 程序烧录也可使用 SmartRF Flash Programmer 软件，下面简单介绍这款软件烧录程序的方法。

1. 安装 SmartRF Flash Programmer 软件

双击安装文件，默认设置进行安装，如图 5-17 所示。

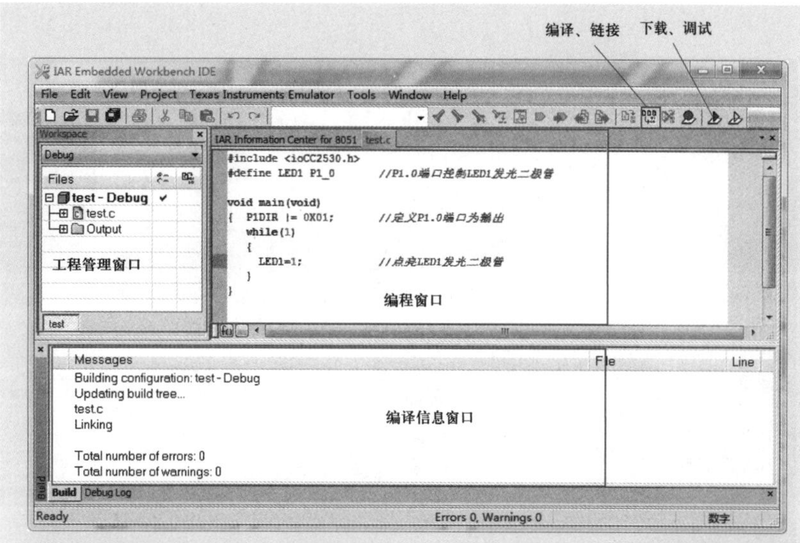

图5-13 编译窗口

图5-14 ZigBee模块连接

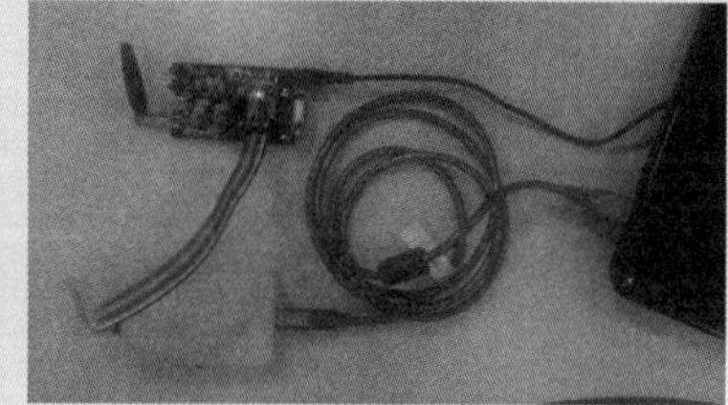

图5-15 仿真器连接

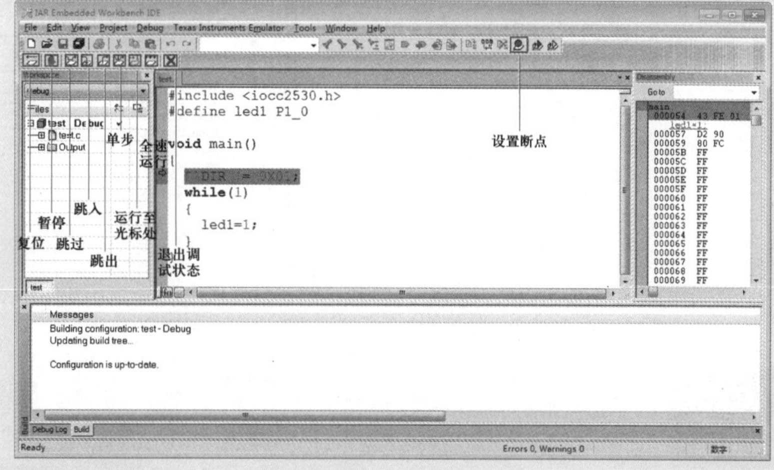

图5-16 下载程序

2. 配置编译器生成“.hex”文件（此方法仅适用于基础实训，不适合协议栈）

单击菜单栏“Project”→“Options”命令，选择“Linker”。

（1）选择“Output”选项卡，设置“Format”选项，使用C-SPY进行调试，如图5-18所示。

（2）选择“Extra Output”选项卡，更改输出文件名的扩展名为“. hex”，“Output format”设置为“intel-extended”，如图5-19所示。

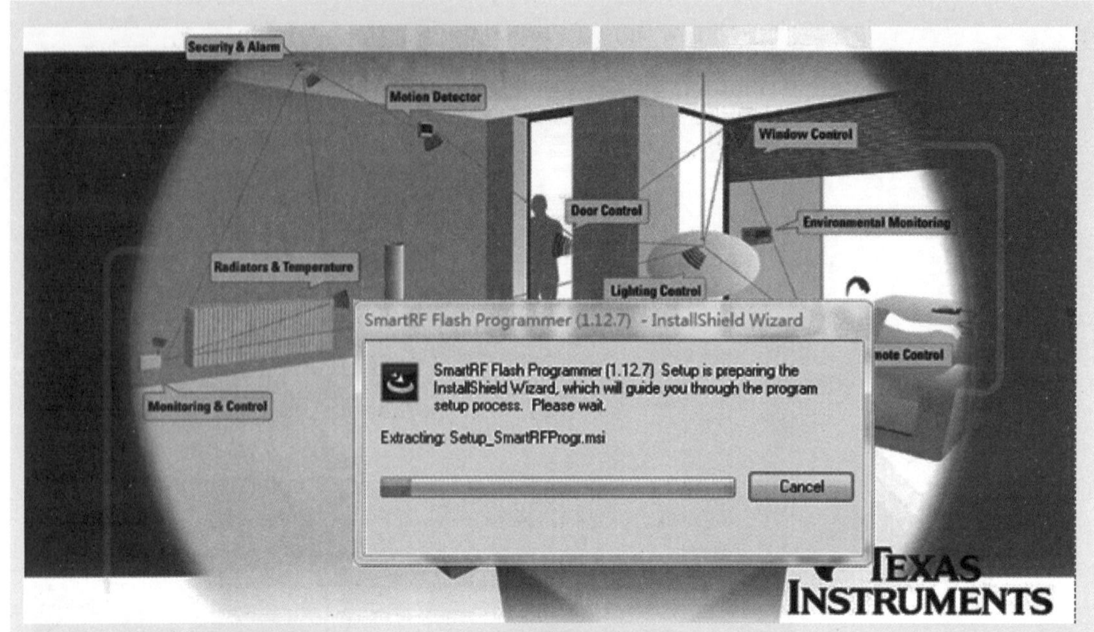

图5-17 安装SmartRF Flash Programmer软件

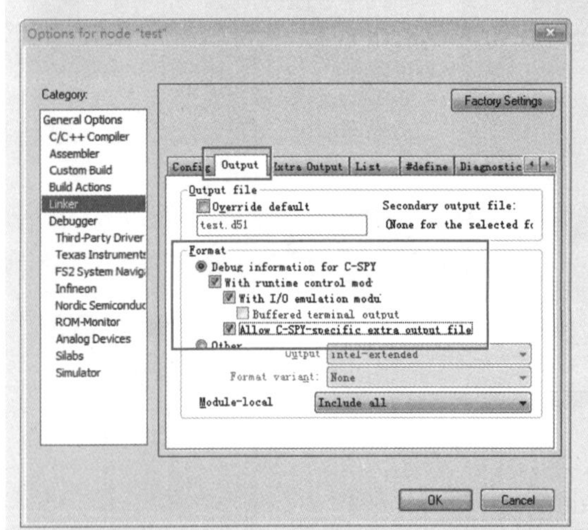

图5-18 配置编译器

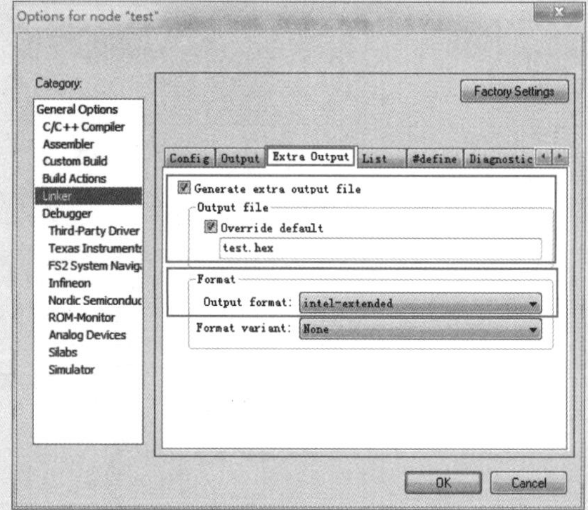

图5-19 Extra Output配置

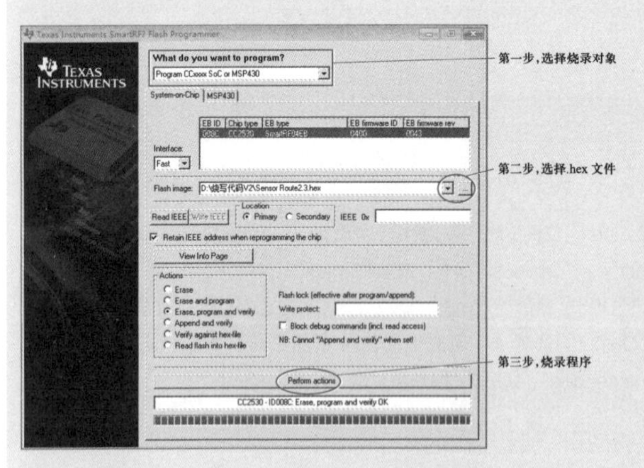

图5-20 烧录界面

3. 烧录文件

打开SmartRF Flash Programmer软件，hex文件路径是“F:\ZigBee\Debug\Exe”，如图5-20所示。

可以在IAR环境中烧录程序，并能仿真调试程序；又可以使用SmartRF Flash Programmer软件把hex文件烧录到CC2530芯片中。在实际开发过程之中，最后在IAR环境中烧录程序，然后仿真调试程序。

学习任务3 CC2530的I/O口应用与调试

3

「任务说明」

了解 CC2530 I/O 端口应用的基础知识，熟悉 SmartRF Flash Programmer 应用环境的调试方法，学会 WPF 应用程序与 CC2530 联调的方法。通过学习 CC2530 应用、调试的相关知识，为后续学习 CC2530 外部中断应用的调试使用奠定基础。

「相关知识与技能」

一、CC2530 I/O口简介

I/O（input/output）口就是输入/输出口。I/O 口的作用是实现主机与外界信息交换，要控制外部设备或采集外部信号，都需要通过I/O口来完成。

CC2530的I/O口一共具有21个数字I/O引脚，这些引脚可以组成3个8位端口，分别为端口0、端口1和端口2，通常表示为P0、P1和P2。其中，P0和P1是完全的8位端口，而P2仅有5位可以使用，如图5-21所示。

二、基于流水灯功能的设备调试

编写程序控制实验板上的LED1(D3)和LED2(D4)的亮、灭状态，使它们以流水灯方式进行工作，如图5-22所示。

使用实验板上的SW1按键控制LED1，每按下一次按键，LED1就切换一次亮/灭状态。首先看流程图了解工作过程，如图5-23所示。

准备好ZigBee CC2530模块，找到SW1按钮，如图5-24所示。

将编写好的代码烧录到CC2530内，观察功能的实现。参考程序如下：

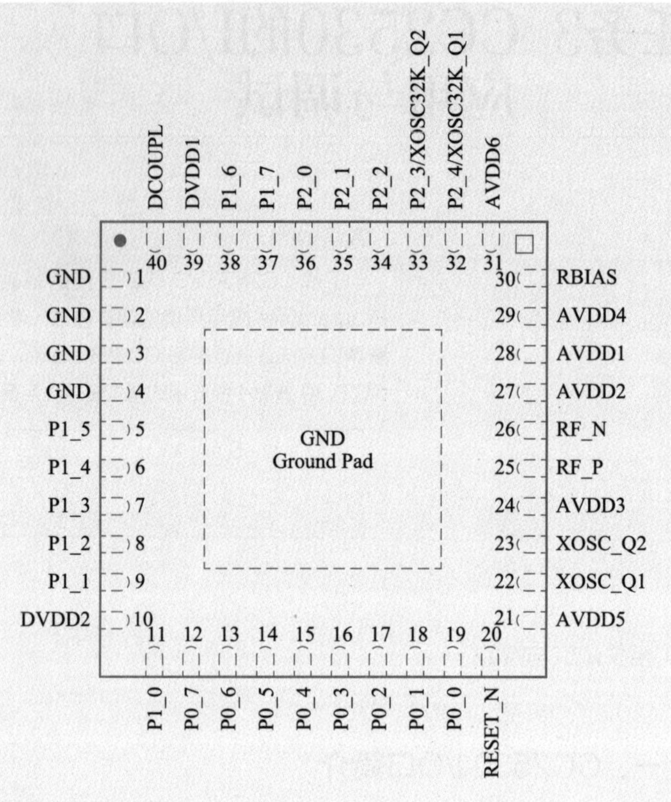

图5-21 CC2530芯片

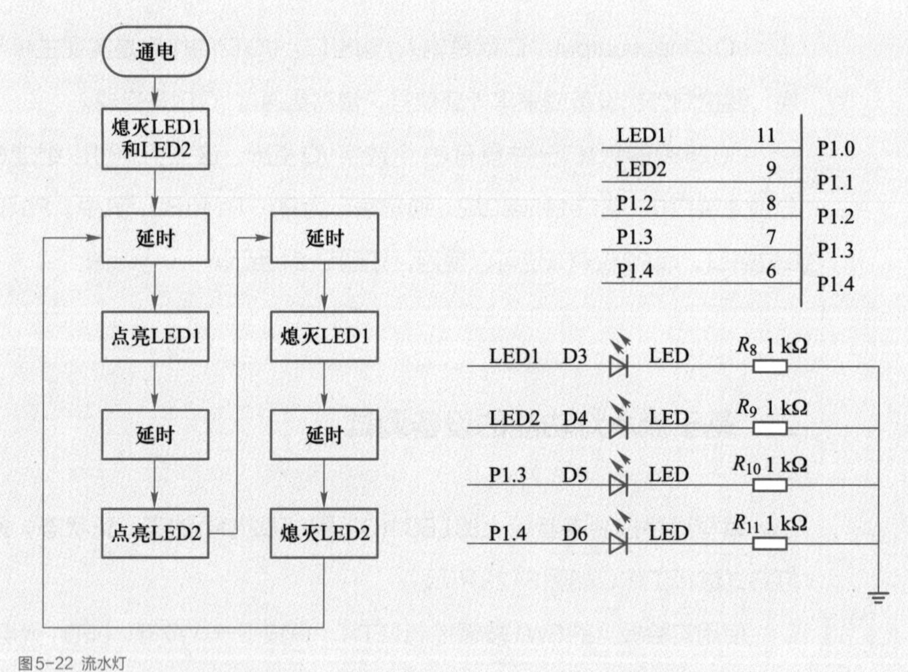

图5-22 流水灯

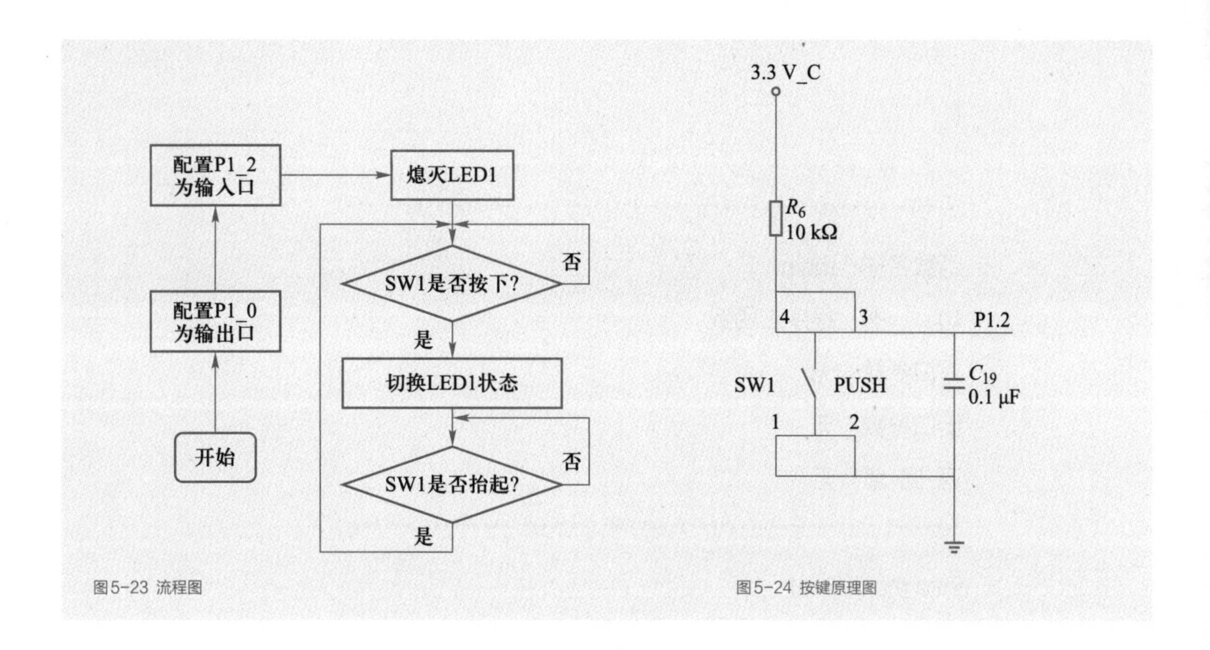

图5-23 流程图

图5-24 按键原理图

```
#include "ioCC2530.h" //引用CC2530头文件
#define LED1 (P1_0)          //LED1端口宏定义
#define SW1  (P1_2)          //SW1端口宏定义
/************************************************************
函数名称：delay
功    能：软件延时
入口参数：time——延时循环执行次数
出口参数：无
返 回 值：无
************************************************************/
void delay(unsigned int time)
{
    unsigned int i;
    unsigned char j;
    for(i = 0;i < time;i++)
      for(j = 0;j < 240;j++)
      {
          asm("NOP");//asm用来在C代码中嵌入汇编语言操作
          asm("NOP");//汇编命令nop是空操作，消耗1个指令周期
          asm("NOP");
```

```
        }
}

/**************************************************************
函数名称：main
功    能：程序主函数
入口参数：无
出口参数：无
返 回 值：无
**************************************************************/
void main(void)
{
    P1SEL &= ~0x05;         //设置P1_0口和P1_2为通用I/O口
    P1DIR |= 0x01;          //设置P1_0口为输出口
    P1DIR &= ~0x04;         //设置P1_2口为输入口

    P1INP &= ~0x04;         //设置P1_2口为上拉或下拉
    P2INP &= ~0x40;         //设置P1口所有引脚使用上拉

    LED1 = 0;               //熄灭LED1

    while（1）//程序主循环
    {
        if(SW1 == 0)                //如果按键被按下
        {
            delay(100);             //为消抖进行延时
            if(SW1 == 0)            //经过延时后按键仍处于按下状态
            {
                LED1 = ~LED1;   //反转LED1的亮灭状态
                while(!SW1);    //等待按键松开
            }
        }
```

```
        }
}
```

巩固及拓展

按键消抖：按键抖动会引起一次按键被误读多次，造成结果出错。

硬件消抖：通过电路硬件设计的方法来过滤按键输出信号，将抖动信号过滤成理想信号后传输给单片机。

软件消抖：通过程序过滤的方法，在程序中检测到按键动作后，延时一会儿后再次检测按键状态，如果延时前后按键的状态一致，则说明按键是正常执行动作，否则认为是按键抖动。

学习任务4 CC2530外部中断应用

4

「任务说明」

了解 CC2530 单片机外部中断的基础知识，熟悉设备内部中断、外部中断的功能，学会设备 I/O 中断的调试方法。通过学习 CC2530 外部中断应用的相关知识，为后续学习 CC2530 串口通信应用调试奠定基础。

「相关知识与技能」

一、中断介绍

1. 中断的概念

中断就是暂时放下目前所执行的程序，先去执行特定的程序（即中断子程序），待完成特定程序后，再返回执行刚才放下的程序。比如说，老师正在讲课，而同学有问题，随时可以举手提问，老师将立即停止讲课，先为同学解惑，然后再继续刚才暂停的课程，这样的动作就是“中断”。

2. 中断的作用

中断可以提高效率，中断也使得单片机系统具备应对突发事件的能力，提高了CPU的工作效率。

3. 中断优先级

如图5-25所示，中断的优先级就如同在同一时间节点，小明在家听到快递员和朋友在门外喊小明，小明在家里同时又听到电话铃声响起，电水壶的水开了，小狗饿得汪汪叫。这时小明需要选择其中一件事情做，而暂停其他工作，其他工作被排序中断后再一件一件完成。

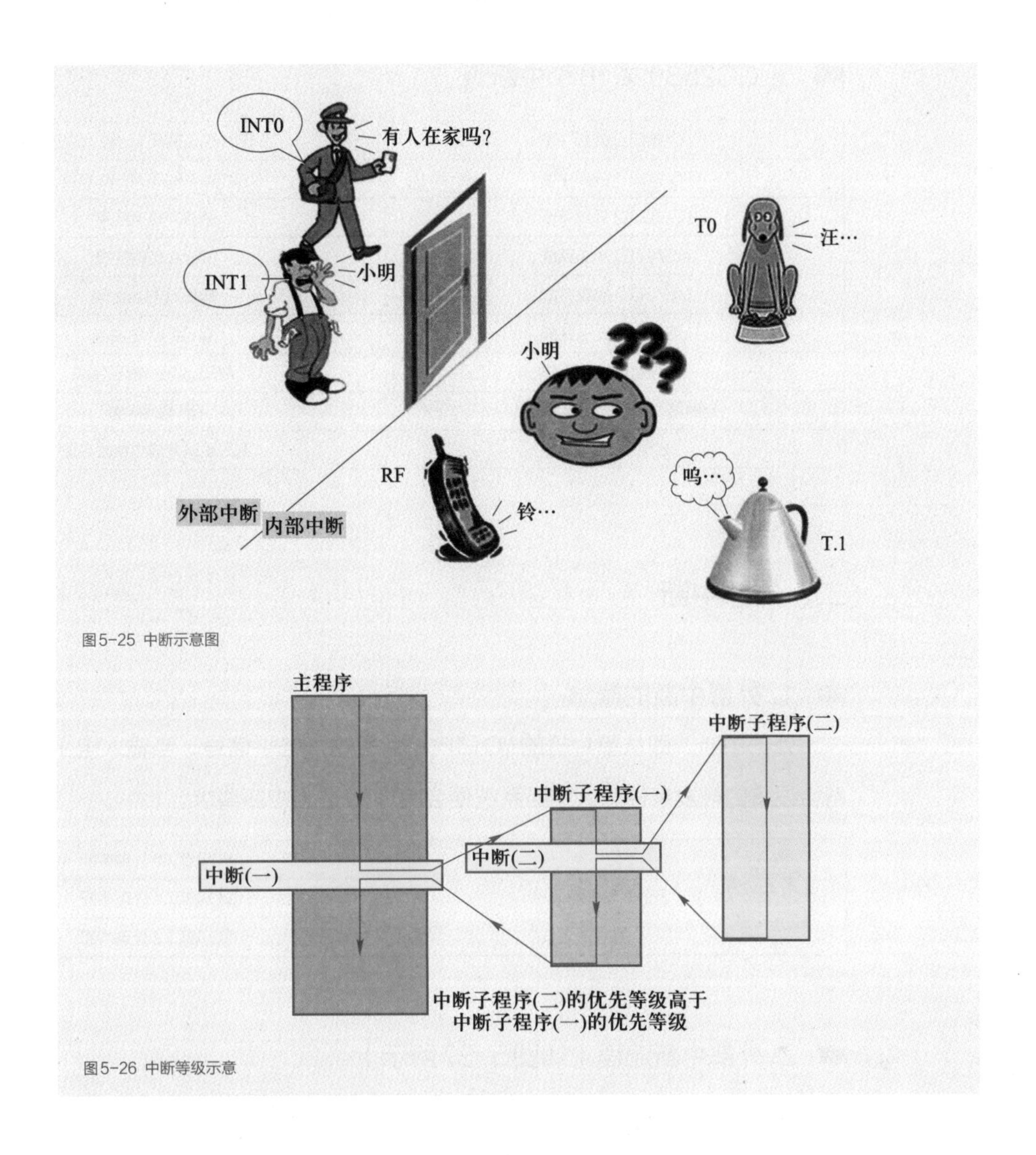

图5-25 中断示意图

图5-26 中断等级示意

4. 中断程序运行流程

中断的产生是有优先级的，例如在主程序执行过程中出现一个中断（一），需要优先完成中断子程序（一）的内容，在执行中断子程序（一）过程中又出现了优先完成中断子程序（二）的内容，这时中断子程序（一）的优先级虽然高于主程序中的中断（一）的级别，但却低于中断子程序（二）的级别，所以必须先完成中断子程序（二）后，再完成中断子程序（一），最后完成主程序中断（一）的内容，如图5-26所示。

5. CC2530共18个中断源

I/O 端口 0 外部中断	定时器 3 捕获 / 比较 / 溢出
I/O 端口 1 外部中断	定时器 4 捕获 / 比较 / 溢出
I/O 端口 2 外部中断	ADC 转换结束
USART0 发送完成	DMA 传输完成
USART0 接收完成	睡眠计时器比较
USART1 发送完成	看门狗计时溢出
USART1 接收完成	AES 加密 / 解密完成
定时器 1 捕获 / 比较 / 溢出	RF 通用中断
定时器 2 中断	RF 发送完成或接收完成

二、外部中断

1. 外部中断的概念

外部中断，即从单片机的I/O口向单片机输入电平信号，当输入电平信号的改变符合设置的触发条件时，中断系统便会向CPU提出中断请求。

3 个外部中断	I/O 端口 0 外部中断
	I/O 端口 1 外部中断
	I/O 端口 2 外部中断

2. 外部中断流程（如图5-27所示）

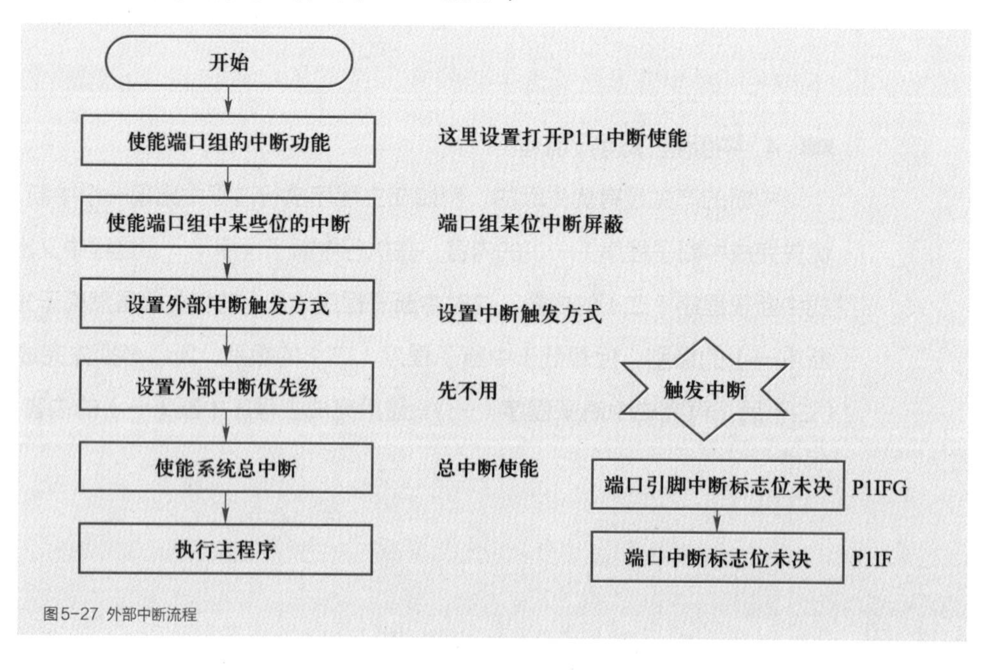

图5-27 外部中断流程

三、相关寄存器（见表5-1～表5-6）

表 5-1 IEN2(0X9A)——中断使能 2

位	名称	复位	R/W	描述
7:6	—	00	R0	没有使用，读出来是 0
5	WDTIE	0	R/W	看门狗定时器中断使能 0：中断禁止；1：中断使能
4	P1IE	0	R/W	端口 1 中断使能 0：中断禁止；1：中断使能
3	UTX1IE	0	R/W	USART1 TX 中断使能 0：中断禁止；1：中断使能
2	UTX0IE	0	R/W	USART0 TX 中断使能 0：中断禁止；1：中断使能
1	P2IE	0	R/W	端口 2 中断使能 0：中断禁止；1：中断使能
0	RFIE	0	R/W	RF 一般中断使能 0：中断禁止 1：中断使能

表 5-2 IEN 中断屏蔽

位	名称	复位	R/W	描述
7:0	P1_[7:0]IEN	0x00	R/W	P1.7~P1_0 中断使能 0：中断禁止；1: 中断使能

表 5-3 IEN0 中断使能 0

位	名称	复位	R/W	描述
7	EA	0	R/W	禁止所有中断 0：无中断被确认 1：通过设置对应的使能位将每个中断源分别使能和禁止

表 5-4 PICTL（0X8C）——I/O 中断控制

位	名称	重置	读写	描述
7	PADSC	0	R/W	I/O 引脚在输出模式下的驱动能力控制 0：最小驱动能力 1：最大驱动能力
6:4	—	000	R0	未使用
3	P2ICON	0	R/W	P2.4~P2.0 的中断配置 0：上升沿产生中断；1：下降沿产生中断
2	P1ICONH	0	R/W	P1.7~P1.4 的中断配置 0：上升沿产生中断；1：下降沿产生中断
1	P1ICONL	0	R/W	P1.3~P1.0 的中断配置 0：上升沿产生中断；1：下降沿产生中断
0	P0ICON	0	R/W	P0.7~P0.0 的中断配置 0：上升沿产生中断；1：下降沿产生中断

表 5-5 P1IFG——P1 中断状态标志

位	名称	重置	读写	描述
7:0	P1IF [7:0]	0x00	R/W0	P1. 位 7~0 接脚的输入中断标志位，当输入的一个引脚有中断请求未决信号，其对应的中断标志位将置 1

表 5-6 IRCON2- 中断标志 5

位	名称	重置	读写	描述
7:5	—	000	R/W	没有使用
4	WDTIF	0	R/W	看门狗定时器中断标志 0：无中断未决；1：中断未决
3	P1IF	0	R/W	端口 1 中断标志 0：无中断未决；1：中断未决
2	UTX1IF	0	R/W	USART1 TX 中断标志 0：无中断未决；1：中断未决
1	UTX0IF	0	R/W	USART0 TX 中断标志 0：无中断未决；1：中断未决
0	P2IF	0	R/W	端口 2 中断标志 0：无中断未决；1：中断未决

在IAR编程环境中，中断服务函数有特定的书写格式。

```
#pragma vector = 中断向量
__interrupt void    函数名称(void)
{
    /*此处编写中断处理程序*/
}
```

在每一个中断服务函数之前，都要加上一行起始语句：

```
#pragma vector = 中断向量
```

“中断向量”表示接下来要写的中断服务函数是为哪个中断源服务的。该语句有两种写法，比如为P1口中断编写中断服务函数：

#pragma vector = 0x78 或 #pragma vector = P1INT_VECTOR

巩固及拓展

1. 利用中断控制方式，使用SW1按键控制LED1的亮/灭状态，具体要求如下：

① 系统上电后LED1熄灭。

② 每次按下一次SW1按键并松开时，LED1切换自身的亮/灭状态。

2. 开始四盏灯全灭，当第一次点按SW1按键，LED1灯亮；而后每点按SW1键一次，LED灯亮的个数加1；当四盏灯全亮时，再次点按SW1按键，则四盏灯全灭，重新回到初始状态。

学习任务5 CC2530串口通信应用

［任务说明］

了解单片机UART中的TTL、RS-232、RS-485之间信号转换的相关知识，熟悉CC2530串口通信原理，学会串口寄存器配置的方法。通过学习CC2530串口通信应用等相关知识技能，为后续学习CC2530单片机实战强化项目奠定基础。

［相关知识与技能］

一、串口通信

1. 串口的概念

串行接口简称串口，也称串行通信接口（通常指COM接口），是采用串行通信方式的扩展接口。串行接口（Serial Interface）是指数据一位一位地顺序传送，其特点是通信线路简单，只要一对传输线就可以实现双向通信（可以直接利用电话线作为传输线），从而大大降低了成本，特别适用于远距离通信，但传送速度较慢。

2. 串口通信协议

串口通信指串口按位（bit）发送和接收字节。尽管比按字节（byte）的并行通信慢，但是串口可以在使用一根线发送数据的同时用另一根线接收数据。

在串口通信中，常用的协议包括RS-232、RS-422和RS-485。RS-232（ANSI/EIA-232标准）是IBM-PC及其兼容机上的串行连接标准，可用于许多场合，比如连接鼠标、打印机或者Modem，同时也可以接工业仪器仪表，实际应用中RS-232的传输长度或者速度常常超过标准值。RS-232只限于计算机串口和设备间点对点的通信。RS-232串口通信的最远距离是15m，如图5-28所示。

RS-422（EIA RS-422-AStandard）是Apple的Macintosh计算机的串口连接标准。RS-422使用差分信号，差分传输使用两根线发送和接收信号，对比RS-232，它能更好地抗噪声，有更远的传输距离，更适用于工业环境。

RS-485（EIA-485标准）改进了RS-422，因为它增加了设备的个数，从10个增加到32个，同时定义了在最大设备个数情况下的电气特性，以保证足够的信号电压。它具有多个设备的能力，可以使用一个RS-485口建立设备网络。在工业应用中建立连向计算机的分布式设备网络、其他数据收集控制器、HMI或者其他操作时，串行连接会选择RS-485。RS-485是RS-422的超集，因此所有的RS-422设备都可以被RS-485控制，RS-485可以用超过1200m的线进行串行通行。

二、CC2530串口

由于CC2530单片机的输入输出电平是TTL电平(5V是1、0V是0)，计算机配置的串行通信接口是RS-232标准接口（-12V是1、12V是0），两者的电气规范不一致，要完成两者之间的通信，需要在两者之间用MAX232芯片进行电平转换，CC2530串口原理图如图5-29所示。

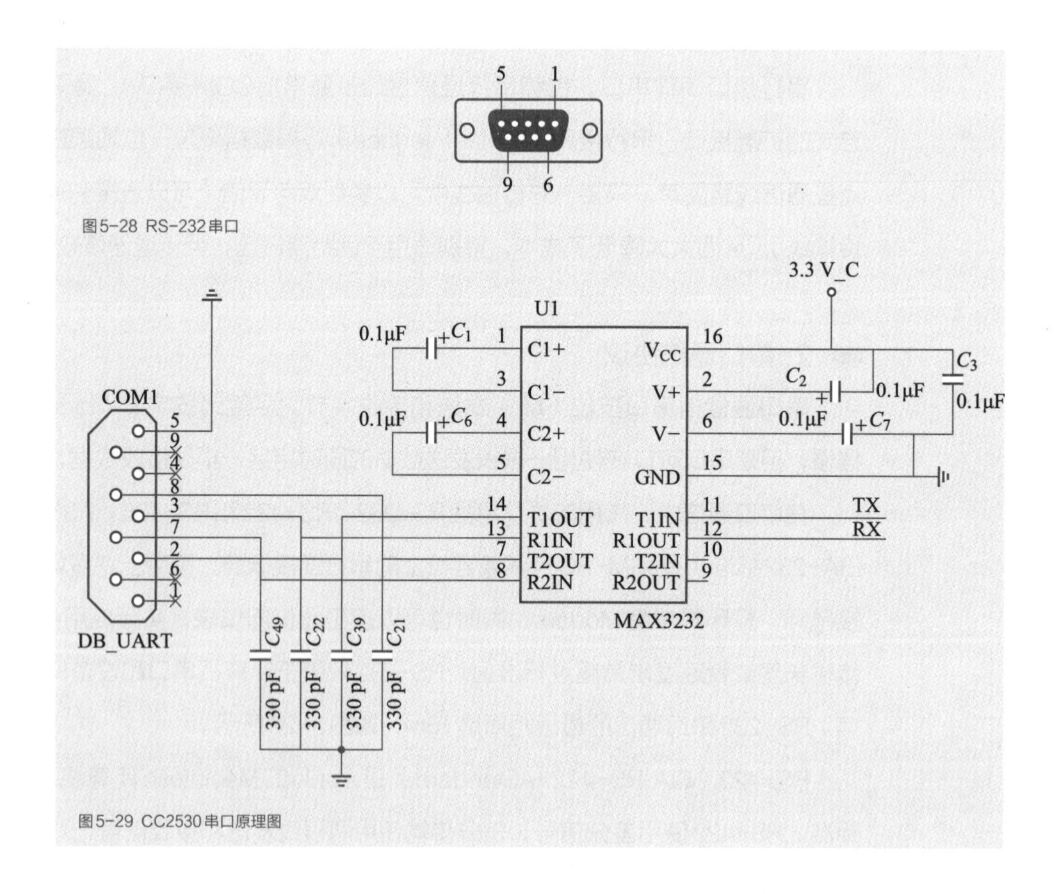

图5-28 RS-232串口

图5-29 CC2530串口原理图

1. CC2530芯片通信接口

异步通信以字符为单位进行数据传送，每一个字符均按照固定的格式传送，又被称为帧，即异步串行通信一次传送一帧。每一帧数据由起始位（低电平）、数据位、奇偶校验位（可选）、停止位（高电平）组成。帧的格式如图5-30所示。

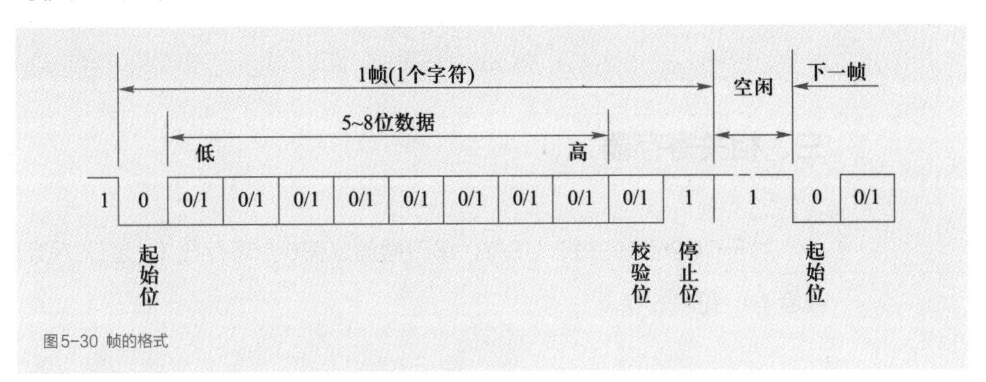

图5-30 帧的格式

图5-31 端口设置

2. 流控制

数据在两个串口之间传输时，常常会出现丢失数据的现象，如接收端数据缓冲区已满，则此时继续发送来的数据就会丢失，流控制能解决这个问题。当接收端数据处理不过来时，就会发出“不再接收”的信号，发送端就停止发送，直到收到“可以继续发送”的信号时再发送数据，如图5-31所示。

3. 串口工作流程

（1）选择USART通信为UART模式，U0CSR = 0x80。

（2）选择UART模式外设引脚位置，PERCFG = 0x00。

（3）设置引脚的功能为外设IO口，P0SEL = 0x3C。

（4）设置UART通信的波特率，这里设置为57600。

U0BAUD = 216

U0GCR = 10

（5）设置UART通信相关参数，如停止位、校验位等。

U0UCR = 0x80

（6）清除USART，写中断标示，UTX0IF = 0。

（7）打开总中断使能，EA = 1。

（8）打开USART0读中断使能，URX0IE = 1。

（9）打开UART0读中断使能，U0CSR |= 0X40。

三、相关寄存器

对于CC2530的每个USART串口通信，有6个寄存器（x是USART的编号，为0或者1），见表5-7。

表5-7 PERCFG外设控制寄存器

D7	D6	D5	D4	D3	D2	D1	D0
未用	定时器1	定时器3	定时器4	未用	未用	USART1	USART0

备注：PERCFG寄存器用于设置部分外设的I/O位置，0为默认位置1，1为默认位置2。

CC2530共有2组USART通信端口，每组USART有2组UART口，见表5-8。

表5-8 I/O口外设UART引脚

外设 / 功能	P0								P1							
	7	6	5	4	3	2	1	0	7	6	5	4	3	2	1	0
USART 0 UART			RT	CT	TX	RX										
Alt.2											RX	TX	RT	CT		
USART1 UART			RX	TX	RT	CT										
Alt.2									RX	TX	RT	CT				

波特率相关寄存器如下：

（1）CLKCONCMD：设置芯片工作频率为32MHz或16MHz。

（2）UxGCR：USARTx 通用控制寄存器。

（3）UxBAUD：USART x波特率控制寄存器。

32MHz系统时钟常用的波特率设置见表5-9。

表5-9 32MHz系统时钟时常用的波特率设置

波特率 /bps	UxBAUD.BAUD_M	UxGCR.BAUD_E	误差
2400	59	6	0.14%

续表

波特率 /bps	UxBAUD.BAUD_M	UxGCR.BAUD_E	误差
4800	59	7	0.14%
9600	59	8	0.14%
14400	216	8	0.03%
19200	59	9	0.14%
28800	216	9	0.03%
38400	59	10	0.14%
57600	216	10	0.03%
76800	59	11	0.14%
115200	216	11	0.03%
230400	216	12	0.03%

UxCSR：USARTx控制和状态寄存器：主要用于设置是UART工作模式还是SPI工作模式。

UxUCR：USARTx UART控制寄存器：主要用于设置UART通信的相关参数，如校验位，数据位。

UxBUF：USART x接收/发送数据缓冲寄存器：用于存放发送和接收的数据。

实战强化1 用按键中断流水灯的调试 1

（一）实施目的

1. 熟悉ZigBee单片机安装方法。

2. 学会ZigBee单片机程序调试方法。

3. 掌握IAR、SmartRF04EB仿真器、SmartRF Flash Programmer软件的使用方法。

（二）工具/原材料

ZigBee CC2530模块、电线、数据线IAR、SmartRF04EB仿真器、SmartRF Flash Programmer软件、Windows7以上操作系统的计算机。

（三）操作步骤

在计算机端，利用串口助手向单片机发送字符串（字符串长度不超过256Byte，以“#”为结束符），CC2530将接收到的数据从串口反向发给计算机，并点亮LED1灯，在串口助手窗口中显示出来。流程图如图5-32所示。

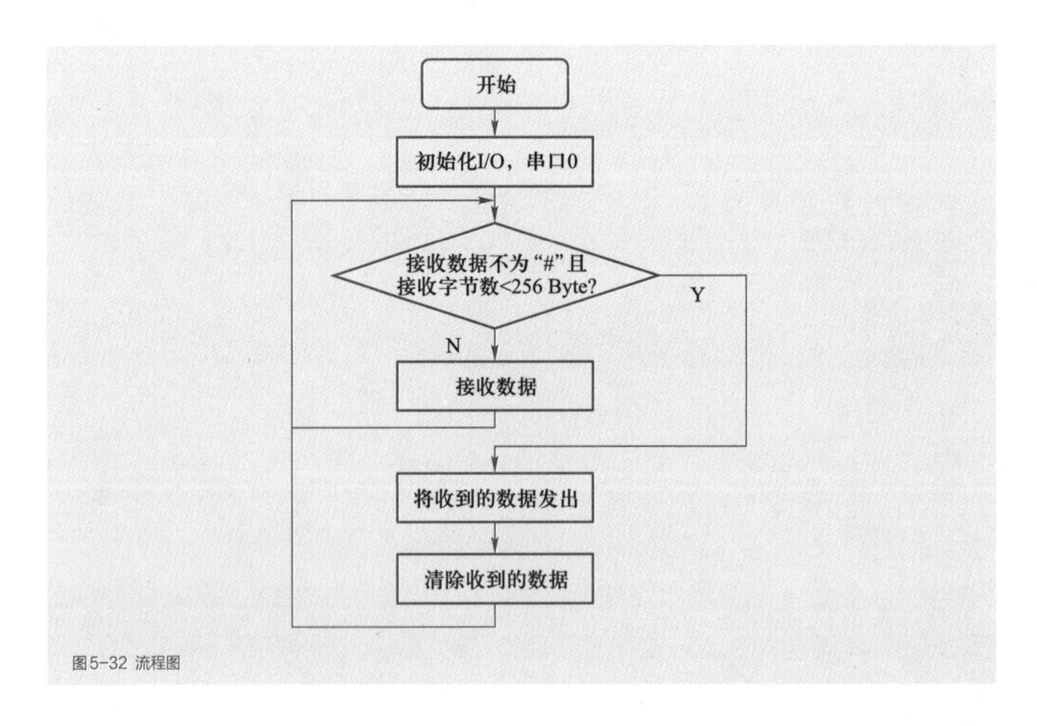

图5-32 流程图

将程序烧录到单片机内，观察功能的实现。

```
/* 文件名称：uart1.c
 * 功    能：CC2530系统实验-----单片机串口发送数据到计算机
 * 描    述：实现从CC2530上通过串口每3s
 发送字串"Hello，I am CC2530 .\n  "
 在计算机端利用串口助手来接收数据
 使用 CC2530 的串口 UART 0 ，波特率为57600 bps
 其他参数为上电复位默认值
*/
/* 包含头文件 */
#include "ioCC2530.h"   //定义LED灯端口
#define LED1 P1_0       // P1_0定义为P1.0

unsigned int counter=0;          //统计定时器溢出次数
void initUART0(void)
{
  PERCFG = 0x00;
  P0SEL = 0x3c;
  U0CSR |= 0x80;
  U0BAUD = 216;
  U0GCR = 10;
  U0UCR |= 0x80;
  UTX0IF = 0; // 清零UART0 TX中断标志
  EA = 1;  //使能全局中断
}
/*************************************************************
 * 函数名称：inittTimer1
 * 功    能：初始化定时器T1控制状态寄存器
*************************************************************/
void inittTimer1()
{
```

```
    CLKCONCMD &= 0x80;      //时钟速度设置为32MHz
    T1CTL = 0x0E;      //配置128分频，模比较计数工作模式，并开始启动
    T1CCTL0 |= 0x04;
    T1CC0L =50000 & 0xFF;
    T1CC0H = ((50000 & 0xFF00) >> 8);      //把50000的高8位写入T1CC0H

    T1IF=0;                    //清除timer1中断标志
    T1STAT &= ~0x01;           //清除通道0中断标志

    TIMIF &= ~0x40;            //不产生定时器1的溢出中断
    //定时器1的通道0的中断使能T1CCTL0.IM默认使能
    IEN1 |= 0x02;              //使能定时器1的中断
    EA = 1;                    //使能全局中断
}

void UART0SendByte(unsigned char c)
{
    U0DBUF = c;
    while (!UTX0IF);           //等待TX中断标志，即U0DBUF就绪
    UTX0IF = 0;                //清零TX中断标志
}
/**************************************************************
 * 函数名称：UART0SendString
 * 功    能：UART0发送一个字符串
**************************************************************/
void UART0SendString(unsigned char *str)
{
    while(*str != '\0')
    {
        UART0SendByte(*str++);  //发送一字节
    }
}
```

```
/**********************************************************
 * 功    能：定时器T1中断服务子程序
 **********************************************************/
#pragma vector = T1_VECTOR //中断服务子程序
__interrupt void T1_ISR(void)
  {
    EA = 0;     //禁止全局中断
    counter++;     //统计T1的溢出次数
    T1STAT &= ~ 0x01;     //清除通道0中断标志
    EA = 1;     //使能全局中断
}
/**********************************************************
 * 函数名称：main
 * 功    能：main函数入口
 **********************************************************/
void main(void)
{
  P1DIR |= 0x01;     /* 配置P1.0的方向为输出 */
  LED1 = 0;
  inittTimer1();     //初始化Timer1
  initUART0();     // UART0初始化
  while ( 1 )
    {



                counter=0;
                LED1 = 1;
                UART0SendString("Hello ! I am CC2530 .\n");
                LED1 = 0;


    }
}
```

小组评价

小组名称：　　　　　　　　　　　　　　组长：

成员姓名	组内承担任务内容	准备	实施	完成结果	自我评价	教师评价	备注
组内互评							
结论							

实战强化2 基于ZigBee CC2530无线通信控制风扇的调试

2

（一）实施目的

1. 熟悉ZigBee单片机传感器、继电器等设备的安装。

2. 学会ZigBee单片机等设备的烧录与配置。

3. 理解ZigBee单片机PAND ID和Channel通信协议的含义。

4. 掌握SmartRF04EB仿真器、SmartRF Flash Programmer软件的使用方法。

（二）工具/原材料

ZigBee CC2530模块、温湿度传感器、风扇、继电器配件、电线、数据线、SmartRF04EB仿真器、SmartRF Flash Programmer软件、Windows7以上操作系统具有安卓开发系统软件的计算机。

（三）操作步骤

本任务是用ZigBee协调器进行无线控制，采集温湿度和控制风扇运行，共需要3块CC2530单片机，其中与主机相连的为协调器，另外两块为控制风扇的执行器与采集温湿度传感器的采集功能板，如图5-33所示。

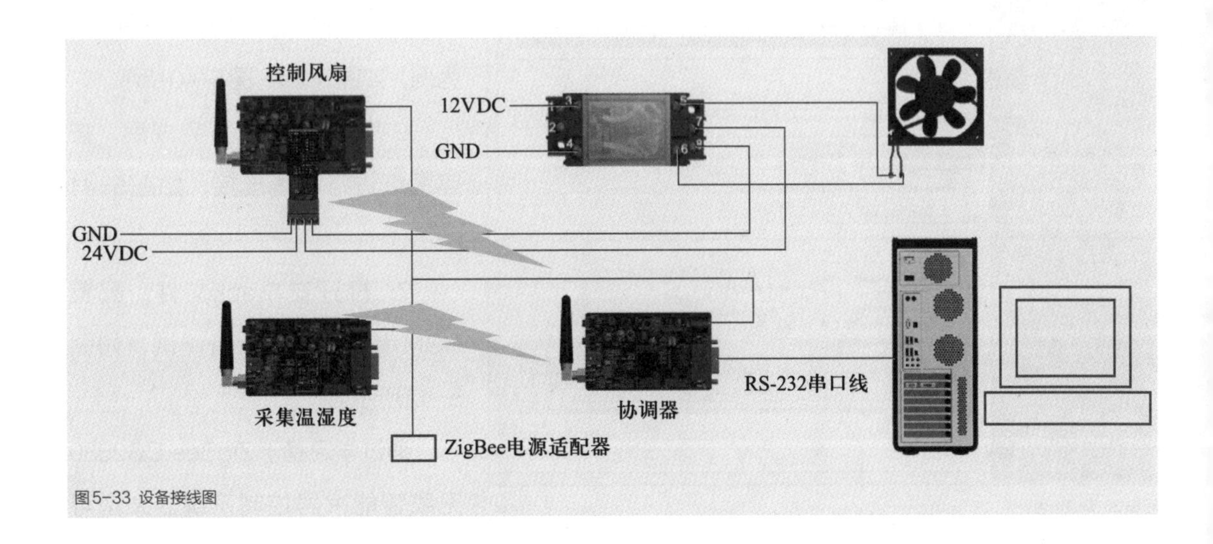

图5-33 设备接线图

1. 将SmartRF Flash Programmer软件和SmartRF04EB仿真器软件安装在计算机上。

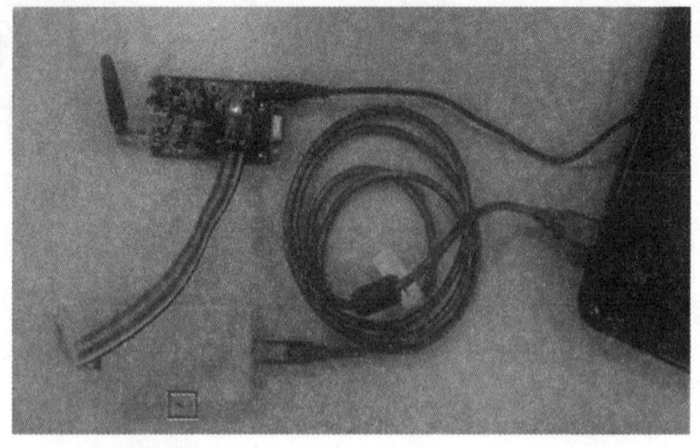
图5-34 实物接线图

2. 按照图5-34所示将仿真线、仿真器、电源线依次连接在ZigBee CC2530模块上，打开SmartRF Flash Programmer软件，按仿真器侧面的黑色扫描按钮，“System-on-Chip”区域出现“0054 CC2530”蓝色提示，即为扫描成功，如图5-35所示。

3. 选取需要烧录的类型，例如：第一个烧录协调器，在“Flash image”中写明“collector2.3.hex”文件的所在地址，单击“Perform actions”观察进度栏，直到完成烧录，如图5-36所示。

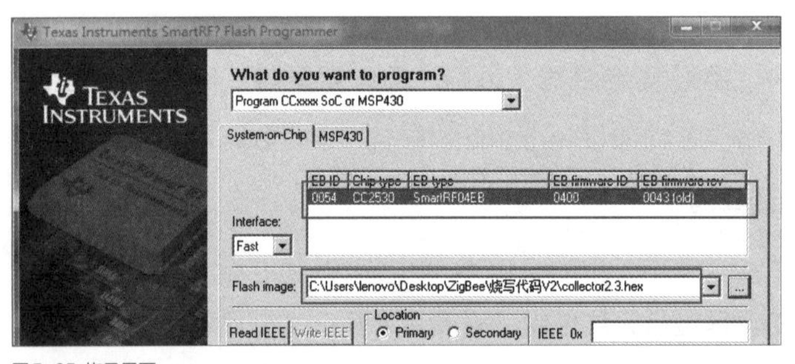

图5-35 烧录界面

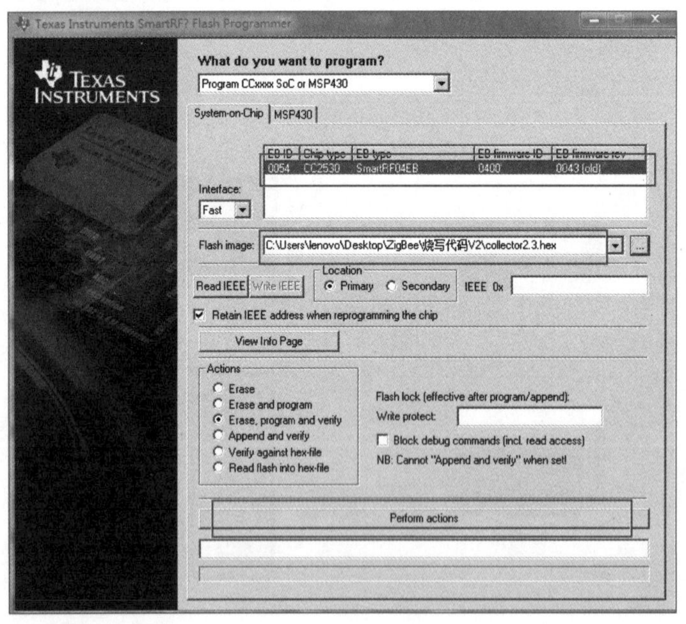

图5-36 烧录协调器

4. 依此类推，完成继电器、传感器的烧录，如图5-37、图5-38所示。

5. 烧录完后，打开配置软件，完成Channel、PAND ID、序列号的设置。这里需要注意，协调器和传感器板子的波特率为38 400 bps，传感器的波特率为9 600 bps，具体配置以Channel=14 PAND ID=0001（十六进制）序列号=0001为例，如图5-39、图5-40所示。

6. 全部烧录配置完成后，按照图纸进行硬线连接，如图5-41所示。

7. 打开安卓apk文件，配置COM串口，进行设备调试，如图5-42所示。

通过学习基于ZigBee CC2530无线智能家居控制系统，大家可

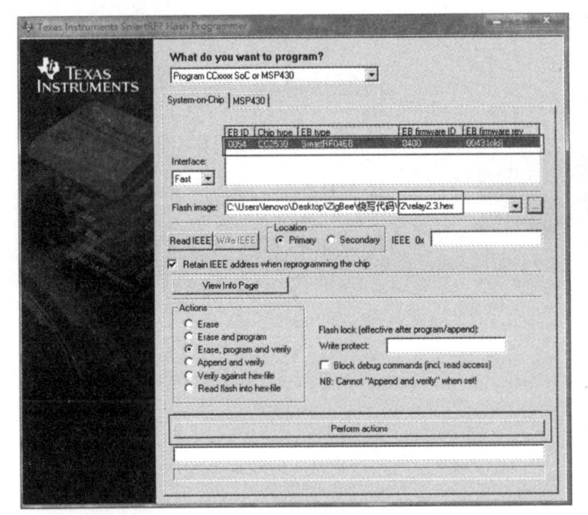

图5-37 烧录继电器

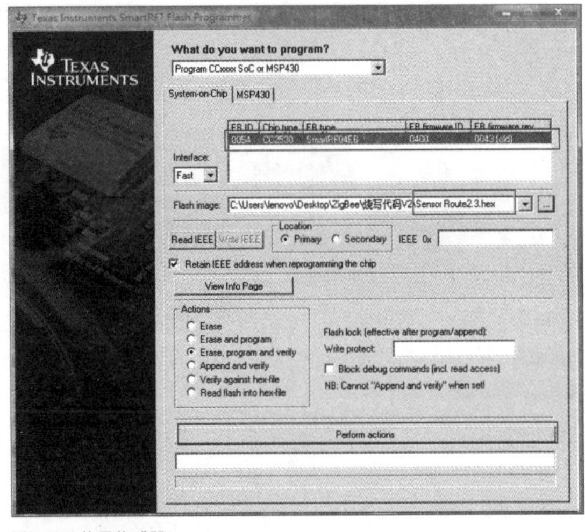

图5-38 烧录传感器

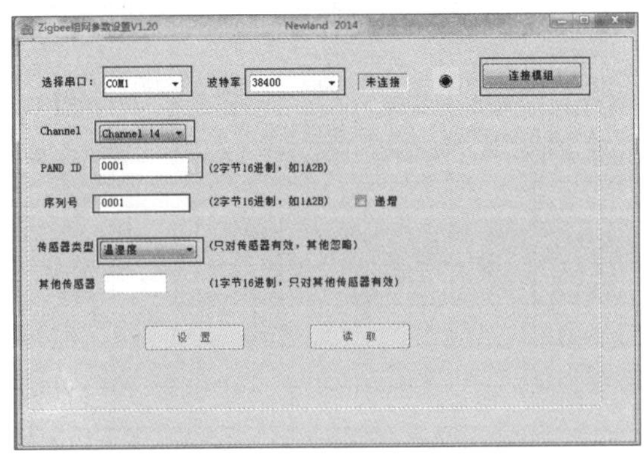

图5-39 组网参数设置

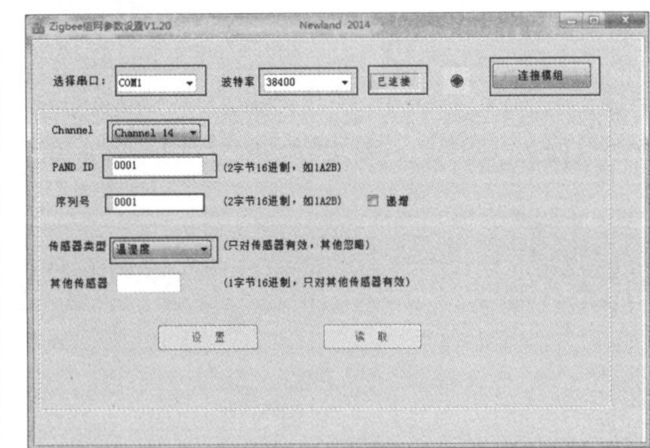

图5-40 连接成功

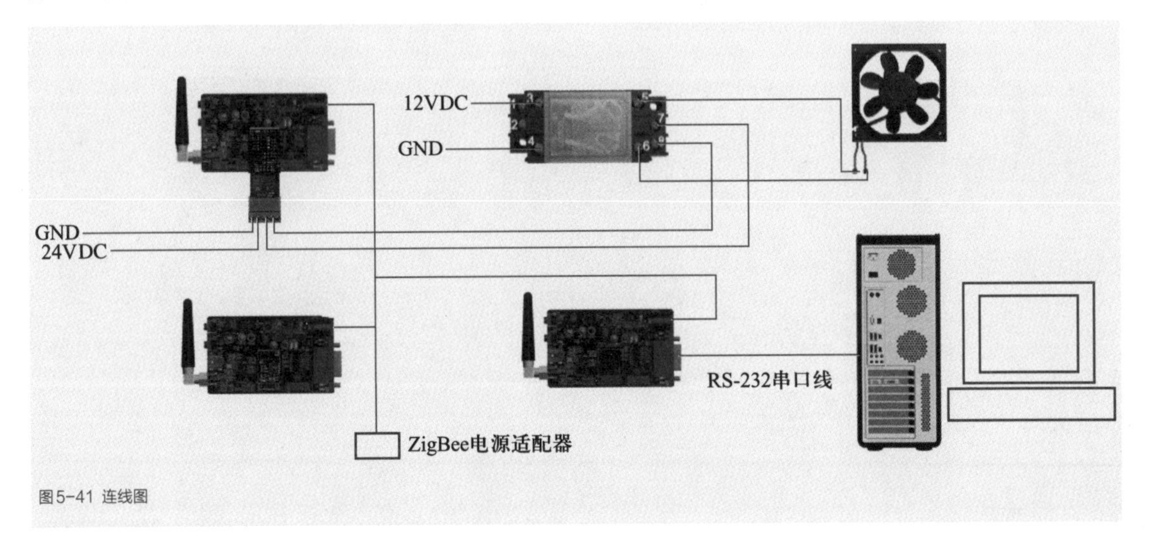

图5-41 连线图

图5-42 操作界面

以清楚地了解ZigBee无线网络传感技术在实际生活中的应用，从而加深对ZigBee CC2530模块的烧录、配置、安装和组网技术的认识。

小组评价

小组名称：　　　　　　　　　　　　　　组长：

成员姓名	组内承担任务内容	准备	实施	完成结果	自我评价	教师评价	备注
组内互评							
结论							

实战强化3 基于ZigBee CC2530点对点控制的安装调试

3

（一）实施目的

1. 了解BasicRF Layer工作机制。

2. 熟练建立BasicRF项目工程。

3. 了解basicrf、board、common等驱动文件的作用。

4. 理解串口读写函数、发送地址和接收地址、PAN_ID、RF_CHANNEL等概念。

（二）工具/原材料

ZigBee CC2530模块、串口线2根、计算机2台、IAR、SmartRF04EB仿真器、SmartRF Flash Programmer软件、串口测试软件。

（三）操作步骤

以Basic RF无线点对点传输协议为基础，采用2个ZigBee模块（当作节点1和节点2），用一根串口线把节点1与计算机连接。再用一根串口线把节点2与计算机相连。打开串口调试软件，设置节点1和节点2的波特率为38400bps、数据位为8。在串口调试软件上找到节点1输入“Hello!你叫什么名字？”，单击“发送”；则在节点2就显示“Hello! 你叫什么名字？”，同时要求在节点2上回复“Hello! 我叫张三。”。回复的信息要求在节点1上能显示，如此像聊天软件一样进行信息的收和发，实现无线串口通信。

串口数据发送：通过创建一个buffer，把数据放入其中，然后再调用halUartWrite()函数发送数据。

串口数据接收：通过调用RecvUartDate()函数来接收数据，并以数据长度来判断是否收到数据。

1. 新建工程和程序文件，添加头文件

（1）复制库文件。将“CC2530_lib”文件夹复制到该任务的工程文件夹内，即“D:\zigbee\任务2.2 无线串口通信”内，并在该工程文件夹内新建一个“Project”文件夹，用于存放工程文件。

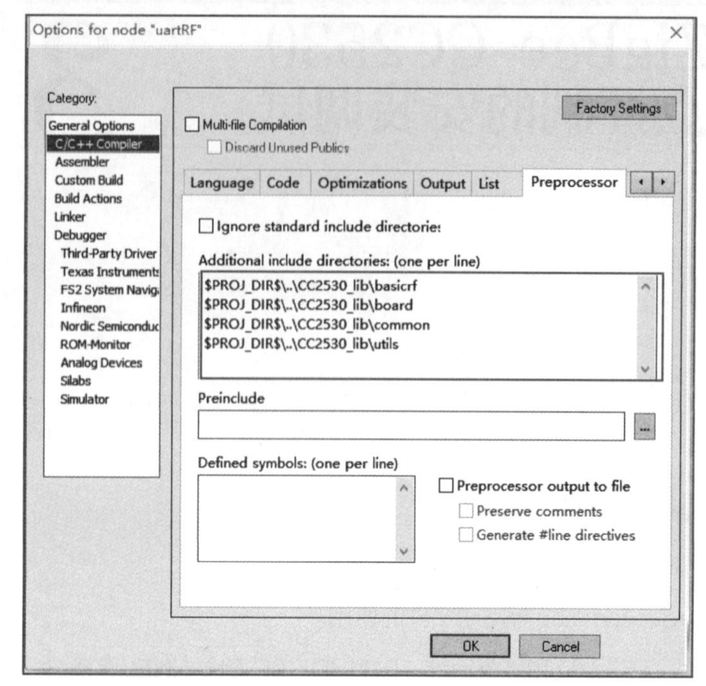

图5-43 添加头文件

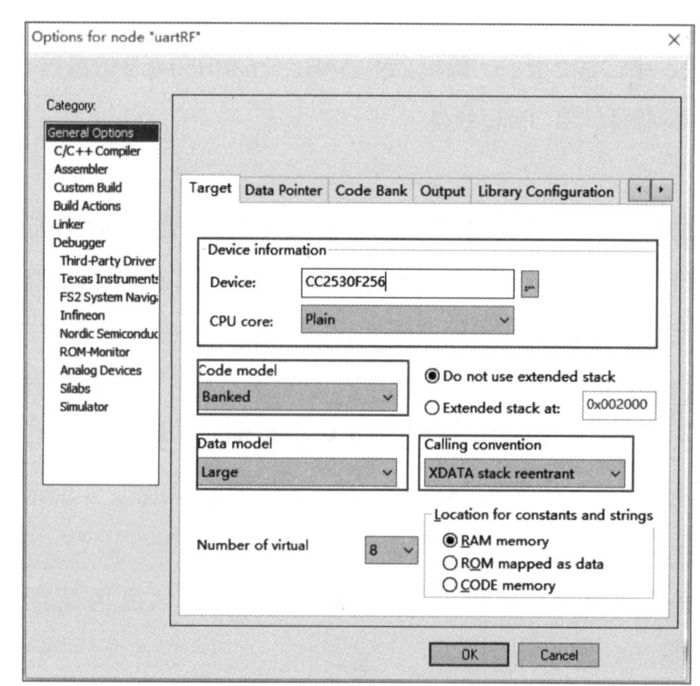

图5-44 配置工程

（2）新建工程，并在工程中新建App、basicrf、board、common、utils 5个组，把各文件夹中的“xx.c”文件添加到对应的文件夹中。

（3）新建程序文件。新建源程序文件，将其命名为“uartRF.c”，保存在“D:\ZigBee\任务2.2无线串口通信\Project”文件夹中，并将该文件添加到工程中的“App”文件夹中。

（4）为工程添加头文件。单击IAR菜单栏中的“Project”→“Options”，在弹出的对话框中选择“C/C++ Compiler”，然后选择“Preprocessor”选项卡，并在“Additional include directories：”中输入头文件的路径，然后单击“OK”按钮，如图5-43所示。

注意：

“$PROJ_DIR$\”为当前工作的workspace的目录。“..\”表示对应目录的上一级。例如，“$TOOLKIT_DIR$\inc\”和“$TOOLKIT_DIR$\INC\CLIB\”都表示当前工作的workspace的目录。“$PROJ_DIR$\..\inc”表示workspace目录上一级的inc目录。

2. 配置工程

单击IAR菜单栏中的“Project”→“Options”，分别对General Options、Linker和Debugger三项进行配置，如图5-44所示。

（1）General Options配置。选中“Target”选项卡，在“Device”栏内选择“CC2530F256”（路径：C:\…\8051\config\devices\Texas Instruments）。其他设置如图5-44所示。

（2）Linker配置。选中“Config”选项卡，勾选“Overide default”，并在该栏内选择“lnk51ew_CC2530F256_banked.xcl”配置文件，其路径为“C:\…\8051\config\devices\Texas Instruments”。

（3）Debugger配置。选中“Setup”选项卡，在“Driver”栏内选择“Texas Instruments”；在“Device Description file”栏内，勾选“Overide default”，并在该栏内选择“io8051.ddf”配置文件，如图5-45所示。

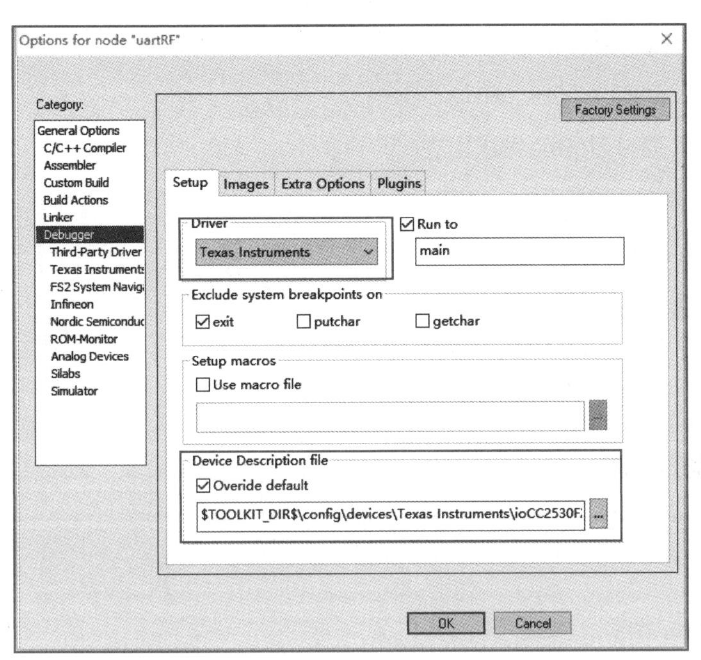

图5-45 Debugger配置

3. 编写程序

程序很长，下面是关键部分的程序。

```
/************* 点对点通信地址设置 ******************/
#define RF_CHANNEL      20          // 频道 11~26
#define PAN_ID          0x1379      //网络id
//#define MY_ADDR       0x1234      //模块A的地址
//#define SEND_ADDR     0x5678      //模块A发送模块B的地址
#define MY_ADDR         0x5678      //模块B的地址
#define SEND_ADDR       0x1234      //模块B发送模块A的地址
/**************************************************************/
void main(void)
{     uint16 len = 0;
halBoardInit();  //模块相关资源的初始化
ConfigRf_Init(); //无线收发参数的配置初始化
```

```
while ( 1 )
{      len = RecvUartData(); // 接收串口数据
if(len > 0)
{      halLedToggle ( 3 ) ;
// LED灯取反，无线发送指示
basicRfSendPacket(SEND_ADDR, uRxData,len);
//把串口收到的数据，通过ZigBee发送出去
}
if(basicRfPacketIsReady())
//查询是否有新的无线数据
{
halLedToggle ( 4 ) ;
// LED灯取反，无线接收指示
len = basicRfReceive(pRxData, MAX_RECV_BUF_LEN, NULL);
//接收无线数据
halUartWrite(pRxData,len);
//接收到的无线数据发送到串口
}
}
}
```

4. 下载程序

（1）为无线模块A下载程序。重新编译程序无误后，下载到无线模块A中。

（2）为无线模块B下载程序。重新编译程序无误后，下载到无线模块B中。

注意：如果有多组同学同时进行实训，每组间的RF_CHANNEL和PAN_ID至少要有一个参数不同。如果多组间的RF_CHANNEL和PAN_ID值都一样，则会造成信号串扰。

5. 运行程序

（1）分别把节点1和节点2接到计算机的串口，打开两个串口调试软件，把串口的波特率设置为38 400 bps；再给两个模块上电，如图5-46所示。

（2）在两个串口调试软件上，发送不同的信息，并能显示对方发送的信息，如图5-47所示。

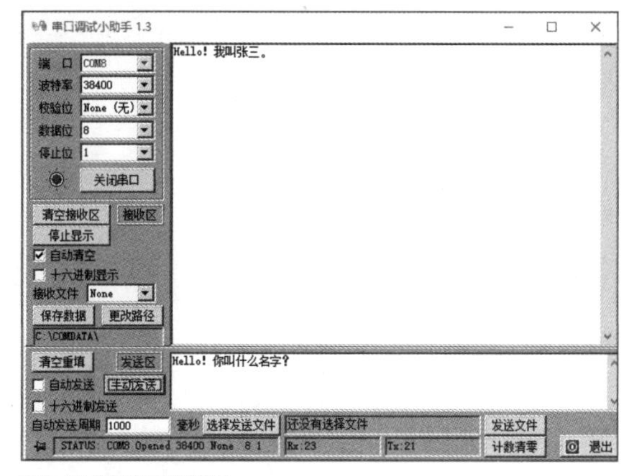

图5-46 主机串口测试软件

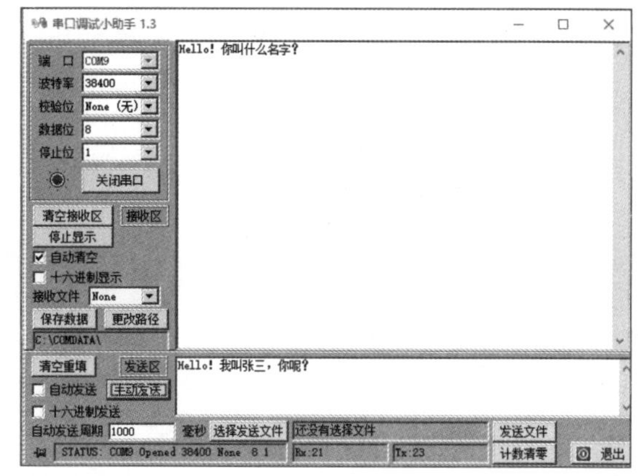

图5-47 另外一台主机串口测试软件

小组评价

小组名称：　　　　　　　　　　　　　　　　组长：

成员姓名	组内承担任务内容	准备	实施	完成结果	自我评价	教师评价	备注
组内互评							
结论							

项目6　ZigBee Basic RF无线通信设备调试

［学习目标］

- 了解Basic RF layer的工作机制。
- 熟悉无线发送和接收函数。
- 理解串口读写函数。

［项目概述］

本项目主要介绍Basic RF Layer的工作机制，以及光敏、气体、红外、声音、温湿度传感器的工作原理，并将各种传感器组成Basic RF无线传感网络。通过点对点的无线通信、传感器采集等任务，掌握和理解基于Basic RF的模拟量、开关量和逻辑量以及传感器无线通信的应用，以及在一个项目中建立多个设备的配置方法和软件调试技巧。

学习任务1　无线点对点传输协议控制LED开关

1

［任务说明］

以 Basic RF 无线点对点传输协议为基础，将两块 ZigBee 模块分别作为无线发射模块和无线接收模块，按下发射模块上的 SW1 键，可以控制接收模块的 LED1 的亮和灭，实现无线开关 LED 的功能。

［相关知识与技能］

TI公司提供了基于CC253x芯片的Basic RF软件包，包括硬件层（Hardware layer）、硬件抽象层（Hardware Abstraction layer）、基本无线传输层（Basic RF layer）和应用层（Application layer）。虽然该软件包还没有用到Z-Stack协议栈，但是其包含了IEEE 802.15.4标准数据包的发送和接收，采用了与IEEE 802.15.4 MAC兼容的数据包结构及ACK包结构。其功能限制如下：

① 不具备“多跳”“设备扫描”功能。

② 不提供多种网络设备，如协调器、路由器等。所有节点设备同一级，只能实现点对点数据传输。

③ 传输时会等待信道空闲，但不按IEEE 802.15.4 CSMA-CA要求进行两次CCA检测。

④ 不重传输数据。

因此，Basic RF是简单无线点对点传输协议，可用来当作Z-Stack协议栈无线数据传输的入门学习。

一、基于CC2530远程控制LED的无线控制技术

基于CC2530远程控制项目，在ZigBee板上每按一下发射模块中的SW1键，接收模块上的LED1的状态就会改变，实现LED1亮和灭交替变化的点对点控制。

二、安装调试方法

1. 下载文件

登录TI公司官网，下载“CC2530 BasicRF.rar”，解压后双击“\CC2530 BasicRF\CC2530 BasicRF\ide\srf05_cc2530\iar”文件夹中的“light_switch.eww”工程文件，如图6-1所示。

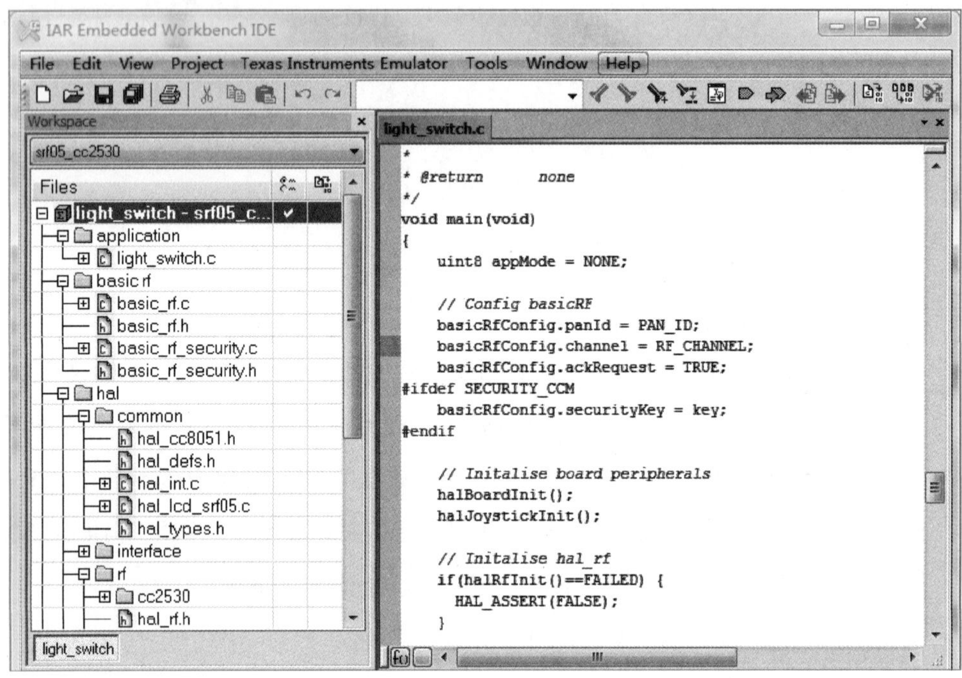

图6-1 打开工程文件

2. 修改程序

ZigBee模块（网关节点）上有2个按键和4个LED，其中按键SW1和SW2分别由P1.2和P1.6控制，LED1~LED4分别由P1.0、P1.1、P1.3和P1.4控制。这些接口与TI公司官网发布的开发平台有所差别，所以需要修改一下。

3. 下载程序

给发射和接收模块下载程序。

（1）在“light_switch.c”的主函数中找到“uint8 appMode = NONE;”代码，并把它注释掉，在其下一行添加“uint8 appMode = SWITCH;”。编译程序，无误后下载到发射模块中。

（2）在“light_switch.c”的主函数中找到“uint8 appMode = SWITCH;”代码，

将其修改为："uint8 appMode = LIGHT;"。编译程序，无误后下载到接收模块中。

4. 测试程序功能

每按一下发射模块中的SW1键，接收模块上的LED1的状态就会改变，即LED1亮和灭交替变化。把两个模块隔开20 m以上的距离，进行测试。

巩固及拓展

1. 试着改变RF_CHANNEL、PAN_ID、MY_ADDR、AEND_ADDR的值，重新编译下载程序，同样实现无线开关灯。

2. 改变设置，使两个程序的RF_CHANNEL或PAN_ID不一致，观察结果；使一个程序的MY_ADDR与另一个程序的SEND_ADDR不相等，又会出现什么情况?

3. 将两个程序下载到多个ZigBee模块后运行，会出现什么情况?

学习任务2 无线串口设备通信调试 2

［任务说明］

采用 ZigBee 模块（节点 1）、带串口的 ZigBee 模块（节点 2）和 NEWLab 平台组成一套串口通信系统，在节点 1 的串口调试软件上输入“Hello! 你叫什么名字？”，然后发送；在节点 2 的串口调试软件上会显示对应信息，同时在节点 2 上回复“Hello! 我叫张三，你呢？”。回复的信息要求在节点 1 上能显示，像聊天软件一样收发信息，实现无线串口通信。

［相关知识与技能］

一、RecvUartData( )函数

通过调用RecvUartData()函数来接收数据，并以数据长度来判断是否能接收到数据。

```
uint16 RecvUartData(void)
{   uint16 r_UartLen = 0;
    uint8 r_UartBuf[128];
    uRxlen=0;
    r_UartLen = halUartRxLen();  //得到当前RxBuffer的长度
    while(r_UartLen > 0)
    { r_UartLen = halUartRead(r_UartBuf, sizeof(r_UartBuf));//得到读取到的串口数据长度
      MyByteCopy(uRxData, uRxlen, r_UartBuf, 0, r_UartLen); //将数据复制到串口接收缓冲区
      uRxlen += r_UartLen;
      halMcuWaitMs（5）；  //延迟非常重要，串口连续读取数据时需要有一定的时间间隔
        r_UartLen = halUartRxLen();
```

```
    }
    return uRxlen;
  }
  }
```

二、halUartWrite( )函数

通过创建一个buffer，把数据放入其中，然后再调用halUartWrite()函数发送数据到串口。

```
//函数功能：发送长度为len的buf到串口
uint16 halUartWrite(uint8 *buf, uint16 len)
{       uint16 cnt;
        if (HAL_UART_ISR_TX_AVAIL() < len)   //判断发送数据长度
        {
          return 0;
        }
        for (cnt = 0; cnt < len; cnt++)
        {   uartCfg.txBuf[uartCfg.txTail] =  *buf++;
            uartCfg.txMT = 0;
            if (uartCfg.txTail >= HAL_UART_ISR_TX_MAX - 1)
            {   uartCfg.txTail = 0;
            } else
            {   uartCfg.txTail++;
            }
            IEN2 |= UTX0IE;
        }
            return cnt;
            }
        uRxlen=0;
        r_UartLen = halUartRxLen();   //得到当前RxBuffer的长度
        while(r_UartLen > 0)
```

```
{ r_UartLen = halUartRead(r_UartBuf, sizeof(r_UartBuf));//得到读取到的串口数据长度
MyByteCopy(uRxData, uRxlen, r_UartBuf, 0, r_UartLen); //将数据复制到串口接收缓冲区
uRxlen += r_UartLen;
halMcuWaitMs（5）;  //延迟非常重要，串口连续读取数据时需要有一定的时间间隔
  r_UartLen = halUartRxLen();
}
return uRxlen;
}
}
```

三、无线串口通信项目案例

1. 新建工程和程序文件，添加头文件

（1）复制库文件。将“CC2530_lib”文件夹复制到该任务的工程文件夹内，即“D:\zigbee\任务3.2 无线串口通信”内（可以是其他路径），并在该工程文件夹内新建一个“Project”文件夹，用于存放工程文件。

（2）新建工程。在工程中新建App、basicrf、board、common、utils 5个组，把各文件夹中的“xx.c”文件添加到对应的文件夹中。

（3）新建程序文件。新建源程序文件，将其命名为“uartRF.c”，保存在“D:\zigbee\任务3.2 无线串口通信\Project”文件夹中，并将该文件添加到工程中的“App”文件夹中。

（4）为工程添加头文件。单击IAR菜单栏中的“Project”→“Options”，在弹出的对话框中选择“C/C++ Compiler”，然后选择“Preprocessor”选项卡，在“Additional include directories：”中输入头文件的路径，然后单击“OK”按钮。

2. 配置工程

单击IAR菜单栏中的“Project”→“Options”，分别对General Options、Linker和Debugger三项进行配置。

（1）General Options配置

选中“Target”选项卡，“Device”选择“CC2530F256.i51”（路径：C:\…\8051\config\devices\Texas Instruments）

（2）Linker配置

选中“Config”选项卡，勾选“Overide default”，并在该栏内选择“lnk51ew_CC2530F256_banked.xcl”配置文件，其路径为“C:\…\8051\config\devices\Texas Instruments”。

（3）Debugger配置

选中“Setup”选项卡，“Driver”选择“Texas Instruments”；在“Device Description file”栏内勾选“Overide default”，并在该栏内选择“io8051.ddf”配置文件，其路径为“C:\…\8051\config\devices_generic”。

3. 程序调试

```
#include "hal_defs.h"
#include "hal_cc8051.h"
#include "hal_int.h"
#include "hal_mcu.h"
#include "hal_board.h"
#include "hal_led.h"
#include "hal_rf.h"
#include "basic_rf.h"
#include "hal_uart.h"
#include <stdio.h>
#include <string.h>
#include<stdarg.h>
#define MAX_SEND_BUF_LEN  128
#define MAX_RECV_BUF_LEN  128
static uint8 pTxData[MAX_SEND_BUF_LEN]; //定义无线发送缓冲区的大小
static uint8 pRxData[MAX_RECV_BUF_LEN]; //定义无线接收缓冲区的大小

#define MAX_UART_SEND_BUF_LEN  128
#define MAX_UART_RECV_BUF_LEN  128
```

```
uint8 uTxData[MAX_UART_SEND_BUF_LEN]; //定义串口发送缓冲区的大小
uint8 uRxData[MAX_UART_RECV_BUF_LEN]; //定义串口接收缓冲区的大小
uint16 uTxlen = 0;
uint16 uRxlen = 0;
/*****点对点通信地址设置******/
#define RF_CHANNEL        20          // 频道 11~26
#define PAN_ID            0x1379      //网络ID
#define MY_ADDR           0x1234      // 本机模块地址  1号模块
#define SEND_ADDR         0x5678      //发送地址  1号模块

//#define MY_ADDR         0x5678      //本机模块地址 2号模块
//#define SEND_ADDR       0x1234      //发送地址  2号模块

/**************************************************/
static basicRfCfg_t basicRfConfig;
/****************************************/
void MyByteCopy(uint8 *dst, int dststart, uint8 *src, int srcstart, int len)
{
    int i;
    for(i=0; i<len; i++)
    {
        *(dst+dststart+i)=*(src+srcstart+i);
    }
}
/****************************************************/
uint16 RecvUartData(void)
{
    uint16 r_UartLen = 0;
    uint8 r_UartBuf[128];
    uRxlen=0;
    r_UartLen = halUartRxLen();
    while(r_UartLen > 0)
```

```
    {
        r_UartLen = halUartRead(r_UartBuf, sizeof(r_UartBuf));
        MyByteCopy(uRxData, uRxlen, r_UartBuf, 0, r_UartLen);
        uRxlen += r_UartLen;
        halMcuWaitMs（5）;                //这里的延迟非常重要，串口连续
读取数据时需要有一定的时间间隔
        r_UartLen = halUartRxLen();
    }
    return uRxlen;
}
/***************************************************/
// 无线RF初始化
void ConfigRf_Init(void)
{
    basicRfConfig.panId          =    PAN_ID;      //ZigBee的ID号设置
    basicRfConfig.channel        =    RF_CHANNEL;  //ZigBee的频道
    设置
    basicRfConfig.myAddr         =    MY_ADDR;  //设置本机地址
    basicRfConfig.ackRequest     =    TRUE;        //应答信号
    while(basicRfInit(&basicRfConfig) ==    FAILED); //检测ZigBee的参数是否
    配置成功
    basicRfReceiveOn();              // 打开RF
}

/********************MAIN************************/
void main(void)
{
    uint16 len = 0;
    halBoardInit(); //模块相关资源的初始化
    ConfigRf_Init(); //无线收发参数的配置初始化
    halLedSet（3）;//LED3初始化
    halLedSet（4）; //LED4初始化
```

```
//      halMcuWaitMs(1000);
//      halUartWrite("hycollege",9);
//      halMcuWaitMs(1000);
//  while（1）;
    while（1）
    { //   halUartWrite("hycollege\n",10);
      // halMcuWaitMs(5000);



      len = RecvUartData();                    // 接收串口数据
      if(len > 0)
      {
         halLedToggle（3）;                    // 绿灯取反，无线发送指示
         //把串口数据通过ZigBee发送出去
         basicRfSendPacket(SEND_ADDR, uRxData,len);
      }
      if(basicRfPacketIsReady())  //查询有没有收到无线信号
      {
         halLedToggle（4）;  // 红灯取反，无线接收指示
         //接收无线数据
         len = basicRfReceive(pRxData, MAX_RECV_BUF_LEN, NULL);
         //接收到的无线数据发送到串口
         halUartWrite(pRxData,len);
      }
    }
}
/************************main end ***********************************************/
```

4. 下载程序

（1）为无线模块A（节点1）下载程序。

重新编译程序无误后，下载到无线模块A中。

（2）为无线模块B（节点2）下载程序。

重新编译程序无误后，下载到无线模块B中。

注意：如果有多组同学同时进行实训，每组间的RF_CHANNEL和PAN_ID至少要有一个参数不同。如果多组间的RF_CHANNEL和PAN_ID值都一样，则会造成信号串扰。

5. 运行程序

（1）分别把NEWLab平台和节点2连接到计算机的串口，打开两个串口调试软件，把串口的波特率设置为38 400 bps，再将两个模块上电。

（2）在两个串口调试软件上，发送不同的信息，并能显示对方发送的信息。

巩固及拓展

1. 在本任务中两个串口的波特率相同，如果两个串口的波特率不相同，能进行通信吗？如果能，该如何实现？

2. 如果数据在无线发送时要进行加密，接收到无线数据后进行相应解密，在软件上该如何实现？

学习任务3 基于ZigBee的模拟量传感器采集的实现

3

「任务说明」

采用气体传感器、光敏/温度传感器模块，以及ZigBee模块组成一个模拟量传感器采集系统，将各模块固定在NEWLab平台上，并用导线将一块ZigBee模块连接气体传感器模块，另一块ZigBee模块连接光敏/温度传感器模块，协调器模块通过串口连接到计算机。把带酒精的棉签靠近气体传感器模块，使用手电筒照射光敏/温度传感器模块，当气体传感器检测到不同浓度的气体时，光敏传感器检测到不同光强的光照时，会在计算机的串口调试软件上显示检测到的气体电压信息和光照电压信息。

「相关知识与技能」

一、模拟量传感器采集项目案例

基于工程实训NEWLab平台，将设备串口的波特率设置为38 400 bps，安装光敏及气体浓度传感器，根据环境的变化，在计算机的串口调试终端显示不同的光照传感器电压信息与气体传感器电压信息。

二、具体安装调试方法

1. 新建工程并进行工程相关设置

工程相关设置可以参考学习任务2。

2. 程序调试

```
#define MAX_SEND_BUF_LEN  128
#define MAX_RECV_BUF_LEN  128
static uint8 pTxData[MAX_SEND_BUF_LEN]; //定义无线发送缓冲区的大小
static uint8 pRxData[MAX_RECV_BUF_LEN]; //定义无线接收缓冲区的大小
#define MAX_UART_SEND_BUF_LEN  128
```

```
#define MAX_UART_RECV_BUF_LEN  128
uint8 uTxData[MAX_UART_SEND_BUF_LEN]; //定义串口发送缓冲区的大小
uint8 uRxData[MAX_UART_RECV_BUF_LEN]; //定义串口接收缓冲区的大小
uint16 uTxlen = 0;
uint16 uRxlen = 0;

/***** 点对点通信地址设置 ******/
#define RF_CHANNEL        20           // 频道 11~26
#define PAN_ID            0x1379       // 网络ID
#define MY_ADDR           0xacef       // 本机模块地址
#define SEND_ADDR         0x1234       //发送地址
/**************************************************/
static basicRfCfg_t basicRfConfig;
uint8   APP_SEND_DATA_FLAG;
/*****************************************/

/**************************************************/
// 无线RF初始化
void ConfigRf_Init(void)
{
    basicRfConfig.panId       =  PAN_ID;       //ZigBee的ID号设置
    basicRfConfig.channel     =  RF_CHANNEL;   //ZigBee的频道设置
    basicRfConfig.myAddr      =  MY_ADDR;  //设置本机地址
    basicRfConfig.ackRequest  =  TRUE;         //应答信号
    while(basicRfInit(&basicRfConfig) == FAILED); //检测ZigBee的参数是否配
    置成功
    basicRfReceiveOn();            // 打开RF
}

/******************MAIN**********************/
void main(void)
{     uint16 sensor_val;
```

```
    uint16  len = 0;
    halBoardInit();  //模块相关资源的初始化
    ConfigRf_Init(); //无线收发参数的配置初始化
    halLedSet（1）;//LED1 初始化
    halLedSet（2）; //LED2 初始化
    Timer4_Init(); //定时器初始化
    Timer4_On();  //打开定时器
    while（1）
    {       APP_SEND_DATA_FLAG = GetSendDataFlag();
            if(APP_SEND_DATA_FLAG == 1)  //定时时间到
            {  /*【传感器采集、处理】开始*/
    #if defined (GM_SENDOR)  //光敏传感器
                    sensor_val=get_adc();   //取模拟电压
                    //把采集数据转化成字符串，以便于在串口上显示
                    printf_str(pTxData,"光照传感器电压：%d.%02dV\r\n",sensor_
                    val/100,sensor_val%100);
    #endif
    #if defined (QT_SENDOR)  //气体传感器
                    sensor_val=get_adc();   //取模拟电压
                    //把采集数据转化成字符串，以便于在串口上显示
                    printf_str(pTxData,"气体传感器电压：%d.%02dV\r\n",sensor_
                    val/100,sensor_val%100);
    #endif
                    halLedToggle（3）;      //绿灯取反，无线发送指示
                    //把数据通过 ZigBee 发送出去
                    basicRfSendPacket(SEND_ADDR, pTxData,strlen(pTxData ));
                    Timer4_On();  //打开定时
            } /*【传感器采集、处理】结束*/
    }
}
/************************main end ****************************/
```

3. 建立与配置模块设备

（1）建立与配置光敏传感器模块设备

① 建立模块设备

选择菜单“Project Edit Configurations”，弹出项目配置对话框，系统会检测出项目中存在的模块设备。

单击“New”按钮，在弹出的对话框中输入模块名称为“gm_sensor”，基于Deubg模块进行配置，然后单击“OK”按钮完成模块设备的建立。然后在项目配置对话框中就可以自动检测出刚才建立的模块设备“gm_sensor”。

② 模块“Options”设置

为了给模块设备设置对应的条件编译参数，在此需要进行如下设置：在项目工作组中选择“gm_sensor”模块，右击选择“Options”，在弹出的对话框中选择“C/C++ Compile”，在右边窗口中“Preprocessor”选项卡中的“Defined symbols:”中输入“GM_SENSOR”。

（2）建立与配置气体传感器模块设备

操作步骤与建立光敏传感器模块设备一样，只需要将模块设备名称与模块“Options”设置分别设置为“qt_sensor”与“QT_SENSOR”。

（3）建立与配置协调器模块设备

操作步骤与建立光敏传感器模块设备一样，需要将模块设备名称设置为“collect”。

4. 模块连接，下载程序

（1）组成光敏传感器采集系统（光敏传感器模块设备）

把ZigBee模块和光敏传感器模块固定在NEWLab平台上，将光敏传感器模块的模拟量输出接口与ZigBee模块的ADC0（P0_0）接口连接起来。在IAR软件的workspace栏内，选择“gm_sensor”模块，选中“collect.c”，右击，选择“Options”，在弹出的对话框中选中“Exclude from build”，然后单击“OK”按钮。重新编译程序无误后，给NEWLab平台上电，下载程序到ZigBee模块中。

（2）组成气体传感器采集系统（气体传感器模块设备）

把ZigBee模块和气体传感器模块固定在NEWLab平台上，将气体传感器模块的模拟量输出接口与ZigBee模块的ADC0接口连接起来。在IAR软件的workspace栏内，选择“qt_sensor”模块，选中“collect.c”，右击，选择“Options”，在弹出的对话框中选中“Exclude from build”，然后单击“OK”按钮。重新编译程序无误后，给NEWLab平台上电，下载程序到ZigBee模块中。

（3）组成模拟量集中采集系统（协调器模块设备）

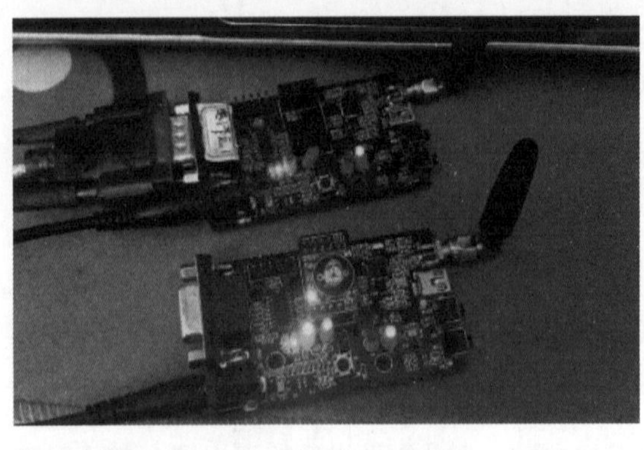
图6-2 设备连线图

在IAR软件的workspace栏内，选择“collect”模块，选择“sensor.c”，右击，选择“Options”，在弹出的对话框中选中“Exclude from build”，然后单击“OK”按钮。重新编译程序无误后，将协调器模块通过串口线连接到计算机串口或者通过USB转串口线连接到计算机，给协调器通电，下载程序到协调器模块中。设备连线图如图6-2所示。

5. 运行程序

（1）将NEWLab平台的通信模块开关旋转到通信模式，给NEWLab平台上电。

（2）打开串口调试软件，把串口的波特率设置为38 400 bps。根据光敏及气体浓度的不同，在计算机的串口调试终端上显示不同的光照传感器电压信息与气体传感器电压信息。

巩固及拓展

在上述任务的基础上，增加称重传感器模块，运行后观察串口调试窗口显示的数据。

学习任务4 基于ZigBee的开关量传感器采集的实现

4

［任务说明］

基于工程实训 NEWLab 平台，采用声音传感器、红外传感器等模块，以及 ZigBee 模块组成一个开关量传感器采集系统。当声音传感器检测到有声音时，系统会点亮 ZigBee 模块上的 LED1，并延时 30s。若没有再检测到声音，则熄灭 LED1；当红外传感器检测到红外信号时，系统立即使 ZigBee 模块上的 LED2 点亮，反之则使 LED2 熄灭。

［相关知识与技能］

一、开关量传感器采集项目案例

实现将一物体放到“红外对射”元件的槽中，使ZigBee模块中的LED2立刻点亮，当物体离开槽时，LED2立刻熄灭。另外应用拍手制造响声，使用声控传感器使ZigBee模块中的LED1立刻亮起来，并且维持30s点亮状态，30s后LED1自动熄灭。

二、具体安装调试方法

1. 在NEWLab平台上，连接各模块

开关量传感器采集系统连线，如图6-3所示。

（1）把ZigBee模块、声音传感器模块和红外传感器模块安装到NEWLab平台上。

（2）把声音传感器模块的比较输出端（J3）与ZigBee模块的IN0（J13/P1.3）相连。

（3）把红外传感器模块的对射输出1（J5）与ZigBee模块的IN1（J12/P1.4）相连。

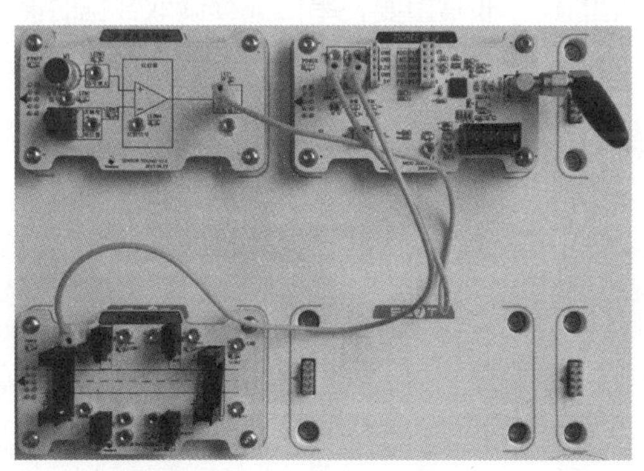

图6-3 设备连线图

2. 新建工程并进行工程相关设置

3. 程序调试

```
//*****************************************************************************
void MyByteCopy(uint8 *dst, int dststart, uint8 *src, int srcstart, int len)
{
    int i;
    for(i=0; i<len; i++)
    {
        *(dst+dststart+i)=*(src+srcstart+i);
    }
}
/****************************************************/
uint16 RecvUartData(void)
{
    uint16 r_UartLen = 0;
    uint8 r_UartBuf[128];
    uRxlen=0;
    r_UartLen = halUartRxLen();
    while(r_UartLen > 0)
    {
        r_UartLen = halUartRead(r_UartBuf, sizeof(r_UartBuf));
        MyByteCopy(uRxData, uRxlen, r_UartBuf, 0, r_UartLen);
        uRxlen += r_UartLen;
        halMcuWaitMs（5）；  //这里的延迟非常重要，串口连续读取数据时需
        要有一定的时间间隔
        r_UartLen = halUartRxLen();
    }
    return uRxlen;
}
/***************************************************/
// 无线RF初始化
```

```
void ConfigRf_Init(void)
{
    basicRfConfig.panId       =  PAN_ID;      //ZigBee的ID号设置
    basicRfConfig.channel     =  RF_CHANNEL;  //ZigBee的频道设置
    basicRfConfig.myAddr      = MY_ADDR;  //设置本机地址
    basicRfConfig.ackRequest =  TRUE;        //应答信号
    while(basicRfInit(&basicRfConfig) == FAILED); //检测ZigBee的参数是否配
    置成功
    basicRfReceiveOn();              // 打开RF
}
/*****************************************************************************
 * 名称         get_swsensor
 * 功能         读取开关量值
 * 入口参数     无
 * 出口参数     0或1电平
*****************************************************************************/
uint8 get_swsensor(void)
{
    P1SEL &= ~( 1 <<4);    //设置P1.4为普通I/O口
    P1DIR &= ~( 1 <<4);    //设置P1.4为输出方向
    return P1_4;           //返回P1.4电平
}
/*****************************************************************************
 * 名称         port1Int(void)
 * 功能         连接PORT1端口中断函数，被中断函数调用，该函数尽量快进
                尽出
 * 入口参数     无
 * 出口参数     无
*****************************************************************************/
void port13Int(void)
{
    SY_flag = 0x01;
```

```
}
/*******************MAIN***********************/
void main(void)
{
    uint8 sensor_val;
    halBoardInit();  //模块相关资源的初始化
//  ConfigRf_Init(); //无线收发参数的配置初始化
    port1->port = 1;
    port1->pin = 0x03;
    port1->pin_bm = 0x08;
    port1->dir = 0;
    halDigioConfig(port1);
    halDigioIntEnable(port1);
    halDigioIntConnect(port1, port13Int);

    while（1）
    {
        sensor_val=get_swsensor();          //读取开关量，即P1.3引脚状态
        if(sensor_val)                      //红外传感器模块
        {
            halLedSet（2）;                 //点亮LED2
        }
        else
        {
            halLedClear（2）;               //熄灭LED2
        }
        if(SY_flag)                         //声音传感器模块
        {
            SY_flag = 0x00;
            halLedSet（1）;                 //点亮LED1
            halMcuWaitMs(30000);            //延时30s
            halLedClear（1）;               //熄灭LED1
```

```
        }
    }

/************************main end ***************/
```

4. 下载程序、运行

编译无误后，把程序下载到ZigBee模块中。

（1）将一物体放到“红外对射1”元件的槽中，发现ZigBee模块中的LED2被立刻点亮，当物体离开槽时，LED2立刻熄灭。

（2）再拍手制造响声，ZigBee模块中的LED1立刻亮起来，并且维持30s点亮状态，30s后LED1自动熄灭。注意：可以调节电位器，设置触发电压。

巩固及拓展

在上述任务的基础上，增加霍尔传感器模块、人体感应传感器模块，运行后观察串口调试窗口显示的数据。

学习任务5 基于ZigBee的逻辑量传感器采集的实现

「任务说明」

基于工程实训 NEWLab 平台，采用温湿度传感器模块和 ZigBee 模块组成一个逻辑量传感器采集系统，实现温湿度传感器的采集和无线传输，并在计算机串口上显示。

「相关知识与技能」

一、逻辑量传感器采集项目案例

基于工程实训NEWLab平台，将设备串口的波特率设置为38 400 bps，安装温湿度传感器，根据环境的变化，在计算机串口调试终端上显示不同的逻辑量的信息变化。

二、具体安装调试方法

1. 新建工程并进行工程相关设置

2. 程序调试

```
/***** 点对点通信地址设置 ******/
#define RF_CHANNEL        20            // 频道 11~26
#define PAN_ID            0x1379        //网络ID
#define MY_ADDR           0xacef        // 本机模块地址
#define SEND_ADDR         0x1234        //发送地址
/*************************************************/
static basicRfCfg_t basicRfConfig;
```

```
uint8  APP_SEND_DATA_FLAG;
/*****************************************/

/*************************************************/
// 无线RF初始化
void ConfigRf_Init(void)
{
    basicRfConfig.panId        =    PAN_ID;      //zigbee的ID号设置
    basicRfConfig.channel      =    RF_CHANNEL;  //zigbee的频道设置
    basicRfConfig.myAddr       =    MY_ADDR;  //设置本机地址
    basicRfConfig.ackRequest   =    TRUE;      //应答信号
    while(basicRfInit(&basicRfConfig) == FAILED); //检测ZigBee的参数是否配
    置成功
    basicRfReceiveOn();               // 打开RF
}

/******************MAIN**********************/
void main(void)
{     uint16 sensor_val,sensor_tem;
      uint16  len = 0;
      halBoardInit();  //模块相关资源的初始化
      ConfigRf_Init(); //无线收发参数的配置初始化
      halLedSet（1）;
      halLedSet（2）;
      Timer4_Init(); //定时器初始化
      Timer4_On();  //打开定时器
      while（1）
      {     APP_SEND_DATA_FLAG = GetSendDataFlag();
            if(APP_SEND_DATA_FLAG == 1)  //定时时间到
            {   /*【传感器采集、处理】开始*/
      #if defined (TEM_SENDOR)  //温湿度传感器
                call_sht11(&sensor_tem,&sensor_val);   //取温湿度数据
```

```
            //把采集数据转化成字符串，以便于在串口上显示
            printf_str(pTxData,"温湿度传感器，温度：%d.%d, 湿度：%d.%d\
            r\n", sensor_tem/10,sensor_tem%10,sensor_val/10,sensor_
            val%10);
    #endif
            halLedToggle（3）;      // 绿灯取反，无线发送指示
            //把数据通过ZigBee发送出去
            basicRfSendPacket(SEND_ADDR, pTxData,strlen(pTxData ));
            Timer4_On(); //打开定时
        } /*【传感器采集、处理】结束*/
    }
}
/************************main end ****************************/
```

3. 建立模块设备

4. 模块连接及下载程序

（1）温湿度传感器模块

将温湿度传感器模块固定在NEWLab平台，选择“tem_sensor”模块，选择“collect.c”，右击，选择“Options”，在弹出的对话框中选中“Exclude from build”，然后单击“OK”按钮。重新编译程序无误后，给NEWLab平台上电，下载程序到温湿度传感器模块中。

（2）协调器模块

选择“collect”模块，选择“sensor.c”，右击，选择“Options”，在弹出的对话框中选中“Exclude from build”，然后单击“OK”按钮。重新编译程序无误后，将协调器模块通过串口线连接到计算机串口，或者通过USB转串口线连接到计算机，给协调器通电，下载程序到协调器模块中。设备连线图如图6-4所示。

图6-4 设备连线图

5. 运行程序

（1）将温湿度传感器模块上电。

（2）打开串口调试软件，把串口的波特率设置为38 400 bps。根据温湿度的变化，在计算机的串口调试终端显示不同的温湿度数据。

在本任务的基础上，将温湿度传感器模块改为温度传感器模块，运行后观察串口调试窗口显示的数据。

巩固及拓展

在了解蜂窝物联网的发展历程前，首先要介绍2G、3G、4G、5G网络平台的相关知识。第一代移动通信技术使用了多重蜂窝基站，允许用户在通话期间自由移动并在相邻基站之间无缝传输通话信息，我们称为1G模拟蜂窝网络。第二代移动通信技术区别于前代，使用了数字传输取代模拟，并提高了电话寻找网络的效率，被称为2G数字网络。基站的大量设立缩短了基站的间距，并使单个基站需要承担的覆盖面积缩小，有助于提供更高质量的信号覆盖。因此接收机不用像以前那样设计成大功率大体积，体积小巧的手机成为主流。第三代移动通信技术的最大特点是在数据传输中使用分组交换（Packet Switching）取代了电路交换（Circult Switching）。电路交换使手机与手机之间进行语音等数据传输，分组交换则将语音等转换为数字格式，通过互联网进行包括语音、视频和其他多媒体内容在内的数据包传输。到了4G时代，我们称为4G全IP数据网络。所有语音通话将通过数字转换，以VoIP形式进行。因此在4G网络进行通话，可以依靠有线或无线网络而不一定需要移动信号覆盖。

当今已是5G时代，第五代移动通信技术标准是由"第三代合作伙伴计划组织"（3rd Generation Partnership Project，简称为3GPP）负责制定的。3GPP是一个标准化机构。3GPP对5G标准的规划是分几个阶段完成：之前2017年已经完成了5G的R14标准，2018年6月，3GPP在美国又出台了5G的R15标准。R14标准主要侧重于5G系统的框架和关键技术研究，R15标准可以说是5G的第一版商用标准。但R15标准只是5G标准的一部分，其中包含了5G三大应用场景中的增强型移动宽带和超可靠低时延两大场景。目前国内外的电信企业及相关设备生产厂家等一系列关联企业可以根据R15标准开始进行5G网络的搭建和部署工作。5G的增强型移动宽带应用场景意味着会有更快的网速，从理论上讲，5G的网络速度将是4G的百倍甚至更多。当然这还需要手机、计算机、存储设备等也支持这样的速度，实现起来还需要一定的时间。5G的三大应用场景所带来的不仅是网速的提升，还会将无线通信应用到更多的地方，让许多之前停留在理论阶段或者某些因为条件限制而刚起步的科技得到广泛应用，如智慧城市、智能家居、无人机、增强现实、虚拟现实、物联网等。

一、NB-IoT简介

NB-IoT是窄带物联网（Narrow Band Internet of Things）的简写，主要基于LTE技术，是万物互联网络的重要组成。NB-IoT构建于蜂窝网络，只消耗大约180 kHz的带宽，可直接部署于GSM网络、UMTS网络或LTE网络，以降低部署成本、实现平滑升级。

1. NB-IoT和移动通信（2/3/4/5G）的区别和特点

（1）覆盖广，相比传统GSM，一个基站可以提供10倍的面积覆盖，同时NB-IoT比LTE和GPRS基站提升了20 dB的增益，能覆盖到地下车库、地下室、地下管道等信号难以到达的地方。

（2）海量连接，200 kHz的频率可以提供10万个连接，提供的连接越多，就可以减少基站的数量，可以降低成本。

（3）低功耗，使用AA电池（5号电池）便可以工作10年，无需充电。

NB-IoT引入了eDRX省电技术和PSM省电模式，进一步降低了功耗，延长了电池使用时间。在PSM模式下，终端仍旧注册在网，在没有通信状态下终端更长时间驻留在深睡眠状态以达到省电的目的。eDRX 省电技术进一步延长终端在空闲模式下的睡眠周期，减少接收单元不必要的启动。NB-IoT 应用实例如图 6-5 所示。

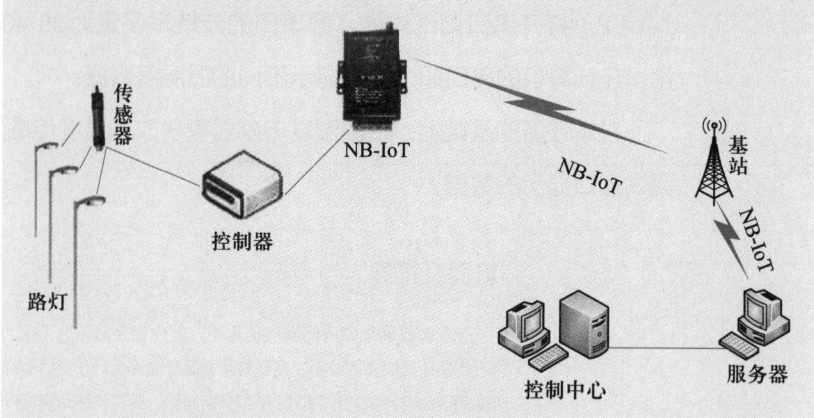

图6-5 NB-IoT应用实例

2. NB-IoT 的性能

（1）峰值数据速率

一个最大的 TBS（传输速率）为 680 bits，时长为 3 ms，因此，NDSCH（下行传输数据）峰值物理层速率为 680 bit/3 ms=226.7 kbps。同理，NPUSCH（窄带物理上行共享信道）峰值数据速率为 1000 bit/4 ms=250 kbps。然而，考虑 DCI（盲检）、NPDSCH（窄带物理下行共享信道）/NPUSCH 和 HARQ（混合自动重传请求）确认之间的时间偏移，下行和上行的峰值吞吐量都低于上述数值。

（2）覆盖

NB-IoT 达到比 LTE R12 高 20 dB 的最大耦合损耗（MCL）。覆盖范围的增强是通过增加重传次数来减少数据速率而实现的。通过引入单个子载波 NPUSCH 传输和 π/2-BPSK 调制来保持接近于 0 dB 的 PAPR，从而减小由于功率放大器功率回退引起的覆盖影响，确保覆盖增强。15 kHz 单频 NPUSCH 若配置最大重传（128）、最低调制和编码方案时，物理层速率约 20 bps。而 NPDSCH 配置最大重传（512）、最低调制和编码方案时，物理层速率可到 35 bps。这些配置接近 170 dB 耦合损耗，而 LTE R12 最高约 142 dB。

（3）设备复杂性

为了降低终端复杂性，NB-IoT 设计如下：

- 下行和上行的传输块明显减小。
- 下行只支持一个冗余版本。
- 上下行仅支持单流传输。
- 终端仅需单天线。
- 上下行仅支持单 HARQ 过程。
- 终端无需 turbo 解码器。
- 无连接模式下的移动性测量，终端只需执行空闲模式下的移动性测量。
- 低带宽，低采样率。
- 仅支持 FDD 半双工。

（4）时延和电池寿命

NB-IoT 主要针对时延不敏感的应用，NB-IoT 支持 10 s 以下时延。对于 164 dB 耦合损耗，终端平均每天传送 200 Byte 数据，电池寿命可达 10 年。

（5）容量

仅有一个 PRB 资源的 NB-IoT 小区支持连接 52500 终端。此外，NB-IoT 支持多载波操作。因此，可以通过添加 NB-IoT 载波的方式来增加容量。

二、NB-IoT 关键技术

1. 新标准的目标

新的蜂窝物联网要实现四个目标：

① 超强覆盖，相对于原来 GPRS 系统，增加 20 dB 的信号增益。

② 超低功耗，终端节点的电池寿命要能达到 10 年。

③ 超低成本，终端芯片的目标定价为 1 美元，模块定价为 2 美元。

④ 超大连接，200 kHz 小区容量可达 10 万用户设备，针对这些目标，很多通信公司及运营商都提出了自己设计的空中接口的建议方案，希望被标准化组织采纳为正式标准，最终确定了蜂窝物联网的空中接口方案为 NB-IoT。

2. 空中接口

NB-IoT 是一个空中接口标准，这个标准主要是终端与基站 ENB 之间的约定，包括物理层与数据链路层的一些设计规定。考虑到与 LTE 的兼容性，NB-IoT 标准与 LTE 的空口标准有很多相似之处。比如 NB-IoT 沿用 LTE 定义的频段号，Release 13 为 NB-IoT 指定了 14 个频段。NB-IoT 的多址技术，上行采用 SC-FDMA，下行采用 OFDMA;下行发射功率为 43 dBm，上行为 23 dBm。调制方式以 QPSK 和 BPSK 为主。Release 13 NB-IoT 仅支持 FDD 半双工 type-B 模式，FDD 意味着上行和下行在频率上分开，半双工意味着 UE 不会同时处理接收和发送。

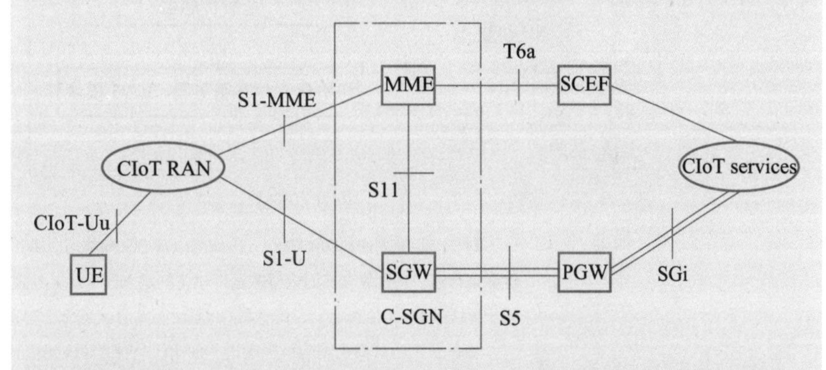

图6-6 接口传输

CIoT 的接入网构架与 LTE 一样，没有改变。eNB 同样是通过 S1 接口连接到 MME(Mobility Management Entity) 和 S-GW (Serving GateWay)。如果要说 CIoT 接入网与 LTE 有何不同，那就是 S1 接口上传送的是 NB-IoT 消息和数据，如图 6-6 所示。

NB-IoT 比起 GPRS 来说，最大的特点是低功耗。除了 NB-IoT 的传输速率比较低以外，NB-IoT 引入了 eDRX 省电技术和 PSM 省电模式，也是省电的主要原因。在 PSM 模式下，NB-IoT 终端仍旧注册在网，但不接收信息，从而使终端更长时间驻留在深睡眠以达到省电的目的。另外，eDRX 省电技术延长终端在空闲模式下的睡眠周期，减少信号接收单元不必要的启动。总的来说，这些措施就是让终端的睡眠时间更多，睡眠质量更好，从而功耗也就更低。

3. NB-IoT 的部署及应用介绍

NB-IoT 占用 180 kHz 带宽，这与在 LTE 帧结构中一个资源块的带宽是一样的。NB-IoT 有以下三种可能的部署方式，如图 6-7 所示。

(1) 独立部署 (Stand alone operation)

适用于重耕 GSM 频段。GSM 的信道带宽为 200 kHz，这对 NB-IoT 180 kHz 的带宽足够了，两边还留出来 10 kHz 的保护间隔。

(2) 保护带部署 (Guard band operation)

适用于 LTE 频段。利用 LTE 频段边缘的保护频带来部署 NB-IoT。

(3) 带内部署 (In-band operation)

适用于 LTE 频段。直接利用 LTE 载波中间的资源块来部署 NB-IoT。

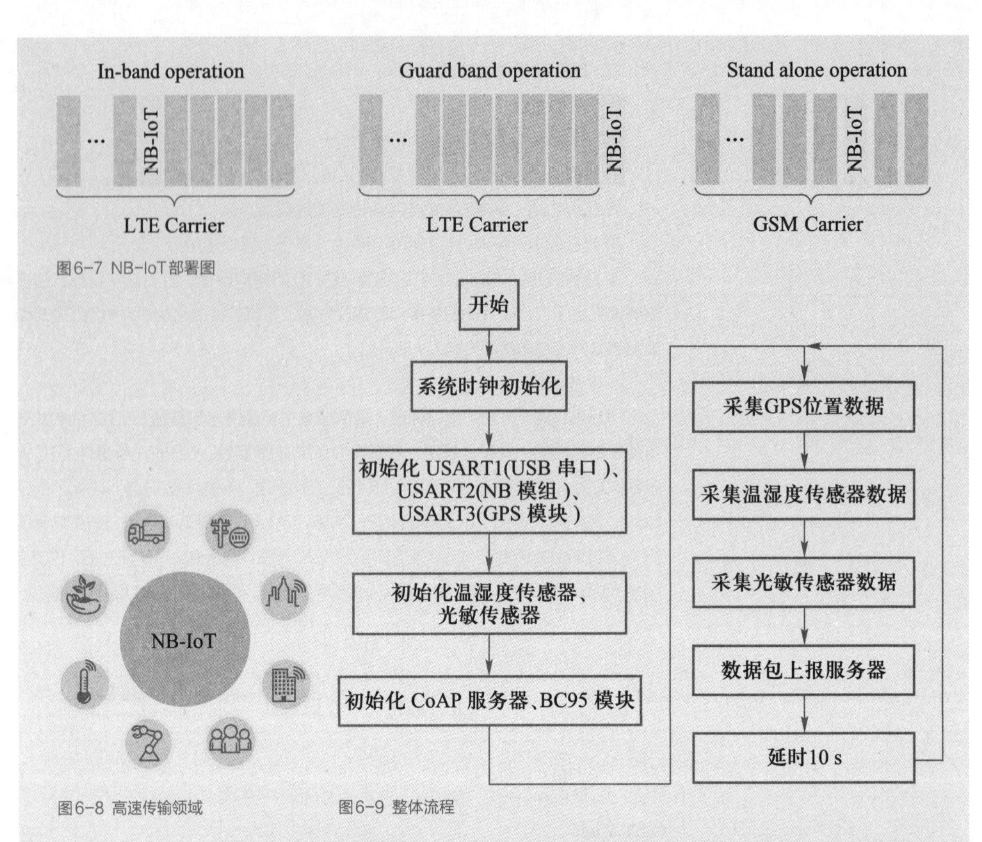

图6-7 NB-IoT部署图

图6-8 高速传输领域

图6-9 整体流程

对于远距离高速数据传输，LTE 网络以及 5G 网络可以满足这方面的需求；而对于远距离低速数据传输，特别是非实时低频数据传输，则是 NB-IoT 系统的应用场合。NB-IoT 非常适合应用于无线抄表（Metering）、传感跟踪（Sensor Tracking）等领域，如图 6-8 所示。

随着三大运营商在国内积极推进 NB-IoT 网络的基础设施建设，以及 NB-IoT 芯片的成本降低，我们将会看到越来越多 NB-IoT 的应用落地。

4. 基于 NB-IoT 的环境监测系统的安装调试

以华为实训平台作为环境监测系统设备，通过物联网实验板实现每隔一段时间完成一次采集当前的位置信息、温湿度、光敏数据，掌握 GPS、温湿度、光敏数据采集的方法，并主动上报数据信息到物联网平台。

（1）环境监测系统设计思路

环境监测系统设计思路主要是实现 10 s 一次定时采集 GPS 经纬度数据、温湿度数据、光敏数据，并将三种数据通过协议数据包上报到物联网平台。整体流程如图 6-9 所示。

（2）传感器模块

STM32&NBIOT_V1.0 主板上并没有那么多的接插口可以同时容纳多个子模块，所以这里我们将使用杜邦线来连接子板。将温湿度子模块的数据引脚连线到 PD5 上，实验板已经将 GPIO 的 PD5 外扩出来，方便连线，如图 6-10 所示。

然后使用 STM32 的 UART4 与 GPS 模块通信，UART4 的 Rx、Tx 也外扩出来，直接连线即可，如图 6-11 和图 6-12 所示。

（3）数据包的定义

采集到的数据进行上报服务器时，必须配备相应的协议，否则会出现不安全、不规范的问题，为了规范数据，将数据帧头、数据长度、指令、数据部分、校验值组成数据包，如图 6-13 所示。

- 帧头：固定为 0xFC。
- 数据长度：指令（1 个字节）+ 数据部分（4 个字节）+ 校验值（1 个字节）。
- 指令：从 0x80 开始表示发送指令，例如 80 表示发送定位信息和温湿度信息，81 表示发送定位信息和光敏信息。

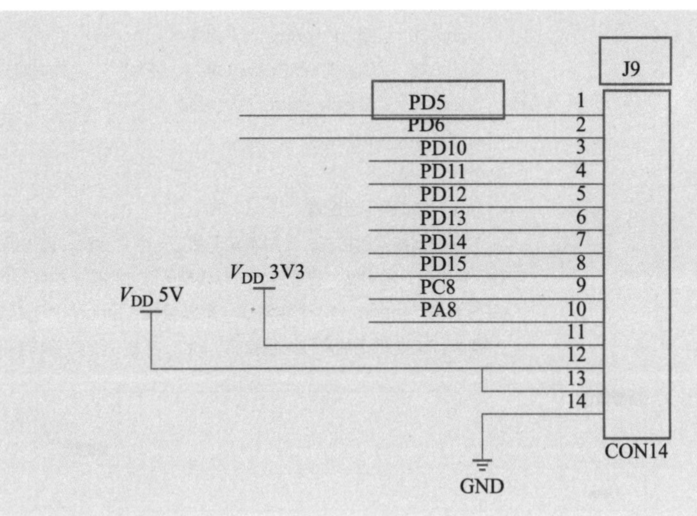

图6-10 杜邦线连接图

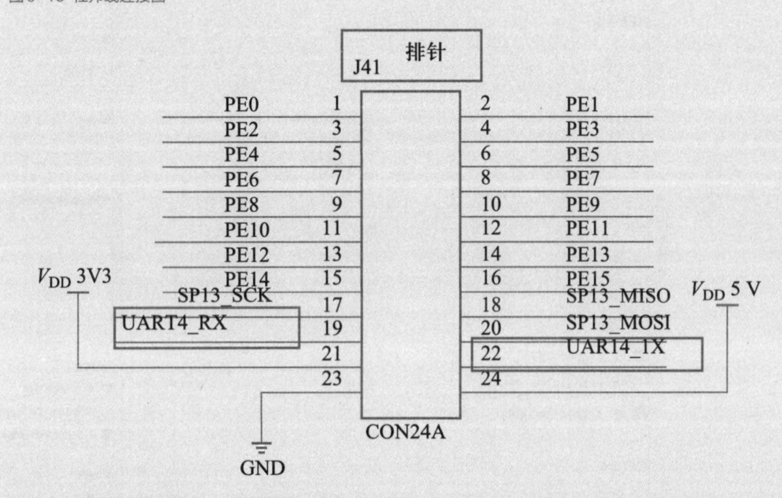

图6-11 UART4的扩展图

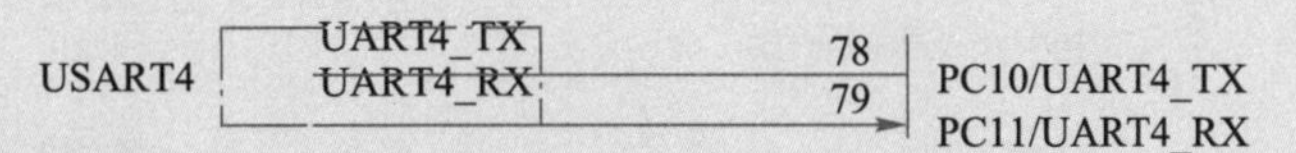

图6-12 UART4的连线图

0xFC	0x06	0x80	0x01 0x02 0x03 0x04	0xxx
帧头	数据长度	指令	数据部分	校验值

图6-13 数据包组成

- 数据部分：采集到的传感器数据。
- 校验值：异或校验，从数据长度这一字节开始，依次异或至数据部分结束。为了能统一管理数据包，将数据包定义为一个结构体，如下：

```
#pragma pack(1)
typedef struct
{
    uint8_t    Frame_head;    // 帧头
    uint8_t    Data_len;    // 长度（数据部分 + 指令 + 校验值）
```

```
    uint8_t     Cmd_send;     // 指令
    uint8_t     SendDataBuffer[DATA_LEN];     // 数据部分
    uint8_t     Check_data;     // 校验
} Send_Data_Package;
#pragma pack()
```

（4）物联网平台配置

① 根据数据包格式，针对本案例制订一个 Profile。首先确定需要添加的属性值。本案例的数据有定位、温湿度、光敏值，所以根据前面独立实验的经验可以得到，数据部分的属性值为，GPS 纬度（string，10 个字符）、GPS 经度（string，10 个字符）、温度（int）、湿度（int）、光敏值（int），最后的属性为校验值（int）。部分 Profile 操作参考图 6-14。

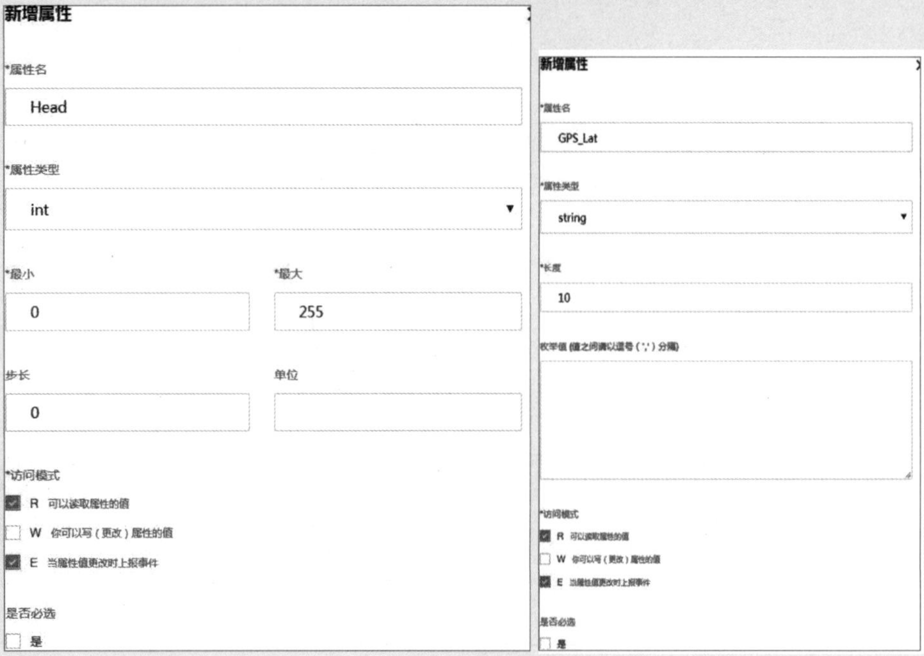

新增属性
*属性名
Head
*属性类型
int
*最小 0
*最大 255
步长 0
单位
*访问模式
R 可以读取属性的值
W 你可以写（更改）属性的值
E 当属性值更改时上报事件
是否必选
是

(a)

新增属性
*属性名
GPS_Lat
*属性类型
string
*长度
10
枚举值（值之间请以逗号（','）分隔）
*访问模式
R 可以读取属性的值
W 你可以写（更改）属性的值
E 当属性值更改时上报事件
是否必选
是

(b)

图6-14 物联网平台配置

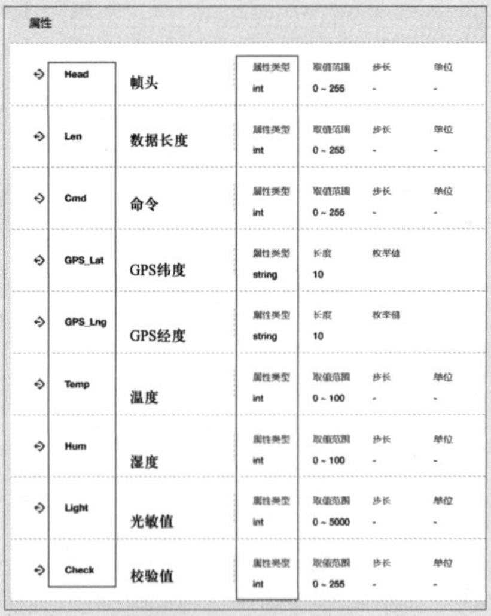

属性

属性名	描述	属性类型	取值范围/长度	步长/枚举值	单位
Head	帧头	int	0～255	-	-
Len	数据长度	int	0～255	-	-
Cmd	命令	int	0～255	-	-
GPS_Lat	GPS纬度	string	10		
GPS_Lng	GPS经度	string	10		
Temp	温度	int	0～100	-	-
Hum	湿度	int	0～100	-	-
Light	光敏值	int	0～5000	-	-
Check	校验值	int	0～255	-	-

图6-15 Profile属性

最后的 Profile 属性如图 6-15 所示。

② 单击右上角“+ 新建插件”。在弹出的对话框中选择 Profile 文件，然后新建字段，并建立字段和 Profile 文件中的属性之间的连接，如图 6-16 所示。

最后部署界面如图 6-17 所示。

③ 注册设备后（如图 6-18 所示），就可以进行数据上报了（如图 6-19 所示）。

（5）调试设备编码

目录架构如图 6-20 所示。

在“ATGM336H.c”文件中添加保存经纬度数据的函数。本案例需要采集三种数据，如果全部在 main 函数中做存储处理，main 函数的代码将会很繁杂。将存储数据单独写成函数，移植性会大大提高。关键代码如下：

```
/*
char lat[latitude_Length]// 采集到的纬度数据
```

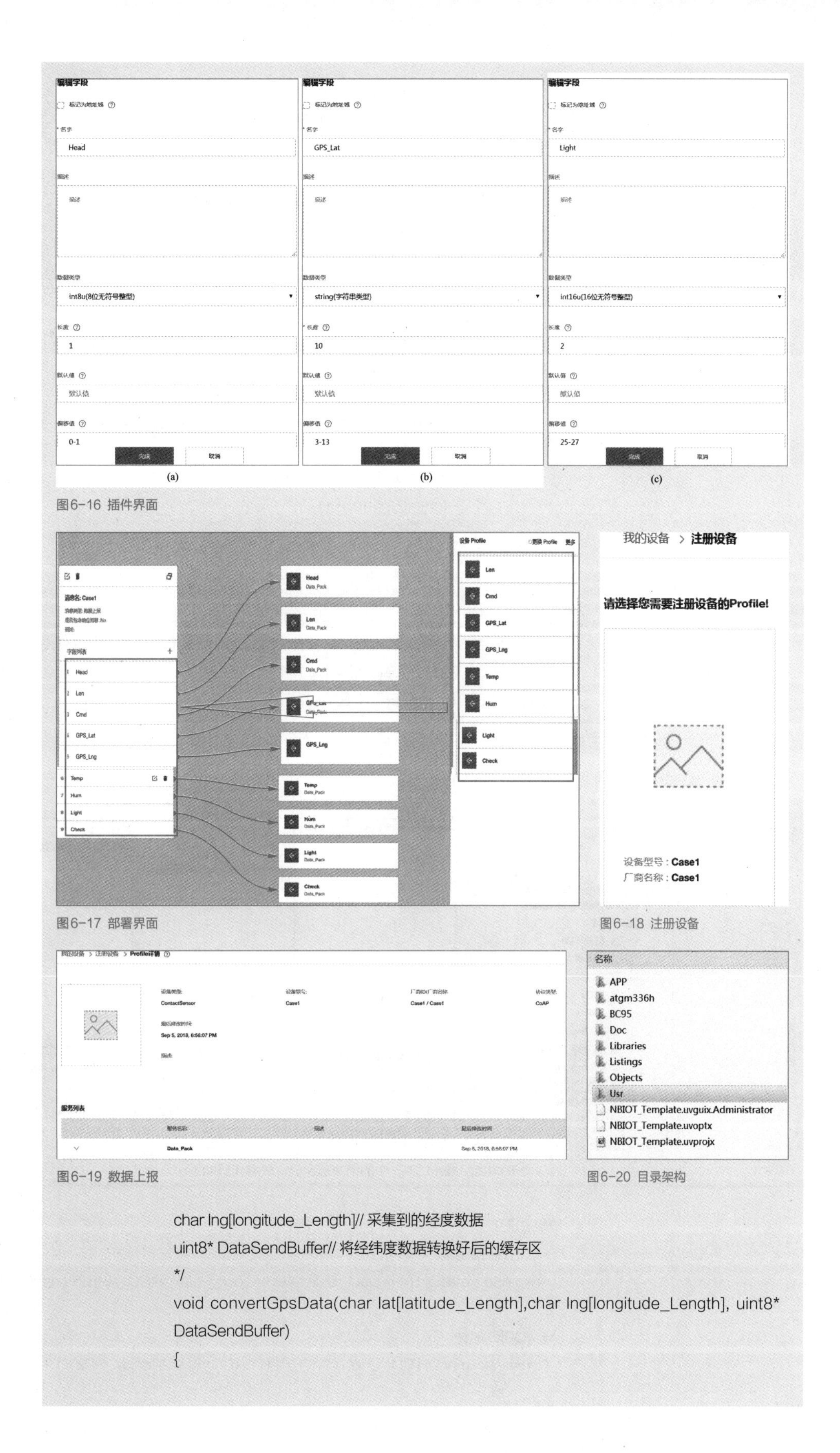

图6-16 插件界面

图6-17 部署界面

图6-18 注册设备

图6-19 数据上报

图6-20 目录架构

```
char lng[longitude_Length]// 采集到的经度数据
uint8* DataSendBuffer// 将经纬度数据转换好后的缓存区
*/
void convertGpsData(char lat[latitude_Length],char lng[longitude_Length], uint8*
DataSendBuffer)
{
```

```
volatile double resultlng = 0.0;
volatile double resultlat = 0.0;
double gpslng = 0.0;
double gpslat = 0.0; int i = 0;
gpslat = atof(lat);// 将字符串数据转换成浮点数
gpslng = atof(lng);

resultlat = (int)(gpslat/100) + (gpslat/100.0 - (int)(gpslat/100))
*100.0 / 60.0;// 换算到度
resultlng = (int)(gpslng/100) + (gpslng/100.0 - (int)(gpslng/100))
*100.0 / 60.0;

sprintf(lat,"%.9lf", resultlat);// 将换算好的浮点数据转换成相应字符串
sprintf(lng,"%.9lf", resultlng);
// 放入缓存区
for(i =0; i < 10; i++)
{

        DataSendBuffer[i]      =     lat[i];
        DataSendBuffer[i + 10] = lng[i];
```

添加项目工程中相关温湿度代码，文件位于“Usr”目录下的“dht11”文件夹。将“dht11”文件夹复制到本项目的“Usr”目录下，并将文件夹中的“bsp_dht11.c”“bsp_dht11.h”文件添加到项目工程中，如图6-21、图6-22所示。

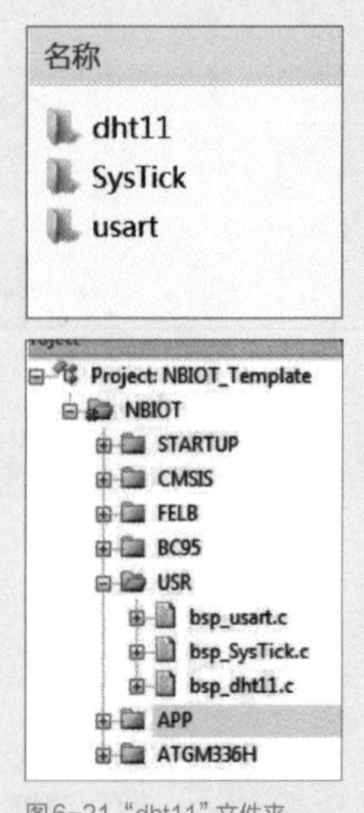

图6-21 “dht11”文件夹

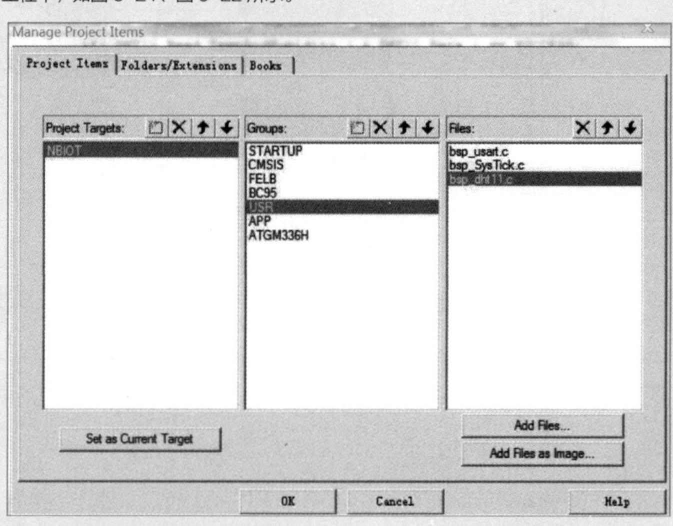

图6-22 添加到项目工程中

修改“bsp_dht11.h”中的相关宏定义，关键代码如下：

```
原始宏定义：
    // 时钟开启函数
    #define  macDHT11_Dout_SCK_APBxClock_FUN  RCC_APB2PeriphClockCmd

    //GPIO 时钟
    #define  macDHT11_Dout_GPIO_CLK  RCC_APB2Periph_GPIOC
```

```
//GPIO

#define   macDHT11_Dout_GPIO_PORT   GPIOC
#define   macDHT11_Dout_GPIO_PIN   GPIO_Pin_1
```

修改后宏定义：

```
// 时钟开启函数
#define   macDHT11_Dout_SCK_APBxClock_FUN   RCC_APB2PeriphClockCmd
//GPIO 时钟
#define   macDHT11_Dout_GPIO_CLK   RCC_APB2Periph_GPIOD
//GPIO
#define   macDHT11_Dout_GPIO_PORT   GPIOD
#define   macDHT11_Dout_GPIO_PIN   GPIO_Pin_5
```

添加光敏值代码，文件位于“Usr”目录下的“lsens”文件夹。将“lsens”文件夹复制到本项目的“Usr”目录下，并将文件夹中的“bsp_lsens.c”“bsp_lsens.h”文件添加到项目工程中，代码无需更改，如图6-23、图6-24所示。

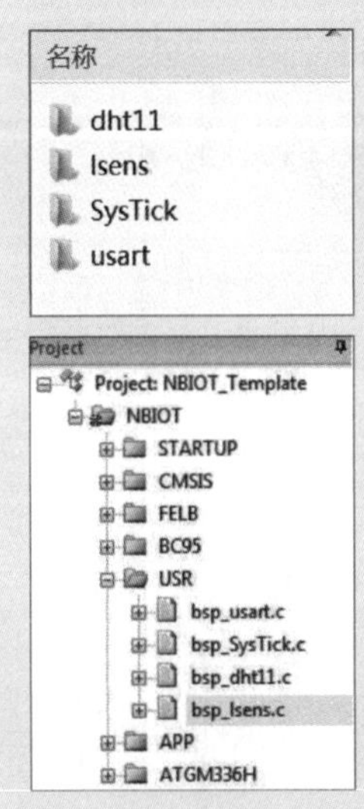

图6-23 lsens文件

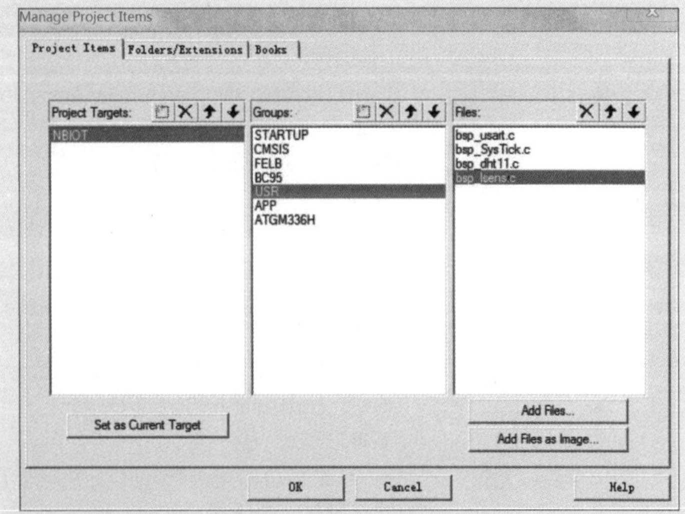

图6-24 添加到项目工程中

下面对与GPS模块通信的UART口进行相应修改，在“bsp_usart.c”中添加UART4的配置函数，UART4的配置可以参考其他USART口的配置。关键代码如下：

UART4中断配置：

```
static void UART4_NVIC_Configuration(void)
{
NVIC_InitTypeDef NVIC_InitStructure;
/* 嵌 套 向 量 中 断 控 制 器 组 选 择 */ NVIC_PriorityGroupConfig(NVIC_PriorityGroup_2);
/* 配 置 USART 为 中 断 源 */ NVIC_InitStructure.NVIC_IRQChannel = UART4_IRQ;
/* 抢 断 优 先 级 */ NVIC_InitStructure.NVIC_IRQChannelPreemptionPriority = 1;
/* 子 优 先 级 */ NVIC_InitStructure.NVIC_IRQChannelSubPriority  = 2;
/* 使 能 中 断 */ NVIC_InitStructure.NVIC_IRQChannelCmd  = ENABLE;
/* 初 始 化 配 置 NVIC */ NVIC_Init(&NVIC_InitStructure);
}
```

UART4 配置初始化：

```
void UART4_Config(void)
{
GPIO_InitTypeDef GPIO_InitStructure; USART_InitTypeDef USART_InitStructure;
// 打开串口 GPIO 的时钟
UART4_GPIO_APBxClkCmd(UART4_GPIO_CLK, ENABLE);
RCC_APB2PeriphClockCmd(RCC_APB2Periph_AFIO,ENABLE);
// 打开串口外设的时钟
UART4_APBxClkCmd(UART4_CLK, ENABLE);
// 将 USART Tx 的 GPIO 配置为推挽复用模式
GPIO_InitStructure.GPIO_Pin = UART4_TX_GPIO_PIN;
GPIO_InitStructure.GPIO_Mode = GPIO_Mode_AF_PP; GPIO_InitStructure.GPIO_
Speed = GPIO_Speed_50MHz; GPIO_Init(UART4_TX_GPIO_PORT, &GPIO_
InitStructure);
// 将 USART Rx 的 GPIO 配置为浮空输入模式
GPIO_InitStructure.GPIO_Pin = UART4_RX_GPIO_PIN;
GPIO_InitStructure.GPIO_Mode = GPIO_Mode_IN_FLOATING; GPIO_Init(UART4_RX_
GPIO_PORT, &GPIO_InitStructure);
// 配置串口的工作参数
// 配置波特率
USART_InitStructure.USART_BaudRate = UART4_BAUDRATE;
// 配置针数据字长
USART_InitStructure.USART_WordLength = USART_WordLength_8b;
// 配置停止位
USART_InitStructure.USART_StopBits = USART_StopBits_1;
// 配置校验位
USART_InitStructure.USART_Parity = USART_Parity_No ;
// 配置硬件流控制
USART_InitStructure.USART_HardwareFlowControl=
USART_HardwareFlowControl_None;
// 配置工作模式，收发一起
USART_InitStructure.USART_Mode = USART_Mode_Rx | USART_Mode_Tx;
// 完成串口的初始化配置
USART_Init(UART4_USARTx, &USART_InitStructure);
// 串口中断优先级配置
UART4_NVIC_Configuration();
// 使能串口接收中断
USART_ITConfig(UART4_USARTx, USART_IT_RXNE, ENABLE);
// 使能串口
USART_Cmd(UART4_USARTx, ENABLE);
// 清除发送完成标志
USART_ClearFlag(UART4_USARTx, USART_FLAG_TC);
}
```

将 USART3 中断函数中接收 GPS 模块数据的代码全部复制到 UART4 的中断函数中：

```
void UART4_IRQHandler(void)// 串口 4 中断服务程序
{
```

```
u8 Res;
if(USART_GetITStatus(UART4, USART_IT_RXNE) != RESET)  //接收中断，可以扩展来
控制
{
Res =USART_ReceiveData(UART4);//(USART1->DR); //读取接收到的数据
if(Res == '$')
{
GPSRxBufferCounter = 0;
memset(GPSRxBuffer, 0, USART_REC_LEN);//清空
}
if(GPSRxBufferCounter >= USART_REC_LEN)
{
return;
}
GPSRxBuffer[GPSRxBufferCounter++] = Res;
if(GPSRxBuffer[0] == '$' && GPSRxBuffer[4] == 'M' && GPSRxBuffer[5] ==’c’)// 确定是
否收到 "GPRMC/GNRMC" 这一帧数据
{
if(Res == '\n')
{
memset(Save_Data.GPS_Buffer, 0, GPS_Buffer_Length);//清空 GPSRxBuffer
memcpy(Save_Data.GPS_Buffer,
GPSRxBufferCounter); //保存数据
Save_Data.isGetData = TRUE;
GPSRxBufferCounter = 0;
memset(GPSRxBuffer, 0, USART_REC_LEN);
            }
        }
    }
}
```

最后在 main 文件中添加相关初始化代码，以及应用逻辑代码：

```
void System_Init(void)
{
RCC_EX_Configuration();
/* 初始化 USART1*/ USART1_Config();
/* 初始化 USART2 , NBIOT*/ USART2_Config();
// 初始化 UART4，GPS UART4_Config();
// 温湿度传感器初始化 DHT11_Init();
// 光敏传感器初始化 Lsens_Init();
}
```

main 函数：

```
int main(void)
{
int i,j = 0;
u16 adcx;
```

```
u8 adcxH = 0;
u8 adcxL = 0;
DHT11_Data_TypeDef DHT11_Data; Send_Data_Package send_data = {0}; uint8*
data_buff - NULL,
System_Init(); // 系统初始化

SysTick_Init();
// 数据包赋值
send_data.Frame_head = 0xFC; // 帧头
send_data.Data_len = DATA_LEN + 2;// 数据长度
send_data.Cmd_send = 0x80;// 指令
send_data.Check_data = send_data.Data_len ^ send_data.Cmd_send;//
先将已知数据异或（从数据长度开始异或）
for(j = 0; j <6; j++) delay_ms(1000);
CDP_Init();//CDP 服务器初始化
BC95_Init();
while（1）
{
// 动态分配数据缓存区
data_buff = (uint8 *)malloc(sizeof(send_data));
memset(data_buff, 0, sizeof(send_data));
//GPS 数据获取
parseGpsBuffer();
if(Save_Data.isUsefull)
{
Save_Data.isUsefull = false;
//GPS 数据
convertGpsData(Save_Data.latitude,Save_Data.longitude,
send_data.SendDataBuffer);
}
// 温湿度数据
if( DHT11_Read_TempAndHumidity ( & DHT11_Data ) == SUCCESS)
{
send_data.SendDataBuffer[20] = DHT11_Data.temp_int;
send_data.SendDataBuffer[21] = DHT11_Data.humi_int;
}
// 光照数据
adcx=Lsens_Get_Val();
adcxH = (u8)((adcx >> 8) & 0x00ff); adcxL = (u8)(adcx & 0x00ff);
send_data.SendDataBuffer[22] = adcxH;
send_data.SendDataBuffer[23] = adcxL;// 后续数据异或校验值
for(i = 0; i < DATA_LEN; i++)
send_data.Check_data ^= send_data.SendDataBuffer[i];
// 将数据包结构体赋值给缓冲数组，以便于统一处理
memcpy(data_buff, &send_data, sizeof(send_data));
for(i = 0; i < sizeof(send_data); i++)
{
```

```
if(data_buff[i]/16>=10)
DataSendBuffer[2*i]=data_buff[i]/16+0x37;// 标准方案按照十六进制上传数据到平台
else
DataSendBuffer[2*i]=data_buff[i]/16+0x30; if(data_buff[i]%16>=10)
DataSendBuffer[2*i + 1]=data_buff[i]%16+0x37;// 转成 A ~ F 字符
else
DataSendBuffer[2*i + 1]=data_buff[i]%16+0x30;
}
// 上报服务器
BC95_SendCOAPdata("28", DataSendBuffer);
memset(DataSendBuffer, 0, sizeof(DataSendBuffer)); // 清空
memset(&Save_Data, 0, sizeof(Save_Data));
free(data_buff);
data_buff = NULL;
// 延时 10 s
for(j = 0; j <10; j++)
delay_ms(1000);
}
}
```

全部完成程序烧录后，等待模块初始化完成，每 10s 可以在华为物联网平台上看到相应数据，结果如图 6-25 所示。

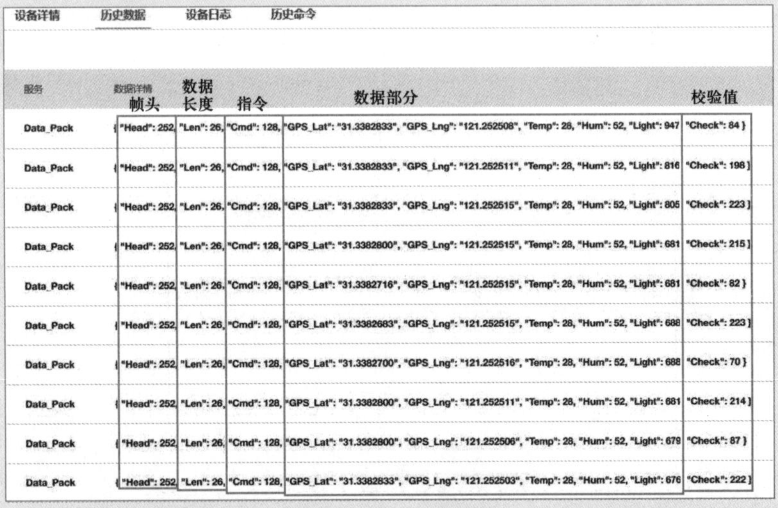

设备详情　历史数据　设备日志　历史命令

服务	数据详情 帧头	数据长度	指令	数据部分	校验值
Data_Pack	{"Head": 252,	"Len": 26,	"Cmd": 128,	"GPS_Lat": "31.3382833", "GPS_Lng": "121.252508", "Temp": 28, "Hum": 52, "Light": 947	"Check": 84 }
Data_Pack	{"Head": 252,	"Len": 26,	"Cmd": 128,	"GPS_Lat": "31.3382833", "GPS_Lng": "121.252511", "Temp": 28, "Hum": 52, "Light": 816	"Check": 198 }
Data_Pack	{"Head": 252,	"Len": 26,	"Cmd": 128,	"GPS_Lat": "31.3382833", "GPS_Lng": "121.252515", "Temp": 28, "Hum": 52, "Light": 805	"Check": 223 }
Data_Pack	{"Head": 252,	"Len": 26,	"Cmd": 128,	"GPS_Lat": "31.3382800", "GPS_Lng": "121.252515", "Temp": 28, "Hum": 52, "Light": 681	"Check": 215 }
Data_Pack	{"Head": 252,	"Len": 26,	"Cmd": 128,	"GPS_Lat": "31.3382716", "GPS_Lng": "121.252515", "Temp": 28, "Hum": 52, "Light": 681	"Check": 82 }
Data_Pack	{"Head": 252,	"Len": 26,	"Cmd": 128,	"GPS_Lat": "31.3382683", "GPS_Lng": "121.252515", "Temp": 28, "Hum": 52, "Light": 688	"Check": 223 }
Data_Pack	{"Head": 252,	"Len": 26,	"Cmd": 128,	"GPS_Lat": "31.3382700", "GPS_Lng": "121.252516", "Temp": 28, "Hum": 52, "Light": 688	"Check": 70 }
Data_Pack	{"Head": 252,	"Len": 26,	"Cmd": 128,	"GPS_Lat": "31.3382800", "GPS_Lng": "121.252511", "Temp": 28, "Hum": 52, "Light": 681	"Check": 214 }
Data_Pack	{"Head": 252,	"Len": 26,	"Cmd": 128,	"GPS_Lat": "31.3382800", "GPS_Lng": "121.252506", "Temp": 28, "Hum": 52, "Light": 679	"Check": 87 }
Data_Pack	{"Head": 252,	"Len": 26,	"Cmd": 128,	"GPS_Lat": "31.3382833", "GPS_Lng": "121.252503", "Temp": 28, "Hum": 52, "Light": 676	"Check": 222 }

图6-25 华为网络平台相应数据

项目7　物联网智能设备综合调试

[学习目标]

- 了解Microsoft Visual Studio集成开发环境调试方法。
- 了解.NET Framework环境下WPF的联调方法。
- 掌握网络设备的安装方法和使用规范。
- 掌握运行程序的下载与调试方法。
- 学会运用WPF界面调试传感器、执行器等相关设备。

[项目概述]

本项目将使用人们日常生活中最常见的设备进行环境搭建（如智能家居网络、智能社区等），将前面所学的局部物联网设备安装与调试内容进行综合，以风扇控制系统、小区红外感应楼道灯控制系统、家居安防系统等作为知识与技能的载体，运用前面所学知识完成综合实训的项目内容，从而提升物联网设备安装与调试的能力。

学习任务1 风扇控制系统调试

1

［任务说明］

本任务主要完成基于Windows窗体的风扇控制程序。通过学习Microsoft Visual Studio集成开发环境、.NET Framework、WPF编程过程完成风扇的控制程序。

本任务采用风扇、继电器模块、ADAM-4150数字量采集模块作为核心设备（见表7-1），将实现如下功能：

1. 按“开”按钮是向ADAM-4150发送开风扇指令。

2. 按“关”按钮是向ADAM-4150发送关风扇指令。

程序界面如图7-1所示。

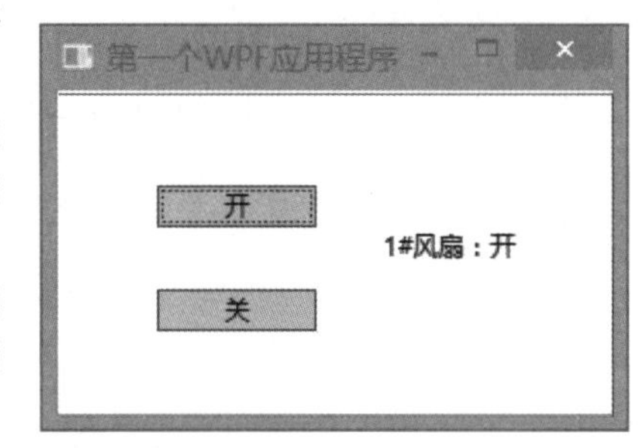

图7-1 程序界面

表7-1 设备清单

序号	设备名称	单位	个数
1	风扇	个	1
2	继电器	个	1
3	ADAM-4150数字量采集器	个	1

［相关知识与技能］

一、Microsoft Visual Studio

Microsoft Visual Studio（简称VS）是微软公司的开发工具包系列产品。VS是一个基本完整的开发工具集，它包括了整个软件生命周期中所需要的大部分工具，如UML工具、代码管控工具、集成开发环境（IDE）等。所写的目标代码适用于微软支持的所有平台，包括Microsoft Windows、Windows Phone、Windows CE、.NET Framework、.NET Compact Framework和Microsoft Silverlight。

而Visual Studio.NET是用于快速生成企业级ASP.NET Web应用程序和高性能桌面应用程序的工具。Visual Studio包含基于组件的开发工具（如Visual C#、Visual J#、Visual Basic和Visual C++），以及许多用于简化基于小组的解决方案的设计、开发和部署的其他技术。

二、.NET Framework

.NET Framework又称 .Net框架，是由微软开发的一个致力于敏捷软件开发（Agile software development）、快速应用开发（Rapid application development）、平台无关性和网络透明化的软件开发平台。.NET包含许多有助于互联网和内部网应用迅捷开发的技术。.NET框架是微软公司继Windows DNA之后新开发的平台。

.NET框架是以一种采用系统虚拟机运行的编程平台，以通用语言运行库（Common Language Runtime）为基础，支持多种语言（C#、VB、C++、Python等）的开发。.NET也为应用程序接口（API）提供了新功能和开发工具。这些革新使得程序设计员可以同时进行Windows应用软件和网络应用软件以及组件和服务（web服务）的开发。.NET提供了一个新的反射性的且面向对象程序设计的编程接口。.NET Framework中的所有语言都提供基类库(BCL)。

三、基于Windows窗口的WPF

WPF是微软新一代图形系统，运行条件为.NET Framework 3.0及以上版本，为用户界面、2D/3D 图形、文档和媒体提供统一的描述和操作方法。基于DirectX 9/10技术的WPF不仅带来了前所未有的3D界面，而且其图形向量渲染引擎也大大改进了传统的2D界面，例如Vista中的半透明效果的窗体等都得益于WPF。WPF提供了超丰富的.NET UI框架，集成了矢量图形，丰富的流动文字支持（flow text support），3D视觉效果和强大无比的控件模型框架。

任务实施

注意：将ADAM-4150接入RS-232转RS-485转换器，RS-232转RS-485无源转换器接入计算机COM2口。波特率设置为9 600 bps。

1. 新建WPF项目

（1）新建一个WPF程序。打开VS2012，单击“文件”→“新建”→“项目”，如图7-2所示，

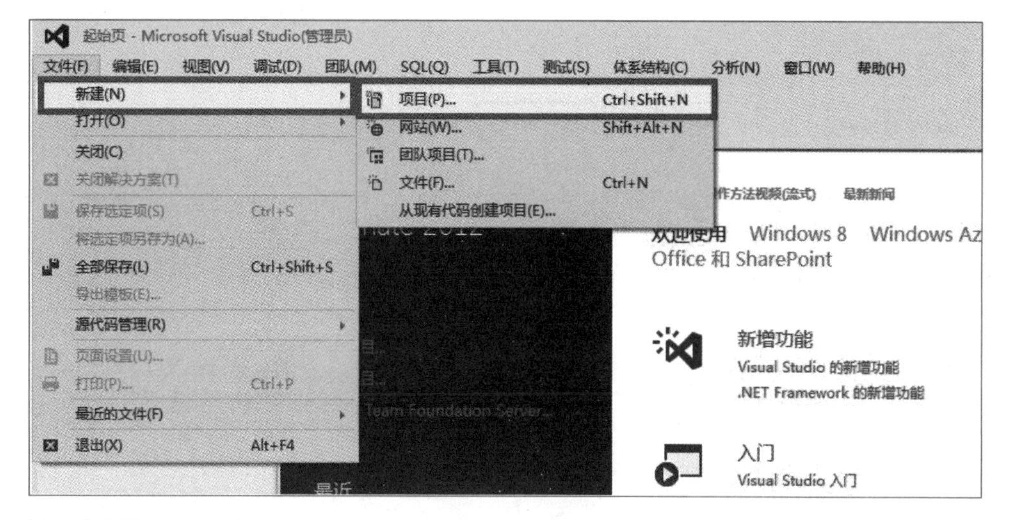

图7-2 新建项目

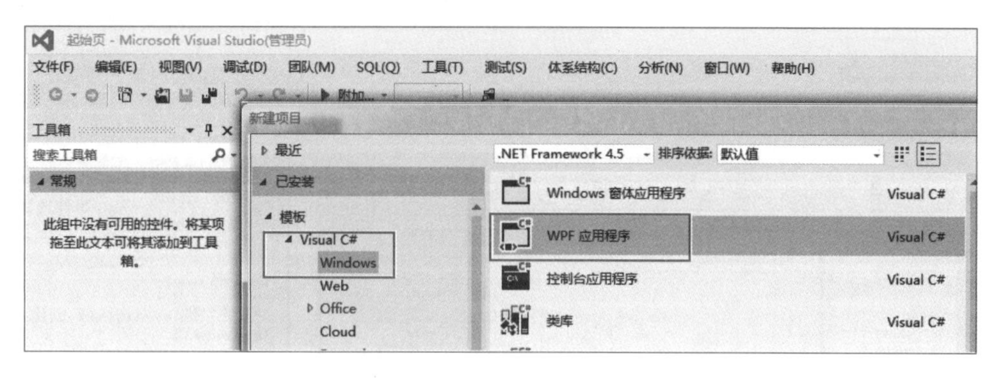

图7-3 WPF应用程序

选择开发语言为C#，然后选择“WPF应用程序”，单击“确定”按钮，如图7-3所示。

（2）创建WPF工程项目后，进入C#开发平台。在该平台上，可以看到常用的工具箱、界面布局编辑区、解决方案资源管理窗口、属性窗口、布局文件代码、视图窗口等，如图7-4所示。

注意：若某个视图窗口未打开或找不到，可通过主菜单的“视图”菜单打开。

（3）从工具箱中选取2个Button组件、1个Label标签拖放到窗体中，并在右侧属性窗口上分别设置其名称为“btnOpenFan1、btnCloseFan1、lblFan1”，设置其Content属性为“1#风扇：开/关”；设置完成后，在XMAL代码中会自动添加该代码，如图7-5所示。

（4）为按钮添加Click单击事件。选中要添加Click单击事件的按钮btnOpenFan1，在其属性窗口中（若开发环境中未找到属性窗口，可按下快捷键F4予以显示），如图7-6所示。在属性窗口中，单击“事件”选项卡将其切换到“事件列表”视图，双击Click事件右侧的空白区域。

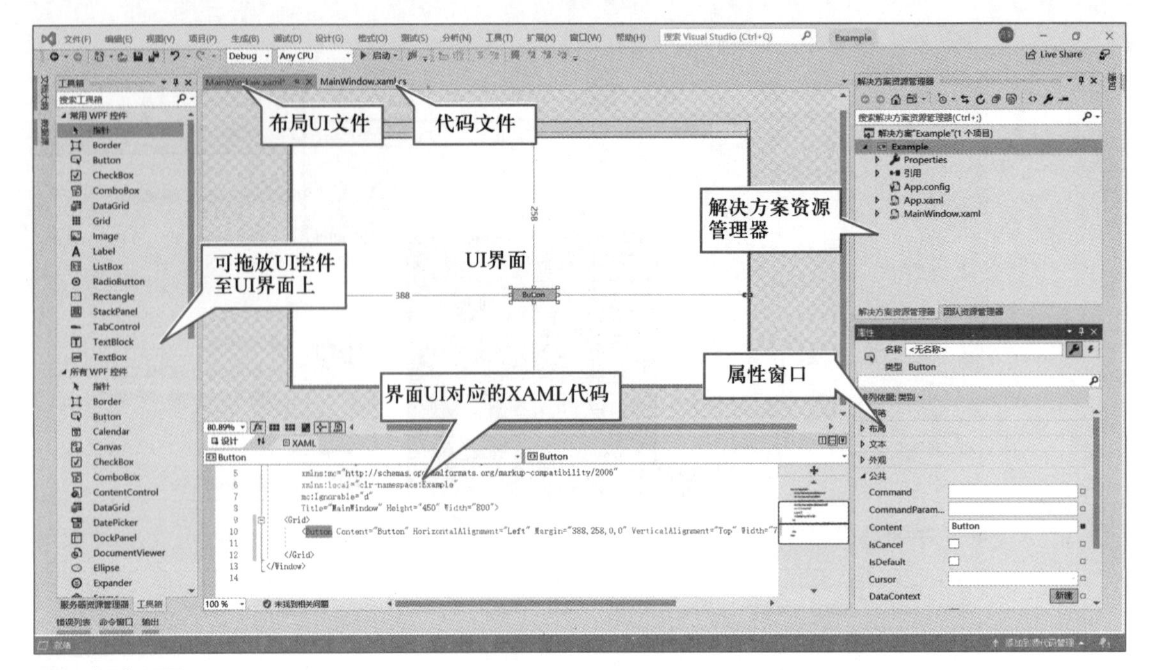

图7-4 布局代码界面

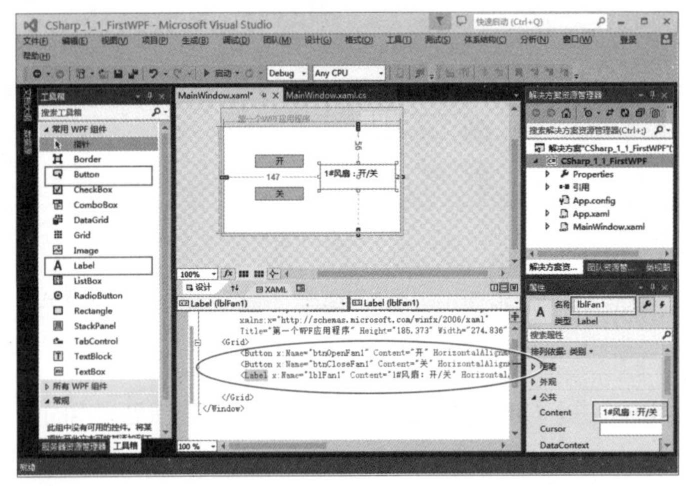

图7-5 按钮组件代码

图7-6 属性窗口

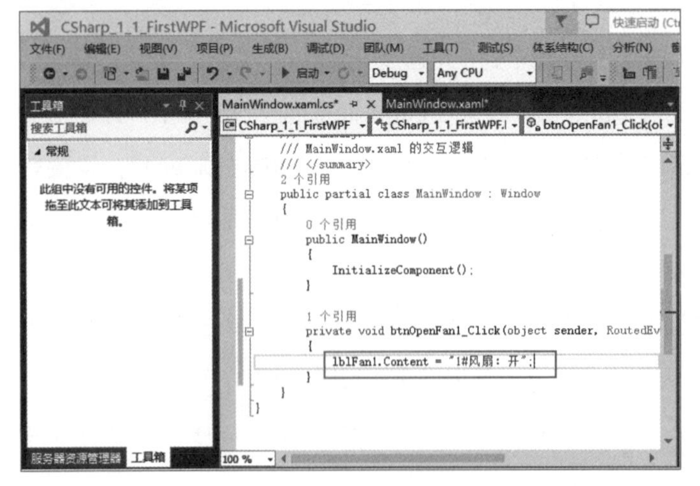

图7-7 编辑风扇代码

（5）双击之后，转入代码编辑区域，如图7-7所示。

2. 编写代码

（1）在图7-7所示的方框处，输入方框处的代码语句“lblFan1.Content = "1#风扇：开";”同理，为btnCloseFan1按钮添加Click事件代码，其代码语句为“lblFan1.Content = "1#风扇：关";”。详细

代码如下:

```
public partial class MainWindow : Window
    {
        public MainWindow()
        {           InitializeComponent();
        }
        private void btnOpenFan1_Click(object sender, RoutedEventArgs e)
        {
            lblFan1.Content = "1#风扇：开";
            //lblFan1.Foreground = Brushes.Red;
        }
        private void btnCloseFan1_Click(object sender, RoutedEventArgs e)
        {
            lblFan1.Content = "1#风扇：关";
            // lblFan1.Foreground = Brushes.Green;
        }
    }
```

（2）再次切换到UI界面设计窗口，查看XMAL代码文件，可以看到在其代码中加入了两个Button的Click事件声明，如图7-8所示。

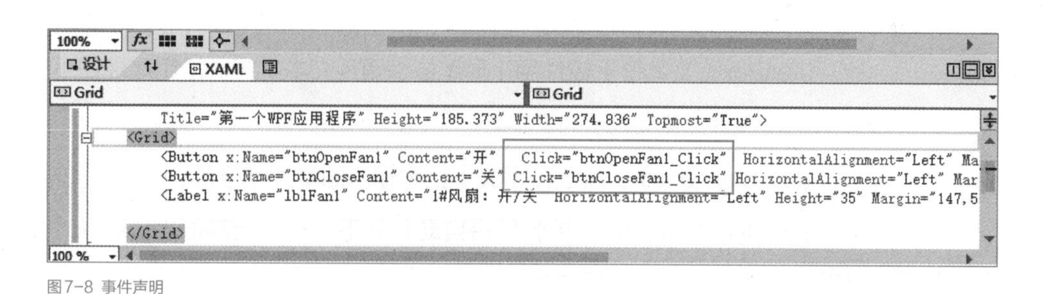

图7-8 事件声明

3. 程序运行

单击主工具栏上的“启动”图标，进入程序运行界面；分别单击“开”和“关”两个按钮，仔细观察运行结果，如图7-9所示。

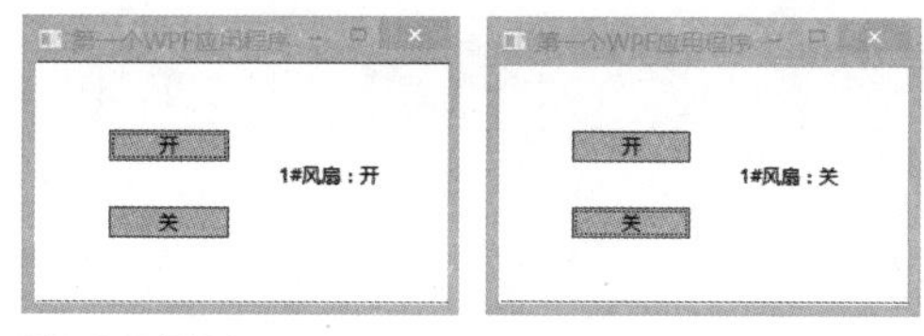

图7-9 运行程序

学习任务2 “用户登录”调试

2

「任务说明」

了解 WPF 中基本组件的功能，掌握 WPF 基本组件的功能与调用，并掌握“用户登录”基本逻辑。“用户登录”界面如图 7-10 所示。

图7-10 “用户登录”界面

「相关知识与技能」

一、TextBox（文本框）控件

TextBox（文本框）控件用于显示或编辑纯文本字符。常用属性如下：

（1）Text：表示显示的文本。

（2）MaxLength：用于指示文本框中输入的最大字符数。

（3）TextWrapping：控制是否自动转到下一行。当其值为“Wrap”时，该控件可以自动扩展以容纳多行文本。

（4）BorderBrush：设置边框颜色。

（5）BorderThickness：设置边框宽度，如果不希望该控件显示边框，可以将其设置为“0”。

TextBox 控件的常用事件是 TextChanged 事件。

二、Label（标签）

Label（标签）用来显示文本内容，可以为其他控件如文本框等添加一些描述性的信息。常用属性为Content，表示要显示的文本，如图7-11所示。

```
XAML：
<Label Content="姓名"/>
C#：
Label my = new Label();
my.Content = "姓名";
grid1.Children.Add(my);
```

图7-11 描述信息

三、Button（按钮）

Button（按钮）是最基本的控件之一。允许用户通过单击来执行操作。Button 控件既可以显示文本，又可以显示图像。当该按钮被单击时，它看起来像是被按下，然后被释放。每当用户单击按钮时，即调用 Click 事件处理程序。常用属性如下：

（1）Content：获取或设置按钮上的文本。

（2）IsEnabled：指示控件是否可用，默认值为True。如果为False，表示控件不可用，文本显示灰色。在程序中使用时，如果满足一定的条件，把该属性设置为True，则控件又可以正常使用了，这样可以控制用户的使用权限和操作次序。

任务实施

制作登录界面，要求用户输入的用户名和密码的长度不超过10个字符。如果输入的用户名长度大于或等于10，当光标从用户名文本框移走时，就会提示用户名输入有误；如果输入的密码大于或等于10，当光标从密码文本框移走时，就会提示密码输入有误，如图7-12所示。

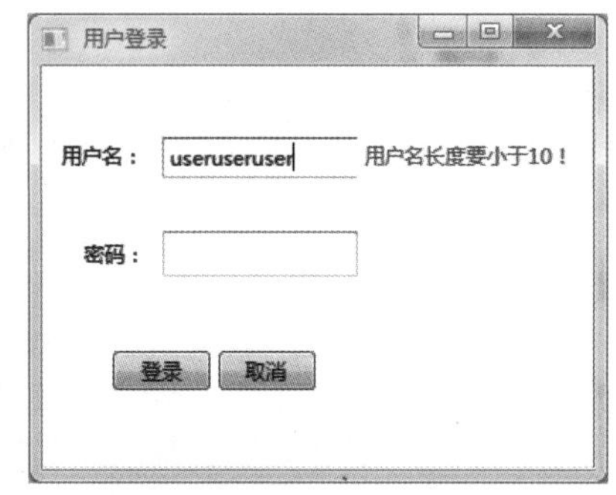

图7-12 用户登录效果

操作步骤：

（1）新建一个“Csharp_2_例2.3”WPF应用程序项目。

（2）设置窗体的Title属性为“用户登录”，把Grid分为3行3列，从工具箱中找到Label控件，拖入到窗体中，并设置Content属性值分别为“用户名：”和“密码：”。

（3）向窗体中添加一个TextBox控件和一个PasswordChar控件，分别命名为“txtName”和“txtPass”。

（4）向窗体中添加两个Label控件，分别命名为“LabUser”“LabPass”。

（5）向窗体中添加两个按钮，分别命名为“btnLogin”“btnCancel”，并设置Content属性分别为“登录”“取消”。

（6）选中用户名文本框，在“属性”窗口中选中TextChanged事件，双击进入事件处理程序，添加图7-13所示代码。

（7）选中密码文本框，在“属性”窗口中选中PasswordChanged事件，双击进入事件处理程序，编写图7-14所示代码。

（8）调试运行。

以上内容涉及了PasswordChar控件，用来显示密码，其用法与TextBox控件相似，不同的是显示密码用的是“Password”属性，改变密码触发的事件变成了PasswordChanged。

```
private void TextBox  TextChanged(object sender, TextChangedEventArgs e)
        {
            if (txtName.Text.Length < 10) //判断用户输入的文本框长度是否小于10
            {
                labUser.Content = "";
            }
else
            {
                labUser.Content = "用户名长度要小于10！";//在标签上显示提示信息
                txtName.Focus();//用户名文本框获取焦点
            }
}
```

图7-13 添加TextChanged事件

```
private void txtPass  PasswordChanged(object sender, RoutedEventArgs e)
        {
if (txtPass.Password.Length < 10)
            {
                labPass.Content = "";
            }
else
            {
                labPass.Content = "密码长度要小于10！";//在标签上显示提示信息
                txtPass.Focus();//密码框获取焦点
            }
    }
```

图7-14 添加PasswordChanged事件

学习任务3 复选框功能调试

3

「任务说明」

掌握 C# 开发环境的搭建，简单 WPF 应用程序的实现。通过学习顺序结构、选择结构、循环结构、跳转语句异常处理完成习题测试程序的编写，运行效果如图 7-15 所示。

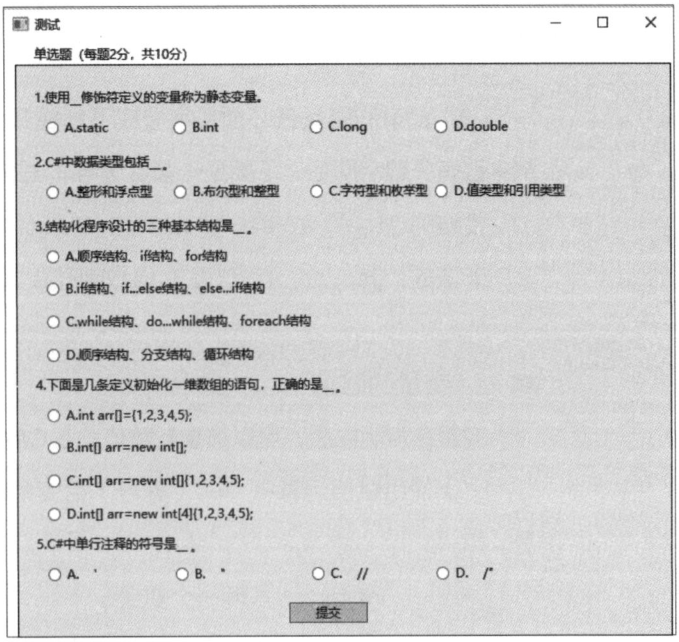

图 7-15 运行效果

「相关知识与技能」

一、变量与常量

变量被用来存储特定类型的数据，可以根据需要随时改变变量中所存储的数据值。

1. 变量声明

（1）在C#中，声明一个变量是由一个类型和跟在后面的一个或多个变量名组成，多个变量之间用逗号分开，声明变量以分号结束，且变量名区分大小写。

```
int iCount; //声明一个整型变量
string s1, s2, s3; //同时声明3个字符串型变量
int Temp, temp; //这里的Temp、temp代表不同的变量
```

（2）声明变量时，还可以初始化变量，即在每个变量名后面加上给变量赋初始值的指令。

```
int i = 33; //初始化整型变量a,其初值为33
string s1 = "光照", s2 = "温度", s3 = "湿度";//初始化字符型变量s1、s2、s3
```

（3）变量的变量名必须是字母或下划线开头，不能有特殊符号，且不可以与系统中已有关键字同名。下面是一些合法与非法的变量名。

合法的：I、A、a、s1、_flag、my_Object。

非法的：3s、int、if（这里3s以数字开头，int、if是C#中已有的关键字）。

2. 变量的赋值

变量在声明以后，可以被重新赋值。在C#中，赋值语句规定如下：

（1）使用赋值运算符“=”（等号）给变量赋值，将等号右边的值赋给左边的变量。如：

```
int sum; //声明一个变量
sum = 2008; //使用赋值运算符“=”给变量赋值
```

（2）在给变量赋值时，等号右边也可以是一个已经被赋值的变量。如：

```
int i1, i2; //声明两个整型变量
i1 = 100;  //给变量i1赋值为100
i2 = i1; //将变量i1赋值给变量i2
```

3. 常量

C#中的常量分为不同的类型，如“5”是实时默认的int型常量，而“5.0”默认是double型常量，其他类型常量需要添加后缀，如“5L”是long型，“3.14f”是float型，见表7-2。

表 7-2 常量的类型

类型	后缀	示例
int	无	10,100,-10,-100
uint	U 或 u	10u,100U,
long	L 或 l	10l,100L,-99999999L
float	F 或 f	1.0f,3.14F
double	D 或 d 或无	1.0,10d,3.14159
decimal	M 或 m	1000.00m,123456789.987654321M

二、C#基础数据类型

1. 整型数据

C#支持8种整型：sbyte、byte、short、ushort、int、uint、long、ulong。表7-3为整型数据所对应的字节大小、取值范围及其说明。

表 7-3 整型数据

名称	字节数	取值范围	说明
sbyte	1	-128~127	有符号字节型
byte	1	0~255	无符号字节型
short	2	-32768 ~32767	有符号短整型
ushort	2	0 ~65535	无符号短整型
int	4	-231~231-1	有符号整型
uint	4	0~232-1	无符号整型
long	8	-263~263-1	有符号长整型
ulong	8	0~264-1	无符号长整型

2. 实数类型

C#支持3种浮点型数据：float、double和decimal。float和double类型用32位单精度和64位双精度IEEE 754格式来表示，表7-4为浮点型数据所对应的系统预定义结构类型（CTS）、大小和取值范围。

表 7-4 浮点型数据

类型	字节数	取值范围	有效数字	备注
float	4	±1.5 × 10-45~ ±3.4 × 1038	7 位	单精度实数
double	8	±5.0 × 10-324 ~ ±1.7 × 10308	15 /16 位	双精度实数
decimal	16	±1.0 × 10-28 ~ ±7.9 × 1028	28 位	金融货币

3. bool（布尔）类型

bool 类型表示布尔逻辑量。bool 类型的可能值为 true 和 false。其定义语句如下：

```
[1] bool flag;
```

[2] flag=true;

语句[1]定义了一个bool型变量，其初始化默认为false；语句[2]给bool型变量赋值为true。bool类型和其他类型之间不存在标准转换。bool类型与整型截然不同，不能用bool值代替整数值，反之亦然。

4. 字符类型

（1）字符和字符串

C#中字符数据类型有char（字符）类型和string（字符串）类型两种，用单引号标记字符，用双引号标记字符串，如：

char（字符）类型：'C'，'%'，'3'，'+'，'$'。

string（字符串）类型："China"，"Good morning"，"28.5"，"56%"。

在计算机中数字和字符是两个完全不同的概念，数字用来计算，字符用来显示。数字3是一个可以计算的数字，字符'3'仅仅是用来显示的符号。

（2）字符型变量和字符串变量

字符型变量用来存储一个字符，用关键字char声明。char类型在内存中存储为整型类型，其可能值集与Unicode字符集相对应。

（3）ASCII编码和Unicode编码

① ASCII编码

ASCII（American Standard Code for Information Interchange，美国信息互换标准代码）是基于拉丁字母的一套计算机编码系统。

② Unicode 编码

Unicode是目前用来解决ASCII码256个字符限制问题的一种比较流行的解决方案。ASCII字符集只有256个字符，用0 ~ 255之间的数字来表示，包括大小写字母、数字以及少数特殊字符（如标点符号、货币符号等）。

（4）转义字符（见表7-5）

表7-5 转义字符

转义字符	功能	说 明	Unicode 编码
\'	单引号	输出单引号	0027
\"	双引号	输出双引号	0022
\\	反斜杠	输出反斜杠 \	005C
\0	空	常放在字符串末	0000
\a		产生“嘀”的一声蜂鸣	0007
\b	退格	光标向前移动一位	0008
\f	换页	将当前位置移到下一页开头	000C

转义字符	功能	说明	Unicode 编码
\n	换行	将当前位置移到下一行开头	000A
\r	回车	将当前位置移到本行开头	000D
\t	水平制表符	跳到下一个 Tab 位置	0009
\v	垂直制表符	把当前行移动到下一个垂直 Tab 位置	000B

三、C#格式化输出

1. 格式化货币

格式化货币与系统的环境有关，中文系统默认格式化人民币，英文系统格式化美元。string.Format("{0:C}",0.2) 的结果为“￥0.10”，英文操作系统结果为“$0.10”。默认格式化小数点后面保留两位小数，如果需要保留一位或者更多，可以指定位数。

2. 格式化十进制、实数、科学计数法的数字

十进制数格式化成固定的位数，位数不能少于未格式化前，只支持整形。

string.Format("{0:D3}",23) 结果为“023”。

3. 格式化为十六进制

string.Format("{0:x}", 11) 结果为：“b”（x小写，输出结果为小写）。

4. 用分号隔开的数字，并指定小数点后的位数

tring.Format("{0:N}", 14200) 结果为“14 200.00”（默认为小数点后面两位）。

5. 格式化百分比

string.Format("{0:P}", 0.24583) 结果为“24.58%”（默认保留两位小数）。

6. 零占位符、数字占位符、空格占位符

string.Format("{0:0000.00}", 12394.039) 结果为“12394.04”。

7. 日期格式化

string.Format("{0:d}",System.DateTime.Now) 结果为“2009-3-20”（月份位置不是03）。

8. ToString()函数

C#中如果只对一个数进行格式化操作，替代可以采用ToString()。

```
int a = 12345;
string s1 = a.ToString("n"); // 生成 12 345.00
```

四、运算符与表达式

1. 算术运算符（见表7-6）

表7-6 算术运算符

运算符	含义	类别	C#示例	数学表示
+	加	二元	a+b;	a+b
-	减	二元	5-1;	5-1
*	乘	二元	5*3;	5×3
/	除	二元	x/y;	x÷y
%	取余	二元	n%7;	n mod 7

2. 自增、自减运算符（见表7-7）

表7-7 自增、自减运算符

含义	语句	等价语句	返回值	执行后变量值
后置自增	iCount++;	iCount = iCount+1;	原值	原值 +1
后置自减	iCount--;	iCount = iCount-1;	原值	原值 -1
前置自增	++iCount;	iCount = iCount+1;	原值 +1	原值 +1
前置自减	--iCount;	iCount = iCount-1;	原值 -1	原值 -1

使用时，需要注意以下几点：

（1）自增运算符和自减运算符只能作用于变量而不能作用于常量或表达式，如：

- 5++是不合法的，因为5是常量，而常量的值不能改变。
- (a+b)--也是不合法的，因为假如a+b的值是5，那么自增后得到的6放在什么地方呢？显然放在a中或b中都不合理。

（2）对于复杂的表达式，要用括号增加可读性。比如：

- -i++显然写成-(i++)可读性更强。
- i+++j显然写成(i++)+j更好。

3. 类型转换

C#中类型的转换主要包括隐式转换、显式转换以及字符串和数值间的转换。

（1）隐式转换

把取值范围较小的类型转换为取值范围较大的类型是安全的，也是默认进行的，不需要添加任何额外的代码，所以称之为隐式转换。

（2）显式转换

如果要将取值范围较大的类型转换为取值范围较小的类型，必须用显式转换。显式转换可能会造成数据丢失。因此进行显式转换时要充分考虑源数据的大小，以免造成意想不到的错误。

当因显式转换而发生溢出错误时，系统不会产生提示。为了避免溢出错误，可以用关键字checked对显示转换进行检查。

（3）字符串和数值间的转换（见表7-8）

表7-8 字符串和数值间的转换

函数	说明
Convert.ToByte(val)	val 转换为 byte 型
Convert.ToIntl6(val)	val 转换为 short 型
Convert.ToInt32(val)	val 转换为 int 型
Convert.ToInt64(val)	val 转换为 long 型
Convert.ToSByle(val)	val 转换为 sbyte 型
Convert.ToUInt 16(val)	val 转换为 ushort 型
Convert.ToUInt32(val)	val 转换为 uint 型
Convert.ToUInt64(val)	val 转换为 ulong 型
Convcrt.ToSingle(val)	val 转换为 float 型
Convcrt.ToDouble(val)	val 转换为 double 型
Convert.ToDecimal(val)	val 转换为 decimal 型
Convert.ToChar(val)	val 转换为 char 型
Convert.ToString(val)	val 转换为 string 型
Convert.ToBoolean(val)	val 转换为 bool 型

五、关系运算符

两个实数之间是可以比较大小的，例如28.5>23。在程序中，把这种比较两值大小关系的运算符称为关系运算符。C#中的关系运算符见表7-9。

表7-9 关系运算符

含义	运算符	数学表示	示例	类别	优先级
小于	<	<	2<5	二元	1
大于	>	>	5>2	二元	1
小于或等于	<=	⩽	x<=28.5	二元	1
大于或等于	>=	⩾	x>=23	二元	1

续表

含义	运算符	数学表示	示例	类别	优先级
等于	==	=	5==(2+3)	二元	2
不等于	!=	≠	2!=5	二元	2

1. 逻辑运算符

（1）与（and）

如果把两个表达式记为p、q，则逻辑表达式记作“p && q”；逻辑运算“且”的真值表见表7-10。

表7-10 “与”真值表

p	q	p&&q
true	true	true
true	false	false
false	true	false
false	false	false

（2）或（or）

如果把两个表达式记为p、q，则逻辑表达式记作“p || q”；逻辑运算“或”真值表见表7-11。

表7-11 “或”真值表

p	q	p || q
true	true	true
true	false	true
false	true	true
false	false	false

（3）非（not）

在C#中“非”用逻辑运算符“!”表示。“!”是一元运算符，只有一个操作数，把这个操作数表达式记为p，则逻辑表达式记作“!p”。逻辑运算“非”真值表见表7-12。

表7-12 “非”真值表

p	!p
true	false
false	true

（4）逻辑运算符的执行

在逻辑表达式的求解中，并非所有的逻辑运算都一定被执行，当运算到一半即可判断为true或false时，后面的运算将不再执行。

2. 位运算符

任何信息在计算机中都是以二进制的形式保存的，位运算符就是对数据按二进制位进行运算的操作符，C#的位运算符见表7-13。

表7-13 位运算符

含义	运算符	示例	类别	优先级
按位取反	~	~3	一元	1
按位与	&	3 & 10	二元	2
按位异或	^	3 ^ 10	二元	3
按位或	|	3 | 10	二元	4
左移	<<	5<<2	二元	5
右移	>>	5>>2	二元	5

六、C#控制结构

1. 顺序结构

顺序结构表示程序中的各操作是按照它们出现的先后顺序执行的，这种结构的特点是：程序从入口点a开始，按顺序执行所有操作，直到出口点b处，所以称为顺序结构。

2. 选择结构

选择结构表示程序的处理步骤出现了分支，它需要根据某一特定的条件选择其中的一个分支执行。选择结构有单选择、双选择和多选择三种形式。

3. 循环结构

循环结构表示程序反复执行某个或某些操作，直到某条件为假（或为真）时才可终止循环。在循环结构中最主要的是：什么情况下执行循环？哪些操作需要循环执行？循环结构的基本形式有两种：当型循环和直到型循环，而什么情况下执行循环则要根据条件判断。

C#中提供了以下控制关键字实现程序的流程控制：

选择控制：if、else、switch、case。

循环控制：while、do、for、foreach。

跳转语句：break、continue。

异常处理：try、catch、finally。

4. 顺序结构语句

按书写顺序逐句执行，从第一条语句开始，一句一句地执行到最后一句。

5. 选择结构语句

if语句

if语句是最常用的选择语句，它根据布尔表达式的值来判断是否执行后面的内嵌语句。if语句要分为单分支、双分支、嵌套、多分支四种选择结构。

（1）单分支结构

if语句只有一个分支，其格式为：

```
if (条件表达式)
    内嵌语句
```

（2）双分支结构

C#中，对一个表达式进行计算，if语句根据计算结果进行判断（真或假），然后二选一执行，格式为：

```
if (条件表达式)
    内嵌语句1
else
    内嵌语句2
```

（3）嵌套if语句

如果程序的逻辑判断关系比较复杂，通常会采用嵌套if语句，即在判断之中又有判断。

（4）多分支选择结构

采用嵌套的if语句是为了实现多分支选择，但程序结构不够清晰，所以一般情况下较少使用if语句的嵌套结构，而使用if—else—if语句来实现多分支选择。

（5）switch语句

switch语句的一般形式为：

```
switch(表达式)
{case 常量表达式1：语句组1；break；
case 常量表达式2：语句组2；break；
…
case 常量表达式n：语句组n；break}
```

注意：case后面必须是常量表达式，不能为变量表达式，且常量表达式的值必须为整型、字符型或枚举型。case后面的各个常量值不能重复出现。case后面可以放置多条语句，可以不使用复合语句形式，当执行到break语句时就跳出switch语句。

6. 循环控制语句

（1）while语句

while语句的一般形式如下：

```
while(表达式)
{
        语句序列;
}
```

（2）do...while语句（直到型循环）

do...while语句的一般形式为：

```
do
{
        语句序列;
}while(表达式);
```

（3）for语句

for语句是实现循环最常用的语句，一般用于循环次数已知的情况。for循环语句的一般形式图7-16所示。

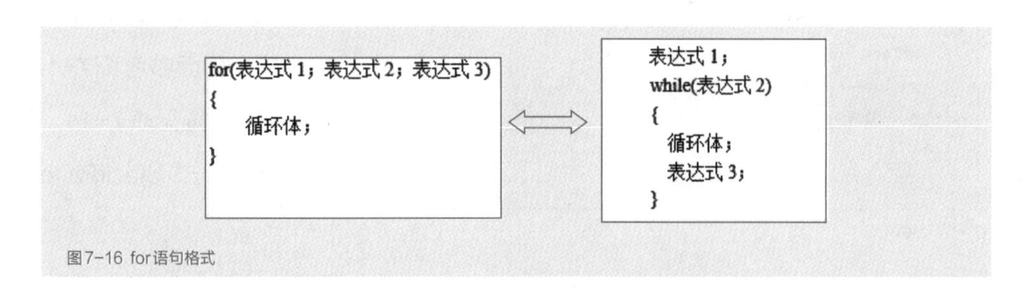

图7-16 for语句格式

上述for语句的表达式同右侧的while语句是等价的。其执行过程如下：

先计算表达式1，然后计算表达式2，若其值非0（真），则循环条件成立，转“3”，若其值为0（假），则循环条件不成立，则结束循环。

（4）嵌套循环

一个循环里面又包含另一个完整的循环，这种形式称为嵌套循环。按照循环的嵌套次数，有二重循环，三重循环等。for语句、while语句、do...while语句都可以互相嵌套。

（5）break 语句和 continue 语句

在循环程序的执行过程中，有时需要终止循环。C#提供了两个循环中断控制语句，break语句和continue语句。

① break语句

break语句的功能是跳出本层循环，不再执行。其一般形式如下：

break;

执行过程：跳出switch语句或循环语句，执行其后的语句。

② continue语句

continue语句的一般形式为：

continue;

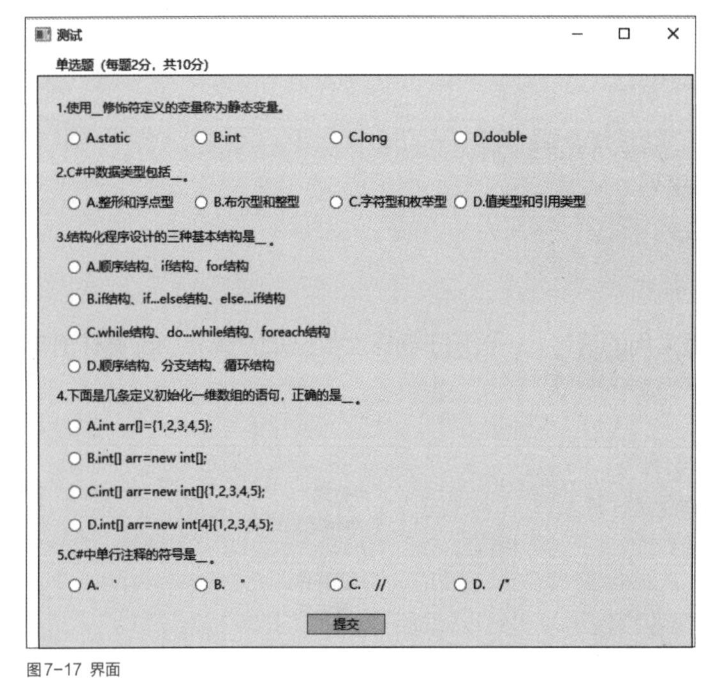

图7-17 界面

任务实施

制作自动测试小程序，以单项选择题为例，要求用户提交答案后，立刻知道自己所得的分数。界面如图7-17所示。

操作步骤：

（1）新建一个“Csharp_2_例5.1”WPF应用程序项目。

（2）设置窗体的Title为“测试”，界面参考图7-17，控件的各属性设置见表7-14，每一组选项都放在一个StackPanel面板中。

表 7-14 控件属性设置

序号	控件类型	主要属性	属性值
1	GroupBox	Content	单选题（每题 2 分，共 10 分）
2	Label	Content	1. 使用____修饰符定义的变量称为静态变量。
3	Label	Content	2. C# 中数据类型包括__________。
4	Label	Content	3. 结构化程序设计的三种基本结构是__________。
5	Label	Content	4. 下面是几条定义初始化一维数组的语句，正确的是__________。
6	Label	Content	5. C# 中单行注释的符号是__________。

续表

序号	控件类型	主要属性	属性值
7	RadioButton	Name	radExamOne1
		GroupName	r1
		Content	A. static
		IsChecked	True
8	RadioButton	Name	radExamOne2
		GroupName	r1
		Content	B. int
9	RadioButton	Name	radExamOne3
		GroupName	r1
		Content	C. long
10	RadioButton	Name	radExamOne4
		GroupName	r1
		Content	D. double
11	RadioButton	Name	radExamTwo1
		GroupName	r2
		Content	A. 整型和浮点型
		IsChecked	True
12	RadioButton	Name	radExamTwo2
		GroupName	r2
		Content	B. 布尔型和整型
13	RadioButton	Name	radExamTwo3
		GroupName	r2
		Content	C. 字符型和枚举型
14	RadioButton	Name	radExamTwo4
		GroupName	r2
		Content	D. 值类型和引用类型
15	RadioButton	Name	radExamThree1
		GroupName	r3
		Content	A. 顺序结构、if 结构、for 结构
		IsChecked	True
16	RadioButton	Name	radExamThree2
		GroupName	r3
		Content	B. if 结构、if…else 结构、else...if 结构
17	RadioButton	Name	radExamThree3
		GroupName	r3
		Content	C. while 结构、do...while 结构、foreach 结构
18	RadioButton	Name	radExamThree4
		GroupName	r3
		Content	D. 顺序结构、分支结构、循环结构
19	RadioButton	Name	radExamFour1
		GroupName	r4
		Content	A. int arr [ ] = {1, 2，3，4，5}
		IsChecked	True
20	RadioButton	Name	radExamFour2
		GroupName	r4
		Content	B. int [ ] arr=new int [ ]；

续表

序号	控件类型	主要属性	属性值
21	RadioButton	Name	radExamFour3
		GroupName	r4
		Content	C. int [ ] arr=new int [ ] {1，2，3，4, 5} ;
22	RadioButton	Name	radExamFour4
		GroupName	r4
		Content	D. int[ ] arr=new int[4]{1, 2, 3, 4, 5} ;
23	RadioButton	Name	radExamFive1
		GroupName	r5
		Content	A.'
		IsChecked	True
24	RadioButton	Name	radExamFive2
		GroupName	r5
		Content	B. "
25	RadioButton	Name	radExamFive3
		GroupName	r5
		Content	c. //
26	RadioButton	Name	radExamFive4
		GroupName	r5
		Content	D./*
27	Button	Name	btnSubmit
		Content	提交

学习任务4 小区红外感应楼道灯控制系统调试

4

「任务说明」

本任务采用光照传感器、人体红外传感器、ADAM-4150 数字量采集模块作为核心设备。人体红外传感器可以通过红外感应对楼道进行检测。当感应到有人时，ADAM-4150 数字量采集模块返回 true，反之则返回 flase。通过判断光照传感器检测到的数据，根据人体红外传感器返回的数值对灯光进行控制，实现楼道灯光的智能管理。

运行效果如图 7-18 所示。设备清单见表 7-15。

图7-18 运行效果

表 7-15 设备清单

序号	设备名称	单位	数量
1	光照传感器	个	1
2	照明灯	个	1
3	继电器	个	1
4	人体红外传感器	个	1
5	ZigBee 四通道采集器	个	1
6	ADAM-4150 数字量采集器	个	1
7	RS-232 转 RS-485 无源转换器	个	1
8	串口线	根	1
9	开发用计算机	台	1

一、人体红外传感器

人们肉眼看得见的光线称为可见光，可见光的波长从短到长依次排序是紫光、蓝光、绿光、黄光、橙光、红光。波长比红光更长的光称为红外光或红外线（红外）。

自然界中任何有温度的物体都会辐射红外线，只不过辐射的红外线波长不同。根据实验表明，人体辐射的红外线（能量）波长主要集中在10 000 nm左右。人体红外传感器是根据热释电原理制作而成的。

图7-19 人体红外传感器

人体红外传感器具有体积小、使用方便、工作可靠、监测灵敏、探测角度大、感应距离远等一系列的独特功能，已在各个领域里得到了广泛应用，如图7-19所示。

二、继电器

继电器是一种电气控制器件，是当输入量（激励量）的变化达到规定要求时，在电气输出电路中使被控量发生预定的阶跃变化的一种电器。它具有控制系统（又称输入回路）和被控制系统（又称输出回路）之间的互动关系。通常应用于自动化控制电路中，它实际上是用小电流去控制大电流运作的一种“自动开关”，在电路中起着自动调节、安全保护、转换电路等作用，如图7-20所示。

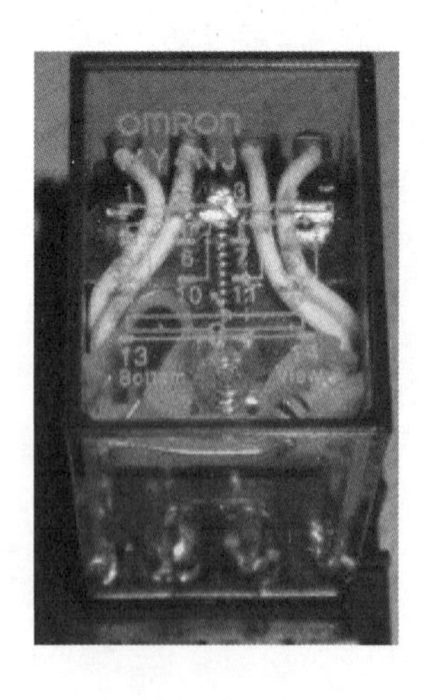

图7-20 继电器

三、设备布局图（如图7-21所示）

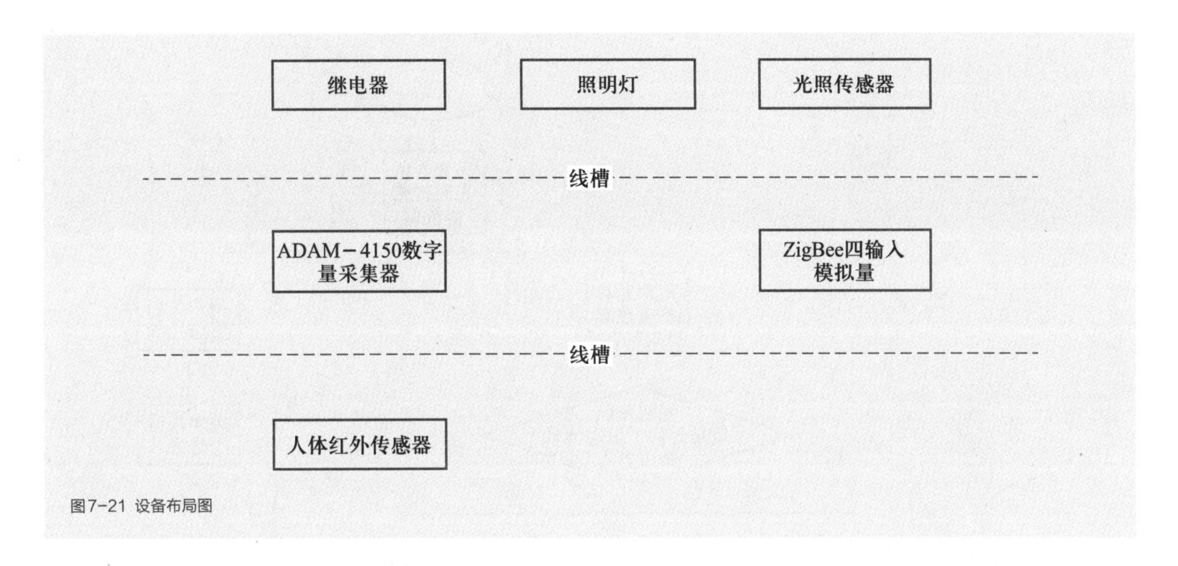

图7-21 设备布局图

四、设备连线图（如图7-22所示）

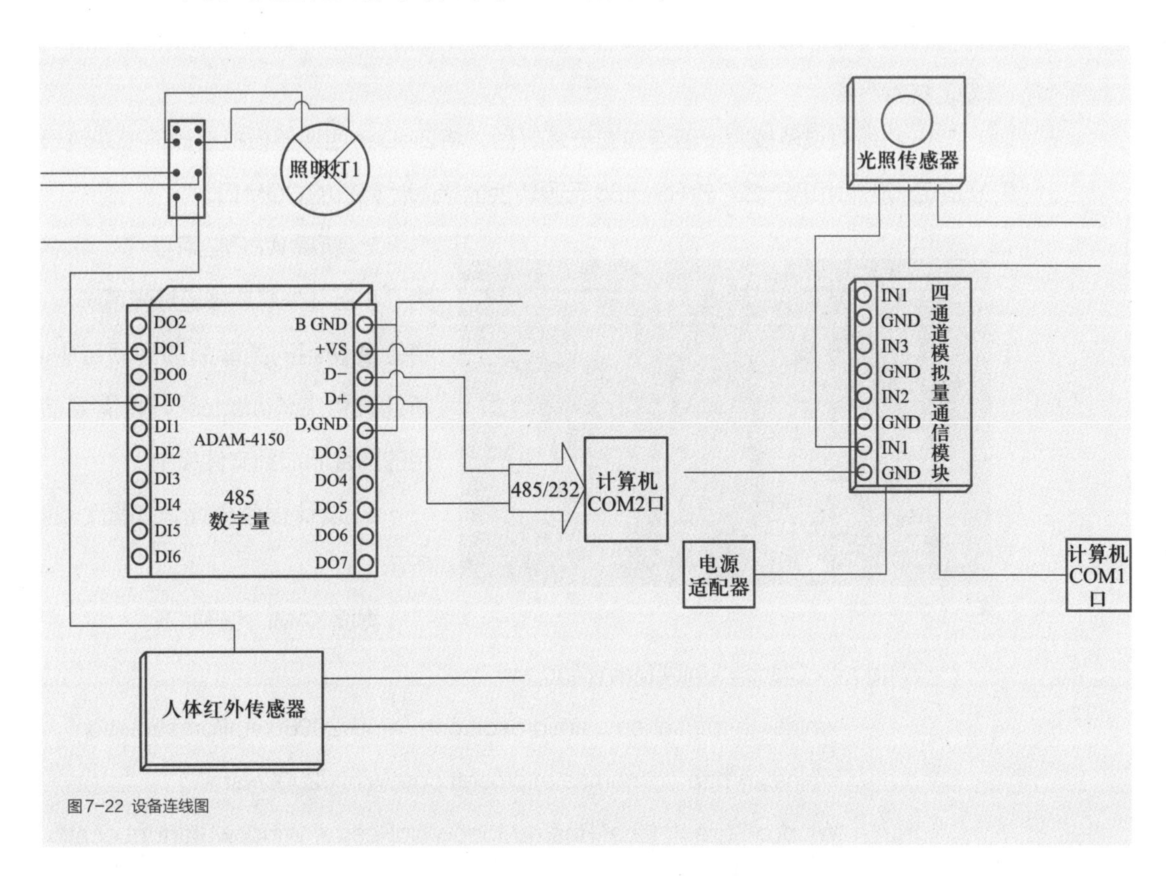

图7-22 设备连线图

五、工作流程图（如图7-23所示）

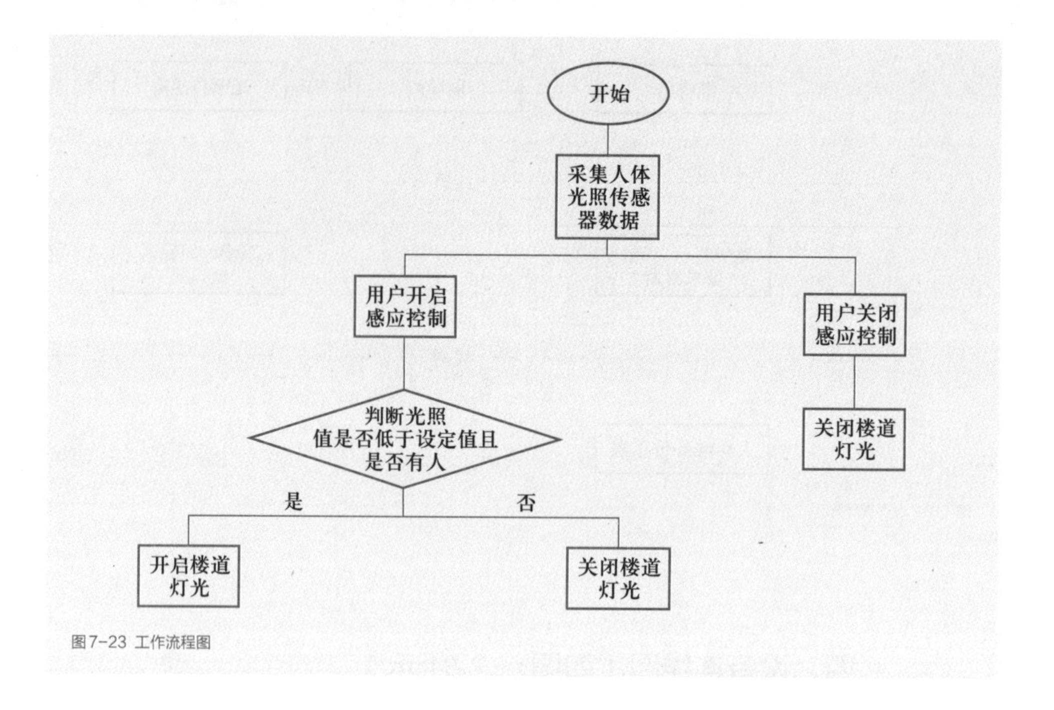

图7-23 工作流程图

任务实施

1. 将所有设备按照设备连线图安装好后，将ZigBee四通道模拟量通信模块烧录好指定代码后和RS-232转RS-485无源转换器接入计算机的COM口。

图7-24 项目UI界面

2. 新建WPF应用程序，命名为“小区红外感应楼道灯光系统”。将需要使用的类库添加到项目中。新建文件夹“Images”，将需要使用的图片添加到文件夹中。

3. 设计程序界面，如图7-24所示。

界面XAML代码如下：

```
<Window x:Class="Unit4.MainWindow"
        xmlns="http://schemas.microsoft.com/winfx/2006/xaml/presentation"
        xmlns:x="http://schemas.microsoft.com/winfx/2006/xaml"
        WindowStyle="None" ResizeMode="NoResize" WindowStartupLocatio
n="CenterScreen" Icon="Images/icon_light.ico"
        Title="小区红外感应楼道灯光系统" Height="600" Width="1000"
```

```
Loaded="Window_Loaded_1">
        <Grid >
            <Image HorizontalAlignment="Left" x:Name="back" Stretch="Fill"
Height="600" VerticalAlignment="Top" Width="1000" Source="Images/bg_night.
png"/>
            <Grid HorizontalAlignment="Left" Height="64" VerticalAlignment="Top"
Width="1000" Background="#FF575454" Opacity="0.5" />
            <Label Content="小区红外感应楼道灯光系统" FontSize="34"
Foreground="#ffffff" HorizontalAlignment="Left" Margin="81,3,0,0"
VerticalAlignment="Top" Width="433"/>
            <Image HorizontalAlignment="Left" Height="44" Margin="17,9,0,0"
VerticalAlignment="Top" Width="51" Source="Images/icon.png"/>
            <Grid HorizontalAlignment="Left" Height="64" VerticalAlignment="Top"
Width="1000" Background="#FF575454" Opacity="0.5" Margin="0,536,0,0" />
            <Image HorizontalAlignment="Left" x:Name="body_img" Height="28"
Margin="640,466,0,0" VerticalAlignment="Top" Width="21" Source="Images/
induction_off.png"/>
            <Label Content="感应控制：" FontSize="22" Foreground="#ffffff"
HorizontalAlignment="Left" Margin="179,549,0,0" VerticalAlignment="Top" Width="127"/>
            <Image HorizontalAlignment="Left" x:Name="btn" Height="49"
Stretch="Fill" Margin="311,543,0,0" VerticalAlignment="Top" Width="100"
Source="Images/switch_off.png" MouseUp="btn_MouseUp_1"/>
            <Label Content="状态：" FontSize="22" Foreground="#ffffff"
HorizontalAlignment="Left" Margin="590,549,0,0" VerticalAlignment="Top"
Width="104"/>
            <Image HorizontalAlignment="Left" x:Name="isBody_img" Height="45"
Stretch="Fill" Margin="681,545,0,0" VerticalAlignment="Top" Width="132"
Source="Images/nobody.png"/>
            <Image HorizontalAlignment="Left" Height="31" Margin="940,0,0,0"
VerticalAlignment="Top" Width="30" Source="Images/wintl_mini_nor.png"
MouseDown="Image_MouseDown_1" MouseUp="Image_MouseUp_1" />
            <Image HorizontalAlignment="Left" Height="31" Margin="970,0,0,0"
```

```
VerticalAlignment="Top" Width="30" Source="Images/wintl_closed_nor.png"
MouseDown="Image_MouseDown_3" MouseUp="Image_MouseUp_3"/>
        </Grid>
    </Window>
```

4. 功能效果如图7-25所示，并在连接好的设备上进行测试。

图7-25 功能效果

程序代码如下：

```
public partial class MainWindow : Window
    {
        public MainWindow()
        {
            InitializeComponent();
        }

        #region
        private void Image_MouseDown_1(object sender,
        MouseButtonEventArgs e)
        {
            Image img = sender as Image;
            img.Source = new BitmapImage(new Uri("Images/wintl_mini_
            press.png", UriKind.Relative));
        }

        private void Image_MouseUp_1(object sender,
        MouseButtonEventArgs e)
```

```
{
    Image img = sender as Image;
    img.Source = new BitmapImage(new Uri("Images/wintl_mini_nor.
    png", UriKind.Relative));
    this.WindowState = WindowState.Minimized;
}

private void Image_MouseDown_3(object sender,
MouseButtonEventArgs e)
{
    Image img = sender as Image;
    img.Source = new BitmapImage(new Uri("Images/wintl_closed_
    press.png", UriKind.Relative));
}

private void Image_MouseUp_3(object sender,
MouseButtonEventArgs e)
{
    Image img = sender as Image;
    img.Source = new BitmapImage(new Uri("Images/wintl_closed_
    nor.png", UriKind.Relative));
    Application.Current.Shutdown();
}
#endregion

Adam4150 adam = new Adam4150();
inPut_4 input = new inPut_4();
DispatcherTimer timer = new DispatcherTimer();
bool? isBody = false;
bool isOpen = false;
Double? LightValue = 100d;
```

```
private void Window_Loaded_1(object sender, RoutedEventArgs e)
{
    adam.Open("COM1");
    input.Open("COM2");
    timer.Interval = TimeSpan.FromMilliseconds(1000);
    timer.Tick += timer_Tick;
    timer.Start();
}

void timer_Tick(object sender, EventArgs e)
{
    isBody = adam.getAdam4150_DIValue(0);
    LightValue = input.getInPut4_Illumination();
    if (isBody == true && isOpen)
    {
        body_img.Source = new BitmapImage(new Uri("Images/
        induction_on.png", UriKind.Relative));
        isBody_img.Source = new BitmapImage(new Uri("Images/
        body.png", UriKind.Relative));
        if (LightValue <= 100)
        {
            adam.ControlDO(1, true);
            back.Source = new BitmapImage(new Uri("Images/bg_
            light.png", UriKind.Relative));
        }
        else
        {
            adam.ControlDO(1, false);
            back.Source = new BitmapImage(new Uri("Images/bg_
            night.png", UriKind.Relative));
        }
    }
```

```
        else
        {
            body_img.Source = new BitmapImage(new Uri("Images/
            induction_off.png", UriKind.Relative));
            isBody_img.Source = new BitmapImage(new Uri("Images/
            nobody.png", UriKind.Relative));
            adam.ControlDO(1, false);
            back.Source = new BitmapImage(new Uri("Images/bg_night.
            png", UriKind.Relative));
        }
    }

    private void btn_MouseUp_1(object sender, MouseButtonEventArgs e)
    {
        if (!isOpen)
        {
            btn.Source = new BitmapImage(new Uri("Images/switch_
            on.png", UriKind.Relative));
            isOpen = true;
        }
        else
        {
            btn.Source = new BitmapImage(new Uri("Images/switch_off.
            png", UriKind.Relative));
            isOpen = false;
        }
    }
}
```

学习任务5 家居安防系统调试

5

［任务说明］

本任务采用火焰传感器、烟雾传感器、摄像头、报警灯、ADAM-4150 数字量采集模块作为核心设备。本任务将实现的功能如下：

1. 当火焰传感器采集到有火情时，打开报警灯并弹出火警提示。
2. 当烟雾传感器采集到有烟时，打开报警灯并弹出烟情提示。
3. 当业主离开时，可打开摄像头查看室内情况。

家居安防系统效果如图 7-26 所示。设备清单见表 7-16。

图7-26 家居安防系统效果

表 7-16 设备清单

序号	设备名称	单位	数量
1	火焰传感器	个	1
2	烟雾传感器	个	1
3	报警灯	个	1
4	继电器	个	1
5	ADAM-4150 数字量采集器	个	1
6	网络摄像头	个	1
7	路由器	个	1
8	网线	根	2

「相关知识与技能」

一、传感器技术

传感器（transducer/sensor）是一种检测装置，能感受到被测量的信息，并能将感受到的信息，按一定规律变换成为电信号或其他所需形式的信息输出，以满足信息的传输、处理、存储、显示、记录和控制等要求。它是实现自动检测和自动控制的首要环节，是物联网应用中的信息来源。

二、火焰传感器

火焰传感器是专门用来搜寻火源的传感器，火焰传感器也可以用来检测光线的亮度。火焰传感器利用红外线对火焰非常敏感的特点，使用特制的红外线接收管来检测火焰，然后把火焰的亮度转化为高低变化的电平信号，输入到中央处理器，中央处理器根据信号的变化做出相应的程序处理。

三、烟雾传感器

烟雾传感器（烟雾探测器），也称为感烟式火灾探测器、烟感探测器、感烟探测器、烟感探头和烟感传感器，主要应用于消防系统，在安防系统建设中也有应用。

四、设备布局图（如图7-27所示）

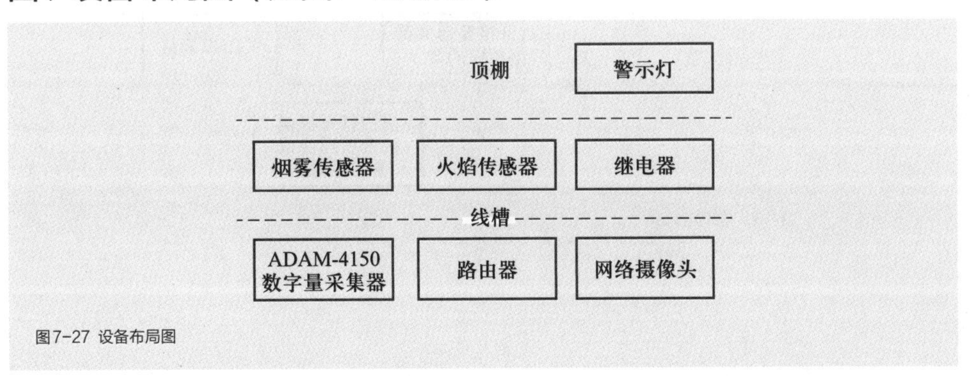

图7-27 设备布局图

五、设备连线图（如图7-28所示）

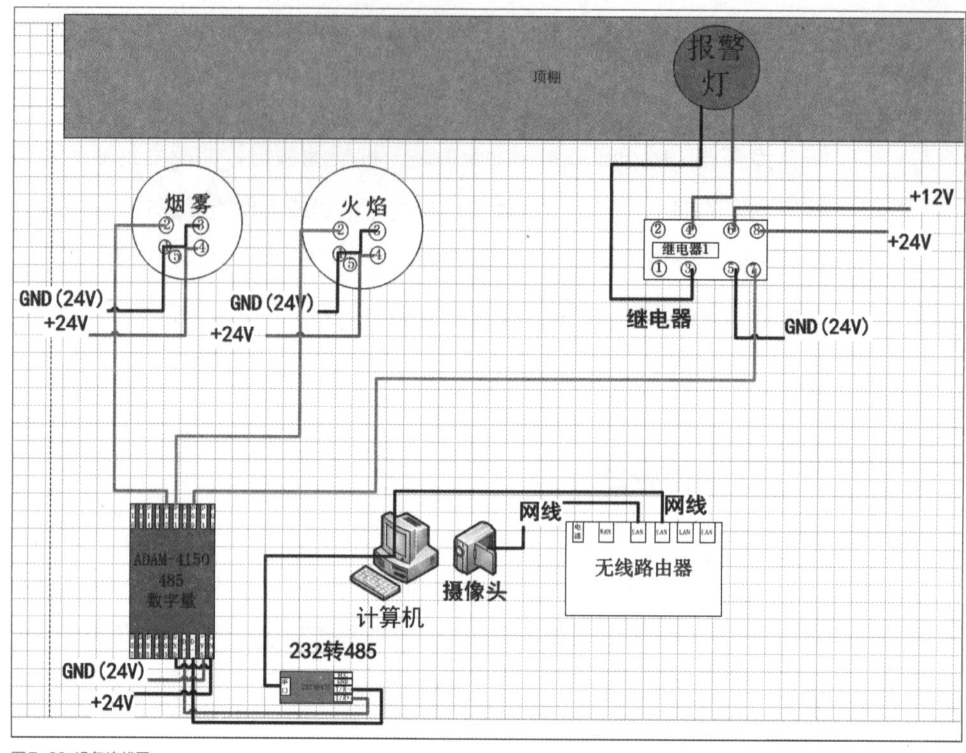

图7-28 设备连线图

六、工作流程图（如图7-29所示）

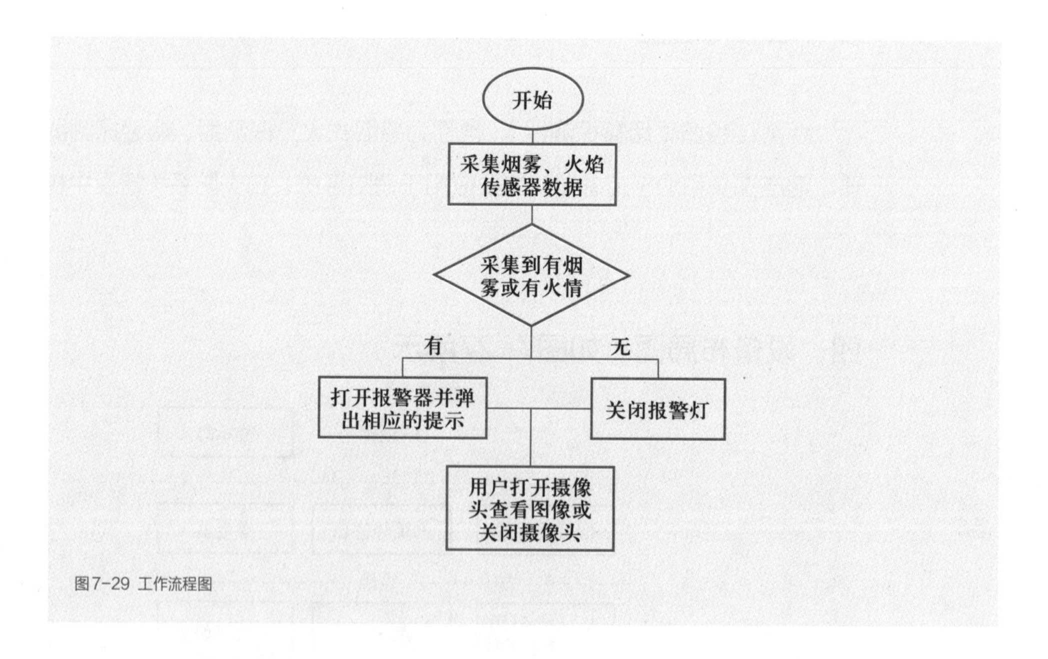

图7-29 工作流程图

任务实施

注意：将所有设备按照设备连线图安装好后，将RS-232转RS-485无源转换器接入计算机COM2口。请将波特率设置为9 600 bps。

1. 新建WPF应用程序，命名为“家居安防系统”。

2. 将需要使用的类库添加到项目中。

3. 新建文件夹“Images”，将需要使用的图片添加到文件夹中。

4. 在“家居安防系统”工程中添加IPCameraDLL，如图7-30所示。

5. 安装摄像头搜索软件，如图7-31所示。

6. 访问网络摄像头，如图7-32所示。

7. 库函数说明见表7-17。

图7-30 安防系统添加摄像头

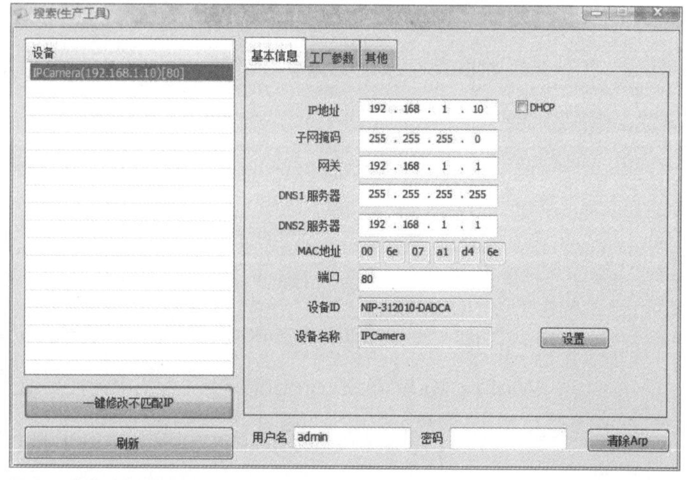

图7-31 摄像头搜索软件

图7-32 IPCameraDLL软件

表 7-17 库函数说明

方法名称	作用说明
IpCameraHelper(string ip,string user,string pwd,Action<ImageEventArgs> ImageReady	摄像头帮助类构造函数，通过输入摄像头 IP、用户名、地址，获取摄像头的图像
StartProcessing()	摄像头打开方法
StopProcessing()	摄像头关闭方法
PanUp()	使摄像头向上的方法
PanLeft()	使摄像头向左的方法
PanRight()	使摄像头向右的方法
PanDown()	使摄像头向下的方法

8. 界面XAML代码如下：

```
<Window x:Class="家居安防系统.MainWindow"
xmlns="http://schemas.microsoft.com/winfx/2006/xaml/presentation"
        xmlns:x="http://schemas.microsoft.com/winfx/2006/xaml"
        Title="家居安防系统" Height="550" Width="1000" WindowStyle="None"
Icon="Images/home_security.ico" ResizeMode="NoResize" WindowStartupLocation
="CenterScreen" Loaded="Window_Loaded_1">
    <Grid>
        <Grid.Background>
            <ImageBrush ImageSource="Images/bg_home.png"/>
        </Grid.Background>
        <Grid HorizontalAlignment="Left" Height="64" VerticalAlignment="Top"
Width="1000" Background="#FF575454" Opacity="0.5" />
        <Image HorizontalAlignment="Left" Name="min_btn" Height="31"
Margin="940,0,0,0" VerticalAlignment="Top" Width="30" Source="Images/wintl_mini_
nor.png" MouseDown="min_btn_MouseDown" MouseUp="min_btn_MouseUp"/>
        <Image HorizontalAlignment="Left" Name="close_btn" Height="31"
Margin="970,0,0,0" VerticalAlignment="Top" Width="30" Source="Images/wintl_
closed_nor.png" MouseDown="close_btn_MouseDown" MouseUp="close_btn_
MouseUp" />
        <Label Content="家居安防系统" FontSize="34" Foreground="#ffffff"
HorizontalAlignment="Left" Margin="68,0,0,0" VerticalAlignment="Top"
Width="287"/>
        <Image HorizontalAlignment="Left" Height="44" Margin="17,9,0,0"
```

```
VerticalAlignment="Top" Width="51" Source="Images/icon_dialog_alarm.png"/>
            <Grid HorizontalAlignment="Left" Height="81" VerticalAlignment="Top"
Width="1000" Background="#FF575454" Opacity="0.8" Margin="0,469,0,0" />
            <Label Content="实像录像：" Foreground="#FFF0E8E8" FontSize="18"
HorizontalAlignment="Left" Margin="82,493,0,0" VerticalAlignment="Top"/>
            <Image HorizontalAlignment="Left" Name="camera_btn" Height="49"
Margin="187,485,0,0" VerticalAlignment="Top" Width="124" Source="Images/switch_
off.png" Stretch="Fill" MouseUp="camera_btn_MouseUp"/>
            <Label Content="火焰：" Foreground="#00c0ff" FontSize="18"
HorizontalAlignment="Left" Margin="388,493,0,0" VerticalAlignment="Top"/>
            <Image HorizontalAlignment="Left" Height="49" Margin="457,485,0,0"
VerticalAlignment="Top" Width="124" Source="Images/input_grey.png"
Stretch="Fill"/>
            <Label Content="无" Name="fire_txt" Foreground="#FFBBB6B6"
FontSize="20" FontWeight="Bold" HorizontalAlignment="Left" Margin="503,492,0,0"
VerticalAlignment="Top"/>
            <Label Content="烟雾：" Foreground="#00c0ff" FontSize="18"
HorizontalAlignment="Left" Margin="693,493,0,0" VerticalAlignment="Top"/>
            <Image HorizontalAlignment="Left" Height="49" Margin="762,485,0,0"
VerticalAlignment="Top" Width="124" Source="Images/input_grey.png"
Stretch="Fill"/>
            <Label Content="正常" Name="smoke_txt" Foreground="#FFBBB6B6"
FontSize="20" FontWeight="Bold" HorizontalAlignment="Left" Margin="798,492,0,0"
VerticalAlignment="Top"/>
            <Grid HorizontalAlignment="Left" Height="290"
VerticalAlignment="Top" Width="541" Background="#FF575454" Opacity="0.5"
Margin="226,121,0,0" />
            <Image HorizontalAlignment="Left" Height="33" Margin="245,133,0,0"
VerticalAlignment="Top" Width="31" Source="Images/red.png"/>
            <Label Content="REC：" Foreground="White" FontSize="18"
HorizontalAlignment="Left" Margin="274,131,0,0" VerticalAlignment="Top"/>
            <Image HorizontalAlignment="Left" Name="img" Stretch="Fill"
```

```
Height="229" Margin="236,171,0,0" VerticalAlignment="Top" Width="521"/>
        </Grid>
    </Window>
```

9. 实现效果如图7-33所示。

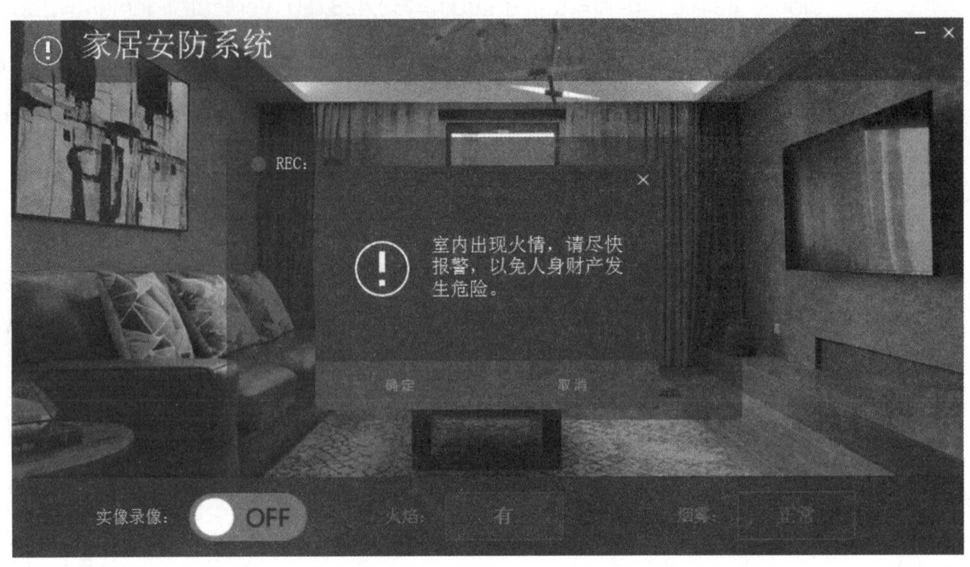

图7-33 家居安防系统运行效果

程序代码如下：

```
public partial class MainWindow : Window
    {
        public MainWindow()
        {
            InitializeComponent();
        }
        private void min_btn_MouseDown(object sender,
        MouseButtonEventArgs e)
        {
            Image img = sender as Image;
            img.Source = new BitmapImage(new Uri("Images/wintl_mini_
            press.png", UriKind.Relative));
        }
        private void min_btn_MouseUp(object sender, MouseButtonEventArgs e)
        {
```

```
        Image img = sender as Image;
        img.Source = new BitmapImage(new Uri("Images/wintl_mini_nor.
        png", UriKind.Relative));
        this.WindowState = WindowState.Minimized;
}
private void close_btn_MouseDown(object sender,
MouseButtonEventArgs e)
{
        Image img = sender as Image;
        img.Source = new BitmapImage(new Uri("Images/wintl_closed_
        press.png", UriKind.Relative));
}
private void close_btn_MouseUp(object sender,
MouseButtonEventArgs e)
{
        Image img = sender as Image;
        img.Source = new BitmapImage(new Uri("Images/wintl_closed_
        nor.png", UriKind.Relative));
        Application.Current.Shutdown();
}
Adam4150 adam = new Adam4150();
DispatcherTimer timer = new DispatcherTimer();
IPCamera camera = null;
bool? isFire = false;
bool? isSmoke = false;
bool isOpen = false;

private void Window_Loaded_1(object sender, RoutedEventArgs e)
{
        adam.Open("COM1");
        timer.Interval = TimeSpan.FromSeconds（2）;
        timer.Tick += timer_Tick;
```

```
    timer.Start();
}
void timer_Tick(object sender, EventArgs e)
{
    isFire = adam.getAdam4150_DIValue（1）;
    isSmoke = adam.getAdam4150_DIValue（2）;
    if (isFire == true || isSmoke == true)
    {
        adam.ControlDO(0, true);
        if (isFire == true)
        {
            fire_txt.Content = "有火";
            new AlarmWindow("火").ShowDialog();
        }
        if (isSmoke == true)
        {
            smoke_txt.Content = "超标";
            new AlarmWindow("烟").ShowDialog();
        }
    }
    else
    {
        fire_txt.Content = "无";
        smoke_txt.Content = "无";
        adam.ControlDO(0, false);
    }
}
private void camera_btn_MouseUp(object sender,
MouseButtonEventArgs e)
{
    if (!isOpen)
    {
```

```
            isOpen = true;
            if (camera == null)
            {
                try
                { camera = new IpCameraHelper("192.168.0.10",
                "admin", "", new Action<ImageEventArgs>((_sender) =>
                    {
                        if (isOpen)
                        { img.Source = _sender.FrameReadyEventArgs.
                        BitmapImage;
                        }
                    }));
                }
                catch
                {
                    return;
                }
            }
            if (!camera.StartProcessing())
            {
                return;
            }
            { camera_btn.Source = new BitmapImage(new Uri("Images/
            switch_on.png", UriKind.Relative));}
        else
        {   if (camera != null)
            {
                if (!camera.StartProcessing())
                {
                    return;
                }
                camera_btn.Source = new BitmapImage(new
```

```
                    Uri("Images/switch_off.png", UriKind.Relative));
                }
                isOpen = false;
                img.Source = null;
            }
        }
    }
}
```

学习任务6 智能商超系统调试

6

「任务说明」

本任务的主要内容是了解热敏打印机、条码扫描枪、高频读卡器等商业超市设备的工作原理，熟悉物联网工程设计的基本原理，能够熟练掌握智能商业超市系统中高频读卡器、LED 显示屏、网络摄像头等物联网设备的安装方法，完成设备软硬件调试，实现智能商超系统智能出入库、智能结算、智能安防等功能，达到物联网设备综合调试的目的。

智能商超系统效果如图 7-34 所示。设备清单见表 7-18。

图7-34 智能商超系统效果

表 7-18 设备清单

序号	设备名称	单位	数量
01	热敏打印机	台	1
02	条码扫描枪	个	1
03	小票打印机	个	1
04	高频读卡器	个	1
05	高频卡	张	1

续表

序号	设备名称	单位	数量
06	LED 显示屏	个	1
07	网络摄像头	个	1
08	红外对射传感器	个	1
09	火焰传感器	个	1
10	烟雾传感器	个	1
11	报警灯	个	1
12	继电器	个	3
13	ADAM-4150 数字量采集器	个	1
14	RS-232 转 RS-485 无源转换器	个	1
15	温湿度传感器	个	1
16	排气扇	个	2
17	ZigBee 四通道采集器	个	1
18	串口服务器	个	1
19	路由器	个	1
20	开发用计算机	台	1
21	网线	根	3

「相关知识与技能」

一、热敏打印机

热敏打印机的主要耗材是热敏纸。热敏纸是一种特殊的涂布加工纸，其外观与普通白纸相似。当热敏纸遇到发热的打印头时，打印头所打印之处的显色剂与无色染料即发生化学反应而变色，形成图文。

图7-35 热敏打印机及材料

加热是由与热敏材料相接触的打印头上的一个小电子加热器提供的。加热器排成方点或条的形式由打印机进行逻辑控制，当被驱动时，就在热敏纸上产生一个与加热元素相应的图形。控制加热元素的同一逻辑电路，同时也控制着进纸，因而能在整个标签或纸张上印出图形，如图7-35所示。

二、条码扫描枪

条码扫描枪也称扫码枪，扫描枪作为光学、机械、电子、软件应用等技术紧密结合的高科技产品，是继键盘和鼠标之后的第三代计算机输入设备。扫描枪自诞生之后，得到了迅猛发展和广泛应用，从图片、照片、胶片到各类图纸图形以及文稿资料都可以用扫描枪输入到计算机中，进而实现对这些图像信息的处理、管理、使用、存储或输出。

常见的平板式扫描枪一般由光源、光学透镜、扫描模组、模拟数字转换电路加塑料外壳构成。它利用光电元件将检测到的光信号转换成电信号，再将电信号通过模拟数字转换器转化为数字信号传输到计算机中处理。当扫描一张图像时，光源照射到图像上后反射光穿过透镜会聚到扫描模组上，由扫描模组把光信号转换成模拟数字信号（即电压，它与接收到的光的强度有关），同时指出那个像素的灰度。这时候模拟－数字转换电路把模拟电压转换成数字信号，传送到计算机。平板式扫描枪如图7-36所示。

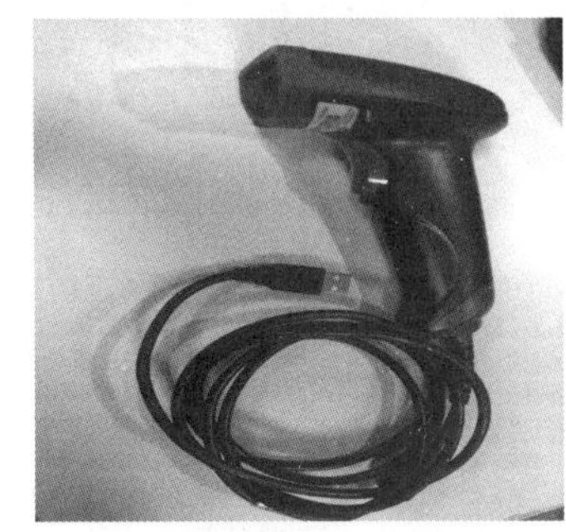

图7-36 平板式扫描枪

三、用户控件

在应用程序内部或应用程序之间提供一致性行为和用户界面的复合控件。用户控件可以是某个应用程序的本地控件，也可以添加到库中并编译成DLL供多个应用程序使用，如图7-37所示。

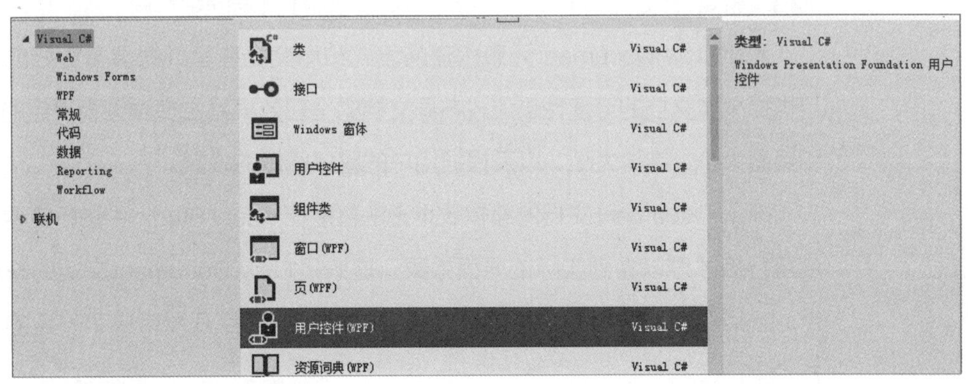

图7-37 控件界面

四、自定义控件

自定义控件将用户界面和其他功能都封装起来到可复用的包中。自定义控件和标准控件相比，除了不同的标记前缀，且必须进行显式注册和部署以外并没有什么不同。此外，自定义控件拥有自己的对象模型，能够触发事件，并支持Microsoft Visual Studio的所有设计特性，如图7-38所示。

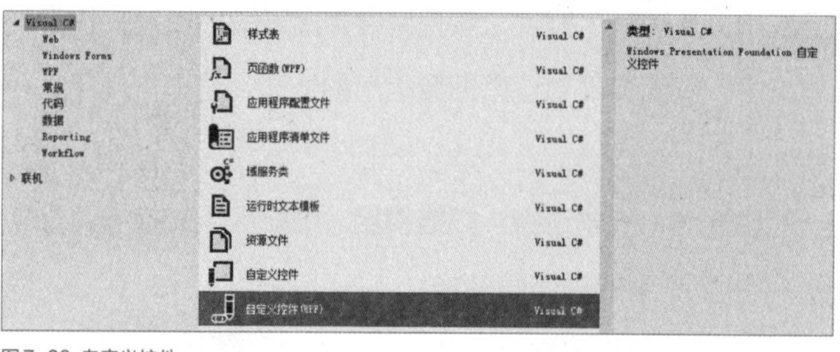

图7-38 自定义控件

自定义控件的后台如图7-39所示。

用户控件的后台如图7-40所示。

```
public class CustomControl1 : Control
{
    static CustomControl1()
    {
        DefaultStyleKeyProperty.OverrideMetad
    }
}
```

图7-39 自定义控件的后台

```
/// <summary>
/// UserControl1.xaml 的交互逻辑
/// </summary>
public partial class UserControl1 : UserControl
{
    public UserControl1()
    {
        InitializeComponent();
    }
```

图7-40 用户控件的后台

五、Flow Document流文档

文档元素用来处理文档的呈现方式。WPF文档一般分为两大类，流式布局和固定布局。固定布局即所见即所得，也就是在设计时，文档的格式是什么，在呈现时它的格式就是什么，没有任何的差异。常见的窗体就是固定布局。

而用Flow Document元素构建的流式布局文档在呈现时具备更好的灵活性，并且也提高了文档的可读性。流式布局文档的呈现效果是由多种因素决定的，例如屏幕和页面大小、字体大小，以及根据用户的喜好所做的设置。

Flow Document文档的编辑效果无法直接在Visual Studio中进行查看，必须在程序运行后才可以看到实际的界面效果。这既是Flow Document文档的缺点，也是优点。缺点在于和所见即所得的开发模式相比，给项目开发带来了一定的不便，如图7-41所示。

其优点在于文档能更好地适应项目显示的多样性，这是由于其不参与编译的特点

图7-41 Flow Document流文档

所决定的。另外，和传统的窗体相比，流文档运行时加载的内容更少，速度也更快。设备布局图如图7-42所示。

设备连线图如图7-43所示。

工作流程图如图7-44所示。

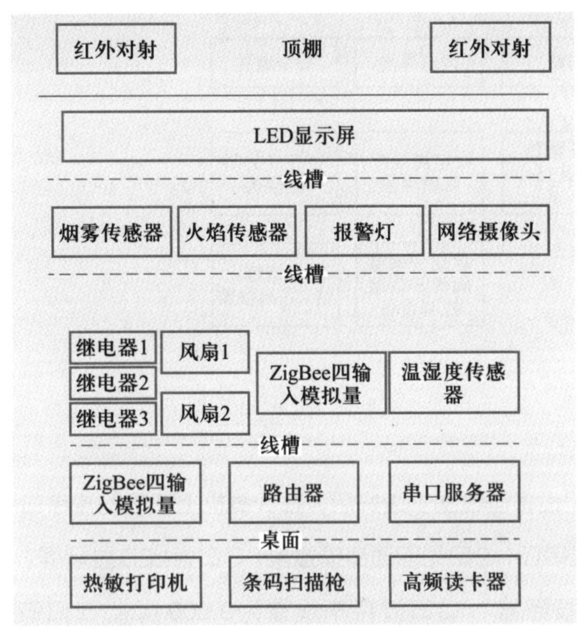

图7-42 设备布局图

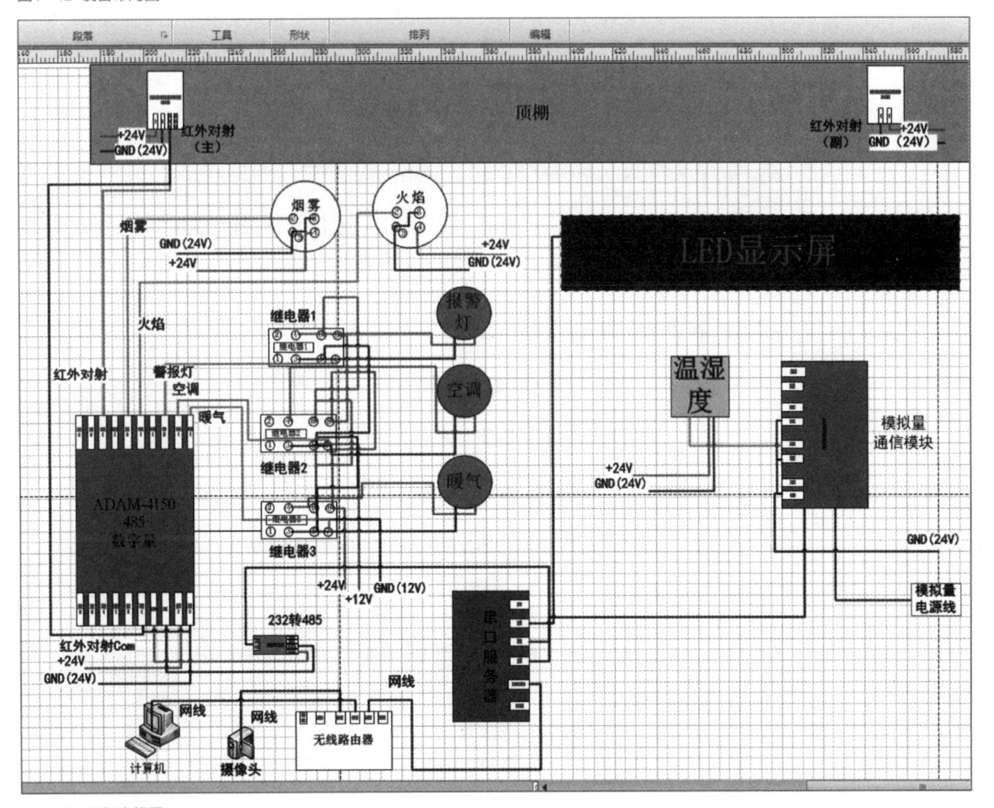

图7-43 设备连线图

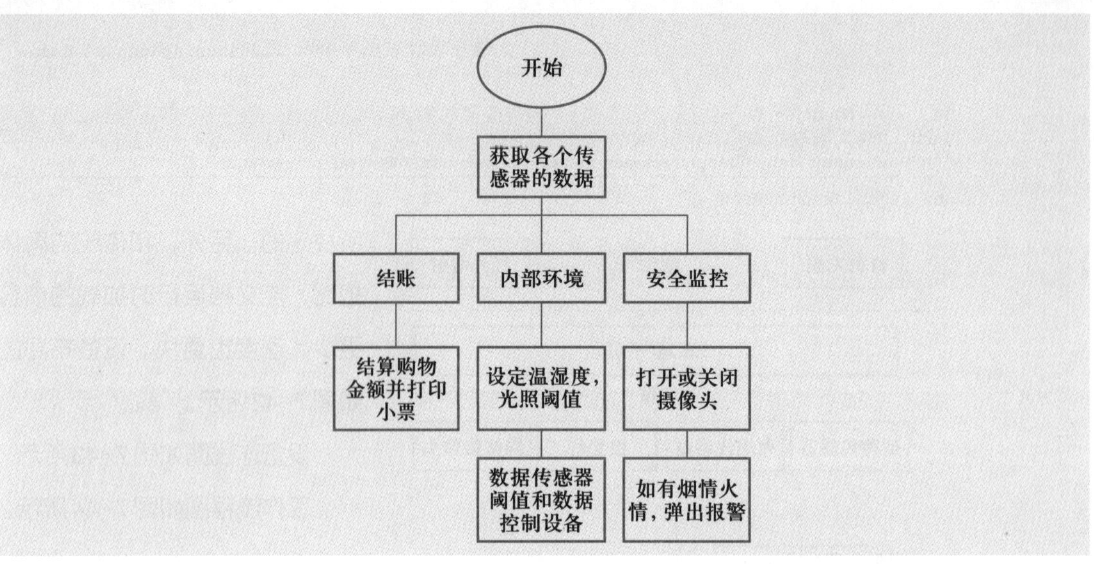

图7-44 工作流程图

任务实施

1. 将所有设备按照设备连线图安装好后，在计算机上正确配置串口服务器，1口为ADAM数字量采集器串口，2口为四通道模拟量，3口为LED显示屏。

注意：请将串口服务器1、3口波特率设置为9 600 bps，2口波特率设置为38 400 bps，并将它们设置为real Com。

2. 新建WPF应用程序，命名为“智能商超系统”。

3. 将需要使用的类库添加到项目中。

4. 新建文件夹“Resources”，将需要使用的图片添加到文件夹中。

5. 在“MainWindow.xaml”窗体的页面代码中添加框架代码，用于实现单窗体模式下多窗体内容的实现。

```
<Frame x:Name="MainFrame"
            Grid.Row="0"
            Panel.ZIndex="0"
            Grid.RowSpan="2"
            NavigationUIVisibility="Hidden"
></Frame>
```

6. 在“App.config”窗体的页面代码中添加设备配置。

```
<appSettings>
<add key="Adam4150Port" value="COM3"></add>
<add key="InPut4Port" value="COM5"></add>
```

```
<add key="SrrReaderPort" value="COM2"></add>
<add key="CameraIp" value="192.168.14.10:81"/>
<add key="CameraUser" value="admin"/>
<add key="CameraPassword" value=""/>
</appSettings>
```

7. 添加“Style”文件夹，添加“BaseStyle.xaml”和“CommonStyle.xaml”这两个资源词典。

8. 在“APP.xaml”文件中添加“BaseStyle.xaml”和“CommonStyle.xaml”的引用。

9. 添加“Controls”文件夹，新建资源词典“BulletCheckBox.xaml”，在该文件中添加控件样式。

10. 添加“Themes”文件夹，新建资源词典“Generic.xmal”，在该文件中添加对“BulletCheckBox.xaml”的引用绑定。

11. 新建“Common”文件夹，该文件夹用于存放项目中需要使用的帮助类。

12. 添加“Views”文件夹，在文件夹中新建页：PageHome.xaml、PageEnvironment.xaml、PageMonitor.xaml、PageCase.xaml。新建窗体：WinPrintPreview.xaml。新建流文档：FldShoppingReceipt.xaml。

13. 编码实现页和窗体效果，并完成其他功能。

14. 连接设备，进行综合调试。

参考文献

[1] 张继辉.物联网设备安装与调试［M］.北京：机械工业出版社，2018.
[2] 王恒心，鲁作勋.物联网硬件技术［M］.北京：机械工业出版社，2018.
[3] 许毅，陈立家，甘浪雄，伍新华.无线传感器网络技术原理及应用［M］.北京：清华大学出版社，2015.
[4] 杜军朝.ZigBee技术原理与实战［M］.北京：机械工业出版社，2015.
[5] 王志良，王鲁.物联网终端技术［M］.北京：机械工业出版社，2013.
[6] 李建林.局域网交换机和路由器的配置与管理［M］.北京：电子工业出版社，2013.
[7] 殷玉明.交换机与路由器配置项目式教程［M］.2版.北京：电子工业出版社，2014.
[8] 黄玉兰.射频识别（RFID）核心技术详解［M］.北京：人民邮电出版社，2010.
[9] 施荣华.物联网安全技术［M］.北京：电子工业出版社，2013.
[10] 高丽静.走进智能家居［M］.北京：机械工业出版社，2016.
[11] 陈天娥.物联网设备编程与实施［M］.2版.北京：高等教育出版社，2018.

内容提要

本书是职业院校物联网技术应用专业教材，依据相关专业教学指导方案以及行业职业技术规范编写而成。

本书主要内容包括 SOHO 网络环境搭建与调试、串口服务器的安装调试、集成 I/O 数据采集器模块的安装调试、RFID 技术应用及设备调试 、ZigBee 软硬件设备的安装调试、ZigBee Basic RF 无线通信设备调试、物联网智能设备综合调试。本书以项目为载体，结合物联网设备涉及的自动化控制技术、计算机网络技术属于交叉学科领域的特点，依据工作流程和岗位能力需求，将项目分解为若干个任务，由浅入深地将知识和职业技能融入各项任务之中。

本书配有学习卡资源，请登录 Abook 网站 http://abook.hep.com.cn/sve 获取相关资源。详细说明见本书“郑重声明”页。

本书可作为职业院校物联网技术应用及相关专业教材，也可作为相关行业培训用书或供从事物联网相关工作的人员参考使用。

郑重声明

高等教育出版社依法对本书享有专有出版权。任何未经许可的复制、销售行为均违反《中华人民共和国著作权法》，其行为人将承担相应的民事责任和行政责任；构成犯罪的，将被依法追究刑事责任。为了维护市场秩序，保护读者的合法权益，避免读者误用盗版书造成不良后果，我社将配合行政执法部门和司法机关对违法犯罪的单位和个人进行严厉打击。社会各界人士如发现上述侵权行为，希望及时举报，本社将奖励举报有功人员。

反盗版举报电话
(010) 58581999　58582371　58582488

反盗版举报传真
(010) 82086060

反盗版举报邮箱
dd@hep.com.cn

通信地址
北京市西城区德外大街 4 号
高等教育出版社法律事务与版权管理部
邮政编码　100120

防伪查询说明
用户购书后刮开封底防伪涂层，利用手机微信等软件扫描二维码，会跳转至防伪查询网页，获得所购图书详细信息。也可将防伪二维码下的 20 位密码按从左到右、从上到下的顺序发送短信至 106695881280，免费查询所购图书真伪。

反盗版短信举报
编辑短信“JB，图书名称，出版社，购买地点”发送至 10669588128

防伪客服电话
(010) 58582300

策划编辑　陆明
责任编辑　陆明
书籍设计　张申申
插图绘制　于博
责任校对　胡美萍
责任印制　赵振

出版发行　高等教育出版社
社址　北京市西城区德外大街 4 号
邮政编码　100120
购书热线　010-58581118
咨询电话　400-810-0598
网址　http://www.hep.edu.cn
http://www.hep.com.cn
网上订购
http://www.hepmall.com.cn
http://www.hepmall.com
http://www.hepmall.cn
印刷　高教社（天津）印务有限公司
开本　787mm×1092mm　1/16
印张　21.5
字数　500 千字
版次　2021 年 3 月第 1 版
印次　2021 年 3 月第 1 次印刷
定价　46.00 元

本书如有缺页、倒页、脱页等质量问题，请到所购图书销售部门联系调换

版权所有　侵权必究

物料号　52463-00

图书在版编目（CIP）数据

物联网设备安装与调试 / 汪涛主编. -- 北京：高等教育出版社，2021.3
ISBN 978-7-04-052463-5

Ⅰ. ①物… Ⅱ. ①汪… Ⅲ. ①互联网络-设备安装-中等专业学校-教材②互联网络-设备-调试方法-中等专业学校-教材 Ⅳ. ①TP393.4

中国版本图书馆 CIP 数据核字 (2019) 第 162604 号

物联网设备安装与调试
WULIANWANG SHEBEI ANZHUANG YU TIAOSHI

主编　汪涛

学习卡账号使用说明

一、注册/登录
访问 http://abook.hep.com.cn/sve，点击“注册”，在注册页面输入用户名、密码及常用的邮箱进行注册。已注册的用户直接输入用户名和密码登录即可进入“我的课程”页面。

二、课程绑定
点击“我的课程”页面右上方“绑定课程”，正确输入教材封底防伪标签上的 20 位密码，点击“确定”完成课程绑定。

三、访问课程
在“正在学习”列表中选择已绑定的课程，点击“进入课程”即可浏览或下载与本书配套的课程资源。刚绑定的课程请在“申请学习”列表中选择相应课程并点击“进入课程”。

如有账号问题，请发邮件至：
4a_admin_zz@pub.hep.cn。